AF872208

Leistungselektronik

Leistungselektronik

Eine Einführung

Ned Mohan
Siddharth Raju

WILEY-VCH

Autoren

Prof. Ned Mohan†
University of Minnesota
Department of Electrical and Computer Engineering
Minneapolis, MN 55455
United States

Dr. Siddharth Raju
University of Minnesota
Department of Electrical and Computer Engineering
Minneapolis, MN 55455
United States

Übersetzer

Prof. Jürgen Smoliner
TU Wien
Forschungsbereich Festkörperelektronik
Gußhausstr. 25–25a
1040 Wien
Österreich

Titelbild
© Nikelser/Getty Images

Alle Bücher von WILEY-VCH werden sorgfältig erarbeitet. Dennoch übernehmen Autoren, Herausgeber und Verlag in keinem Fall, einschließlich des vorliegenden Werkes, für die Richtigkeit von Angaben, Hinweisen und Ratschlägen sowie für eventuelle Druckfehler irgendeine Haftung.

Bibliografische Information der Deutschen Nationalbibliothek
Die Deutsche Nationalbibliothek verzeichnet diese Publikation in der Deutschen Nationalbibliografie; detaillierte bibliografische Daten sind im Internet über <http://dnb.d-nb.de> abrufbar.

© 2025 Wiley-VCH GmbH, Boschstraße 12, 69469 Weinheim, Germany

Alle Rechte, insbesondere die der Übersetzung in andere Sprachen, vorbehalten. Kein Teil dieses Buches darf ohne schriftliche Genehmigung des Verlages in irgendeiner Form – durch Photokopie, Mikroverfilmung oder irgendein anderes Verfahren – reproduziert oder in eine von Maschinen, insbesondere von Datenverarbeitungsmaschinen, verwendbare Sprache übertragen oder übersetzt werden. Die Wiedergabe von Warenbezeichnungen, Handelsnamen oder sonstigen Kennzeichen in diesem Buch berechtigt nicht zu der Annahme, dass diese von jedermann frei benutzt werden dürfen. Vielmehr kann es sich auch dann um eingetragene Warenzeichen oder sonstige gesetzlich geschützte Kennzeichen handeln, wenn sie nicht eigens als solche markiert sind.

Print ISBN: 978-3-527-35493-1
ePDF ISBN: 978-3-527-85120-1
ePub ISBN: 978-3-527-85119-5

Umschlaggestaltung: Wiley
Satz: Newgen KnowledgeWorks (P) Ltd., Chennai, India

Druck und Bindung
CPI Group (UK) Ltd, Croydon, CR0 4YY

C9783527354931_310725

Bevollmächtigter Vertreter des Herstellers gemäß EU-Produktsicherheitsverordnung ist die Wiley-VCH GmbH, Boschstr. 12, 69469 Weinheim, Deutschland, E-Mail: Product_Safety@wiley.com.

Inhaltsverzeichnis

Liste der Beispiele und Abbildungen zur Simulation und Hardwareimplementierung

Experiment	Simulation	Hardware
Sperrwandler – CCM mit Snubber	Beispiel 8.5 Abbn. 8.11 und 8.12	Beispiel 8.5 Abb. 8.13
Sperrwandler – DCM ohne Snubber	Beispiel 8.6 Abb. 8.14	Beispiel 8.6 Abb. 8.15
Flusswandler	Beispiel 8.8 Abbn 8.20 und 8.21	Beispiel 8.8 Abbn. 8.22 und 8.23
PWM-Vollbrücken-Wandler	Beispiel 8.10 Abbn. 8.31 und 8.32	Beispiel 8.10 Abbn. 8.33 und 8.34
Einphasiger Wechselrichter	Beispiel 12.5 Abbn. 12.21 und 12.22	Beispiel 12.5 Abbn. 12.23 und 12.24
Dreiphasiger Wechselrichter – Sinus PWM	Beispiel 12.7 Abbn. 12.29 und 12.30	Beispiel 12.7 Abbn. 12.31 und 12.32
Dreiphasiger Wechselrichter – Raumzeiger-PWM	Beispiel 12.9 Abbn. 12.38 und 12.39	Beispiel 12.9 Abbn. 12.40 und 12.41

Vorwort des Übersetzers

Wieso, wurde ich schon öfter gefragt, übersetzt Du englische Fachbücher ins Deutsche und kümmerst Dich nicht mehr um Deine Forschung und Deine Studenten? Die Antwort ist eine Gegenfrage, nämlich: Wieso benutzt ihr alle meine deutsche Übersetzung vom Sze, wo ihr doch alle so gut Englisch könnt? Gemeint ist dieses Buch,

Physik der Halbleiterbauelemente von Sze, Simon M. / Li, Yiming / Ng, Kwok K., ISBN 978-3-527-41389-8, erschienen ebenfalls bei Wiley-VCH, Berlin.

Die Antwort auf die Frage, warum alle gerne die deutsche Ausgabe lesen, ist einfach, nämlich, dass man als deutschsprachiger Neueinsteiger in das Gebiet der Halbleiter-Bauelemente mit dem englischen Fachjargon anfangs schon seine Probleme hat, und selbst wenn man den Fachjargon kennt, ist eine brauchbare deutschsprachige Ausgabe natürlich viel bequemer als das englische Original.

Die nächste berechtigte Frage ist dann: Warum übersetzt jemand, der unter normalen Umständen mit Strömen unter 1 nA und Spannungen von bestenfalls 1 mV arbeitet, ein Buch über Leistungselektronik? Hier ist die Antwort: Das Ganze ist eigentlich keine Buchübersetzung, sondern ein EDV-Projekt und ein epischer Kampf mit xml-Dateien, Formeleditoren und Konvertierungsproblemen, welchen man einem normalen Fachübersetzer natürlich nicht zumuten kann. Um die Software zu testen, wurde also jemand gesucht, der von allen Dingen, also von Leistungselektronik, Übersetzungs- und EDV-Problemen, gleichzeitig eine gewisse Ahnung hat, und da kam es dem Team von Wiley in den Sinn, mich zu fragen, ob ich nicht vielleicht Lust dazu hätte. Ich stimmte zu, und das war kein Fehler, denn es war ein wirklich neues und spannendes Projekt abseits meiner üblichen Tätigkeiten, und noch dazu mit einem exzellenten und motivierten Team.

Das Resultat unserer Bemühungen halten Sie nun in Händen, und mein aufrichtiger Dank geht an Martin Preuß, Heike Nöthe, Andrea Zschäge, Brian Collins, Margaret Cummins, Sithira Weerabahu, Julia Frühauf und das restliche Team von Wiley-VCH, die mir dieses spannende Projekt ermöglicht haben.

Spezieller Dank

Die größte Herausforderung bei der Übersetzung des Buches war es, den korrekten deutschen Jargon für die vielen speziellen Fachausdrücke zu finden, und hier helfen auch die besten Wörterbücher oft nicht viel. Ein kleines Beispiel: Wie würden Sie den in diesem Buch häufig verwendeten Begriff „switching power pole" übersetzen? Ein kleiner Hinweis dazu: Die Übersetzung „umschaltbarer Strommast" ist ungeeignet.

Soliman Sherif, einer unserer Studenten am Institut für Festkörperelektronik der TU-Wien, arbeitet neben dem Studium in einer Abteilung für Leistungselektronik bei einem bekannten österreichischen Autozulieferer und hat daher auf diesem Gebiet viel praktische Erfahrung. Ihm haben Sie zu verdanken, dass der spezielle Fachjargon aus dem Englischen auch wirklich richtig ins Deutsche übertragen wurde und dass sich der Text damit auch gut und flüssig liest.

Patrik Staudenmayer, ebenfalls Student an unserem Institut, hat auch Industrieerfahrung und kennt sich in der Regelungstechnik wesentlich besser aus als ich. Von ihm habe ich gelernt, dass das Wort „Controller" manchmal Regelung und manchmal Steuerung bedeutet, dass CCM besser mit „Kontinuierlicher Strommodus" übersetzt werden sollte und vieles andere mehr.

Beiden Kollegen bin ich zu großem Dank verpflichtet, denn ohne ihre Hilfe wäre die Qualität der Übersetzung nicht zu erreichen gewesen.

Jürgen Smoliner, Technische Universität Wien, Wien 2025

Vorwort

Leistungselektronik ist diejenige Technologie, welche die Stromversorgung für die Industrie und alle Haushalte ermöglicht. Darüber hinaus spielt die Leistungselektronik bei der Bereitstellung elektrischer Energie aus fossilen und aus erneuerbaren Quellen eine zentrale Rolle. In den Vereinigten Staaten werden nach Angaben des Energieministeriums etwa 40 % der gesamten erzeugten Energie zunächst in Strom umgewandelt. Durch den vermehrten Einsatz von Elektro- und Plug-in-Hybridautos, Hochgeschwindigkeitszügen, usw. könnte dieser Anteil sogar auf 60 % steigen und aus ökologischen Gründen ist es sinnvoll, diesen erhöhten Strombedarf aus erneuerbaren Energiequellen wie Wind- und Sonnenenergie zu decken.

Erneuerbare Energiequellen tragen derzeit nur etwas mehr als 4 % zur Deckung des Strombedarfs bei und sind normalerweise räumlich stark verteilt. Daher ist es notwendig, ein intelligentes und robustes Stromnetz der nächsten Generation aufzubauen, um diese erneuerbaren Ressourcen auch abseits des Erzeugungsorts und ohne großen Energieverlust zu nutzen. Die effiziente Nutzung von Strom und seine Erzeugung aus erneuerbaren Quellen sind die beiden wichtigsten Säulen der Nachhaltigkeit in der Energiewirtschaft, und leistungselektronische Systeme sind der Schlüssel, um diese zu stärken.

Dieses Lehrbuch konzentriert sich auf das Thema Leistungselektronik als eines der Gebiete im integrierten Lehrplan für elektrische Energiesysteme, bestehend aus Leistungselektronik, Energiesystemen und elektrischen Maschinen und Antrieben. Dieses Lehrbuch verfolgt das Ziel, die Zusammenhänge zwischen diesen Teilbereichen innerhalb dieses Lehrplans zu verdeutlichen, und bietet genug Stoff, um in einem einsemestrigen Kurs sowohl die Grundlagen als auch das praktische Design abzudecken. Dieses Lehrbuch verfolgt auch einen modularen Ansatz, der neben den üblichen Themen auch eine eingehende Diskussion mehrerer wichtiger Gebiete ermöglicht, die in einem herkömmlichen Kurs ausgelassen werden, wie z. B. der Entwurf einer Rückkopplungsregelung, Schaltungen zur Korrektur des Leistungsfaktors, Soft-Switching und die Raumzeiger-Pulsweitenmodulation (PWM), eine PWM-Technik, die der Sinus-PWM weit überlegen ist. Alle Themen in diesem Buch sind sorgfältig geordnet, um die Kontinuität und das Interesse der Studenten während des gesamten Kurses aufrechtzuerhalten. Dieses Buch ist auch für einen einsemestrigen Schnellkurs geeignet. Das Material ist dazu so gegliedert, dass der Vortragende, um dem Hintergrund der Studenten gerecht zu werden, entweder ein ganzes Thema auslassen oder es nur überblicksmäßig behandeln kann, um so den Studenten die Möglichkeit zu geben, sich selbst zu informieren.

Dank

Die Autoren sind der Universität von Minnesota zu großem Dank verpflichtet, und bedanken sich auch für zwei finanzielle Zuschüsse des Office of Naval Research (ONR): N00014-15-1-2391 „Web-Enabled, Instructor-Taught Online Courses" und N00014-19-1-2018 „Developing WBG-Based, Extremely Low-Cost Laboratories for Power Electronics, Motor Drives, and Power System Protection and Relays for National Dissemination". Diese Zuschüsse ermöglichten die Entwicklung der Workbench-Simulationsplattform, die für Ausbildungszwecke kostenlos zur Verfügung steht, sowie die Entwicklung eines kostengünstigen Hardware-Labors, das von Sciamble (https://sciamble.com), einem Startup-Unternehmen der University of Minnesota, zur Verfügung gestellt wurde. Zum Schluss möchten sich die Autoren bei Dr. Madhukar Rao Airineni und Dr. Saurabh Tewari für ihre Unterstützung bei der Entwicklung der LTspice-Beispieldateien und für die Durchsicht des Materials herzlich bedanken.

Über die begleitende Website

Dieses Buch wird von der folgenden (englischsprachigen) Webseite begleitet: www.wiley.com/go/mohan/powerelectronics2e

Auf dieser Website finden Sie:

- Lösungen
- Folien
- Simulationen
- Einen Link zur CUSP-Website (externer Link)
- Laborhandbuch (externer Link)

Der Übersetzer

Jürgen Smoliner wurde 1988 an der Universität Innsbruck zum Doktor der Naturwissenschaften (Physik) promoviert. Von dort wechselte er 1988 als wissenschaftlicher Mitarbeiter an das Walter Schottky Institut der TU-München und 1993 an das Institut für Festkörperelektronik der TU-Wien, wo er heute als Professor tätig ist. Er ist Autor von 190 wissenschaftlichen Publikationen, Konferenzbeiträgen und Buchbeiträgen, Autor der Bücher „Grundlagen der Halbleiterelektronik, Teil I + II" (Springer Spektrum, 2018 und 2020) und Übersetzer des Buches „Physik der Halbleiterbauelemente" von Sze, Simon M. / Li, Yiming / Ng, Kwok K, ISBN 978-3-527-41389-8, erschienen bei Wiley-VCH, Berlin.

1 Leistungselektronik: Eine Basistechnologie

Leistungselektronische Systeme sind für die Nachhaltigkeit in der Energieversorgung entscheidend und spielen bei der Nutzung erneuerbarer Energien zur Stromerzeugung und der Verbesserung der Effizienz bei der Energieübertragung und beim Verbrauch eine wesentliche Rolle. Wichtige Anwendungen der Leistungselektronik umfassen:

- Die Nutzung erneuerbarer Energiequellen wie Wind- und Solarenergie mittels Photovoltaik.
- Die Speicherung von Strom in Batterien und Schwungrädern, um die Schwankungen bei der Stromerzeugung aus erneuerbaren Energien auszugleichen.
- Die Verbesserung der Effizienz der Stromübertragung.
- Die Steigerung der Effizienz des Stromverbrauchs in motorbetriebenen Systemen und in Beleuchtungssystemen.

In diesem einleitenden Kapitel wird ein Überblick über alle oben genannten Themen gegeben. Nähere Erläuterungen zu den jeweiligen Themen finden sich in den folgenden Kapiteln.

1.1 Einführung in die Leistungselektronik

Leistungselektronik ist diejenige Technologie, die eine elektrische Quelle mit einer elektrischen Last verbindet (Abb. 1.1). Diese Quellen und Lasten unterscheiden sich oft in Frequenz, Spannung und Anzahl der Phasen. Die Leistungselektronik-Schnittstelle ermöglicht die Leistungsübertragung durch Umwandlung von Spannungen und Strömen, wobei die Quelle und die Last bei Bedarf ihre Rollen tauschen können. Der Regler in Abb. 1.1 steuert diese Leistungsübertragung und strebt dabei eine hohe Energieeffizienz und Leistungsdichte an. Eine typische Anwendung dafür sind regelbare elektrische Antriebe, wie sie beispielsweise in Windturbinen verwendet werden, und Netzteile in der Haushaltselektronik.

Leistungselektronik: Eine Einführung, Ned Mohan and Siddharth Raju.
© 2025 Wiley-VCH GmbH. Published 2025 by Wiley-VCH GmbH.

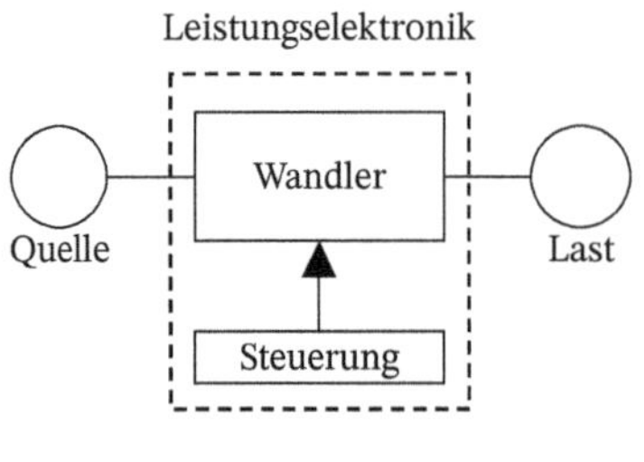

Abb. 1.1 Leistungselektronik als Schnittstelle zwischen Quelle und Last.

1.2 Anwendungen und die Rolle der Leistungselektronik

Für Leistungselektronik und elektrische Antriebe gibt es zahlreiche Anwendungen. Im Folgenden sind einige wichtige Beispiele und ihre Rolle im praktischen Einsatz beschrieben.

1.2.1 Stromversorgungen in der Informationstechnologie

Die meisten Geräte in der Unterhaltungselektronik, wie Personal Computer (PCs) und Musiksysteme, benötigen intern niedrige Gleichspannungen. All diese Geräte verwenden Schaltnetzteile, um die Eingangsspannung in eine geregelte Gleichspannung auf niedrigem Niveau umzuwandeln (Abb. 1.2a).

Abbildung 1.2b zeigt eine verteilte Architektur, die häufig in Computern verwendet wird. Hier wird die Wechselspannung aus dem Versorgungsnetz zunächst in eine Gleichspannung (z. B. 24 V) umgewandelt. Diese halbgeregelte Spannung wird dann innerhalb des Computers verteilt, wobei Bordnetzteile auf den einzelnen Leiterplatten diese dann weiter in eine niedrigere, eng geregelte Spannung (z. B. 5 V DC) umwandeln. Moderne Schaltungen und höhere Logikgeschwindigkeiten erfordern noch niedrigere Betriebsspannungen, wie z. B. 3.3 V, 1 V oder im Extremfall nur 0.5 V.

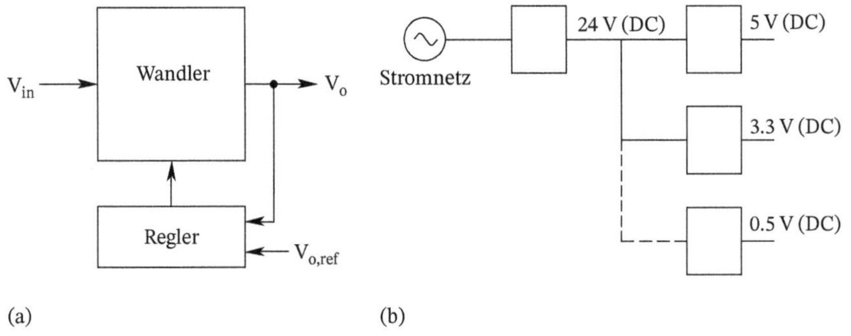

Abb. 1.2 Geregelte Niederspannungs-DC-Netzteile.

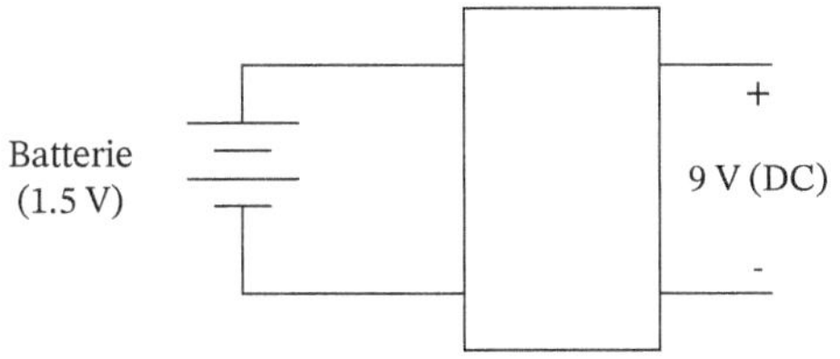

Abb. 1.3 DC-DC-Aufwärtswandler für batteriebetriebene Geräte.

Viele Geräte, wie Mobiltelefone, arbeiten mit niedrigen Batteriespannungen aus einer oder zwei Batteriezellen. Die zu versorgende elektronische Schaltung benötigt jedoch oft höhere Spannungen, was einen Aufwärtswandler (boost converter) erforderlich macht, der die Eingangsgleichspannung erhöht (Abb. 1.3).

1.2.2 Robotik und flexible Produktion

Robotik und flexible Produktion sind für die industrielle Wettbewerbsfähigkeit in der globalen Wirtschaft entscheidend. Diese Anwendungen benötigen steuerbare Antriebe für präzise Geschwindigkeits- und Positionsregelung. Das Blockdiagramm in Abb. 1.4 veranschaulicht solch regelbare Antriebe. Hier verarbeitet der Wechselstromeingang eine einphasige oder dreiphasige Versorgungsquelle mit einer Netzfrequenz von 50 oder 60 Hz. Die Leistungselektronik fungiert als Wandler (alternative Bezeichnung: Umrichter) und liefert die erforderliche Spannung an den Motor. Für einen Gleichstrommotor liefert die Leistungselektronik eine Gleichspannung mit einstellbarer Größe zur Steuerung der Motordrehzahl. Für einen Wechselstrommotor wird für diesen Zweck eine sinusförmige Wechselspannung mit einstellbarer Amplitude und Frequenz geliefert (sog. Wechselrichter). In einigen Fällen ist es notwendig, dass der Wandler auch einen bidirektionalen Leistungsfluss zwischen der Versorgungsspannung und der Motorlast ermöglicht.

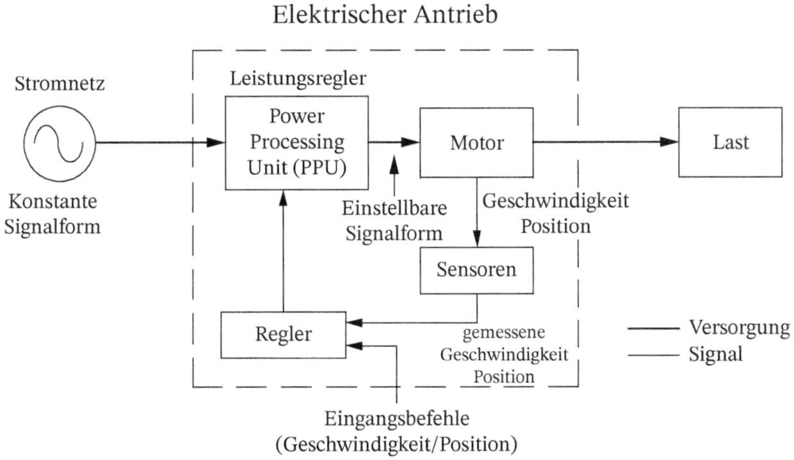

Abb. 1.4 Blockschaltbild eines geregelten Antriebs.

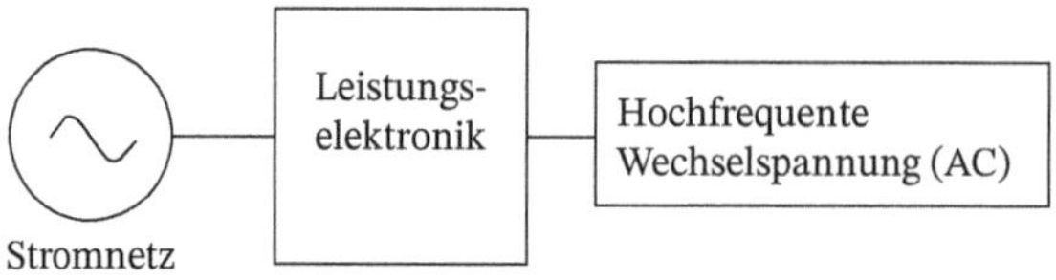

Abb. 1.5 Blockschaltbild einer Induktionsheizung.

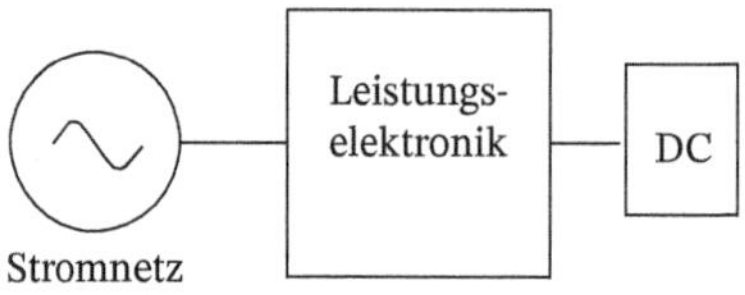

Abb. 1.6 Blockschaltbild eines Elektroschweißgeräts.

Induktionsheizung und elektrisches Schweißen sind weitere bedeutende industrielle Anwendungen der Leistungselektronik in der flexiblen Produktion. Diese sind in den Abbn. 1.5 und 1.6 dargestellt.

1.3 Leistungselektronik und erneuerbare Energien

In den Vereinigten Staaten werden etwa 40 % der gesamten verbrauchten Energie in Elektrizität umgewandelt. Dieser Wert könnte auf 60 % steigen, wenn die Nutzung von Elektro- und Plug-in-Hybridautos sowie Hochgeschwindigkeitsbahnen zunimmt. Um diesen Mehrbedarf auf umweltfreundliche Weise zu decken, muss mehr Elektrizität aus erneuerbaren Quellen wie Wind und Sonne (derzeit nur 4 %) erzeugt werden. Um diese oft abgelegenen Ressourcen zu nutzen und die erzeugte Elektrizität effizienter zu verwenden, wird zusätzlich ein modernes und intelligentes Stromnetz benötigt. In beiden Fällen spielt die Leistungselektronik eine zentrale Rolle.

1.3.1 Energiesparmaßnahmen

Energiesparen spart nicht nur Geld, sondern kommt auch der Umwelt zugute. Das Tortendiagramm in Abb. 1.7 zeigt die prozentuale Nutzung von Elektrizität in den Vereinigten Staaten in verschiedenen Anwendungsbereichen. Im Folgenden werden die Möglichkeiten zur Energieeinsparung in diesen Bereichen erörtert.

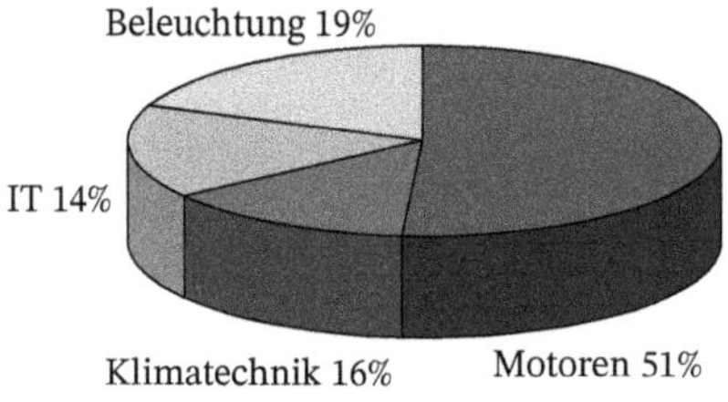

Abb. 1.7 Anteil des Stromverbrauchs für verschiedene Anwendungen in den USA. (Hinweis: Die Abbildung stammt aus der englischen Ausgabe dieses Buches aus dem Jahre 2003).

1.3.1.1 Elektromotorisch betriebene Systeme

Elektromotoren, insbesondere solche, die in Heizungs-, Lüftungs- und Klimaanlagen verwendet werden, verbrauchen zwischen der Hälfte und zwei Dritteln der gesamten erzeugten Elektrizität. Traditionell arbeiten diese motorbetriebenen Systeme mit konstanter Geschwindigkeit. In einer Pumpe wird beispielsweise die Durchflussrate über ein Drosselventil geregelt, wodurch ein Teil der elektrischen Pumpleistung ungenutzt bleibt. Diese Verschwendung durch passive Regelung kann durch den Einsatz einer Leistungselektronik für drehzahlverstellbare Elektromotoren beseitigt werden (Abb. 1.8), welche die Motor- und Pumpengeschwindigkeit deutlich effizienter steuert [1, 2].

In den Vereinigten Staaten nutzt eines von drei neuen Häusern eine elektrische Wärmepumpe. Ein drehzahlregelbarer Antrieb (Adjustable Speed Unit, ASU) kann in diesen Systemen den Energieverbrauch um bis zu 30 % [3] reduzieren, indem das Ein- und Ausschalten des Kompressors vermieden und die Leistung der Wärmepumpe (oder einer Klimaanlage) an die thermische Last des Gebäudes angepasst wird. Ein Bericht des Energieministeriums [4] schätzt, dass eine effizientere Betriebsweise all dieser motorbetriebenen Systeme in den Vereinigten Staaten jährlich so viel Elektrizität einsparen könnte, wie der gesamte Staat New York jährlich verbraucht.

1.3.1.2 Beleuchtung mit LEDs

Wie aus dem Tortendiagramm in Abb. 1.7 hervorgeht, wird etwa ein Fünftel der in den USA erzeugten Elektrizität für die Beleuchtung verwendet. LEDs (lichtemittierende Dioden) können diese Effizienz um mehr als das Sechsfache steigern. Sie bieten eine längere Lebensdauer und sind mittlerweile genauso erschwinglich wie Glühlampen. Allerdings wird auch hier eine Leistungselektronik benötigt, um in Europa die 230 V, 50 Hz Netzspannung in eine passende Gleichspannung für die LEDs umzuwandeln (Abb. 1.9).

1.3.1.3 Transport und Verkehr

Elektrische Antriebe bieten ein erhebliches Potenzial zur Energieeinsparung im Transportwesen. Die Bemühungen, kommerziell einsetzbare Elektrofahrzeuge (EVs) einzuführen, gehen gut voran und sind von Fortschritten in der Batterie- [5] und Brennstoffzellentechnologie [6] begleitet. Auch Hybrid-Elektrofahrzeuge

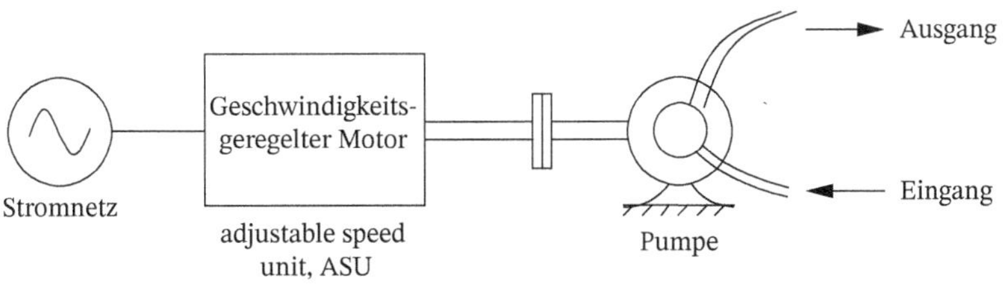

Abb. 1.8 Drehzahlgeregelter Antrieb in einem pumpenbetriebenen System.

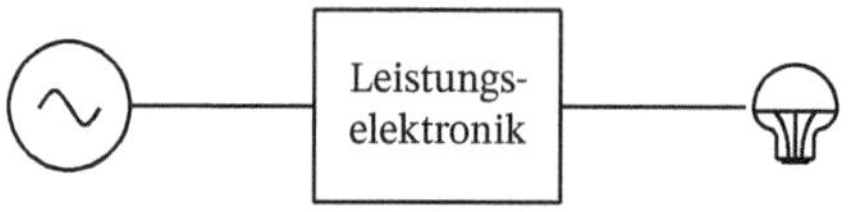

Abb. 1.9 Leistungselektronik für LEDs.

(HEVs) haben einen erheblichen Einfluss [7]. Laut Herstellerangaben beträgt der mittlere Benzinverbrauch des in der Abb. 1.10 gezeigten Hybrid-Elektrofahrzeugs 4.89 l/100 km [8] im kombinierten Stadt- und Autobahnverkehr. Dies ist im Vergleich zu einem Durchschnitt von 10.6 l pro 100 km für Personenkraftwagen mit Verbrennungsmotor [9] ein ausgezeichneter Wert. Da Automobile etwa 20 % aller CO_2-Emissionen verursachen [10], würde eine Verdoppelung ihrer Reichweite der Umwelt erheblich zugutekommen.

Leistungselektronik für verschiedene Hilfsanwendungen ist bereits seit langem in konventionellen Automobilen zu finden [11]. EVs (electric vehicles) und HEVs (hybrid electric vehicles) benötigen Leistungselektronik jedoch in Form von regelbaren elektrischen Antrieben, wodurch die Leistungselektronik in diesen Fahrzeugen völlig unverzichtbar wird. Darüber hinaus sind auch andere Transportsysteme wie Stadtbahnen, Fly-by-Wire-Flugzeuge, vollelektrische Schiffe und Drive-by-Wire-Automobile auf Leistungselektronik angewiesen.

1.3.2 Erneuerbare Energien

Saubere und erneuerbare Energie kann aus Sonne und Wind gewonnen werden. In photovoltaischen Systemen erzeugen Solarzellen Gleichstrom, wie durch die I-V-Kennlinie in Abb. 1.11a veranschaulicht wird. Nur mit Hilfe der Leistungselektronik kann diese Energie dann in das Stromnetz übertragen werden (Abb. 1.11b).

Auch Windenergie, die sich durch ihr schnelles Wachstum und großes Potenzial [12] auszeichnet, erfordert Leistungselektronik. Bei Windkraftanlagen koppeln

Abb. 1.10 Ein bei Wiener Taxifahrern sehr beliebtes Hybridfahrzeug mit beindruckend geringem Verbrauch und attraktivem Design.

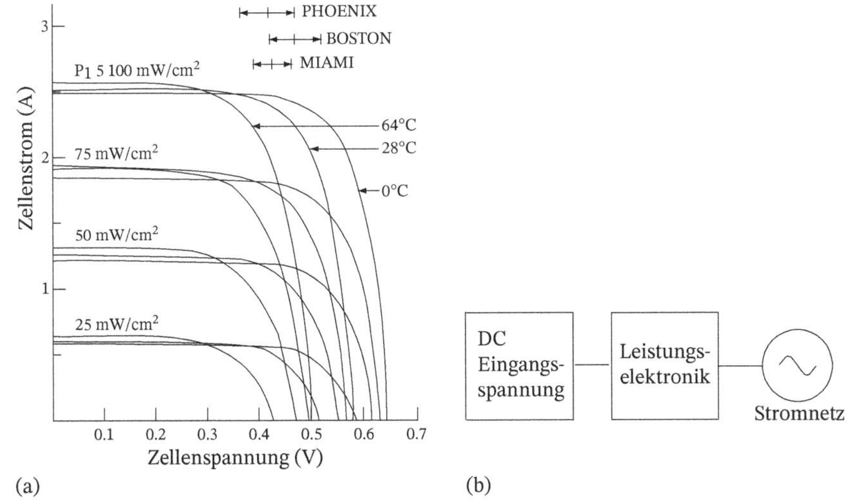

Abb. 1.11 (a) Kennlinien photovoltaischer Systeme und (b) zugehöriges Blockschaltbild für die Netzeinspeisung.

leistungselektronische Systeme den erzeugten Wechselstrom mit variabler Frequenz an die Netzfrequenz-Wechselspannungen des Stromnetzes an (Abb.1.12).

1.3.3 Leistungselektronik in der Energieversorgung

Leistungselektronik wird in Energiesystemen zunehmend wichtiger. In der dezentralen Energieerzeugung verbindet die Leistungselektronik nicht-konventionelle Energiequellen wie Wind, Photovoltaik und Brennstoffzellen mit dem Versorgungsnetz. Die Leistungselektronik ermöglicht die Steuerung des Leistungsflusses auf Übertragungsleitungen, was in einem deregulierten Versorgungsumfeld von entscheidender Bedeutung ist. Darüber hinaus treibt die Notwendigkeit sicherer und effizienter Betriebsabläufe in Versorgungssystemen den verstärkten Einsatz von Leistungselektronik voran.

Unterbrechungsfreie Stromversorgungen (USV) sind für kritische Lasten die keine Stromunterbrechungen erfahren dürfen, unerläßlich. Die Leistungselektronik für eine USV (Abb. 1.13) weist an beiden Enden Spannungen mit Netzfrequenz

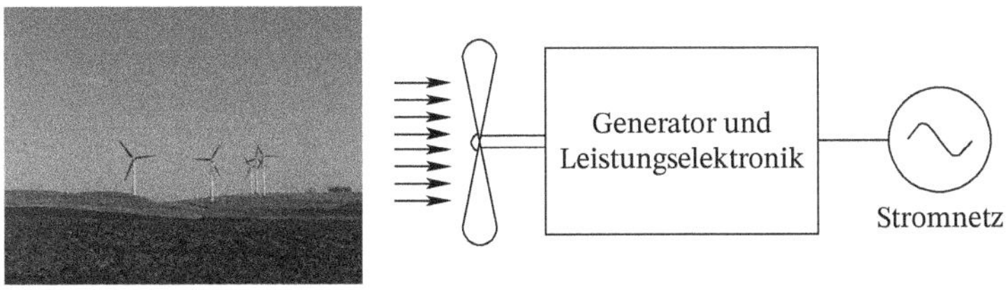

Abb. 1.12 Windkraftanlage mit zugehörigem Blockschaltbild.

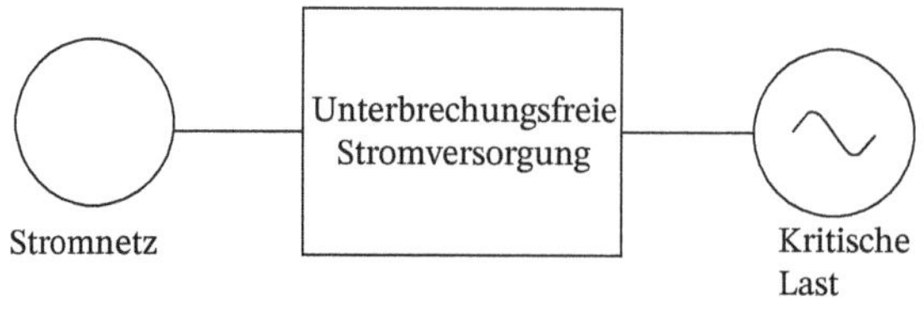

Abb. 1.13 Unterbrechungsfreie Stromversorgung (USV).

auf (möglicherweise mit unterschiedlichen Phasen). Energiespeicher, die typischerweise durch Batterien bereitgestellt werden, gewährleisten die Stromversorgung der Last während der Versorgungsunterbrechungen.

1.3.4 Raumfahrt- und militärische Anwendungen

Leistungselektronik ist ebenfalls entscheidend für die Weltraumforschung und interplanetare Missionen. Auch ihre Bedeutung im Verteidigungsbereich hat nach dem 11. September erheblich zugenommen. In Panzern, Schiffen und Flugzeugen kann der Ersatz von hydraulischen Systemen durch elektrische Antriebe erhebliche Vorteile in Bezug auf Kosten, Gewicht und Zuverlässigkeit bieten.

1.4 Effizienz und Leistungsdichte

Leistungselektronische Systeme müssen energieeffizient, zuverlässig und kosteneffektiv sein, sowie eine hohe Leistungsdichte haben. Eine hohe Energieeffizienz ist entscheidend, da sie die Betriebskosten durch Minimierung von Energieverlusten reduziert und den Kühlbedarf verringert.

Die Energieeffizienz ist definiert als:

$$\eta = \frac{P_o}{P_o + P_{loss}} \tag{1.1}$$

Um die Ausgangsleistung als Funktion des Wirkungsgrades und den Leistungsverlust auszudrücken, kann diese Gleichung umgeschrieben werden:

$$P_o = \frac{\eta}{1-\eta} P_{loss} \tag{1.2}$$

Zur Veranschaulichung der Bedeutung von Gl. (1.2) zeigt Abb. 1.14b die Ausgangsleistung eines Wandlersystems als Funktion des Wirkungsgrades für zwei verschiedene Werte von P_{loss}. Man erkennt, dass für ein System, welches für bestimmten Leistungsverlust ausgelegt ist, eine Erhöhung des Umwandlungswirkungsgrads von 84 % auf 94 % zu einer verdreifachten Ausgangsleistung führt. Dies führt auch zu einer, in etwa dreifachen, Erhöhung der Leistungsdichte, wie im folgenden Beispiel veranschaulicht wird.

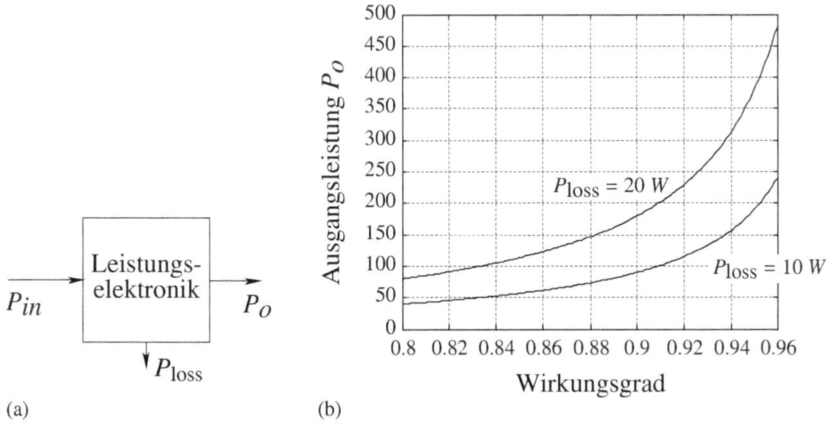

Abb. 1.14 (a) Leistungsflüsse durch eine Leistungselektronik. (b) Ausgangsleistung als Funktion des Wirkungsgrades.

Beispiel 1.1

Eine Leistungselektronik ist so ausgelegt, dass sie einen Leistungsverlust von 200 W bewältigt. Vergleichen Sie die Ausgangsleistung, wenn sich die Wandlereffizienz von 89 % auf 94 % erhöht.

Lösung

Gegeben sei $P_{loss} = 200$ W.

Gleichung 1.2 liefert bei $\eta = 89\,\%$: $P_o = \dfrac{0.89}{1-0.89} \times 200 \approx 1.6$ kW und bei

$\eta = 94\,\%$: $P_o = \dfrac{0.94}{1-0.94} \times 200 \approx 3.13$ kW

Dieses Beispiel zeigt die Bedeutung eines hohen Wirkungsgrades bei der Energieumwandlung. Durch die Erhöhung des Wirkungsgrades von 89 % auf 94 % werden die Ausgangsleistung und die Leistungsdichte in diesem Beispiel nahezu verdoppelt.

1.5 Struktur von Wandlersystemen

Der Aufbau der Leistungselektronik-Schnittstelle ist wesentlich für die effiziente Steuerung der Leistungsübergang in DC-DC-, DC-AC- und AC-AC-Wandlersystemen. Typischerweise wird die Leistung vom Versorgungsnetz bereitgestellt, was zu netzfrequenter Wechselspannung an einem Ende führt. Am anderen Ende wird eine der folgenden Formen synthetisiert: Einstellbare Gleichspannung, sinusförmige Wechselspannung mit einstellbarer Frequenz und Amplitude, oder eine Hochfrequenz-Wechselspannung, die üblicher Weise in Induktionsheizungen oder Systemen mit Hochfrequenz-Transformatoren benötigt wird. Anwendungen, die

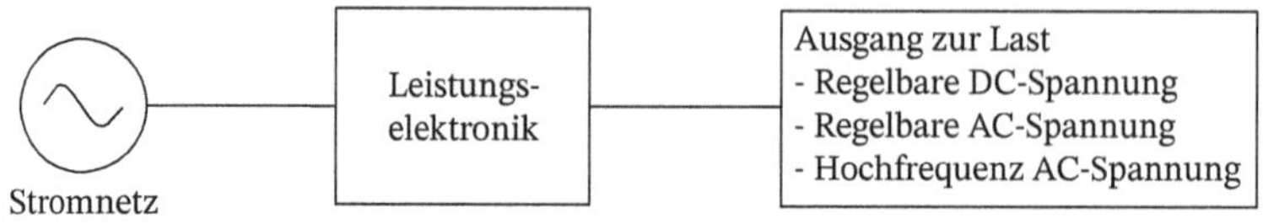

Abb. 1.15 Typische Leistungselektronik-Schnittstellen.

keine Verbindung zum Versorgungsnetz erfordern, können als Untermenge des in Abb. 1.15 gezeigten Blockdiagramms betrachtet werden.

1.5.1 Spannungszwischenkreise

Transistoren und Dioden sperren immer nur eine Polarität der Spannung, oder anders ausgedrückt, stellen immer nur eine Polarität der Spannung zur Verfügung. Um die gewünschte Funktionalität für die Leistungselektronik in Abb. 1.15 bereitzustellen, muss daher ein sogenannter Spannungszwischenkreis verwendet werden, dessen Struktur in Abb. 1.16 dargestellt ist.

Die dargestellte Struktur besteht aus zwei separaten Wandlern (Umrichtern): einem Wandler auf der Netzseite und dem anderen Wandler auf der Lastseite. Die Gleichstromanschlüsse dieser Wandler sind durch einen parallel geschalteten Kondensator verbunden, der für eine Kopplung der Gleichspannungen sorgt. Diese Anordnung stellt sicher, dass sich die Spannungspolarität nicht umkehrt, wodurch der Einsatz von unipolar arbeitenden Transistoren innerhalb der Umrichter ermöglicht wird. Eine solche Struktur wird als Spannungszwischenkreis (oder Spannungsquelle) bezeichnet und in einem breiten Leistungsbereich eingesetzt, der von einigen Dutzend Watt bis zu mehreren Megawatt und sogar bis zu Hunderten von Megawatt in Netzanwendungen reicht. Wegen der Bedeutung der Spannungszwischenkreise in der Leistungselektronik wird ihnen in diesem Buch ein eigenes Kapitel gewidmet.

1.5.2 Stromzwischenkreise

Bei sehr hohen Leistungsstufen, insbesondere in netzbezogenen AC-AC-Anwendungen, kann ein Stromzwischenkreis (oder Stromquelle) von Vorteil sein. Wie in

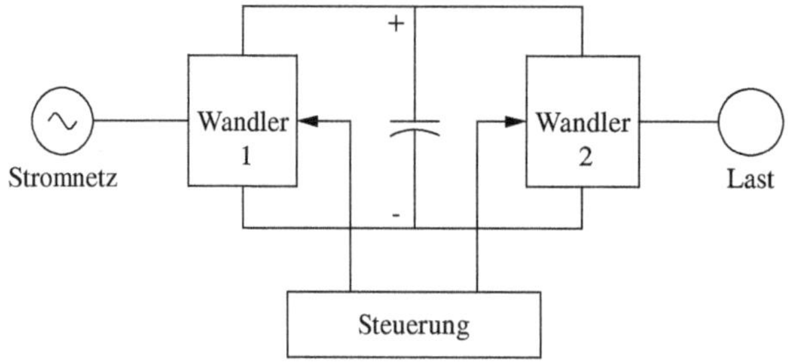

Abb. 1.16 Spannungszwischenkreis.

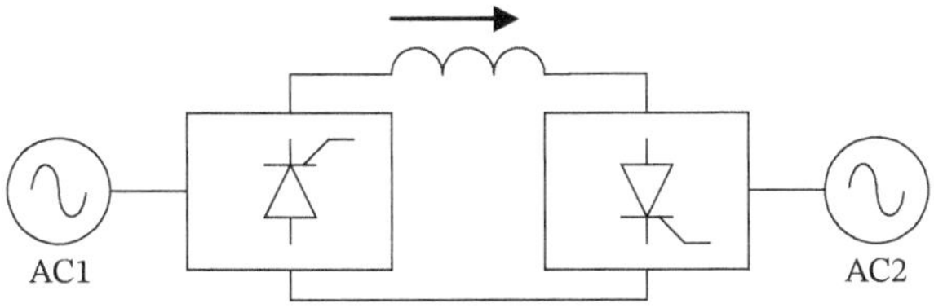

Abb. 1.17 Stromzwischenkreis.

Abb. 1.17 zu sehen ist, wird hier eine zwischen zwei Wandlern in Serie geschaltete Induktivität als Kopplungselement verwendet. Diese Wandler verwenden typischerweise Thyristoren, wobei der Strom unter Verwendung der Netzwechselspannungen von einer Wechselstromphase zur anderen „kommutiert" wird (Kapitel 14).

1.5.3 Direktwandler

Seit Neuerem werden Direktwandler [13] (Engl.: direct-link structures), (Abb. 1.18) für bestimmte Anwendungen in Betracht gezogen. Direktwandler haben, zumindest in der Theorie, kein Energiespeicherelement zwischen der Eingangs- und Ausgangsseite. Der Direktwandler fungiert als direkte Verknüpfung, bei der die Eingänge über Schalter mit verschiedenen Ausgängen verbunden werden. Diese Schalter können in beiden Richtungen Ströme führen, wenn sie eingeschaltet sind, und Spannungen beider Polaritäten blockieren, wenn sie ausgeschaltet sind. Eine ausführliche Diskussion über Direktwandler (manchmal auch als Matrixwandler bezeichnet) und deren Regelung finden sich in [13].

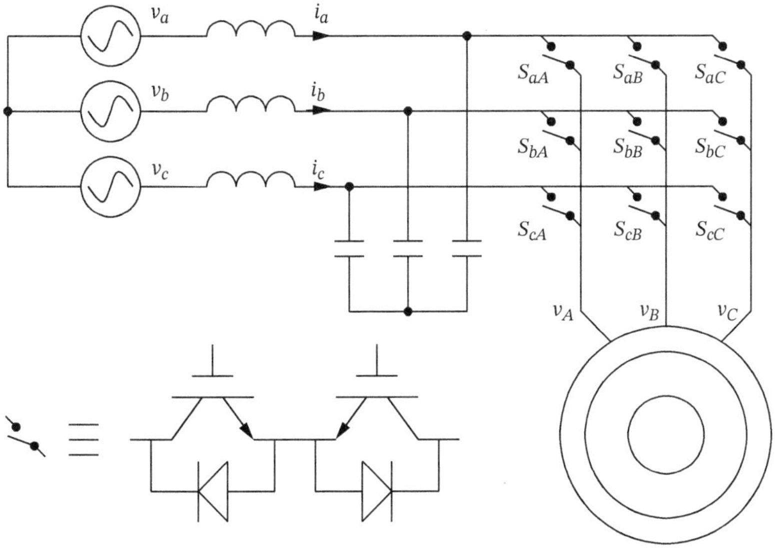

Abb. 1.18 Direktwandler, auch als Matrixwandler bezeichnet [13] (US Department of Energy / Public Domain).

1.6 Der DC-Spannungszwischenkreis

In dem in den Abbn 1.16 und 1.19 gezeigten DC-Spannungszwischenkreis wandelt der netzseitige Wandler die Netzfrequenz-Spannung in eine ungeregelte Gleichspannung um. Dies kann mit einer Dioden-Gleichrichterschaltung erreicht werden, wie sie häufig in Grundkursen der Elektronik und im Kapitel 5 dieses Lehrbuchs behandelt wird. Bei Problemen hinsichtlich der Netzqualität kann auch die alternative Struktur aus Kapitel 6 verwendet werden.

Konzentrieren wir uns zunächst auf den lastseitigen Wandler 2 im Spannungszwischenkreis, für den bereits eine Gleichspannung als Eingangsspannung zur Verfügung steht (Abb. 1.19). Die Funktionalität dieses lastseitigen Wandlers hängt von seiner speziellen Anwendung ab. Basierend auf der gewünschten Ausgangseigenschaft können wir diese Funktionalitäten in zwei Gruppen einteilen:

Gruppe 1

Einstellbarer Gleichstrom oder niederfrequenter sinusförmiger Wechselstrom für:

- Gleichstrom- und Wechselstromantriebe
- Unterbrechungsfreie Stromversorgungen
- Geregelte Gleichstromversorgungen ohne elektrische Isolation
- Netzbezogene Anwendungen

Gruppe 2

Hochfrequenter Wechselstrom in:

- Systemen, die Hochfrequenztransformatoren als Zwischenstufe verwenden
- Induktionsheizungen
- Geregelten Gleichstromversorgungen, bei denen der Gleichstromausgang elektrisch vom Eingang isoliert sein muss. Der lastseitige Wandler erzeugt hochfrequenten Wechselstrom, der dann durch einen Hochfrequenztransformator geleitet und anschließend gleichgerichtet wird.

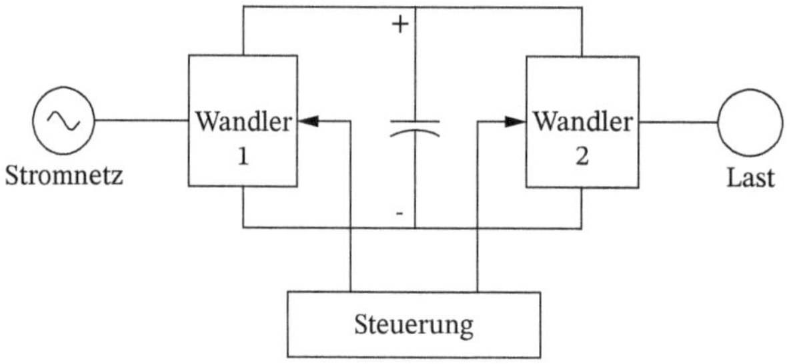

Abb. 1.19 Wandler 2 ist der lastseitige Wandler im DC-Spannungszwischenkreis.

Im Folgenden werden Umrichter (Wandler) besprochen, die in den Anwendungen beider Gruppen verwendet werden. Wir beginnen jedoch mit Wandlern für Anwendungen der Gruppe 1, bei denen lastseitig Gleichstrom oder niederfrequenter Wechselstrom geliefert wird.

1.6.1 Schaltwandler: Der Leistungsschalter als Grundbaustein

Hohe Energieeffizienz in verschiedenen Anwendungen ist nur durch Umrichtung mit Schaltwandlern zu erreichen. Im Gegensatz zu linearen Leistungselektroniken fungieren bei Schaltwandlern die verwendeten Transistoren und Dioden als digitale Schalter, die zwischen ihren Ein- und Aus-Zuständen wechseln.

Ehe es im Text weitergeht, erlaubt sich der Übersetzer eine etwas längere Anmerkung: Im englischen Original dieses Buches wird an vielen Stellen der etwas eigenwillige Begriff „switching power pole" verwendet. Das Wörterbuch meint, dieser Begriff sei als „umschaltbarer Strommast" zu übersetzen. Umschaltbare Strommasten passen aber bekannter Weise nicht in kleine Schaltnetzteile, also wird wohl etwas anders gemeint sein, nämlich ein Modul, mit dem elektrische Leistung ein- und ausgeschaltet wird. Zusätzlich hat dieses Modul noch die Eigenschaft, dass am Ausgang positive und negative Spannungen auftauchen können, daher die Verwendung des Wortes „Pol". Da keine offizielle Übersetzung des Begriffs „switching power pole" existiert, wird, um den Text flüssig zu gestalten, im Folgenden immer der Begriff „Leistungsschalter" als Übersetzung verwendet.

Das Kernstück eines Schaltwandlers ist also ein Leistungsschalter, der schematisch in Abb. 1.20a dargestellt ist. Der Leistungsschalter enthält bistabilen Schalter, der ein zweipoliges System bildet. Er besitzt einen Spannungsausgang (1) über einen Kondensator mit einer konstant bleibenden Spannung V_{in} und (2) einen Stromausgang durch eine Serieninduktivität, bei der der Strom ebenfalls konstant bleibt. Die Spannung am Ausgang (1) wird im Folgenden gerne als Busspannung bezeichnet. Zur Vereinfachung nehmen wir einen idealen Schalter mit zwei Positionen an, Ein oder Aus, gesteuert durch ein Schaltsignal q_A, das entweder 1 oder 0 sein kann. Die praktischen Implementierungsdetails dieses Leistungsschalters werden im nächsten Kapitel besprochen.

Der bistabile Schalter wandelt die Eingangsgleichspannung V_{in} in eine Reihe von hochfrequenten Spannungspulsen um. Diese Signalform wird in Abb. 1.20b mit v_A bezeichnet. Dies wird erreicht, indem der Schalter mit der Schaltfrequenz f_s schnell in die Stellung Ein (nach oben) oder in die Stellung Aus (nach unten) geschaltet wird. Durch die Steuerung der Pulsbreite innerhalb jedes Zyklus kann der Mittelwert des gepulsten Ausgangs gesteuert werden. Diese Pulsweitenmodulation ist grundlegend für die Erzeugung einstellbarer Gleichspannungen und niederfrequenter sinusförmiger Wechselspannungen, die im nächsten Abschnitt besprochen werden. Hochfrequenzpulse sind in Anwendungen wie Kompaktleuchtstofflampen, Induktionsheizungen und Gleichstromversorgungen, bei

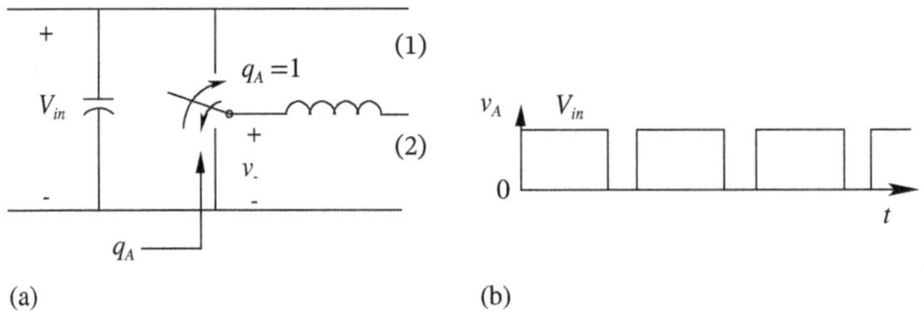

Abb. 1.20 Der Leistungsschalter als zentraler Baustein in typischischen Wandlern. (a) Schematisches Schaltbild, (b) zeitlicher Verlauf der Ausgangsspannung.

denen die galvanische Trennung über einen Hochfrequenztransformator erreicht wird, von entscheidender Bedeutung. Ein Schaltwandler enthält typischerweise einen oder mehrere dieser Leistungsschalter.

1.6.2 Pulsweitenmodulation (PWM)

Für Anwendungen in der oben aufgelisteten Gruppe 1 besteht der Zweck des Leistungsschalters (Abb. 1.21a) darin, eine Ausgangsspannung zu erzeugen, deren über einen Schaltzyklus gemittelten Wert (im Folgenden einfach oft nur als Mittelwert bezeichnet) dem gewünschten Sollwert entspricht, entweder für Gleichstrom (DC) oder für Niederfrequenz-Wechselstrom (AC).

Die Schaltvorgänge mit einer konstanten Frequenz f_s erzeugen eine Reihe von Spannungspulsen (Abb. 1.21b), die sich mit einer Periode $T_s = (1/f_s)$ wiederholen. In jedem Schaltzyklus wird der Mittelwert des Signals $\bar{v}_A$ durch die Pulsweite T_{up}, das heißt, wenn der Schalter oben (eingeschaltet) und v_A gleich V_{in} ist, mit dem Verhältnis von T_{up} zu T_s gesteuert (Abb. 1.21b):

$$\bar{v}_A = \frac{T_{\text{up}}}{T_{\text{s}}} V_{\text{in}} = d_A V_{\text{in}}, \quad 0 \le d_A \le 1. \tag{1.3}$$

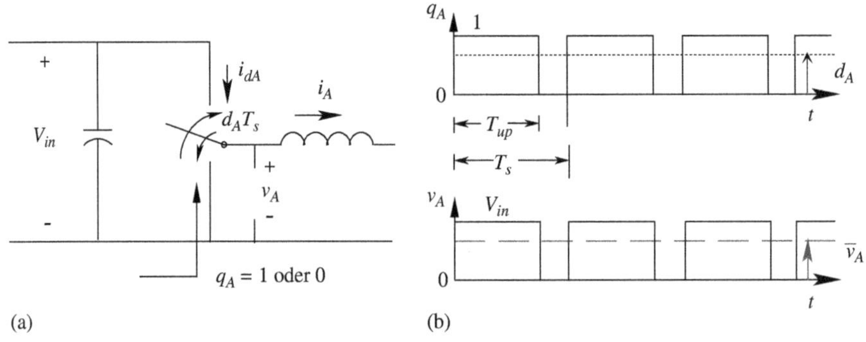

Abb. 1.21 PWM mit dem Leistungsschalter. (a) Schematisches Schaltbild, (b) zeitlicher Verlauf des Schaltsignals und der Ausgangsspannung.

Hier ist $d_A = T_{up}/T_s$ das Tastverhältnis des Leistungsschalters A (Abb. 1.21b) und somit der Mittelwert des Signals q_A. Im Folgenden wird das Überstrich-Symbol immer dann verwendet, wenn die Spannung über einen Schaltzyklus gemittelt wurde. Um zu symbolisieren, dass die betrachteten Signale im Laufe der Zeit variieren können, werden diese in Kleinbuchstaben ausgedrückt.

Der Mittelwert der Ausgangsspannung $\bar{v}_A$ wird also durch Anpassung der Pulsweite gesteuert. Diese Methode ist als Pulsweitenmodulation (PWM) bekannt und ermöglicht eine effiziente Energieumwandlung. Man beachte, dass streng genommen, die Werte von $\bar{v}_A$ und d_A diskrete Größen sind, die in einem bestimmten Schaltzyklus (z. B. im *k-ten* Zyklus) als $\bar{v}_{A,k}$ und $d_{A,k}$ berechnet werden. In praktischen Anwendungen ändert sich jedoch die Pulsweite T_{up} über viele Zyklen nur langsam, sodass wir sie als kontinuierliche Funktionen der Zeit betrachten können, die dann mit $\bar{v}_A(t)$ und $d_A(t)$ bezeichnet werden. Zur Vereinfachung wird ihre Zeitabhängigkeit aber oft nicht explizit angegeben.

1.6.3 Der Leistungsschalter im DC-DC-Abwärtswandler: Ein Beispiel

Betrachten wir nun den Leistungsschalter in einem Abwärtswandler (Engl. buck converter), der verwendet wird, um die DC-Eingangsspannung V_{in} zu reduzieren (Abb. 1.22a). Ein Kondensator wird hier parallel zur Last geschaltet, um zusammen mit der Induktivität einen Tiefpass-LC-Filter zu bilden, der am Ausgang eine glatte Spannung an die Last liefert.

Im stationären Zustand erfährt die Gleichspannung (Mittelwert) am Eingang dieses LC-Filters keine Dämpfung. Daher entspricht die gemittelte Ausgangsspannung V_o dem Mittelwert des zerhackten Signals der Eingangsspannung $\bar{v}_A$. Durch die

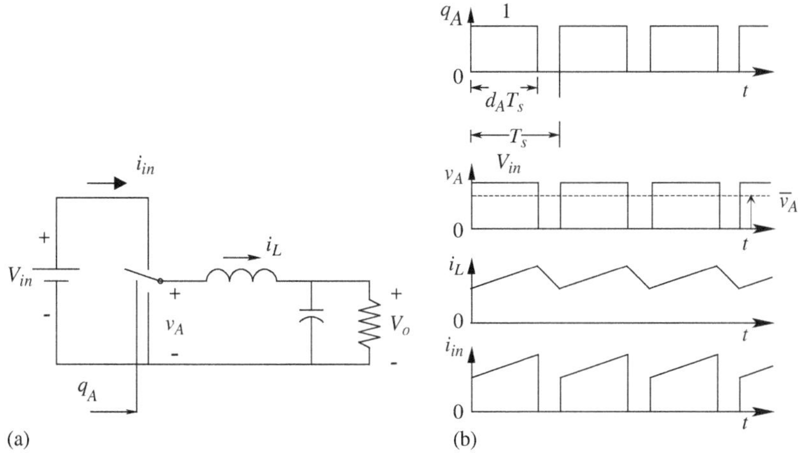

Abb. 1.22 Leistungsschalter in einem Abwärtswandler. (a) Schematisches Schaltbild. (b) Zeitlicher Verlauf des Schaltsignals, der Ausgangsspannung, des Spulenstroms i_L und des Eingangsstroms i_{in} (von oben nach unten).

Steuerung von d_A kann nun die Ausgangsspannung von V_{in} bis auf 0 heruntergeregelt werden:

$$V_o = \bar{v}_A = d_A V_{in} \quad (0 \le V_o \le V_{in}). \tag{1.4}$$

Trotz der pulsierenden Natur der momentanen Ausgangsspannung $\bar{v}_A(t)$ sorgt die Serieninduktivität im Stromanschluss des Leistungsschalters dafür, dass der Strom $i_L(t)$ relativ glatt bleibt (Abb. 1.22b).

Beispiel 1.2

Im Wandler in Abb. 1.22a beträgt die Eingangsspannung V_{in} = 20 V. Die Ausgangsspannung sei V_o = 12 V. Berechnen Sie das Tastverhältnis d_A und die Pulsbreite T_{up}, wenn die Schaltfrequenz f_s = 200 kHz beträgt.

Lösung

$\bar{v}_A = V_o = 12\text{V}$. Unter Verwendung der Gl. (1.3) ergibt sich $d_A = \frac{V_o}{V_{in}} = \frac{12}{20} = 0.6$ und $T_s = \frac{1}{f_s} = 5\ \mu\text{s}$. Daher ist $T_{up} = d_A T_s = 0.6 \times 5\ \mu\text{s}$ (Abb. 1.23).

1.6.3.1 Realisierung des bistabilen Schalters in einem Abwärtswandler

Der bistabile Schalter im Leistungsschalter in Abb. 1.24a kann mit einem Transistor und einer Diode realisiert werden. Wenn der Transistor über das Gate (wird im nächsten Kapitel besprochen) eingeschaltet ist ($q_A = 1$), führt er den Strom durch die Induktivität, und die Diode ist in Sperrrichtung geschaltet (Abb. 1.24b). Umgekehrt fließt der Strom aus der Induktivität durch die Diode, wenn der Transistor ausgeschaltet ist ($q_A = 0$, Abb. 1.24c). Im nächsten Schaltzyklus wird der Transistor wieder eingeschaltet und der Prozess beginnt wieder von vorne. Die in Abb. 1.22b gezeigten Signalformen werden im Kapitel 4 ausführlich behandelt.

In der in Abb. 1.22a gezeigten Schaltung führt eine Erhöhung der Schaltfrequenz (die Frequenz der Impulse im Signal $v_A(t)$) zu kleineren Bauteilwerten im

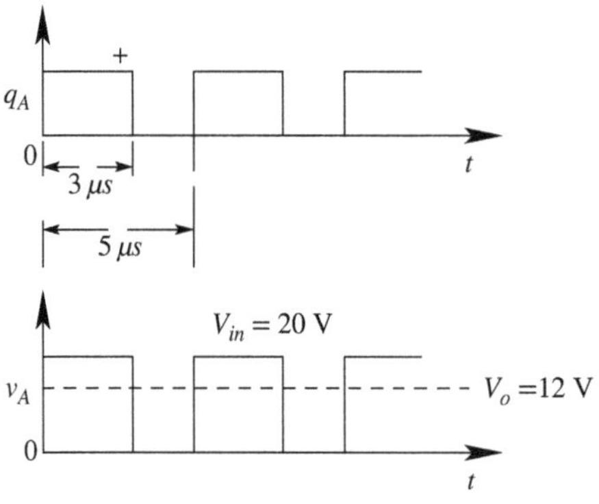

Abb. 1.23 Signalverläufe im Abwärtswandler aus Beispiel 1.2.

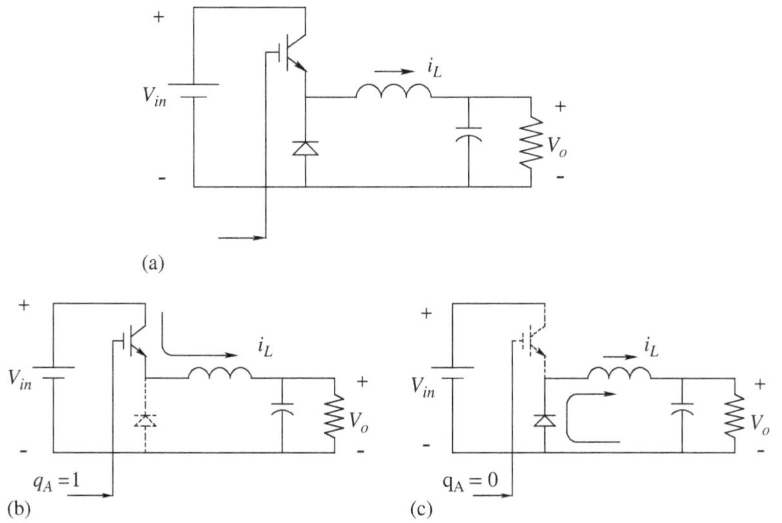

Abb. 1.24 (a) Der Leistungsschalter in einem Abwärtswandler bestehend aus Transistor und Diode. (b), (c): Strompfade während der verschiedenen Schaltzustände des Leistungsschalters.

LC-Tiefpass-Filter. Höhere Schaltfrequenzen führen jedoch auch zu erhöhten Schaltverlusten im bistabilen Schalter, ein Thema, das im nächsten Kapitel behandelt wird. Daher erfordert die Auswahl einer geeigneten Schaltfrequenz eine Abwägung dieser Kompromisse.

1.7 Neueste Entwicklungen bei Wide Bandgap-Halbleiterbauelementen

Jüngste Fortschritte bei Wide Bandgap (WBG)-Materialien (Halbleitermaterialien mit großer Bandlücke) haben dazu geführt, dass Bauelemente, wie auf GaN und SiC basierende Dioden und MOSFETs, für die Leistungselektronik erschwinglicher geworden sind. SiC-MOSFETs bieten beispielsweise schon heute Betriebsspannungen von bis zu 1.7 kV.

Obwohl die Technologie von Silizium-Leistungsbauelementen ausgereift ist, ist sie auf Betriebstemperaturen im Bereich 150–200 °C beschränkt, und es werden nur geringfügige Verbesserungen erwartet. Im Gegensatz dazu strebt die Leistungselektronik nach höheren Spannungen, Frequenzen, Temperaturen und Effizienzen, was Siliziumbauelemente für zukünftige Leistungsanwendungen weniger geeignet und kostspieliger macht.

WBG-Bauelemente bieten eine Lösung auch bei höheren Temperaturen und zeichnen sich sowohl in Hochspannungsanwendungen (> 1000 V) als auch in Niederspannungsanwendungen (< 600 V) aus. Sie bieten höhere Geschwindigkeiten, geringere Verluste und höhere Betriebstemperaturen, wodurch der Bedarf an umfangreichen Wärmemanagementsystemen verringert wird.

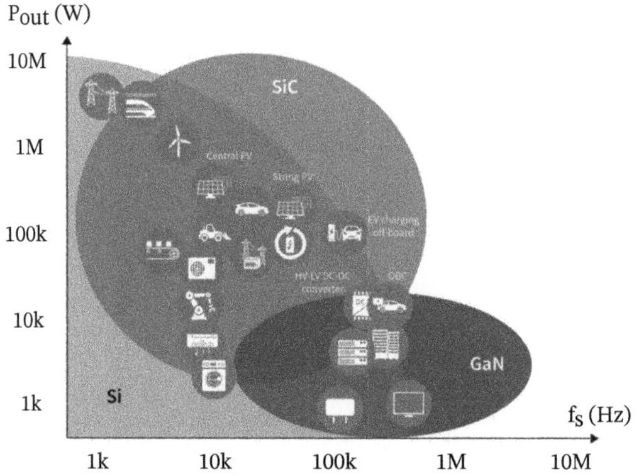

Abb. 1.25 Typische Anwendungen von SiC- und GaN-Bauelementen. Quelle: Infineon Technologies AG [14]: https://www.infineon.com/cms/en/product/technology/wide-bandgap-semiconductors-sic-gan.

Obwohl sie über ähnliche physikalische Mechanismen und Geometrien wie Siliziumbauelemente arbeiten, übertreffen WBG-Bauelemente die meisten Siliziumbauelemente aufgrund der überlegenen Materialeigenschaften. Wichtige WBG-Materialien umfassen Galliumnitrid (GaN) und Siliziumkarbid (SiC). Diese Materialien bieten eine zehnfache höhere Durchbruchfeldstärke, schnellere Schaltvorgänge, geringere Verluste, höhere Betriebstemperaturen und eine bessere Wärmeleitfähigkeit.

Kommerziell ist bereits eine Vielzahl von SiC-Bauelementen verfügbar. Es wird erwartet, dass SiC-MOSFETs und Dioden Anwendungen über 1000 V dominieren werden, während GaN-basierte Dioden und MOSFETs für unter 600 V besser geeignet sind. Abbildung 1.25 zeigt die jeweiligen Anwendungen basierend auf Betriebsfrequenzen und Nennleistungen. Weitere Details zu WBGs findet man in [13].

1.8 Simulation und Hardware-Prototyping

Computerbasierte Modellierungswerkzeuge sind nützlich, um Diskussionen zu erleichtern und das Verständnis von Konzepten der Leistungselektronik zu vertiefen. In diesem Buch werden dazu LTspice und Sciamble Workbench verwendet.

LTspice ist ein beliebter, auf SPICE basierender Schaltungssimulator, während Sciamble Workbench ein mathematisches Simulationswerkzeug ist, das an der Universität von Minnesota entwickelt wurde. Beide Werkzeuge werden in diesem Buch verwendet, um Beispiele und Schlüsselkonzepte zu simulieren, deren Ergebnisse auf der begleitenden Website verfügbar sind.

Ein wesentlicher Vorteil der Sciamble Workbench ist der nahtlose Übergang zwischen mathematischer Simulation und dem Hardware-Prototyping. Diese Funktion vereinfacht die Entwicklung von Echtzeit-Controllern und ermöglicht schnelle

Laborversuche mit den besprochenen Konzepten. Solche praktischen Experimente in der realen Welt fördern das Verständnis ganz erheblich.

Literatur

1. Mohan, N., Undeland, T.M. and Robbins, W.P. (2003). *Power Electronics: Converters, Applications and Design*. 3e. New York: John Wiley & Sons.
2. Mohan, N. and Ferraro, R.J. (1981). Techniques for Energy Conservation in AC Motor Driven Systems. *EPRI-Report EM-2037, Project 1201 1213.*
3. Mohan, N. and Ramsey, J. (1986). Comparative Study of Adjustable-Speed Drives for Heat Pumps. *EPRI-Report EM-4704, Project 2033-4.*
4. US Department of Energy (DOE) (1998). *Turning Point Newsletter.* A Motor Challenge Bimonthly Publication.
5. Significant progress in lithium-air battery development – ScienceDaily: https://www.sciencedaily.com/releases/2021/05/210506104801.htm.
6. Progress in Hydrogen and Fuel Cells | Department of Energy: https://www.energy.gov/sites/default/files/2025-03/progress-hydrogen-fuel-cells-2025.pdf.
7. Alternative Fuels Data Center: Emissions from Electric Vehicles: https://afdc.energy.gov/vehicles/electric_emissions.html.
8. Toyota Electric Vehicles: https://www.toyota.com/electrified.
9. Alternative Fuels Data Center: Maps and Data – Average Fuel Economy by Major Vehicle Category: https://afdc.energy.gov/data/10310.
10. Car Emissions & Global Warming | Union of Concerned Scientists (ucsusa.org): https://www.ucsusa.org/resources/car-emissions-global-warming.
11. Power Electronics in Automotive Applications – Elprocus: https://www.elprocus.com/power-electronics-in-automotive-applications.
12. American Wind Energy Association, The American Clean Power Association.
13. Mohan, N., Robins, W., Undeland, T. et al. (2023). *Power Electronics for Grid-Integration of Renewables: Analysis, Simulations and Hardware Lab.* New York: John Wiley & Sons.
14. https://www.infineon.com/cms/en/product/technology/wide-bandgap-semiconductors-sic-gan.
15. Sciamble Workbench platform: https://sciamble.com.

Übungsbeispiele

Energiesparmaßnahmen

1.1 Ein Bericht des US-Energieministeriums [4] schätzt, dass im Fertigungssektor der Vereinigten Staaten durch den Einsatz ausgereifter und kosteneffizienter Energiesparmaßnahmen über 122 Milliarden kWh/Jahr weniger verbraucht werden könnten. Berechnen Sie (a) wie viele 1100 MW Kraftwerke benötigt werden, um diese Energie zu liefern. (b) Berechnen Sie den durch die Einsparungen verursachten Umsatzverlust der Energieerzeuger (in Dollar), wenn die Stromkosten 0.12 Cent/kWh betragen.

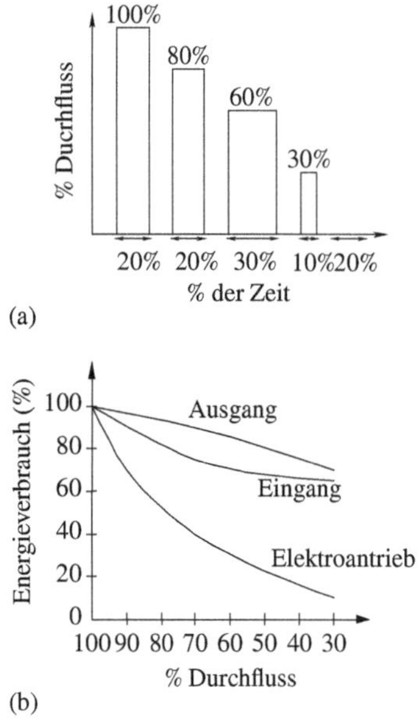

Abb. P1.1 (a) Typisches Durchflussprofil durch einen Elektromotor. (b) Energieverbrauch in Abhängigkeit vom Durchfluss.

1.2 In einem Prozess wird ein Gebläse mit dem in Abb. P1.1a gezeigten Durchflussprofil verwendet. Schätzen Sie anhand der Informationen in Abb. P1.1b den prozentualen Rückgang des Energieverbrauchs bei Verwendung eines einstellbaren Antriebs anstelle einer: (a) Auslassklappe (b) Einlassklappe.

1.3 Berechnen Sie die Verbesserung der Leistungsdichte in einem System, dessen Größe auf der verkraftbaren Verlustleistung basiert, wenn der Wirkungsgrad von 87 % auf 95 % erhöht wird.

1.4 Die Stromerzeugung in den Vereinigten Staaten beträgt etwa 3.8×10^9 MW-Stunden. Abbildung 1.7 zeigt, dass 16 % davon für Heizung, Lüftung und Klimatisierung verwendet werden. Durch den Einsatz drehzahlgeregelter Antriebe könnte in solchen Systemen bis zu 30 % weniger Energie verbraucht werden. Berechnen Sie auf dieser Grundlage den Rückgang des Energieverbrauchs pro Jahr und setzen Sie diese ins Verhältnis zu den 1100-MW Kraftwerken, die ständig in Betrieb sein könnten, um diese Energie gewinnbringend zu liefern.

1.5 Das potenzielle jährliche Stromerzeugungspotenzial aus Wind in den Vereinigten Staaten wird auf 1.8×10^9 MW-Stunden geschätzt. Schätzen Sie die Anzahl der 1.5 MW-Windräder, die erforderlich wären, wenn nur ein Zehntel dieses Potenzials erschlossen wird. Gehen Sie davon aus, dass ein Windrad im Durchschnitt nur 30 % der Energie abliefert, die es maximal erzeugen könnte.

1.6 Schätzen Sie die Gesamtleistung (in MW) ab, die erreicht wird, wenn jede 1.5 MW-Windmühle aus Beispiel 1.6 ihre Ausgangsleistung durch eine Leistungselektronik fließen lässt.

1.7 Laut Abb. 1.7 verbraucht die Beleuchtung 19 % des in den Vereinigten Staaten erzeugten Stroms. LEDs verbrauchen ein Sechstel der Leistung von Glühlampen für die gleiche Lichtleistung. Nehmen Sie an, dass die Stromerzeugung in den USA ungefähr 3.8×10^9 MW-Stunden beträgt und schätzen Sie die jährlichen Verbrauchsrückgänge in MW-Stunden, wenn alle Glühlampen durch LEDs ersetzt werden.

1.8 Ein Elektro-Hybridfahrzeug bietet eine Reichweite von 52 Meilen pro Gallone unter gemischten Fahrbedingungen, verglichen mit 22,1 Meilen pro Gallone für ein durchschnittliches Passagierfahrzeug in den Vereinigten Staaten. Die durchschnittliche Fahrleistung beträgt 11 766 Meilen pro Jahr. Berechnen Sie den jährlichen Minderverbrauch in Barrel Öl pro Auto, wenn ein herkömmliches Auto durch ein Elektro-Hybridfahrzeug ersetzt wird. Nehmen Sie dafür an, dass aus einem Barrel Öl (42 Gallonen) ungefähr 20 Gallonen Benzin erzeugt werden.

1.9 Es gibt ungefähr 150 Millionen Autos in den Vereinigten Staaten. Verwenden Sie die Ergebnisse aus Problem 1.8, um die jährliche Gesamtreduktion der Kohlenstoffemissionen zu berechnen, wenn jede Gallone Benzin ungefähr 5 Pfund Kohlenstoff freisetzt.

1.10 Vergleichen Sie den jährlichen Minderverbrauch in Barrel Öl aus Beispiel 1.9 mit der importierten Ölmenge, unter der Annahme, dass die Vereinigten Staaten ungefähr 35 000 Millionen Barrel Rohöl pro Jahr importieren.

1.11 Brennstoffzellensysteme, die auch die erzeugte Wärme nutzen, können Wirkungsgrade von bis zu 80 % erreichen, das ist mehr als das Doppelte als bei der gasbasierten Stromerzeugung. Angenommen, 20 Millionen Haushalte erzeugen im Durchschnitt 5 kW. Berechnen Sie den Prozentsatz der von diesen Brennstoffzellensystemen erzeugten Elektrizität im Vergleich zur jährlichen Stromerzeugung in den Vereinigten Staaten von 3.8×10^9 MW-Stunden.

1.12 Die Effizienz von Induktionsherden wird auf 80 % geschätzt, verglichen mit 55 % für herkömmliche elektrische Herde. Berechnen Sie die jährlichen Einsparungen beim Stromverbrauch, wenn ein durchschnittlicher Haushalt täglich 2 kWh beim herkömmlichen elektrischen Kochen verbraucht und 20 Millionen Haushalte in den Vereinigten Staaten auf Induktionsherde umsteigen.

1.13 Angenommen, die durchschnittliche Energiedichte des Sonnenlichts beträgt 800 W/m^2 und die Gesamteffizienz des photovoltaischen Systems beträgt 10 %. Berechnen Sie die mit Photovoltaikzellen bedeckte Landfläche, die benötigt wird, um 1000 MW zu erzeugen, die Größe eines typischen großen zentralen Kraftwerks.

1.14 Berechnen Sie die Anzahl der Häuser, die benötigt werden, um die gleiche Leistung zu erzeugen, wenn die Solarzellen auf Dächern verteilt sind und jede PV-Anlage eine Fläche von 40 m^2 bedeckt. Verwenden Sie die Angaben vom Übungsbeispiel 1.13.

1.15 Beschreiben Sie die Rolle der Leistungselektronik bei der Nutzung von Onshore- und Offshore-Windenergie.

1.16 Beschreiben Sie die Rolle der Leistungselektronik in photovoltaischen Systemen zur Nutzung von Solarenergie.

1.17 Beschreiben Sie die Rolle der Leistungselektronik in Batteriespeicher- und Brennstoffzellensystemen.

1.18 Beschreiben Sie die Rolle der Leistungselektronik in Elektrofahrzeugen, Hybrid-Elektrofahrzeugen und Plug-in-Hybrid-Elektrofahrzeugen.

1.19 Beschreiben Sie die Rolle der Leistungselektronik in Transportsystemen wie Hochgeschwindigkeitszügen.

1.20 Beschreiben Sie die Rolle der Leistungselektronik bei der Energieeinsparung für Beleuchtung mit LEDs.

1.21 Beschreiben Sie die Rolle der Leistungselektronik bei der Energieeinsparung für Wärmepumpen und Klimaanlagen.

1.22 Beschreiben Sie die Rolle der Leistungselektronik bei der Übertragung von Elektrizität über Hochspannungs-Gleichstromübertragung (HGÜ).

PWM mit Leistungsschaltern

1.23 In einem Abwärtswandler beträgt die Eingangsspannung $V_{in} = 12$ V. Die Ausgangsspannung V_o soll 9 V betragen. Die Schaltfrequenz f_s beträgt 400 kHz. Berechnen Sie unter der Annahme eines idealen Schalters die Pulsbreite T_{up} des Schaltsignals und das Tastverhältnis d_A des Leistungsschalters.

1.24 Nehmen Sie im Abwärtswandler vom Beispiel 1.23 an, dass der Strom durch die Induktivität keine Welligkeit und einen Wert von 1.5 A hat (die Restwelligkeit dieses Stroms wird später im Kapitel 3 behandelt). Zeichnen Sie die Kurvenform der Spannung v_A am Stromanschluss und die des Eingangsstroms i_{in} am Spannungsanschluss.

1.25 Verwenden Sie die Eingangs-Ausgangs-Spezifikationen aus Übungsbeispiel 1.23, um die maximale Energieeffizienz zu berechnen, die von einem Linearregler erwartet wird. Gehen Sie davon aus, dass die überschüssige Eingangsspannung über einen Transistor abfällt, der als steuerbarer Widerstand in Reihe zwischen Eingang und Ausgang geschaltet ist.

Simulationsbeispiele

1.26 Im Schaltplan des Abwärtswandlers in Abb. 1.22a hat der Tiefpassfilter die folgenden Werte: $L = 5$ µH und $C = 100$ µF. Der Ausgangslastwiderstand beträgt $R = 0.5\ \Omega$. Die Eingangsspannung v_A ist eine Impulswellenform zwischen 0 und 10 Volt, mit einer Impulsbreite von 0.75 µs und einer Frequenz $f_s = 100$ kHz.

(a) Zeichnen Sie die Eingangsspannung v_A und die Ausgangsspannung v_o für die letzten 10 Schaltzyklen auf, nachdem die Wellenform v_o ihren stationären Zustand erreicht hat.

(b) Wie verhält sich V_o zu $\bar{v}_A$, dem Mittelwert von v_A?

(c) Wie groß ist das Verhältnis zwischen der Schaltfrequenz und der LC-Resonanzfrequenz? Berechnen Sie mit Hilfe der Fourier-Analyse die Dämpfung der Grundfrequenzkomponente in der Eingangsspannung durch das Filter bei der Schaltfrequenz.

1.27 Zeichnen Sie die Verstärkung der Übertragungsfunktion $V_o(s)/V_A(s)$ in dB als Funktion der Frequenz auf. Fällt die Frequenz, bei der die Verstärkung der Übertragungsfunktion ihren Höhepunkt erreicht, mit der LC-Resonanzfrequenz zusammen? Berechnen Sie die Dämpfung der Grundfrequenzkomponente durch den Filter. Was liefert der Vergleich mit dem Ergebnis der Fourier-Analyse im Übungsbeispiel 1.26c?

2

Design des Leistungsschalters

Wie wir im vorherigen Kapitel gesehen haben, kann auf dem Gebiet der Leistungselektronik theoretisches Wissen gewinnbringend in der Praxis eingesetzt werden, um z. B. die Profite im Sektor der Energieerzeugung zu steigern.

Im Detail haben wir uns mit dem Konzept eines idealen PWM-Leistungsschalters befasst, welches in der Leistungselektronik als Grundbaustein von Wandlern (Umrichtern) dient. Dieser Leistungsschalter ist ein idealer Schalter, der aus einem idealen Transistor und einer idealen Diode sowie einer Pulsweitenmodulation (PWM) zur Regelung der Ausgangsleistung besteht. In den folgenden Abschnitten werden wir uns mit den unterschiedlichen Arten von Leistungshalbleiterbauelementen und mit ihren Schalteigenschaften befassen, sowie mit den verschiedenen Kompromissen, die bei der Entwicklung eines Leistungsschalters für die im Kapitel 1 beschriebenen Anwendungen eingegangen werden müssen. Darüber hinaus werden wir einen kurzen Überblick über einen PWM-IC geben, der zur Steuerung der effektiven Ausgangsleistung eingesetzt wird.

2.1 Leistungstransistoren und Leistungsdioden [1]

Im Laufe der Jahrzehnte wurden aus einfachen Dioden und Transistoren zur Signalverarbeitung spezielle Leistungsdioden und Leistungstransistoren entwickelt. Diese können Spannungen und Ströme im Kilovolt- und Kiloamperebereich handhaben, und das mit schnellen Schaltzeiten im Bereich von einigen Mikrosekunden (μs) bis hinunter zu einigen Dutzend Nanosekunden (ns). Darüber hinaus können diese Bauelemente in Serie und parallel geschaltet werden, um so beliebige Spannungs- und Stromanforderungen zu erfüllen.

Die Auswahl von Leistungsdioden und Leistungstransistoren für eine gegebene Anwendung basiert auf den folgenden Eigenschaften:

- **Spannungsfestigkeit**: Die maximale Momentanspannung, mit der das Bauelement in Sperrrichtung belastet werden kann, bevor ein Durchbruch und irreversible Schäden auftreten.

Leistungselektronik: Eine Einführung, Ned Mohan and Siddharth Raju.
© 2025 Wiley-VCH GmbH. Published 2025 by Wiley-VCH GmbH.

- **Strombelastbarkeit**: Der maximale Strom (momentan, gemittelt und/oder rms), den ein Bauelement im eingeschalteten Zustand führen kann, bevor es durch übermäßige Erwärmung zerstört wird.
- **Schaltgeschwindigkeit**: Die Geschwindigkeit, mit der ein Bauelement zwischen seinen Ein- und Aus-Zuständen wechselt. Schnell schaltende Bauelemente haben geringe Schaltverluste und können bei hohen Frequenzen noch mit akzeptablen Leistungsverlusten betrieben werden.
- **Durchlassspannung**: Der Spannungsabfall über ein Bauelement im eingeschalteten Zustand. Eine niedrige Durchlassspannung führt zu geringeren Leistungsverlusten.

2.2 Wahl der Leistungstransistoren [2–5]

Transistoren sind steuerbare Schalter, die in verschiedenen Formen für Anwendungen in der Leistungselektronik verfügbar sind:

- MOSFETs (Metall-Oxid-Semiconductor-Feldeffekttransistoren)
- IGBTs (Insulated-Gate Bipolar Transistor), also ein Bipolartransistor mit isolierter Gate-Elektrode
- IGCTs (Integrated Gate Controlled Thyristor), also integrierte Thyristoren mit Gate-Steuerung
- GTOs (Gate-Turn-Off-Thyristoren), das sind über ein Gate abschaltbare Thyristoren
- Nischenbauelemente wie BJTs (Bipolar Junction-Transistors), SITs (Static Induction Transistors) und MCTs (MOS-Controlled Thyristors)

In Schaltwandlern werden hauptsächlich zwei Arten von Transistoren verwendet:

- MOSFETs: Typischerweise verwendet unterhalb von einigen hundert Volt bei Schaltfrequenzen über 100 kHz
- IGBTs: Geeignet für sehr große Spannungen, Ströme und Leistungen bis in den MW-Bereich. Die Schaltfrequenzen von IGBTs liegen unter einigen Dutzend kHz.
- IGCTs und GTOs werden im Versorgungsbereich bei Leistungsniveaus über einigen MW genutzt. MOSFETs und IGBTs sind diejenigen Bauteile in der Leistungselektronik, welche am häufigsten verwendet werden. Die folgenden Abschnitte bieten einen kurzen Überblick über die wesentlichen Eigenschaften und Fähigkeiten von MOSFETs und IGBTs.

2.2.1 MOSFETs

Für Anwendungen mit Spannungen unter 200 V und Schaltfrequenzen über 100 kHz werden MOSFETs bevorzugt, da sie geringe Einschaltverluste, schnelle

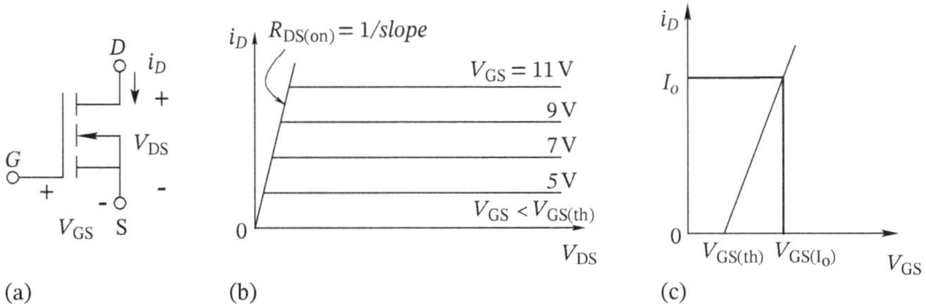

Abb. 2.1 MOSFET: (a) Schaltsymbol, (b) Ausgangskennlinien, (c) Übertragungskennlinie (Transferkennlinie).

Schaltgeschwindigkeiten und ein hochohmiges Gate aufweisen. Am Gate wird nur eine minimale Spannung und Ladung benötigt, um den MOSFET ein- oder auszuschalten. Das Schaltzeichen eines *n*-Kanals MOSFET ist in Abb. 2.1a dargestellt. Es hat drei Anschlüsse: Drain (D), Source (S) und Gate (G). Der Vorwärtsstrom fließt vom Drain zu Source. Wichtig: Die typischerweise verwendeten *n*-Kanal MOSFETs sperren nur positive Durchlassspannungen (positives v_{DS}). Negative Durchlassspannungen können nicht benutzt werden, da MOSFETs über eine intrinsische antiparallele Diode verfügen. Dieses Verhalten ist kein Nachteil, denn diese interne Diode ist in den meisten Schaltwandler-Designs sehr nützlich. Abbildung 2.1b zeigt die I-V-Kennlinien für verschiedene Gate-Spannungen. (Für *p*-Kanal MOSFETs gilt die analoge Argumentation mit negativen Durchlassspannungen.)

Wenn die Gate-Source-Spannung unter dem Schwellwert $v_{GS(th)}$ (typischerweise 2 bis 4 V) liegt, ist der MOSFET ausgeschaltet und verhält sich wie ein offener Schalter (Abb. 2.1b). Jenseits von $v_{GS(th)}$ hängt der Drain-Strom i_D von der Gate-Spannung v_{GS} ab (Abb. 2.1c). Diese Übertragungskennlinie gilt für nahezu jede Spannung v_{DS} über dem MOSFET. Für einen Drain-Strom von $i_D(= I_o)$ muss die Gate-Spannung mindestens $V_{GS(I_o)}$ betragen (Abb. 2.1c). In der Regel wird für diesen Zweck jedoch eine höhere Gate-Spannung (ca. 10 V) verwendet, um den Strom $i_D(= I_o)$ einzustellen.

Im eingeschalteten Zustand verhält sich ein MOSFET wie ein kleiner Widerstand mit dem Wert $R_{DS(on)}$, und der Drain-Strom wird vom externen Schaltkreis bestimmt. Der Einschaltwiderstand, der Kehrwert der Steigung der I-V-Kennlinien in Abb. 2.1b, hängt stark von der Sperrspannung V_{DSS} des Bauteils ab:

$$R_{DS(on)} \propto V_{DSS}^{2.5\,\text{bis}\,2.7} \tag{2.1}$$

Diese Beziehung erklärt, warum MOSFETs ideal für Niederspannungsanwendungen (unter 200 V) sind. Wichtig: Der Widerstand im eingeschalteten Zustand steigt mit der Sperrschichttemperatur, daher ist eine angemessene Kühlung erforderlich, um die Temperatur unter dem festgelegten Grenzwert zu halten.

2.2.2 IGBTs

IGBTs kombinieren die einfache Steuerung von MOSFETs mit geringen Verlusten im eingeschalteten Zustand, auch bei hohen Betriebsspannungen. Die Schaltgeschwindigkeiten erreichen bis zu 30 kHz, was IGBTs für Wandler in einem breiten Spannungs- und Leistungsbereich von einigen hundert Watt bis zu mehreren Megawatt geeignet macht, wobei die möglichen Schaltfrequenzen unter einigen zehn Kilohertz liegen.

Das Schaltzeichen für einen IGBT ist in Abb. 2.2a dargestellt, die I-V-Kennlinien sind in Abb. 2.2b illustriert. Wie MOSFETs haben IGBTs ein hochohmiges Gate, das nur minimale Energie benötigt, um das Bauteil zu schalten. Selbst bei IBBT-Versionen mit hohen Sperrspannungswerten weisen diese eine geringe Durchlassspannung auf; zum Beispiel beträgt V_{on} nur etwa 2 V bei Bauelementen der 1200-V-Klasse.

Während IGBTs im Prinzip für extrem hohe Sperrspannungen ausgelegt werden können, sind die meisten kommerziell verfügbaren Bauteile jedoch in der Regel für andere Eigenschaften optimiert. IGBTs haben Einschalt- und Ausschaltzeiten im Mikrosekundenbereich und sind als Module mit Nennwerten bis zu 3.3 kV und 1200 A erhältlich. Moderne Entwicklungen deuten darauf hin, dass die Nennspannungen in Zukunft Werte bis zu 5 kV erreichen könnten.

2.2.3 Integrierte und intelligente Leistungsmodule [2–4]

Elektronische Wandler, wie sie in dreiphasigen AC-Antrieben verwendet werden, benötigen sechs Leistungstransistoren. Power-Integrated Modules (PIMs) kombinieren aus diesem Grund mehrere Transistoren und Dioden in einem einzigen Gehäuse. Intelligent-Power Modules (IPMs) enthalten Leistungstransistoren mit zusätzlichen Gate-Treibern. Die Gate-Treiber-Schaltung empfängt Signale von einem Mikroprozessor oder einer analogen integrierten Schaltung und steuert das MOSFET-Gate. IPMs bieten auch Fehlerschutz und Diagnosefunktionen, was das Design von leistungselektronischen Umrichtern erheblich vereinfacht.

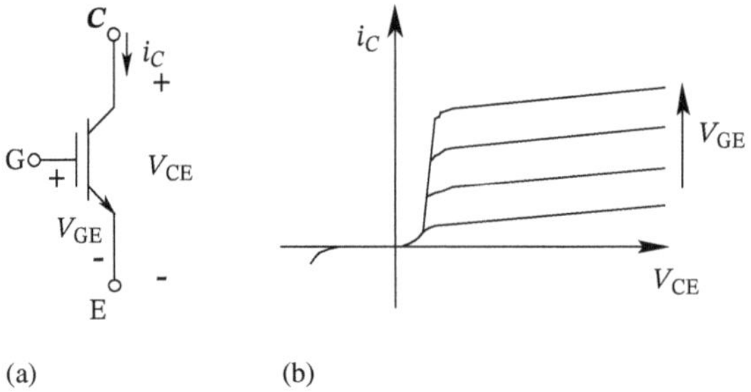

Abb. 2.2 IGBT: (a) Schaltsymbol, (b) I-V-Kennlinien.

2.2.4 Kosten von MOSFETs und IGBTs

Mit der Weiterentwicklung der Leistungsbauelemente sinken ihre Kosten kontinuierlich. Ein einzelnes 600-V-Bauelement kostet etwa 0.25 Cent pro Ampere (Cent/A), während ein 1200-V-Bauelement rund 0.50 Cent/A kostet. Leistungsmodule für 3-kV-Bauelemente sind mit ungefähr 1 Cent/A bepreist.

2.3 Wahl der Leistungsdioden

Das Schaltzeichen einer Diode ist in Abb. 2.3a dargestellt, ihre I-V-Kennlinie in Abb. 2.3b. Eine Diode ist ein ungesteuertes Bauelement, das eine Spannung mit umgekehrter Polarität sperrt. Leistungsdioden gibt es in verschiedenen Ausführungen, die unterschiedliche Sperrspannungen und Durchlassströme aufweisen. Ähnlich wie Transistoren sind Leistungsdioden in verschiedenen Formen erhältlich, und ihre Auswahl muss basierend auf ihrer Anwendung erfolgen. Die am meisten verwendeten Diodentypen sind:

- Gleichrichterdioden
- Dioden mit kurzer Erholzeit (fast recovery diodes)
- Schottky-Dioden
- SiC-basierte Schottky-Dioden

Die Gleichrichtung von Wechselstrom mit Netzfrequenz in Gleichstrom kann durch langsamere *p*-*n*-Leistungsdioden (Gleichrichterdioden, manchmal als Netzfrequenzdioden bezeichnet) erfolgen. Diese Dioden haben eine etwas niedrigere Durchlassspannung und sind mit Sperrspannungen bis zu 9 kV und Nennströmen bis zu 5 kA erhältlich. Die Durchlassspannung dieser Dioden liegt typischerweise zwischen 1 und 3 V, abhängig von ihrer Sperrspannungsfestigkeit.

Schaltwandler, die mit hohen Schaltfrequenzen von mehreren zehn bis mehreren hundert Kilohertz arbeiten, erfordern schnell schaltende Dioden. In diesen Anwendungen sollten Dioden mit kurzer Erholzeit gewählt werden, um die Schaltverluste zu minimieren.

In Anwendungen mit sehr niedrigen Ausgangsspannungen ist die Durchlassspannung von etwa einem Volt bei herkömmlichen *p*-*n*-Übergangsdioden zu hoch. Für diese Fälle werden Schottky-Dioden verwendet, deren Durchlassspannung

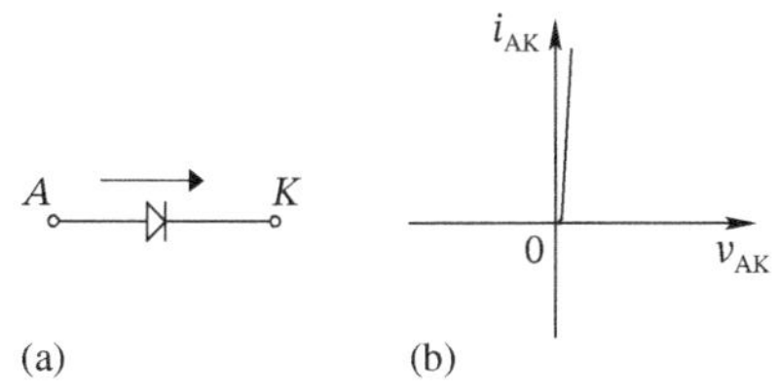

Abb. 2.3 (a) Schaltzeichen einer Diode, (b) I-V-Kennlinie.

zwischen 0.3 V und 0.5 V liegt. Als Majoritätsladungsträgerbauelemente schalten Schottky-Dioden extrem schnell und minimieren die Schaltverluste.

Alle oben besprochenen Bauelemente, einschließlich Transistoren und Dioden, basieren auf Silizium. Kürzlich sind Schottky-Dioden auf Siliziumkarbid (SiC) – Basis mit Nennspannung bis zu 1200 V verfügbar geworden. Trotz ihrer höheren Durchlassspannung (z. B. 1.7 V) macht ihre Fähigkeit, mit minimalen Verlusten zu schalten, sie für Wandler mit Spannungen von mehreren hundert Volt besonders geeignet.

2.4 Schaltcharakteristika und Leistungsverluste in Leistungsschaltern

In Schaltwandlern ist das Verständnis der Schaltcharakteristika des Leistungsschalters entscheidend. Bleiben wir dazu bei einem Leistungsschalter in einem Abwärtswandler bestehend aus einem Transistor und einer Diode (Abb. 2.4a). Zur möglichst allgemeinen Betrachtung des Problems nehmen wir zusätzlich an, dass bereits irgendein konstanter Gleichstrom I_o (I_o steht für I_{out}, nicht für I_{null}) am Ausgang fließen soll. Dieser Strom ist z. B. ein „Freilaufstrom" aus einer „Serieninduktivität" auf der Lastseite und fließt dann über die Freilaufdiode im Kreis. Kann man nicht einfach warten, bis sich dieser Freilaufstrom gelegt hat? Nein das kann man nicht, denn die Abklingzeit dieser Freilaufströme ist wegen der typischerweise großen Induktivitäten auf der Lastseite (Motoren etc.) meistens viel größer als die Schaltperiode. Das heißt, man hat diese Freilaufströme eigentlich immer am Hals, und an dieser Stelle des Buches ist es daher am besten, die Lastseite einfach als Stromquelle zu betrachten und keine weiteren Fragen zu stellen. Weiters werden im Folgenden ohne Beschränkung der Allgemeinheit nur Leistungsschalter mit MOSFETs diskutiert. IGBTs verhalten sich qualitativ gleich.

Die typischen $i_D(v_{DS})$-Kennlinien eines n-Kanal-MOSFETs für verschiedene Gate-Spannungen finden sich in Abb. 2.4b. Die Betriebszustände im ausgeschalteten und eingeschalteten Zustand sind auf diesen Kennlinien markiert. Die Kennlinien

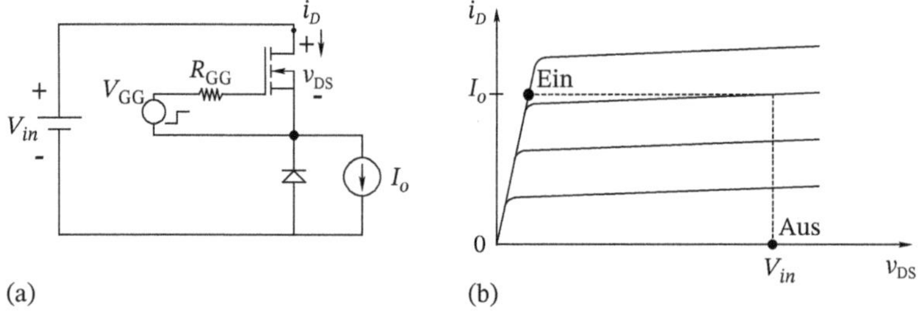

Abb. 2.4 (a) Leistungsschalter mit Freilaufdiode. (b) Strom-Spannungs-Kennlinie des Leistungsschalters.

von p-Kanal-MOSFETs interessieren uns hier nicht, denn diese haben schlechtere Eigenschaften und werden in Leistungsanwendungen selten verwendet.

Die Schaltcharakteristika von MOSFETs und somit die Schaltcharakteristika des Leistungsschalters in Abb. 2.4a hängen von mehreren Faktoren ab: der Geschwindigkeit für das Laden und Entladen der Sperrschichtkapazitäten innerhalb des MOSFETs, den $i_D(v_{\mathrm{DS}})$-Kennlinien (wir erinnern uns, kleingeschriebene Größen können sich zeitlich ändern), der Schaltungskonfiguration in Abb. 2.4a und der Ansteuerschaltung für das Gate. Man beachte, dass die Sperrschichtkapazität des MOSFETs eine stark nichtlineare Funktion der Drain-Source-Spannung ist und dass die Kapazität bei niedrigeren Spannungen erheblich zunimmt. In Abb. 2.4a wird die Gate-Spannung für den MOSFET als Spannungsquelle dargestellt, die zwischen 0 und V_{GG} (etwa 10 V) wechselt und das Gate über einen Widerstand R_{gate} lädt oder entlädt. Der Widerstand R_{gate} enthält sowohl den externen Widerstand R_{GG} als auch den internen Gate-Widerstand. Wichtiger Hinweis: In Abb. 2.4 wird nur eine vereinfachte Erklärung der Ein- und Ausschaltcharakteristika unter der Annahme einer idealen Diode (Durchlassspannung null) gezeigt. Detaillierte Schaltcharakteristika, einschließlich der Rückwärtserholung der Diode, werden im Anhang dieses Kapitels diskutiert.

2.4.1 Einschaltverhalten

Abbildung 2.5a zeigt nochmals die Schaltung aus Abb. 2.4 mit ausgeschaltetem MOSFET, der die DC-Eingangsspannung V_{in} sperrt, während aber irgendein Freilaufstrom I_{o} durch die Diode laufen soll, der sich so verhält, als käme er aus einer Stromquelle. Wie schon erwähnt, stammen solche Ströme gerne aus Induktivitäten irgendwo im Lastkreis, treten immer und überall auf und sind sozusagen der Normalfall.

Das Anlegen einer positiven Spannung an das Gate initiiert nun den Einschaltvorgang, bei dem der MOSFET aus dem Aus-Zustand in den Ein-Zustand übergeht (Abb. 2.5b). Die Gate-Ansteuerspannung steigt von 0 auf V_{GG}, wobei eine endliche Einschaltverzögerungszeit $t_{\mathrm{d(on)}}$ erforderlich ist, um die Gate-Source-Kapazität über den Gate-Widerstand R_{gate} auf den Schwellwert von $V_{\mathrm{GS(th)}}$ aufzuladen. Während dieser Verzögerung bleibt der MOSFET ausgeschaltet und I_{o} läuft weiterhin im Freilauf durch die Diode (Abb. 2.5a).

Während der MOSFET einschaltet, steigt der Strom i_D („D“ steht für „Drain“ am Transistor), V_{DS} sinkt und das Source-Potential steigt an. Auch der Nettostrom ($I_{\mathrm{o}} - i_D$) sinkt, weil die Stromquelle (als Pumpe betrachtet) nun einen Teil des Stromes über den Transistor ansaugen kann. Solange die Diode einen positiven Nettostrom ($I_{\mathrm{o}} - i_D$) leitet, ist die Spannung über der Diode (idealer Weise) null, und der MOSFET sperrt die gesamte Eingangsspannung V_{in}. Wie man in Abb. 2.5c sieht, folgen während der Stromanstiegszeit t_{ri} (der Index „ri“ steht für „rise“) die MOSFET-Spannung und der Strom dem Pfad A in den I-V-Kennlinien von Abb. 2.5b.

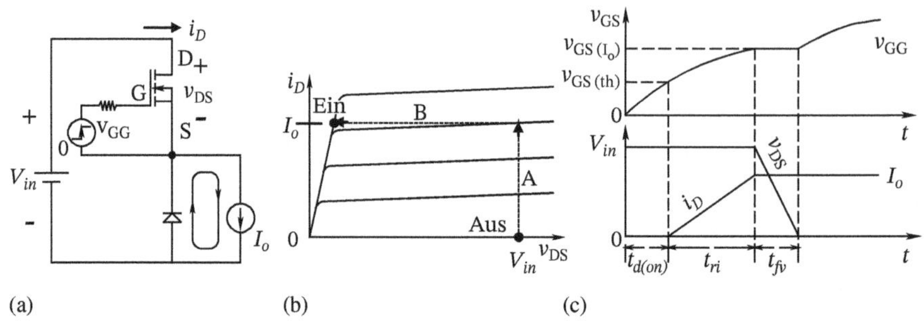

Abb. 2.5 Das Einschaltverhalten eines MOSFET. (a) Schaltbild des Leistungsschalters. (b) Strom-Spannungs-Kennlinien. (c) Zeitlicher Verlauf von v_{GS}, v_{DS}, und i_D.

Beispiel 2.1

Im Wandler aus Abb. 2.4a sei der Transistor ein MOSFET, der bei voller Leistung einen Strom von 5 A führt. Während die gesamte Eingangsspannung von 50 V am Transistor anliegt, muss nun der Strom durch den Transistor während einer plötzlich auftretenden Fehlfunktion am Ausgang auf 40 A begrenzt werden, um eine Beschädigung zu vermeiden. Wie hoch darf die maximale Gate-Spannung im eingeschalteten Zustand sein, welche die Gate-Treiberschaltung für diesen Fall bereitstellen sollte? Hinweis des Übersetzers: Benutzen Sie dazu die Übertragungskennlinie aus dem Datenblatt des MOSFETs (Abb. 2.6).

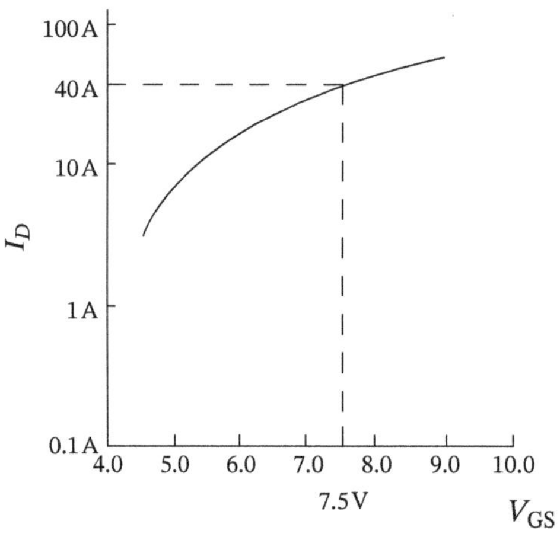

Abb. 2.6 MOSFET-Übertragungskennlinie für V_{DS} = 50 V.

Lösung

Die Transferkennlinie dieses MOSFETs (Abb. 2.6) zeigt, dass die Verwendung von V_{GS} = 7.5 V den Strom durch den MOSFET auf 40 A begrenzt.

Sobald der MOSFET-Strom i_D den Wert I_o erreicht, wird die Diode in Sperrrichtung vorgespannt und die MOSFET-Spannung V_{DS} sinkt von V_{in} auf null (Abb. 2.5c). Während der Spannungsabfallzeit t_{fv} (Pfad B in Abb. 2.5b, der Index „fv" steht für „falling voltage") bleibt die Gate-Source-Spannung bei $V_{GS(I_o)}$. Nach Abschluss des Einschaltvorgangs lädt sich das Gate auf die Gate-Steuerspannung V_{GG} auf.

2.4.2 Ausschaltverhalten

Die Ausschaltsequenz ist das Gegenteil des Einschaltprozesses. Vor dem Ausschalten leitet der MOSFET den Ausgangsstrom I_o, der durch die Last kontrolliert wird. Die Last soll sich wieder wie eine Stromquelle verhalten und die Diode ist bei eingeschaltetem Transistor in Sperrrichtung vorgespannt (Abb. 2.7a). Die I-V-Kennlinien des MOSFETs sind in Abb. 2.7b nochmals zu sehen.

Um den MOSFET auszuschalten, muss die Gate-Spannung von V_{GG} auf null sinken. Die Gate-Ansteuerung benötigt aber eine endliche Zeitspanne, um die Gate-Source-Kapazität über den Gate-Widerstand R_{gate} von V_{GG} auf die Spannung $V_{GS(I_o)}$ zu entladen. Diese Zeitspanne wird als Ausschaltverzögerungszeit $t_{d(off)}$ bezeichnet. Während dieser Verzögerung bleibt der MOSFET eingeschaltet.

Direkt nach dem Abschalten des MOSFET fließt I_o als Freilaufstrom (z. B. weiterhin getrieben von einer Serieninduktivität im Lastkreis) durch die Diode, wodurch die Diode nun in Durchlassrichtung betrieben wird. In der Folge steigt die Spannung über dem MOSFET langsam an (Trajektorie C in Abb. 2.7b), während der Strom aber auf dem Wert I_o bleibt. Die Spannung und der Strom während der Spannungsanstiegszeit t_{rv} sind in Abb. 2.7c zu sehen. In dieser Zeit bleibt Gate-Source-Spannung bei $V_{GS(I_o)}$.

Der Verlauf der Spannung und des Stroms während der Spannungsanstiegszeit t_{rv} („rv" steht für raising voltage) sind in Abb. 2.7c dargestellt. Die Gate-Source-Spannung $V_{GS(I_o)}$ bleibt in dieser Zeit konstant. Nachdem die Spannung V_{DS} über dem MOSFET über den Pfad C den Wert V_{in} erreicht, wird die Diode in Durchlassrichtung vorgespannt und der MOSFET-Strom nimmt ab. Während der Stromabfallzeit t_{fi} (Trajektorie D in Abb. 2.7b) sinkt die Gate-Source-Spannung auf $V_{GS(th)}$. Sobald der Ausschaltvorgang abgeschlossen ist, entlädt sich das Gate auf die Spannung 0.

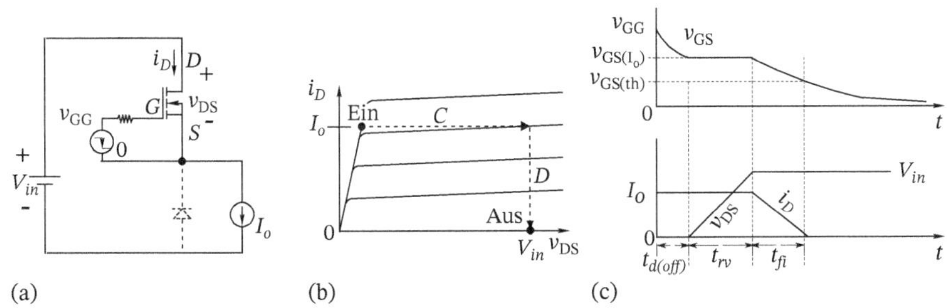

Abb. 2.7 Abschaltverhalten eines MOSFETs. (a) Schaltbild des Leistungsschalters, (b) Strom-Spannunngskennlinien, (c) Zeitlicher Verlauf von v_{GS}, v_{DS}, und i_D.

2.4.3 Leistungsverluste im MOSFET

Die Leistungsverluste in der Gate-Treiber-Schaltung sind minimal, außer bei sehr hohen Schaltfrequenzen. Die Hauptleistungsverluste treten zwischen Drain und Source auf und können in Leitverluste und Schaltverluste unterteilt werden. Diese werden in den folgenden Abschnitten erörtert.

2.4.3.1 Leitverluste

Im eingeschalteten Zustand leitet der MOSFET während jeder Schaltperiode T_s einen Drain-Strom für ein Zeitintervall T_{on} mit dem Tastverhältnis $d = T_{on}/T_s$. Angenommen, dieser Strom bleibt während dT_s konstant bei I_o und ist für den Rest der Schaltperiode null, so ergibt sich der Effektivwert des MOSFET-Stroms als:

$$I_T\,(\mathrm{rms}) = \sqrt{d}I_o. \tag{2.2a}$$

Der mittlere Leistungsverlust im eingeschalteten Zustand am Widerstand $R_{DS(on)}$ des MOSFETs beträgt:

$$P_{\mathrm{cond}} = R_{\mathrm{DS(on)}} d I_o^2. \tag{2.2b}$$

Der Widerstand $R_{DS(on)}$ variiert erheblich mit der Sperrschichttemperatur. Datenblätter geben oft dessen Wert bei 25 °C an. Es ist jedoch realistischer, den doppelten Widerstandswert, entsprechend einer Sperrschichttemperatur von beispielsweise 120 °C, zu verwenden. Die Gleichung kann erweitert werden, um den Einfluss der Welligkeit im Drain-Strom auf den Leitverlust zu berücksichtigen. Der Leitverlust ist am höchsten bei maximaler Last des Wandlers, wenn auch der Drain-Strom seinen Maximalwert erreicht und in hohen Schaltfrequenzen können die Schaltleistungsverluste die Leitungsverluste übersteigen.

2.4.3.2 Schaltverluste

Der zeitliche Verlauf der MOSFET-Spannung v_{DS} und des Stroms i_D sind in Abb. 2.8 dargestellt. Der Einfachheit wurde angenommen, dass der zeitliche Verlauf der beiden Größen linear ist.

Während jedes Schaltvorgangs, von Ein zu Aus und umgekehrt, trägt der Transistor gleichzeitig eine hohe Spannung und einen hohen Strom (Abb. 2.8). Der momentane Leistungsverlust $p_{sw}(t)$ ist das Produkt aus v_{DS} und i_D. Der mittlere Schaltverlust ist durch folgende Gleichung gegeben:

$$P_{\mathrm{sw}} = \frac{1}{2} V_{\mathrm{in}} I_o \left(t_{\mathrm{c,on}} + t_{\mathrm{c,off}}\right) f_s, \tag{2.3}$$

wobei $t_{c,on}$ und $t_{c,off}$ die Summe der Anstiegs- und Abfallzeiten der MOSFET-Spannung und des Stroms sind:

$$t_{\mathrm{c,on}} = t_{\mathrm{ri}} + t_{\mathrm{fv}}, \tag{2.4}$$

$$t_{\mathrm{c,off}} = t_{\mathrm{rv}} + t_{\mathrm{fi}}. \tag{2.5}$$

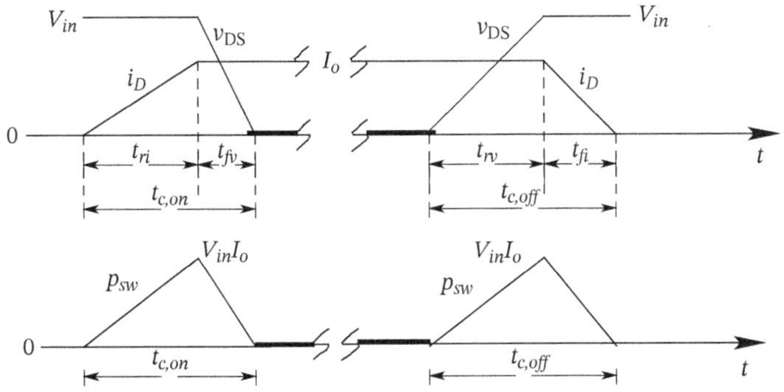

Abb. 2.8 MOSFET Schaltverluste. Oben: Zeitlicher Verlauf von v_{DS}. Unten: Zeitlicher Verlauf der momentanen Verlustleistung.

2.4.4 Integrierte Gate-Treiber mit eingebauter Schutzschaltung [2]

Anwendungsspezifische integrierte Schaltungen (ASICs) zur Steuerung von MOSFET- und IGBT-Gate-Spannungen vereinfachen das Design von Wandlern, indem sie Schutzfunktionen wie einen Überstromschutz integrieren, der den Transistor bei Fehlerbedingungen abschaltet. Diese Funktionalität ist in intelligenten Leistungsmodulen zusammen mit Leistungshalbleiterbauelementen integriert. Ein IC zur Ansteuerung des MOSFET-Gates ist in einem Blockdiagramm in Abb. 2.9 dargestellt. Um im Leistungsschalter den MOSFET auf der Hochspannungsseite anzusteuern, wird das Eingangssignal v_c vom Controller auf das Logikniveau der Masse bezogen. V_{CC} ist die Logik-Versorgungsspannung, und V_{ext} zur Ansteuerung des Gates wird von einer isolierten Stromversorgung bereitgestellt, die auf die MOSFET-Quelle S bezogen ist.

Ein solcher IC, z. B. der UCC21710, kann bis zu 10 A für das Laden und Entladen des Gates liefern und aufnehmen. Er umfasst einen Überstromschutz, der die Gate-Treiberspannung deaktiviert, wenn der Transistorstrom einen Schwellwert überschreitet, welcher z. B. über einen kleinen Widerstand in Serie mit dem Transistor gemessen wird. Für kostengünstige Designs ist der Bootstrap-Treiber in Abb. 2.10a eine Alternative zu teureren, isolierten Gate-Treibern. Bootstrap-Treiber sind sich selbst versorgende Schaltungen und für Wandler mit in Serie geschalteten Bauelementen, die komplementär angesteuert werden, besonders geeignet. (Eine kleine

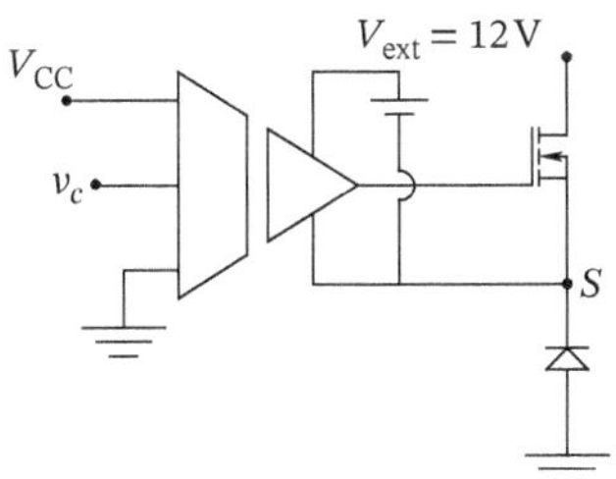

Abb. 2.9 Blockdiagramm eines typischen Gate-Treiber-ICs.

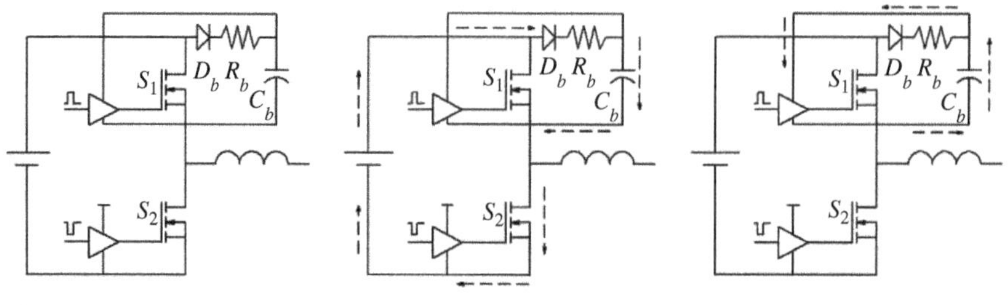

(a) (b) (c)

Abb. 2.10 (a) Bootstrap Gate-Treiberschaltung und Betrieb. (b), (c): Die beiden Schaltzustände der Treiberschaltung.

Anmerkung des Übersetzers zur Herkunft des Begriffs: Der Ausdruck „to pull oneself up by one's bootstraps", also sich an den eigenen Stiefelschlaufen hochziehen, ist eine Redewendung, die beschreibt, etwas aus eigener Kraft zu schaffen, obwohl es unmöglich erscheint. Diese Metapher wurde in der Technik übernommen, um Schaltungen zu beschreiben, die scheinbar „aus dem Nichts" eine höhere Spannung oder Leistung erzeugen.)

Im Gegensatz zu isolierten Gate-Treibern, die eine isolierte Stromversorgung für den hochspannungsseitigen Schalter S_1 erfordern, nutzt der Bootstrap-Treiber die im Kondensator C_b gespeicherte Energie. Dieser Kondensator lädt sich während des normalen Betriebs des Wandlers auf. Wenn S_1 ausgeschaltet und S_2 eingeschaltet ist, wird der Kondensator von der Eingangs-Gleichstromversorgung geladen (Abb. 2.10b). Der Widerstand R_b begrenzt den Ladestrom, und die Spannung über dem Kondensator wird durch eine aktive Schaltung oder eine externe Zener-Diode limitiert. Wenn S_2 ausschaltet, wird die Diode D_b in Sperrrichtung vorgespannt, wodurch die Spannung über C_b zur Ansteuerung des Gates für S_1 verfügbar wird. Während dieses Intervalls wird der Kondensator jedoch entladen (Abb. 2.10c).

Bootstrap-Treiber haben einige Einschränkungen. Die maximale Einschaltdauer des hochspannungsseitigen Bauelements ist zu begrenzt, um ausreichend Ladezeit für den Bootstrap-Kondensator zu ermöglichen. Dies reduziert die Gesamteffizienz aufgrund von Leistungsverlusten in R_b während jedes Ladezyklus, insbesondere bei hohen Spannungen, und begrenzt ihre sinnvolle Verwendung auf Wandler, die mit Spannungen unter 100 V arbeiten.

2.5 Rechtfertigung der Annahme von idealen Schaltern und Dioden

Produktzuverlässigkeit und hohe Energieeffizienz sind entscheidende Kriterien bei der Auslegung von Wandlern. Um die Zuverlässigkeit zu gewährleisten, müssen bei der Auswahl von Halbleiterbauelementen deren Spannungs- und Strombelastbarkeit mit angemessenen Sicherheitsmargen berücksichtigt werden. Eine hohe Energieeffizienz in Wandlern erfordert Aufmerksamkeit gegenüber den Spannungsabfällen im eingeschalteten Zustand und den Schaltcharakteristiken der Leistungsbauelemente. Darüber hinaus erfordert eine ordnungsgemäße thermische Auslegung die Berechnung der abzuführenden Wärme.

Typischerweise erreichen Wandler Energieeffizienzen von etwa 90 % oder höher, was darauf hindeutet, dass die Verluste in den Halbleiterbauelementen minimal sind. Daher können wir in diesem Buch bei der Analyse und dem Vergleich verschiedener Wandler-Topologien davon ausgehen, dass Transistoren und Dioden ideal sind. Obwohl ihre nicht-idealen Eigenschaften für die tatsächliche Auswahl und Auslegung wichtig sind, sind sie nur von sekundärer Bedeutung und können in anfänglichen Analysen vernachlässigt werden. Es wird daher nur ein generisches Symbol für Transistoren verwendet, um, unabhängig vom Transistortyp, auf die Notwendigkeit spezifischer Gate-Treiberschaltungen zu verzichten.

2.6 Dimensionierungskriterien

Beim Entwurf eines Wandlers sind die Hauptziele, Kosten, Größe, Gewicht, Energieeffizienz und Zuverlässigkeit zu optimieren. Mit diesen Zielen vor Augen werden wir nun die wichtigsten Überlegungen zur Auswahl der Topologie und der Komponenten für eine spezifische Anwendung erörtern.

2.6.1 Schaltfrequenz

Am Beispiel des Abwärtswandlers haben wir gesehen, dass ein Leistungsschalter am Ausgang eine Signalform erzeugt, die mit einer hohen Schaltfrequenz. pulsiert. Die Hochfrequenzkomponenten in dieser Signalform müssen mittels LC-Filtern herausgefiltert werden. Eine Erhöhung der Schaltfrequenz reduziert die Werte der Filterkomponenten (L) und (C) und somit deren physische Größen. Dies funktioniert gut bis zu einigen hundert kHz. Bei höheren Frequenzen wirken jedoch magnetische Verluste in Induktivitäten und die interne Induktivität innerhalb von Kondensatoren den Vorteilen entgegen (Abb. 2.11). Höhere Schaltfrequenzen ermöglichen auch eine höhere Regelbandbreite (Kapitel 4).

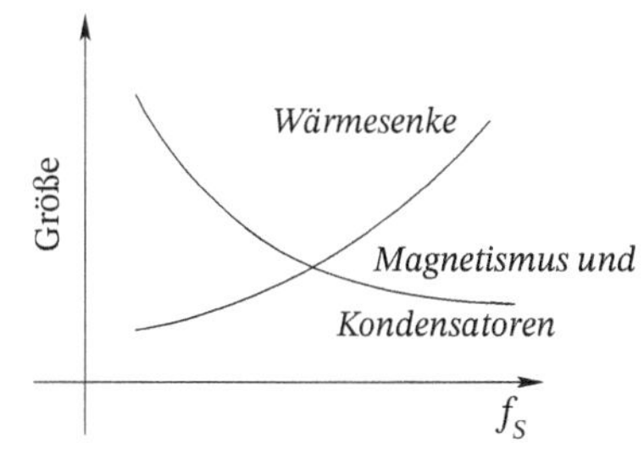

Abb. 2.11 Größe der magnetischen Komponenten und des Kühlkörpers als Funktion der Schaltfrequenz.

Die Erhöhung der Schaltfrequenz hat jedoch auch Nachteile, denn sie erhöht die Schaltverluste im Transistor und in der Diode. Höhere Frequenzen erfordern schnelleres Schalten des Transistors durch speziell entworfene Gate-Treiberschaltungen, die aufgrund höherer (di/dt) und (dv/dt) Werte mehr elektromagnetische Störungen erzeugen. Diese Störungen führen zu elektronischen Schaltgeräuschen in der Regelungsschleife und im System. In DC-DC-Wandlern können diese Probleme durch die Verwendung einer Soft-Switching-Topologie (Kapitel 10) vermindert werden.

2.6.2 Auswahl von Transistoren und Dioden

Zuvor wurde besprochen, dass zwischen MOSFETs und IGBTs basierend auf Spannungs- und Schaltfrequenzbereichen gewählt werden muss. Ebenso ist die Auswahl der passenden Diodentypen entscheidend.

Die Bemessungsspannung dieser Bauteile sollte der Spitzenspannung $\hat{V}$ im Stromkreis entsprechen, einschließlich etwaiger Spannungsspitzen, die durch parasitäre Effekte während des Schaltens verursacht werden. Die Strombemessungen sollten den Spitzenstrom $\hat{I}$ berücksichtigen, der sich auf die Schaltverlustleistung auswirkt. Bei MOSFETs sollte der Effektivstrom I_{rms} berücksichtigt werden, da sie sich im eingeschalteten Zustand wie Widerstände wie $R_{DS(on)}$ verhalten. Bei IGBTs und Dioden sollte man den Durchschnittsstrom I_{avg} berücksichtigen, da dieser typischerweise einen konstanten Spannungsabfall im eingeschalteten Zustand hat. Sicherheitsmargen, die von der Anwendung abhängen, erfordern, dass die Bauteilgrenzen die höchsten Belastungen um einen bestimmten Faktor übersteigen.

2.6.3 Magnetische Komponenten

Die Induktivität des Filters hängt von der Schaltfrequenz ab. Das Design der Induktivität (Kapitel 9) zeigt, dass die physische Größe einer Filterinduktivität weitgehend durch das sogenannte Flächenprodukt A_p bestimmt wird, das sich wie folgt berechnet:

$$A_p = L\hat{I}\,I_{rms}. \tag{2.6}$$

Die Erhöhung von L in vielen Topologien reduziert Spitzen- und rms Werte, wodurch die Strombelastungen von Transistoren und Dioden verringert werden. Dies erhöht andererseits aber auch die Gesamtgröße der Induktivität und kann die Regelbandbreite reduzieren.

2.6.4 Kondensatoren [7]

Kondensatoren haben Schaltverluste aufgrund des äquivalenten Serienwiderstands (ESR), (Abb. 2.12). Sie enthalten auch eine interne Induktivität, die als äquivalente

Abb. 2.12 Kondensator mit ESL und ESR.

Serieninduktivität (ESL) bezeichnet wird. Die Resonanzfrequenz, bei der die ESL beginnt, die Kapazität *C* zu dominieren, hängt vom Kondensatortyp ab. Elektrolytkondensatoren bieten eine hohe Kapazität pro Volumeneinheit, haben jedoch eine niedrige Resonanzfrequenz. Im Gegensatz dazu haben Keramik- und Metall-Polypropylen-Kondensatoren relativ hohe Resonanzfrequenzen. Daher wird in Schaltnetzteilen ein Elektrolytkondensator mit hoher Kapazität oft parallel zu einem Keramik- oder Metall-Polyester-Kondensator geschaltet, welche dann gemeinsam den Ausgangsfilterkondensator bilden.

2.6.5 Thermisches Design [8–9]

Die in Halbleitern und magnetischen Bauteilen dissipierte Leistung muss abgeführt werden, um den Temperaturanstieg im Bauteil zu begrenzen. Die Zuverlässigkeit und Lebensdauer von Wandlern hängen davon ab, dass die Betriebstemperaturen weit unter den maximal zulässigen Werten gehalten werden. Hohe Betriebstemperaturen hingegen reduzieren die Kosten und die Größe der benötigten Kühlkörper. Universelle Wandler sind typischerweise für die Kühlung durch normale Luftkonvektion ausgelegt. Aktive Luft- oder Flüssigkeitskühlung wird aus Kostengründen vermieden.

Halbleiterbauelemente sind in verschiedenen Gehäusen erhältlich, die sich in Kosten, Robustheit, Wärmeleitung und Strahlenhärte unterscheiden. Abbildung 2.13a zeigt ein Halbleiterbauelement, das über eine thermisch leitfähige Schicht, die aber eine elektrische Isolation zwischen dem Gehäuse des Bauelements und dem Kühlkörper bietet, an einem Kühlkörper befestigt ist.

Zu diesem Design kann eine Analogie aus einem elektrischen Schaltkreis hergestellt werden (Abb. 2.13b). Die Leistungsabgabe innerhalb des Bauelements wird als Gleichstromquelle dargestellt, die thermischen Widerstände als Serienwiderstände und die Temperaturen an verschiedenen Punkten als Spannungen.

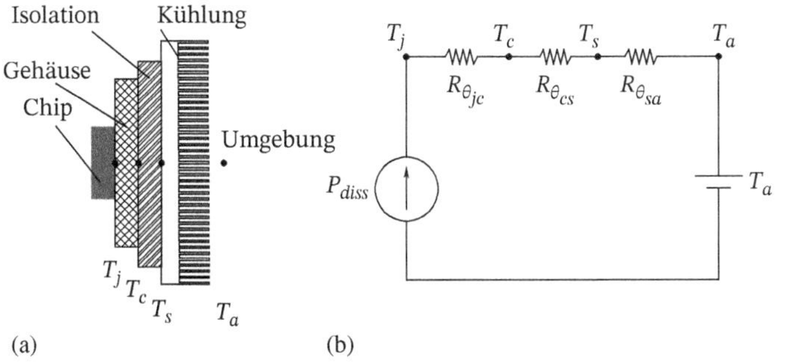

Abb. 2.13 Thermisches Design: (a) Halbleiter auf einem Kühlkörper, (b) Zugehöriges elektrisches Analogon.

Datenblätter spezifizieren verschiedene thermische Widerstandswerte. Der Wärmetransfer erfolgt hauptsächlich durch die Wärmeleitung vom Halbleiterbauelement zu seinem Gehäuse und durch thermische Isolationsschicht, dargestellt durch R_{jc} und R_{cs}. Vom Kühlkörper zur Umgebung erfolgt der Wärmetransfer durch Konvektion und Strahlung, dargestellt durch R_{sa}. Die Sperrschichttemperatur kann für die dissipierte Leistung P_{diss} wie folgt berechnet werden:

$$T_j = T_a + (R_{jc} + R_{cs} + R_{sa})P_{diss.} \tag{2.7}$$

2.6.6 Designkompromisse

Die Abbildung veranschaulicht qualitativ die Beziehung zwischen der Schaltfrequenz und den physikalischen Größen der magnetischen Komponenten, Kondensatoren und des Kühlkörpers. Derzeit liegen die optimalen Schaltfrequenzen zur Minimierung der Gesamtgröße in DC-DC-Wandlern mit MOSFETs im Bereich von 200 bis 300 kHz, mit einem leichten Aufwärtstrend.

2.7 Der PWM-IC

In DC-DC-Wandlern wird die Pulsweitenmodulation (PWM) oft durch einen Hochgeschwindigkeits-PWM-IC wie den UC3824 von Unitrode/Texas Instruments gesteuert. Innerhalb dieses ICs wird die vom Regler erzeugte Steuerspannung $v_c(t)$ mit einem Rampensignal v_r mit einer Amplitude $\hat{V}_r$ bei einer konstanten Schaltfrequenz f_s verglichen (Abb. 2.14). Das resultierende Ausgangsschaltsignal stellt die Transistorschaltfunktion $q(t)$ dar, die gleich 1 ist, wenn $v_c(t) \geq v_r$, und ansonsten 0. Das Transistor-Tastverhältnis wird durch die folgende Gleichung gegeben:

$$d(t) = \frac{v_c(t)}{\hat{V}_r}. \tag{2.8}$$

Diese Steuerspannung $v_c(t)$ hilft, die mittlere Ausgangsspannung des Leistungsschalters zu regulieren. Details zu diesem Thema finden sich in den Kapiteln 3 und 4.

PWM-ICs sind in mehreren Varianten verfügbar [10]. Zum Beispiel wird der UCC28704 gerne in Sperrwandlern verwendet. Er benötigt keine Optokoppler-Rückkopplungsschaltung, sondern verlässt sich stattdessen auf eine Hilfswicklung, um die Ausgangsspannung am Ende der Entmagnetisierung im Transformator genau zu erfassen. Dieser IC unterstützt auch quasi-resonantes Schalten, bei dem der Transistor in einem Tal der oszillierenden Spannung am Transistor im diskontinuierlichen Strommodus eingeschaltet wird (Kapitel 5). Ein weiteres Beispiel ist der UCC2897A, der einen Flusswandler steuert (Kapitel 6). Dieser Regler arbeitet mit einem aktiv geklemmten Flusswandler, wodurch keine Entmagnetisierungswicklung zur

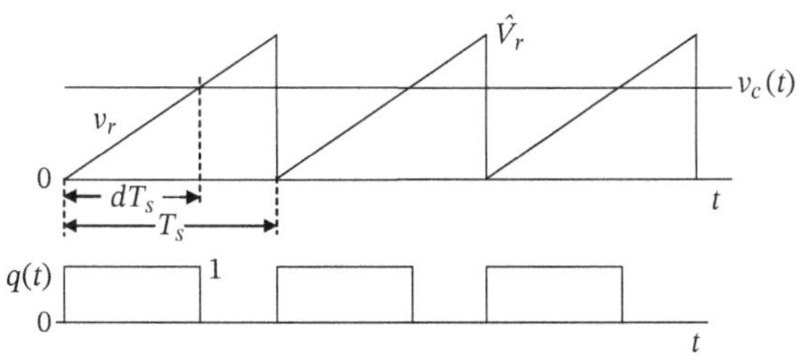

Abb. 2.14 Signalverläufe PWM-IC. Oben: $v_r(t)$. Unten: $q(t)$.

Rücksetzung des Transformatorkerns benötigt wird. Dies macht ihn kompakter und effizienter.

Die sinkenden Kosten programmierbarer digitaler Regler, insbesondere solcher, die Gleitkommaoperationen unterstützen, haben zu ihrer verstärkten Nutzung bei der Steuerung von leistungselektronischen Wandlern geführt. Ein Beispiel ist der TMS320F280049 DSP von Texas Instruments. Er enthält eingebaute Peripherieschaltungen wie 14 ADCs, 2 DACs und 16 PWMs. Er verfügt auch über einen Rampengenerator für die DACs der internen Komparatoren, was die Implementierung der Spitzenstromregelung vereinfacht (Kapitel 7). Die meisten PWM-Peripheriegeräte unterstützen eine einfache Totzeit-Kommutierung (Anmerkung: In der Leistungselektronik bedeutet der Begriff Kommutierung das Umschalten des Stroms von einem Zweig in den Anderen), die für Wandler wie den synchron gleichgerichteten Abwärtswandler erforderlich ist (Kapitel 8). Komplexere Kommutierungslogik erfordert normalerweise externe Logik-ICs oder FPGAs für programmierbare Logik. Der TMS320F280049 DSP verfügt jedoch über einen internen konfigurierbaren Logikblock, der die Modifikation der PWM-Signale oder des Eingangserfassungssignals für Wandler ermöglicht, die spezialisierte Kommutierung erfordern, wie z. B. Direktwandler.

2.8 Hardware-Prototyping

Alle in diesem Kapitel besprochenen Komponenten sind Teil des Sciamble Power Electronics Laborkits, das in Abb. 2.15 dargestellt ist. Das Kit enthält drei Leistungsschalter. Zwei dieser Leistungsschalter verwenden den FDMS8090 von Onsemi, der jeweils zwei 100 V, 10 A Si-MOSFETs enthält. Das dritte Leistungsschalter verwendet den LMG5200 von Texas Instruments, einen 80 V, 10 A GaN-Halbbrücken-IC. Sowohl GaN- als auch Si-Schalter werden von einem Bootstrap-Treiber angesteuert.

Die Schalter werden über den im Abschnitt 2.7 erwähnten TMS320F280049 DSP gesteuert. Dieser DSP wird mit der Sciamble Workbench-Plattform programmiert, die eine Echtzeitsteuerungsentwicklung mit vorgefertigten Drag-and-Drop-Toolboxen ermöglicht und so die Notwendigkeit einer C-Programmierung oder DSP-spezifischen Wissens unnötig macht.

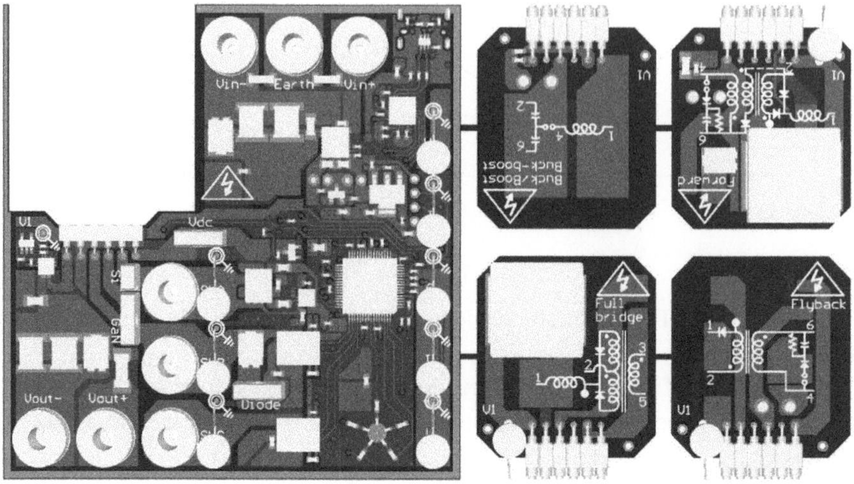

Abb. 2.15 Sciamble Leistungselektronik-Entwicklungsplattform (im Jargon gerne als Sciamble Leistungselektronik Laborkit bezeichnet).

Wie im Abschnitt 2.6.4 beschrieben, sind die Eingangs- und Ausgangsleistungsstufen des Laborkits durch einen einzelnen 470 μF Kondensator sowie zwei keramische Kondensatoren mit niedrigem ESR von 10 μF entkoppelt.

Je nach dem zu untersuchenden Wandler werden verschiedene magnetische Unterkreise, die in Abbildung gezeigt sind, entweder mit der Si- oder der GaN-Leistungsstufe verwendet, wie in den folgenden Kapiteln diskutiert wird.

Datenblätter für alle Komponenten im Sciamble Laborkit sowie LTspice-Modelle, die in den nachfolgenden Kapiteln verwendet werden, sind auf der begleitenden Website verfügbar.

Literatur

1. Mohan, N., Undeland, T.M. and Robbins, W.P. (2003). *Power Electronics: Converters, Applications and Design*. 3e. New York: John Wiley & Sons.
2. International Rectifier, http://www.irf.com.
3. POWEREX Corporation, http://www.pwrx.com.
4. Fuji Semiconductor, https://www.fujielectric.com.
5. On Semiconductor, http://www.onsemiconductor.com.
6. Infineon Technologies, http://www.infineon.com.
7. Panasonic Capacitors, https://industrial.panasonic.com/ww/products/capacitors.
8. Aavid Corporation for Heat Sinks, http://www.aavid.com.
9. Bergquist Company for thermal pads, http://www.bergquistcompany.com.
10. PWM Controller ICs, https://www.ti.com/power-management/acdc-isolated-dcdc-switching-regulators/pwm-controllers/overview.html.

Übungsbeispiele

2.1 Betrachten Sie den MOSFET in einem Leistungsschalter wie in Abb. 2.4a. Es wird angenommen, dass die Diode ideal ist. Die Betriebsbedingungen sind: $V_{in} = 42$ V, $I_o = 5$ A, Schaltfrequenz $f_s = 400$ kHz und Tastverhältnis $d = 0.3$. Unter diesen Betriebsbedingungen hat der MOSFET die folgenden Schaltzeiten: $t_{d(on)} = 50$ ns, $t_{ri} = 20$ ns, $t_{fv} = 15$ ns, $t_{d(off)} = 25$ ns, $t_{rv} = 15$ ns und $t_{fi} = 15$ ns. Der Widerstand des MOSFETs im eingeschalteten Zustand beträgt $R_{DS(on)} = 25$ mΩ. V_{GG} wird als eine stufenförmige Spannung zwischen 0 V und 12 V angenommen.

(a) Zeichnen und beschriften Sie die Ein- und Ausschaltcharakteristiken des MOSFETs. Skizzieren Sie den zeitlichen Verlauf der Gate-Source-Spannung V_{GS}.

(b) Zeichnen und beschriften Sie die Spannungs- und Stromkurven der Diode, wobei Sie von einer idealen Diode ausgehen.

2.2 Zeichnen Sie die Einschalt- und Ausschalt-Schaltleistungsverluste im MOSFET. Berechnen Sie den durchschnittlichen Schaltleistungsverlust im MOSFET.

2.3 Berechnen Sie den durchschnittlichen Leitverlust im MOSFET.

2.4 Betrachten Sie eine reale Diode mit einer Durchlassspannung von $V_{FM} = 0.7$ V anstelle einer idealen Diode. Berechnen Sie den mittleren Leistungsverlust in der Diode.

2.5 In der in Abb. 2.A.1 dargestellten Rückwärts-Erholungskennlinie der Diode ist $t_a = 12$ ns, $t_{rr} = 20$ ns und $I_{RRM} = 2.5$ A. Berechnen Sie den mittleren Schaltleistungsverlust in der Diode.

2.6 In der Gate-Treiberschaltung des MOSFETs wird angenommen, dass die externe Stromversorgung V_{ext} in Abb. 2.9 eine Spannung von 12 V hat. Um den MOSFET unter den gegebenen Bedingungen einzuschalten, ist jedes Mal eine Ladung von $Q_g = 40$ nC aus der 12-V-Stromversorgung erforderlich. Berechnen Sie die mittlere Gate-Treiber-Verlustleistung, wobei davon ausgegangen wird, dass beim Abschalten des MOSFETs keine Energie an die 12-V-Versorgung zurückgegeben wird.

2.7 In dieser Aufgabe werden die Einschalt- und Ausschaltverzögerungszeiten des MOSFETs auf der Grundlage des Gate-Treiber-ICs IR2127 berechnet (Abschnitt 2.4.4). Dieser IC wird mit einer Spannung von $V_{ext} = 12$ V in Bezug auf die Source des MOSFETs versorgt. Nehmen Sie an, dass diese Spannung gleich V_{GG} ist. Nehmen Sie außerdem an, dass der interne Serienwiderstand des MOSFET-Gates gleich null ist.

(a) Für das Einschalten wird angenommen, dass dieser Treiber-IC eine Spannungsquelle von V_{GG} mit einem internen 50 Ω Serienwiderstand ist. Berechnen Sie die Einschaltverzögerungszeit $t_{d(on)}$, wobei angenommen wird, dass die MOSFET-Schwellenspannung $V_{GS(th)} = 3.5$ V beträgt.

Für diese Berechnung wird angenommen, dass die MOSFET-Kapazität 1800 pF beträgt.

(b) Für das Ausschalten des MOSFETs wird angenommen, dass dieser Treiber-IC das MOSFET-Gate über einen internen Widerstand von 25 Ω mit seiner Quelle kurzschließt. Berechnen Sie die Ausschaltverzögerungszeit $t_{d(off)}$, wobei die MOSFET-Spannung $V_{GS(I_o)} = 4.25$ V beträgt. Für diese Berechnung wird eine MOSFET-Kapazität von 1800 pF angenommen.

2.8 Die MOSFET-Verluste sind die Summe der in den Beispielen 2.2 und 2.3 berechneten Werte. Die Sperrschichttemperatur darf 100 °C nicht überschreiten, und die Umgebungstemperatur beträgt 40 °C. Aus dem MOSFET-Datenblatt ergibt sich $R_{\theta jc} = 1.3$ °C/W. Die Wärmeleitpaste hat einen Wert von $R_{\theta jc} = 1.9$ °C/W. Berechnen Sie den maximalen Wert von $R_{\theta sa}$, den der Kühlkörper haben kann.

Simulationsbeispiel

2.9 Um den gewünschten Wert eines Ausgangskondensators in einem Abwärtswandler zu erreichen, wird ein Elektrolytkondensator $C_1 = 680$ μF parallel zu einem Polypropylkondensator mit $C_2 = 10$ μF geschaltet. Jeder dieser Kondensatoren hat die folgende ESR und ESL (Abb. 2.10): $ESR_1 = 0.037$ Ω, $ESL_1 = 16$ nH, $ESR_2 = 0.04$ Ω und $ESL_2 = 34$ nH.

Ermitteln Sie die Frequenzantwort der Admittanzen, die mit C_1 und C_2 verbunden sind, und deren Parallelschaltung in Bezug auf ihre Beträge und Phasenwinkel.

Bestimmen Sie auch die Resonanzfrequenz für die beiden Kondensatoren und deren Kombination.

Hinweis: Betrachten Sie das Phasendiagramm.

Anhang 2.A: Erholungszeit in Rückwärtsrichtung und Leistungsverluste in Dioden

In diesem Anhang wird die Erholungscharakteristik von Dioden in Sperrrichtung beschrieben und die damit verbundenen Leistungsverluste berechnet.

Mittlerer Vorwärtsverlust in Dioden

Wenn Strom durch eine Diode fließt, verursacht dies einen Vorwärtsspannungsabfall V_{FM}. Der durchschnittliche Vorwärtsleistungsverlust $P_{diode,F}$ in der Diode in Abb. 2.4a kann mit der folgenden Formel berechnet werden:

$$P_{diode,F} = (1 - d) \cdot V_{FM} I_o, \tag{2.A.1}$$

wobei d das Tastverhältnis des MOSFETs im Leistungspol darstellt. Folglich leitet die Diode während des Anteils $(1 - d)$ jeder Schaltperiode.

Rückwärts-Erholungscharakteristik in Dioden

In Leistungsdioden fließt der Vorwärtsstrom sowohl durch Elektronen als auch durch Löcher, im Gegensatz zu Majoritätsladungsträger-Schottky-Dioden. Dies führt zu einer Ansammlung von Elektronen in der p-Region und Löchern in der n-Region. Diese Ladungen ermöglichen einen Stromfluss in negativer Richtung, der die überschüssigen Ladungen entfernt. Der negative Strom fällt dann schnell auf null ab (Abb. 2.A.1).

Der maximale Rückwärts-Erholungsstrom I_{RRM} und die Rückwärts-Erholungsladung Q_{rr}, die in Abb. 2.A.1 gezeigt werden, hängen vom anfänglichen Vorwärtsstrom I_o und der Rate $\frac{di}{dt}$ ab, mit der dieser Strom abnimmt.

Dioden-Schaltverluste

Schaltverluste in einer Diode treten aufgrund des Rückwärts-Erholungsstroms auf, wenn ein negativer Strom über das Intervall t_a hinaus fließt (Abb. 2.A.1), während an der Diode eine negative Spannung $V_{d,neg}$ anliegt. Diese Verluste können mit der folgenden Formel berechnet werden:

$$P_{\text{diode, sw}} = \left(\frac{1}{2} I_{\text{RRM}} t_b\right) \cdot V_{\text{d, neg}} \cdot f_s, \tag{2.A.2}$$

wobei f_s die Schaltfrequenz ist. In Schaltnetzteilen können diese Verluste erheblich sein. Daher sind Dioden mit ultra-schnellen Rückwärts-Erholungseigenschaften notwendig, um übermäßige Schaltverluste zu minimieren.

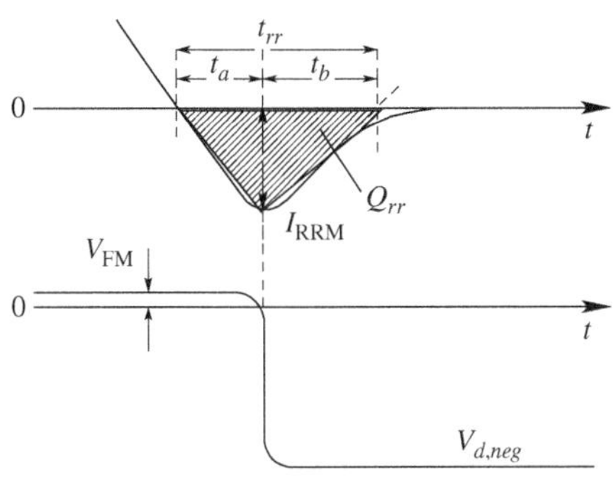

Abb. 2.A.1 Rückwärts-Erholungscharakteristik einer Oben: Stromverlauf, unten: Spannungsveralauf an der Diode.

Beispiel 2.2

Im gezeigten Leistungsschalter in Abb. 2.4a beträgt die Eingangsspannung V_{in} = 40 V und der Ausgangsstrom I_o = 5 A. Die Schaltfrequenz f_s = 200 kHz. Die MOSFET-Schaltzeiten sind t_{ri} = 15 ns und t_{fv} = 15 ns. Die Diode schaltet bei der Rückwärtserholung mit $t_{rr} = t_a$ = 20 ns (wobei t_b = 0) und dem maximalen Sperrstrom I_{RRM} = 2 A ab. Berechnen Sie den zusätzlichen Leistungsverlust im MOSFET aufgrund der Rückwärtserholung der Diode.

Lösung

Die Schaltsignale sind in Abb. 2A.2 dargestellt. Der Drainstrom steigt über den Wert von I_o = 5 A hinaus für eine Zeit von $t_a = t_{rr}$ = 20 ns um I_{RRM} = 2 A an. Nach diesem Intervall fällt die Drain-Source-Spannung über das Intervall t_{fv} = 15 ns wieder ab.

Bei einer nahezu idealen Diode beginnt die MOSFET-Spannung v_{DS} linear zu fallen, sobald der Drainstrom über das Intervall t_{fv} den Wert I_o erreicht. Der entsprechende Schaltverlust im MOSFET ist:

$$P_{sw,\,ideal} = \frac{1}{2} \times V_{in} \times I_o \times (t_{ri} + t_{fv}) \times f_s = 0.6\ \mathrm{W} \tag{A.2.3}$$

Bei einer Diode mit Rückwärts-Erholungsstrom ist der Schaltverlust im MOSFET:

$$P_{sw,\,RR} = \frac{1}{2} V_{in} \times (I_o + I_{RRM}) \times (t_{ri} + t_{rr}) \times f_s + \frac{1}{2} \times V_{in} \times I_o \times t_{fv} \times f_s = 1.28\ W \tag{A2.4}$$

Daher beträgt der zusätzliche Leistungsverlust im MOSFET 0.68 W, was den Leistungsverlust mehr als verdoppelt.

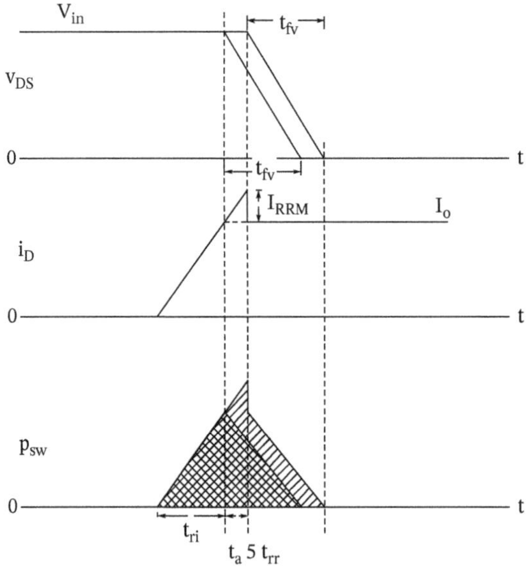

Abb. 2.A.2 Signalverlauf mit Dioden-Erholungsstrom. Oben: v_{DV}, Mitte: Drainstrom, Unten: momentane Verlustleistung.

3

DC-DC-Schaltwandler: Schaltanalyse, Topologieauswahl und Design

Im Kapitel 1 wurden verschiedene Anwendungen der Leistungselektronik diskutiert, einschließlich solcher zur nachhaltigen Nutzung von Energie. Einige Anwendungen, wie die Nutzung von Solarenergie mittels Photovoltaik, die Verwendung von Brennstoffzellen und die Speicherung von Energie in Batterien, erfordern DC-DC-Wandler, um Spannungen und Ströme zwischen verschiedenen DC-Ebenen anzupassen und so einen optimalen Betrieb zu gewährleisten. Darüber hinaus sind DC-DC-Wandler grundlegend für die Umwandlung von AC in DC-Spannungen, was in Anwendungen wie der Nutzung von Windenergie und der Steigerung der Energieeffizienz in Transport- und Kompressorsystemen unerlässlich ist.

3.1 DC-DC-Wandler [1]

Abbildung 3.1a veranschaulicht das Prinzip von buck-, boost- und buck-, boost-DC-DC-Wandlern in einem Blockdiagramm und zeigt, wie die Pulsweitenmodulation die Ausgangsspannung regelt. (Anmerkung: auf Deutsch werden die buck-, boost- und buck-boost-Wandler als Abwärts-, Aufwärts- und Inverswandler bezeichnet. Der Inverswandler wird auch Spannungsinverter genannt.)

Die folgenden Abschnitte befassen sich mit dem Design des Rückkopplungsreglers. Der Leistungsfluss durch diese Wandler ist unidirektional, wodurch ihre Spannungen und Ströme ebenfalls unipolar und unidirektional sind. Diese Wandler arbeiten damit nur im ersten Quadranten (Abb. 3.1b). Aufbauend auf diesen Wandlern werden in

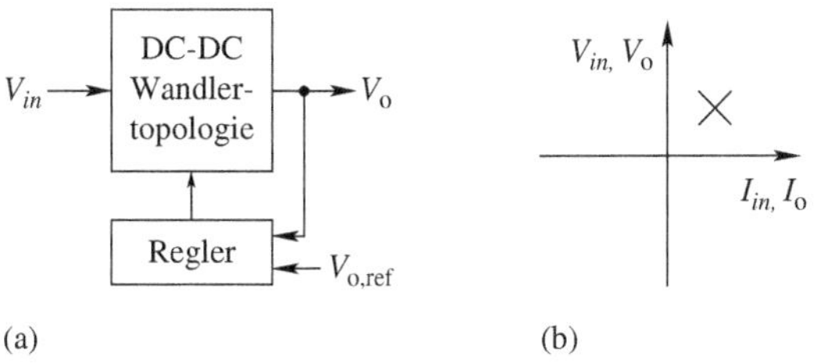

Abb. 3.1 Geregelter DC-DC-Schaltwandler für Stromversorgungen. (a) Schematische Darstellung, (b) Arbeitsbereich im ersten Quadranten.

Leistungselektronik: Eine Einführung, Ned Mohan and Siddharth Raju.
© 2025 Wiley-VCH GmbH. Published 2025 by Wiley-VCH GmbH.

einem späteren Kapitel mehrere transformatorisolierte DC-DC-Wandler-Topologien diskutiert, die häufig in verschiedenen elektronischen Geräten verwendet werden.

3.2 Der Leistungsschalter im stationären Gleichstrombetrieb

Alle besprochenen Wandler beinhalten einen Schaltkreis bestehend aus einem Schalttransistor, einer Freilaufdiode und einer Serieninduktivität, der im Kapitel 1 eingeführt wurde und der im Folgenden einfach nur als „Leistungsschalter" bezeichnet wird (Abb. 3.2a).

In Wandlerschaltungen sind im stationären DC-Betrieb die Eingangsspannung und die Ausgangslast konstant und der Leistungsschalter arbeitet mit einer Transistorschaltfunktion $q(t)$, deren Signalform sich in jedem Zyklus wiederholt. Das Tastverhältnis D bleibt im stationären DC-Betrieb ebenfalls konstant. Somit wiederholen sich im stationären DC-Betrieb alle mit dem Leistungsschalter verbundenen Signalformen mit der Schaltzeitperiode T_s.

Betrachten wir zunächst die Spannung und den Strom der Spule im Leistungsschalter. Der Strom durch die Spule hängt vom pulsierenden Spannungssignal ab (Abb. 3.2b) und die Spulenspannung und der Spulenstrom hängen über folgende Differentialgleichung in Integralform zusammen:

$$v_L = L\frac{di_L}{dt} \Rightarrow i_L(t) = \frac{1}{L}\int_{\tau} v_L \mathrm{d}\tau. \tag{3.1}$$

Zur Vereinfachung betrachten wir die erste Zeitperiode beginnend bei $t = 0$ (Abb. 3.2b). Unter Verwendung der Integralform kann der Spulenstrom i_L zum Zeitpunkt t mit seinem Anfangswert $i_L(0)$ in der Form

$$i_L(t) = i_L(0) + \frac{1}{L}\int_0^t v_L \mathrm{d}\tau, \tag{3.2}$$

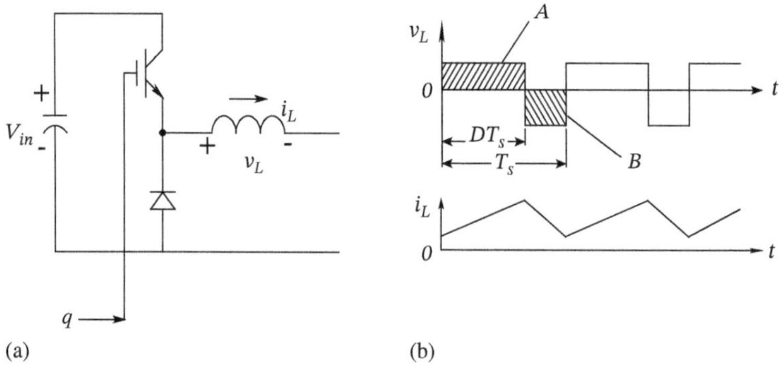

Abb. 3.2 Der Leistungsschalter als grundlegender Baustein von DC-DC-Wandlern. (a) Schaltbild, (b) Spulenspannung und Spulenstrom als Funktion der Zeit.

ausgedrückt werden. Im stationären DC-Betrieb wiederholen sich die Signalformen aller Schaltungsvariablen mit der Schaltzeitperiode T_s. Mit Gl. (3.2) gilt dann:

$$i_L(T_s) = i_L(t = 0). \tag{3.3}$$

Die Integration über eine Schaltperiode T_s zeigt, dass das Integral der Spulenspannung über die Zeit T_s gleich null ist.

$$\frac{1}{L}\int_0^{T_s} v_L \mathrm{d}t = 0 \Rightarrow V_L = \frac{1}{T}\left(\int_0^{DT_s} v_L \mathrm{d}\tau + \int_{DT_s}^{T_s} v_L \mathrm{d}\tau\right) = 0. \tag{3.4}$$

In Abb. 3.2a entspricht das Integral der Spannung über die Zeit (Spannungs-Zeitfläche) $A = \int_0^{DT_s} v_L \mathrm{d}\tau$, welches den Stromanstieg verursacht, der negativen Fläche $B = \int_{DT_s}^{T_s} v_L \mathrm{d}\tau$, die den Strom wieder zurück auf seinen Anfangswert zurückfallen lässt.

Beispiel 3.1

Berechnen Sie die Spulenspannung $v_L(t)$ für das Stromsignal im stationären Zustand (Abb. 3.2a) für eine Spule mit der Induktivität 50 μH.

Lösung

Während der Stromanstiegszeit gilt: $\frac{\mathrm{d}i_L}{\mathrm{d}t} = \frac{(4-3)}{3\mu}\frac{A}{s} = \frac{1}{3\mu}\frac{A}{s}$. Damit ist $v_L = L\frac{\mathrm{d}i_L}{\mathrm{d}t} = 50 \times \frac{1}{3\mu} = 16.67\mathrm{V}$.

Während der Stromabfallzeit gilt: $\frac{\mathrm{d}i_L}{\mathrm{d}t} = \frac{(3-4)}{2\mu}\frac{A}{s} = -\left(\frac{1}{2\mu}\right)\frac{A}{s}$. Damit ist $v_L = L\frac{\mathrm{d}i_L}{\mathrm{d}t} = 50 \times \left(-\frac{1}{2\mu}\right) = -25\ \mathrm{V}$.

Das Spannungssignal an der Spule sieht damit aus, wie in Abb. 3.3b.

Die obige Analyse gilt für alle Spulen in einem Schaltwandlerkreis, der im stationären DC-Betrieb arbeitet. Ganz analog gilt eine ähnliche Analyse für jeden Kondensator in einem Schaltwandlerkreis, der im stationären DC-Betrieb arbeitet: Die Kondensatorspannung und der Kondensatorstrom hängen über folgende Differentialgleichung zusammen

$$i_C = C\frac{\mathrm{d}v_C}{\mathrm{d}t} \Rightarrow v_C(t) = \frac{1}{C}\int_\tau i_C \mathrm{d}C. \tag{3.5}$$

Unter Verwendung der Integralform kann die Kondensatorspannung mit dem Anfangswert $v_C(0)$ zum Zeitpunkt t so ausgedrückt werden:

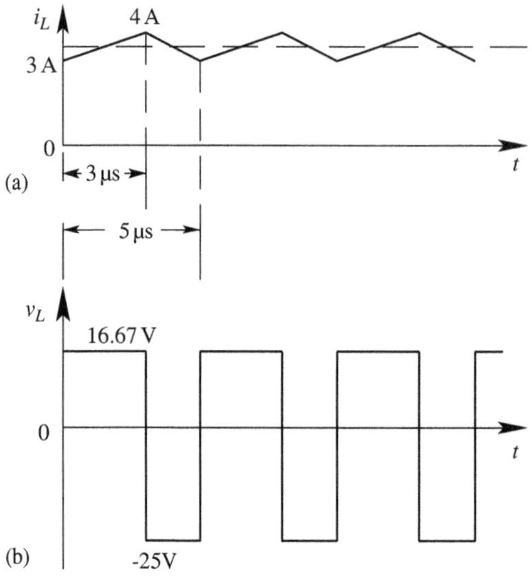

Abb. 3.3 Strom- und Spannungssignale für Beispiel 3.1, (a) Spulenstrom, (b) Spulenspannung als Funktion der Zeit.

$$v_C(t) = v_C(0) + \frac{1}{C}\int_0^t i_c \mathrm{d}\tau. \tag{3.6}$$

Im stationären Betrieb wiederholen sich die Signalformen aller Schaltungsgrößen mit der Schaltzeitperiode T_s. Aus der Gleichung folgt dann also analog zu weiter Oben:

$$v_C(T_s) = v_C(0). \tag{3.7}$$

Die Integration über eine Schaltperiode T_s zeigt, dass das Integral des Kondensatorstroms über T_s null ist, was zur Schlussfolgerung führt, dass der über T_s, gemittelte Kondensatorstrom null ist:

$$\frac{1}{C}\int_0^{T_s} i_C \mathrm{d}\tau = 0 \Rightarrow I_C = \frac{1}{T_s}\int_0^{T_s} i_C \mathrm{d}\tau = 0 \tag{3.8}$$

Beispiel 3.2

Ein Kondensatorstrom i_C (Abb. 3.4a) fließt durch einen 100 µF-Kondensator. Berechnen Sie die Spitzen-Spitzen-Welligkeit in der Kondensatorspannung aus der Welligkeit im Strom.

Lösung

Für das in Abb. 3.4b gegebene Stromsignal ist die Kondensatorspannung zum Zeitpunkt t_1 an ihrem Minimum, lange bevor dem der Kondensatorstrom

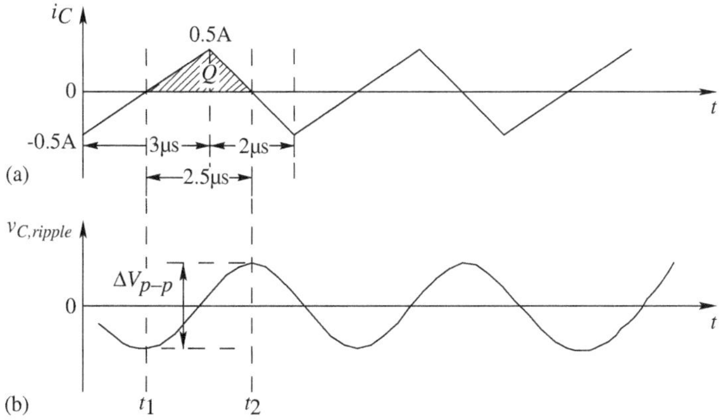

Abb. 3.4 Signalformen für Beispiel 3.2. (a) Kondensatorstrom und (b) Kondensatorspannung als Funktion der Zeit.

negativ wird. Das Spannungssignal erreicht sein Maximum zum Zeitpunkt t_2. Erst danach wird der Strom negativ.

Die schraffierte Fläche in Abb. 3.4a entspricht der Ladung $Q = \int_0^{t_2} i_C \mathrm{d}t = \frac{1}{2} \times 0.5 \times 2.5\ \mu\mathrm{C}{=}0.625\ \mu\mathrm{C}$. Unter Verwendung der Gl. (3.6) ist dann die Spitze-Spitze-Welligkeit in der Kondensatorspannung $\Delta V = \frac{Q}{C} = 6.25$ mV.

Zusätzlich zu den obigen Schlussfolgerungen ist es wichtig zu erkennen, dass im stationären DC-Betrieb die Kirchhoffschen Spannungs- und Stromgesetze auch für die Mittelwerte gelten. Im stationären DC-Betrieb summieren sich die gemittelten Spannungen in einer Schaltungsschleife zu null, und die Strommittelwerte summieren sich zu null an einem Knoten:

$$\sum_k V_\mathrm{k} = 0, \tag{3.9}$$

$$\sum_k I_\mathrm{k} = 0. \tag{3.10}$$

3.3 Vereinfachende Annahmen

Um den DC-Betriebszustand besser zu verstehen, beginnen wir mit einigen vereinfachenden Annahmen und vernachlässigen vorerst alle Effekte zweiter Ordnung.

Ideale Komponenten: Transistoren, Dioden und andere passive Komponenten werden als ideal angenommen, sofern nicht anders angegeben. Zum Beispiel ignorieren wir den äquivalenten Serienwiderstand der Spule.

Reiner DC-Eingang: Die Eingangsspannung sei eine reine Gleichspannung, bezeichnet als V_{in}.

Ausgangswelligkeit: Die üblichen Design-Spezifikationen fordern eine minimale Welligkeit in der Ausgangsspannung. Zunächst nehmen wir an, dass die Ausgangsspannung eine reine Gleichspannung ohne jegliche Welligkeit ist, die wir mit $v_o(t) \simeq V_o$ bezeichnen. Die in der Realität auftretende Welligkeit wird später betrachtet.

Kontinuierlicher Strommodus (CCM): Der Strom durch die Spule im Leistungsschalter soll kontinuierlich fließen. Dies wird als kontinuierlicher Strommodus bezeichnet. Der diskontinuierliche Strommodus (DCM) wird später betrachtet.

Zeitlich lineares Verhalten: Die zeitliche Sprungantwort der Spannungen an Kondensatoren und Ströme durch Induktivitäten wird im betrachteten Bereich als linear und nicht als exponentiell angenommen.

Obwohl es möglich ist, eine Schaltkreisanalyse im Detail ohne diese vereinfachenden Annahmen durchzuführen, bietet der Ansatz, zunächst ein einfaches Modell zu betrachten, und dann die Effekte zweiter Ordnung hinzuzufügen, ein leichteres Verständnis der Betriebsweise des Wandlers und der Dimensionierungsüberlegungen. Hinweis: Die LTspice-basierten Computersimulationen rechnen von Anfang an exakt.

3.4 Allgemeines Betriebsprinzip

In allen drei Wandlern, die wir betrachten werden, überträgt die Induktivität im Leistungsschalter Energie vom Eingang zum Ausgang. Wenn der Transistor im Leistungsschalter eingeschaltet ist, bezieht und speichert die Induktivität Energie von der Quelle am Eingang. Diese gespeicherte Energie wird dann in die Ausgangsstufe übertragen, wenn der Transistor ausgeschaltet ist. Darüber hinaus kann es je nach Konverter auch eine direkte Energieübertragung vom Eingang zum Ausgang geben. Dies wird in den folgenden Abschnitten erläutert.

3.5 Abwärtswandler im stationären DC-Betrieb

In einem typischen Abwärtswandler (Abb. 3.5a) bilden der Transistor und die Diode das bistabile Schaltelement des Leistungsschalters. Der äquivalente Serienwiderstand (equivalent series resistance, ESR) des Kondensators wird ignoriert und der Innenwiderstand der Spule sei null. Wenn der Transistor eingeschaltet ist, steigt der Strom durch die Induktivität an (Abb. 3.5b). Sobald der Transistor ausgeschaltet ist, fließt der Spulenstrom im Freilauf durch die Diode (Abb. 3.5c).

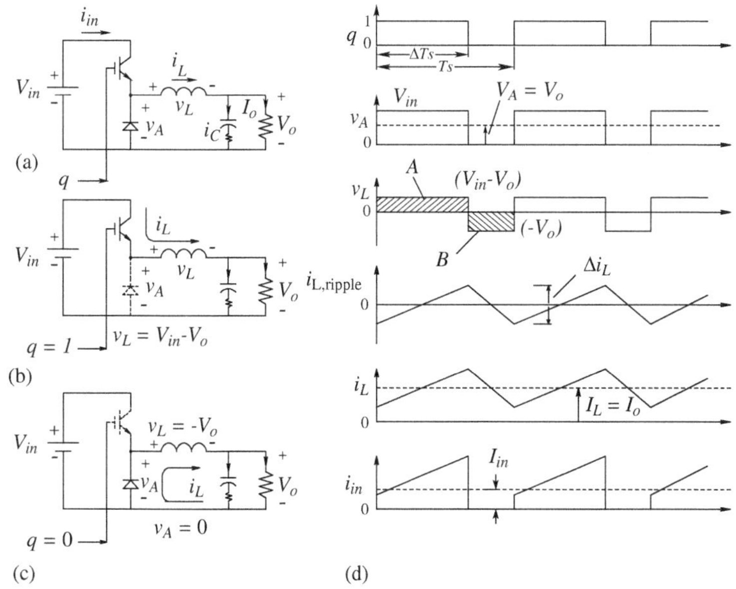

Abb. 3.5 DC-DC-Abwärtswandler mit den zugehörigen Signalverläufen im stationären (a) Gleichgewichtszustand bei ausgeschaltetem Transistor. (b) Nach dem Einschalten, (c) Nach dem Auschalten. (d) Signalverläufe zu den Situationen (a)-(c).

Für eine gegebene Transistorschaltfunktion $q(t)$ mit einem Tastverhältnis D folgt das Spannungssignal v_A am Stromausgang der Funktion $q(t)$ (Abb. 3.5d). Durch Integration von v_A über T_s ergibt sich die mittlere Spannung V_A zu DV_{in}. Da die gemittelte Spulenspannung null ist (Gl. [3.4]), ergeben die mittleren Spannungen im Ausgangskreis null:

$$V_o = V_A = DV_{in}. \tag{3.11}$$

Die Spannung an der Induktivität, v_L, pulsiert zwischen $(V_{in} - V_o)$ und $(-V_o)$ (Abb. 3.5d). Da die durchschnittliche Spulenspannung null ist, sind die Spannungs-Zeit-Flächen (Integral der Spannung über die Zeit) während der beiden Teilintervalle gleich groß und entgegengesetzt. Im stationären DC-Betrieb kann der Spulenstrom also als Summe seines Mittelwerts und der Welligkeit ausgedrückt werden:

$$i_L(t) = I_L + i_{L,\mathrm{ripple}}(t). \tag{3.12}$$

Der Mittelwert des Stroms hängt von der Ausgangslast ab, und die Welligkeit wird durch die Signalform der Spulenspannung v_L in Abb. 3.5d bestimmt. Die Welligkeitskomponente besteht aus linearen Segmenten, die ansteigen, wenn v_L positiv ist, und abfallen, wenn v_L negativ ist. Die Spitze-zu-Spitze-Welligkeit kann mit Hilfe der Fläche $A = (V_{in} - V_o)DT_s$ oder $B = V_o(1 - D)T_s$ berechnet werden:

$$\Delta i_{iL} = \frac{1}{L}(V_{\mathrm{in}} - V_{\mathrm{o}})DT_{\mathrm{s}} = \frac{1}{L}V_{\mathrm{o}}(1-D)\,T_{\mathrm{s}}. \tag{3.13}$$

Diese Welligkeitskomponente des Spulenstroms ist in Abb. 3.5d dargestellt. Da der mittlere Kondensatorstrom im stationären DC-Betrieb null ist, entspricht der mittlere Spulenstrom dem Laststrom am Ausgang gemäß dem Kirchhoffschen Stromgesetz, das am Ausgangsknoten angewendet wird. Es gilt also:

$$I_L = I_{\mathrm{o}} = \frac{V_{\mathrm{o}}}{R} \tag{3.14}$$

Die Signalform des gesamten Spulenstroms, also die Überlagerung des Mittelwerts und der Welligkeit, ist in Abb. 3.5d zu sehen.

Als nächstes berechnen wir die Welligkeit des Stroms durch den Ausgangskondensator. In der Praxis ist der Filterkondensator groß genug, um die Ausgangsspannung nahezu konstant zu halten ($v_{\mathrm{o}}(t) \approx V_{\mathrm{o}}$). Daher bietet der Strompfad durch den Kondensator für die Stromwelligkeit eine viel geringere Impedanz als der Strompfad durch den Lastwiderstand, was die Annahme rechtfertigt, dass die Welligkeitskomponente des Spulenstroms vollständig durch den Kondensator (und nicht durch die Last) fließt. Somit gilt

$$i_C(t) \approx i_{L,\mathrm{ripple}}(t). \tag{3.15}$$

In der Praxis dominieren in einem Kondensator die Spannungsabfälle über den ESR und die ESL durch den kapazitiven Spannungsabfall $\frac{1}{C}\int i_C\,\mathrm{d}t$. Der Kondensatorstrom i_C, der gleich dem Strom $i_{L,\mathrm{ripple}}$ in Abb. 3.5d ist, kann also dazu verwendet werden, um die Welligkeit in der Ausgangsspannung zu berechnen.

Der Eingangsstrom i_{in} pulsiert parallel zu i_L, wenn der Transistor eingeschaltet ist, und ist ansonsten null (Abb. 3.5d). Um zu verhindern, dass der pulsierende Strom aus der Eingangsgleichstromquelle gezogen wird, wird also ein *LC*-Eingangsfilter benötigt. Der gemittelte Wert des Eingangsstroms in Abb. 3.5d ist (mit Gl. 3.14):

$$I_{\mathrm{in}} = DI_L = DI_{\mathrm{o}}. \tag{3.16}$$

Mit den Gleichungen (3.11) und (3.16) sieht man, dass die Eingangsleistung der Ausgangsleistung in diesem idealisierten Wandler entspricht

$$V_{\mathrm{in}}I_{\mathrm{in}} = V_{\mathrm{o}}I_{\mathrm{o}}. \tag{3.17}$$

Gleichung (3.17) zeigt, dass das Spannungswandlungsverhältnis von Abwärtswandlern im kontinuierlichen Strommodus (CCM) vom Tastverhältnis *D* abhängt, aber unabhängig von der Ausgangslast ist. Wenn die Ausgangslast soweit abnimmt (der Lastwiderstand soweit steigt), dass der Spulenstrom diskontinuierlich wird, ist die Eingangs-Ausgangs-Beziehung im CCM nicht mehr gültig. Die Ausgangsspannung im diskontinuierlichen Strommodus würde damit über dem durch die Gl. (3.11) gegebenen Wert liegen. Der Fall des diskontinuierlichen Strommodus (DCM) wird in einem späteren Abschnitt im Detail betrachtet.

Beispiel 3.3

Im in Abb. 3.5a gezeigten DC-DC-Abwärtswandler ist $L = 24\ \mu\text{H}$. Im stationären DC-Betrieb gelten die Bedingungen: $V_{in} = 20$ V, $D = 0.6$, $P_o = 14$ W und $f_s = 200$ kHz. Berechnen und zeichnen Sie wie in Abb. 3.5d die gezeigten Signalformen unter der Annahme idealer Komponenten.

Lösung

Mit $f_s = 200$ kHz, $T_s = 5\ \mu\text{s}$ und $T_{on} = DT_s = 3\ \mu\text{s}$, ist $V_o = DV_{in} = 12$ V. Die Spulenspannung v_L schwankt zwischen $(V_{in} - V_o) = 8$ V und $(-V_o) = -12$ V, (Abb. 3.6). Aus der Gl. (3.13) ergibt sich der Ripple im Spulenstrom zu $\Delta i_L = 1$ A. Der mittlere Spulenstrom beträgt $I_L = I_o = \dfrac{P_o}{V_o} = 1.167$ A. Daher ist $i_L = I_L + i_{L,\text{ripple}}$, (Abb. 3.6). Wenn der Transistor eingeschaltet ist, ist der Strom $i_{in} = i_L$ andernfalls ist er null. Der gemittelte Eingangsstrom beträgt $I_{in} = DI_o = 0.7$ A.

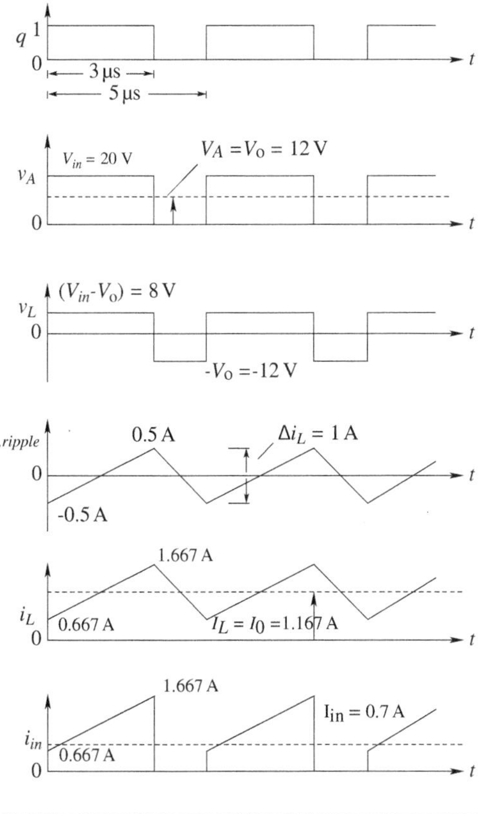

Abb. 3.6 Signalverläufe zu Beispiel 3.3. Von Oben nach Unten: Schaltsignal, Ausgangsspannung, Spulenspannung, Welligkeit im Spulenstrom, Spulenstrom und Eingangsstrom.

3.5.1 Simulation und Hardware-Prototyping

Die Simulation eines nicht-idealen Abwärtswandlers wird im folgenden Beispiel veranschaulicht:

Beispiel 3.4

Im DC-DC-Abwärtswandler in Abb. 3.5a sind die Parameter: $L = 68\ \mu H$, $C = 490\ \mu F$ und $R = 8\ \Omega$. Er arbeitet im stationären DC-Betrieb unter den folgenden Bedingungen: $V_{in} = 15$ V, $D = 0.7$ und $f_s = 100$ kHz. Verwenden Sie die im Anhang vom Kapitel 2 angegebenen Schalter- und Diodenparameter. Simulieren Sie diesen Wandler mit LTspice.

Lösung

Die Simulationsdatei für Beispiel 3.4 ist auf der begleitenden Website verfügbar. Das LTspice-Modell ist in Abb. 3.7 zu sehen. Die Signalformen aus der Simulation für den stationären Betrieb finden sich in Abb. 3.8.

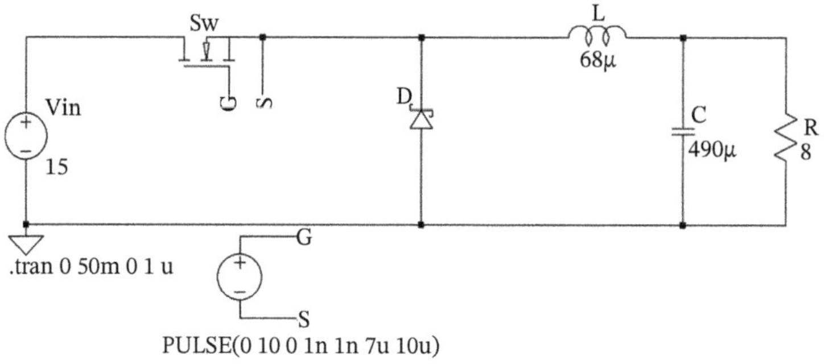

Abb. 3.7 LTspice-Modell.

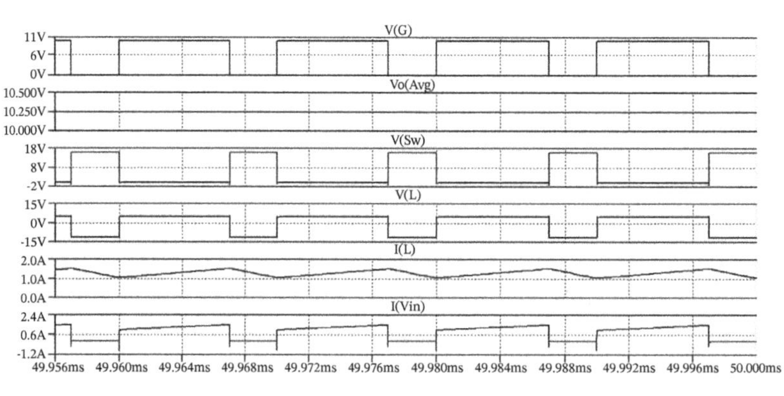

Abb. 3.8 LTspice-Simulationsergebnisse für Beispiel 3.4.

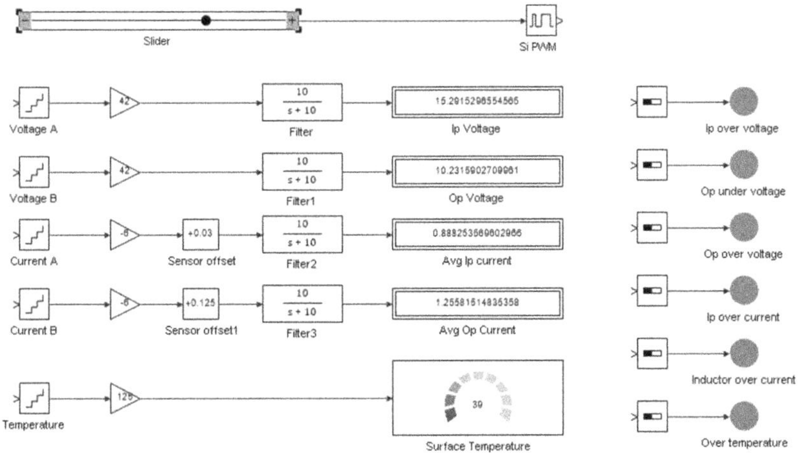

Abb. 3.9 Das Workbench-Modell für Beispiel 3.4.

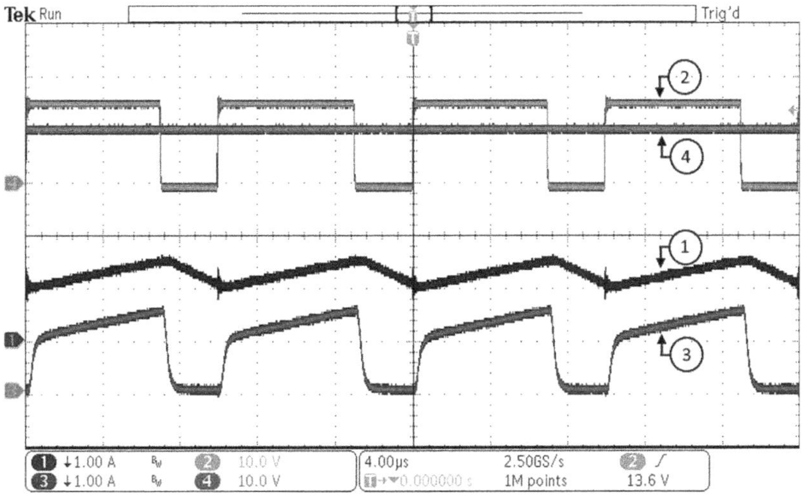

Abb. 3.10 Workbench-Hardwareergebnisse: (1) Strom durch die Induktivität, (2) Spannung am Schaltermodul, (3) Eingangsstrom und (4) Ausgangsspannung.

Die Signale des Abwärtswandlers auf dem Sciamble-Laborkit (Abb. 3.9) im stationären Zustand sind in Abb. 3.10 dargestellt. Das schrittweise Verfahren zur Realisierung dieser Hardware-Implementierung ist in [2] erläutert.

3.6 Aufwärtswandler im stationären DC-Betrieb

Ein typischer Aufwärtswandler (boost-converter) ist in Abb. 3.11 zu sehen. Die Ausgangsstufe besteht aus der Ausgangslast und einem großen Filterkondensator, der

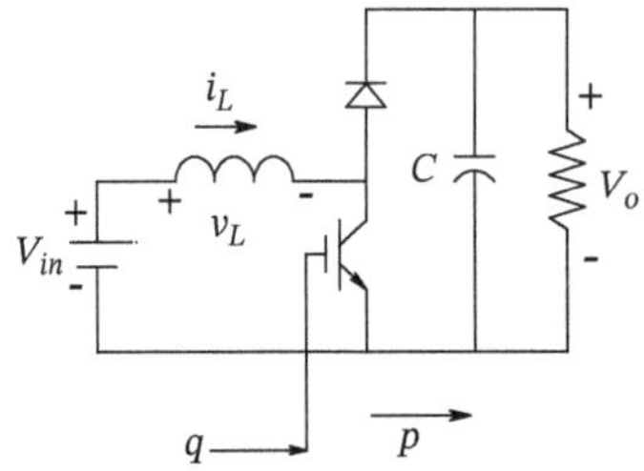

Abb. 3.11 DC-DC-Aufwärtswandler.

die Ausgangsspannungswelligkeit minimiert. Anfangs lädt sich dieser Kondensator über die Diode auf die Spannung V_{in} auf.

Im Vergleich zum Abwärtswandler gibt es zwei wesentliche Unterschiede.

1: Bei Aufwärtswandlern fließt die Leistung einer niedrigeren DC-Eingangsspannung durch den Leistungsschalter zu einer höheren Lastspannung. Die Stromrichtung durch die in Reihe geschaltete Spule (gerne auch Drossel genannt) führt vom $+V_{\text{in}}$ zum spannungsmäßig höher gelegenen $+V_{\text{o}}$-Anschluss (und ist damit entgegengesetzt zur Stromrichtung in einem Abwärtswandler). Die Stromrichtung im kontinuierlichen Strommodus bleibt immer positiv.

2: Der Leistungsschalter verwendet einen Transistor und eine Diode (Abb. 3.12a). Ein Filterkondensator C wird parallel zum Ausgang geschaltet, um die Welligkeit zu minimieren. Wenn der Transistor eingeschaltet ist, wird die Eingangsspannung über die Spule angelegt, wodurch v_L gleich V_{in} wird und i_L ansteigt, was die Energie in der Spule erhöht (Abb. 3.12a). Das Ausschalten des Transistors erzwingt einen Spulenstrom durch die Diode (Abb. 3.12b), wodurch ein Teil der in der Spule gespeicherten Energie an die Ausgangsstufe übertragen wird, die den Filterkondensator und die Last umfasst.

Die Schaltfunktion des Transistors und resultierende Spannung v_{A} sind in Abb. 3.12c dargestellt. Das Tastverhältnis im stationären Betrieb ist D. Im stationären DC-Betrieb ist die mittlere Spannung über der Spule null, sodass die mittlere Spannung V_{A} der Eingangsspannung V_{in} entspricht. Die Spulenspannung v_L wechselt zwischen V_{in} und $-(V_{\text{o}} - V_{\text{in}})$ (Abb. 3.12c). Die Spannungs-Zeit-Flächen sind während der beiden Teilintervalle gleich groß und haben entgegengesetzte Vorzeichen.

Das Verhältnis von Eingangs- zu Ausgangsspannung kann aus der Signalform von v_L in Abb. 3.12c abgeleitet werden. Da die gemittelte Spulenspannung im stationären DC-Betrieb null ist (Gl. 3.4), gilt:

$$V_{\text{in}}(DT_{\text{s}}) = (V_{\text{o}} - V_{\text{in}})(1 - D)T_{\text{s}}. \tag{3.18}$$

Daraus ergibt sich die Beziehung:

$$\frac{V_{\text{o}}}{V_{\text{in}}} = \frac{1}{1 - D}\,(V_{\text{o}} > V_{\text{in}})\,. \tag{3.19}$$

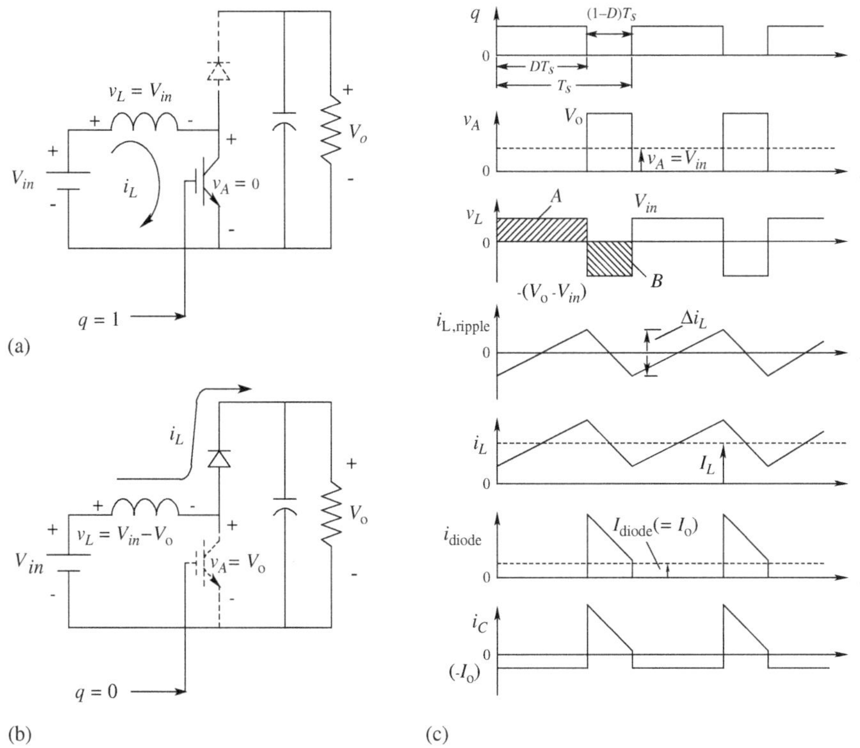

Abb. 3.12 Aufwärtswandler mit ausgeschaltetem (a) und eingeschaltetem Transistor (b). (c) Zugehörige Signalverläufe.

Je länger die Einschaltdauer ist, desto größer ist also die Ausgangsspannung. Das Stromsignal an der Spule besteht aus seinem Mittelwert, der von der Ausgangslast abhängt, und einer Welligkeit, die von v_L abhängt:

$$i_L(t) = I_L + i_{L,\text{ripple}}(t), \tag{3.20}$$

wobei die Welligkeit im Strom $i_{L,\text{ripple}} = \frac{1}{L}\int v_L \mathrm{d}t$ den Mittelwert null hat. Die Welligkeit steigt, wenn v_L positiv ist, und fällt, wenn v_L negativ ist. Die Spitze-zu-Spitze-Welligkeit kann unter Verwendung der Fläche $A = V_{\text{in}} DT_{\text{s}}$ oder $B = (V_{\text{o}} - V_{\text{in}})(1 - D)T_{\text{s}}$ berechnet werden:

$$\Delta i_{iL} = \frac{1}{L} V_{\text{in}} DT_{\text{s}} = \frac{1}{L}(V_{\text{o}} - V_{\text{in}})(1 - D)\,T_{\text{s}}. \tag{3.21}$$

In einem Aufwärtswandler entspricht der Spulenstrom dem Eingangsstrom. Der Mittelwert kann aus dem Ausgangslaststrom berechnet werden, indem die Eingangs- und Ausgangsleistungen gleichgesetzt werden:

$$V_{\text{in}} I_{\text{in}} = V_{\text{o}} I_{\text{o}}. \tag{3.22}$$

Unter Verwendung der Gl. (3.19) und $I_o = \frac{V_o}{R}$ bekommen wir dann den Ausdruck

$$I_L = I_{\text{in}} = \frac{V_o}{V_{\text{in}}} I_o = \frac{I_o}{1 - D} = \frac{1}{1 - D} \frac{V_o}{R}. \tag{3.23}$$

Die Signalform des Spulenstroms in Abb. 3.12c kann als Kombination aus dem Mittelwert und der Welligkeit gesehen werden. Der Strom durch die Diode ist null, wenn der Transistor eingeschaltet ist; andernfalls entspricht er i_L (Abb. 3.12c). Im stationären DC-Betrieb ist der mittlere Kondensatorstrom I_C null, sodass der mittlere Diodenstrom dem Ausgangsstrom I_o entspricht. Der Filterkondensator ist groß genug, um für die Ausgangsspannung nahezu DC-Bedingungen zu erreichen ($v_o(t) \simeq V_o$).

Der Strompfad durch den Kondensator bietet für die Frequenzkomponente der Welligkeit im Diodenstrom eine viel niedrigere Impedanz als der Lastwiderstand, sodass die Welligkeit des Diodenstroms vollständig durch den Kondensator fließt:

$$i_C(t) \simeq i_{\text{diode,ripple}}(t) = i_{\text{diode}} - I_o. \tag{3.24}$$

In der Praxis dominieren die Spannungsabfälle über dem Kondensator-ESR und ESL den Spannungsabfall $\frac{1}{C} \int i_C \, dt$ über C. Die Darstellung von i_C in Abb. 3.8c kann nun verwendet werden, um die Welligkeit in der Ausgangsspannung zu berechnen.

Beispiel 3.5

In einem Aufwärtswandler (Abb. 3.11b) beträgt der Spulenstrom $i_L = 2$ A. Der Wandler arbeitet im stationären DC-Betrieb unter den Bedingungen $V_{in} = 5$ V, $V_o = 12$ V, $P_o = 11$ W und $f_s = 200$ kHz.

(a) Berechnen Sie unter der Annahme idealer Komponenten die Induktivität L und zeichnen Sie die Signalformen analog zu Abb. 3.12c.

Lösung

Aus der Gl. (3.19) ergibt sich das Tastverhältnis $D = 0.583$. Mit $f_s = 200$ kHz, $T_s = 5\,\mu$s und $T_{on} = DT_s = 2.917\,\mu$s. Der Wert von v_L schwankt zwischen $V_{in} = 5$ V und $-(V_o - V_{in}) = -7$ V. Unter Verwendung der Bedingungen während der Transistor-Einschaltzeit, bekommt man für die Induktivität aus Gl. (3.21)

$$L = \frac{V_{\text{in}}}{i_L} DT_s = 7.29\,\mu\text{H}.$$

Der Mittelwert des Spulenstroms beträgt $I_L = I_{\text{in}} = \frac{P_{\text{in}}(=P_o)}{V_{\text{in}}} = 2.2\text{A}$ und $i_L = I_L + i_{L,\text{ripple}}$ (Abb. 3.13). Wenn der Transistor eingeschaltet ist, ist der Diodenstrom null; andernfalls gilt $i_{\text{diode}} = i_L$. Der mittlere Diodenstrom entspricht dem mittleren Ausgangsstrom

$$I_{\text{diode}} = I_o = (1 - D)I_{in} = 0.917 \text{ A}.$$

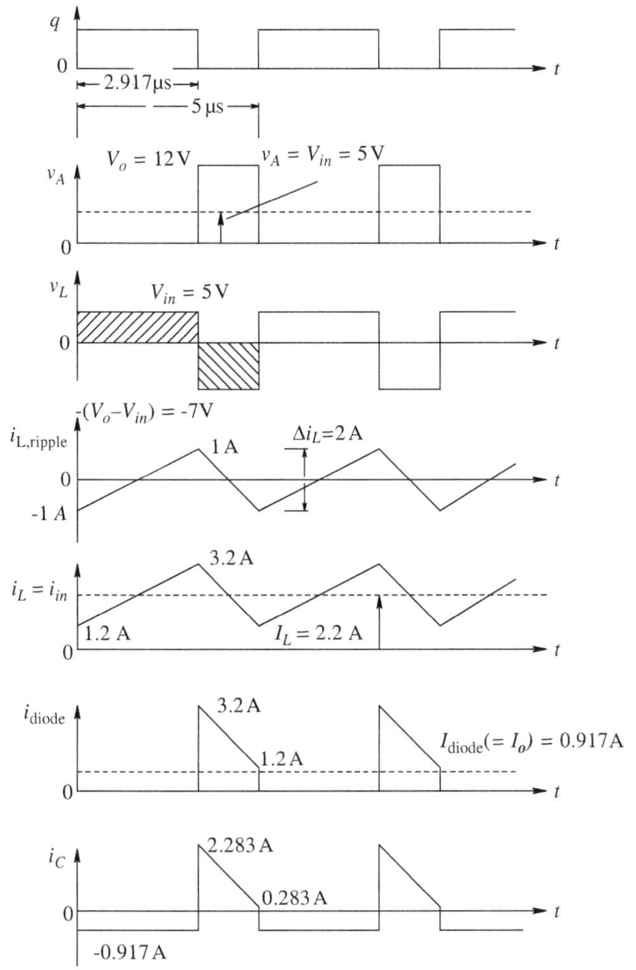

Abb. 3.13 Signalverläufe zu Beispiel 3.5.

Der Kondensatorstrom ist $i_C = i_{\text{diode}} - I_o$. Wenn der Transistor eingeschaltet ist, ist der Diodenstrom null und $i_C = -I_o = -0.917$ A Der Kondensatorstrom springt auf 2.283 A und fällt dann auf −0.917 A ab.

Diese Analyse zeigt, dass das Spannungsumwandlungsverhältnis (Gl. 3.19) von Aufwärtswandlern im CCM von $\frac{1}{1-D}$ abhängt und unabhängig von der Ausgangslast ist (Abb. 3.14). Wenn die Ausgangslast soweit abnimmt (der Lastwiderstand soweit zunimmt), dass der mittlere Spulenstrom unter den kritischen Wert $I_{L,\text{crit}}$ fällt, wird der Drosselstrom diskontinuierlich. In diesem diskontinuierlichen Strommodus (DCM) ist oben berechnete

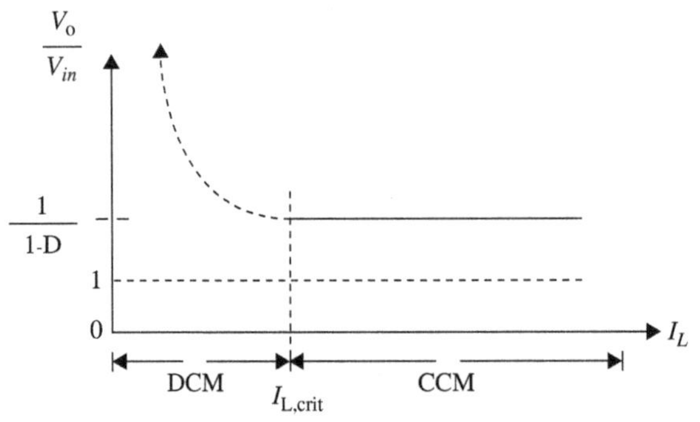

Abb. 3.14 Spannungsübertragungsverhältnis des Aufwärtswandlers.

Eingangs-Ausgangs-Beziehung des CCM nicht mehr gültig, wenn das Tastverhältnis D konstant gehalten wird (Abb. 3.14). Im DCM kann, selbst wenn das Tastverhältnis D konstant gehalten wird, die Ausgangsspannung im DCM auf gefährlich hohe Werte ansteigen (Abb. 3.14). Dieser Fall wird im Abschnitt 3.15 vollständig berücksichtigt.

3.6.1 Simulation und Hardware-Prototyping

Für die Simulation eines nicht-idealen Aufwärtswandlers betrachten wir folgendes Beispiel:

Beispiel 3.6

Im DC-DC-Aufwärtswandler in Abb. 3.11b sind die Komponenten wie folgt: $L = 68\ \mu H$, $C = 490\ \mu F$ und $R = 39\ \Omega$. Der Wandler arbeitet im stationären DC-Betrieb unter folgenden Bedingungen: $V_{in} = 15$ V, $D = 0.7$ und $f_s = 100$ kHz. Verwenden Sie die im Anhang vom Kapitel 2 angegebenen Parameter für den Schalter und die Diode. Simulieren Sie diesen Wandler mit LTspice.

Lösung

Die Simulationsdatei für dieses Beispiel ist auf der begleitenden Website verfügbar. Das LTspice-Modell sieht man in Abb. 3.15, und die Signale aus der Simulation für den stationären Betrieb befinden sich in Abb. 3.16.

Das Workbench-Modell zur Implementierung des Beispiels 3.6 in Hardware unter Verwendung des Sciamble-Laborkits sieht man in Abb. 3.17.

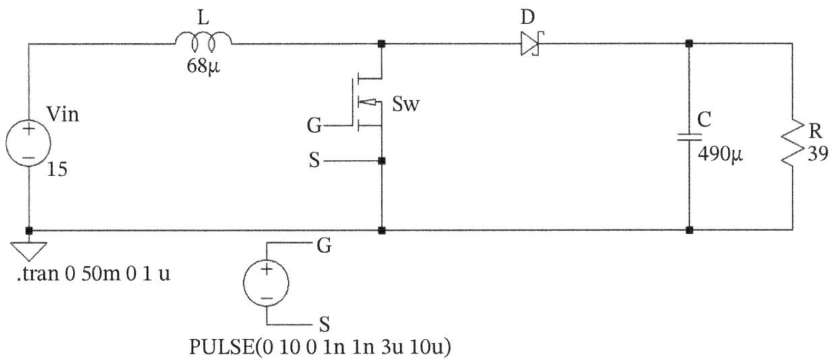

Abb. 3.15 LTspice-Modell für Beispiel 3.6.

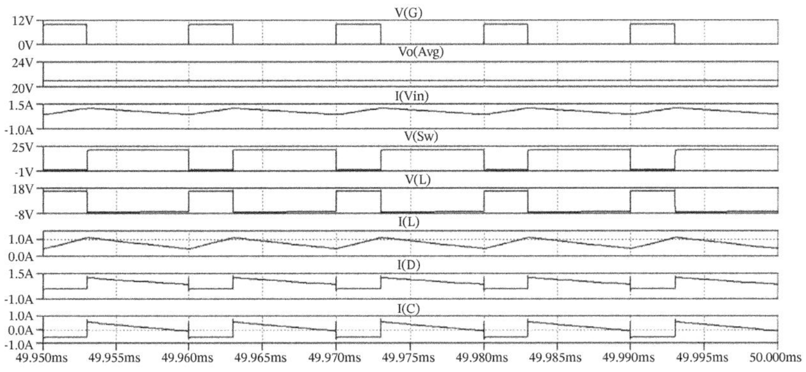

Abb. 3.16 LTspice-Simulationsergebnisse für Beispiel 3.6.

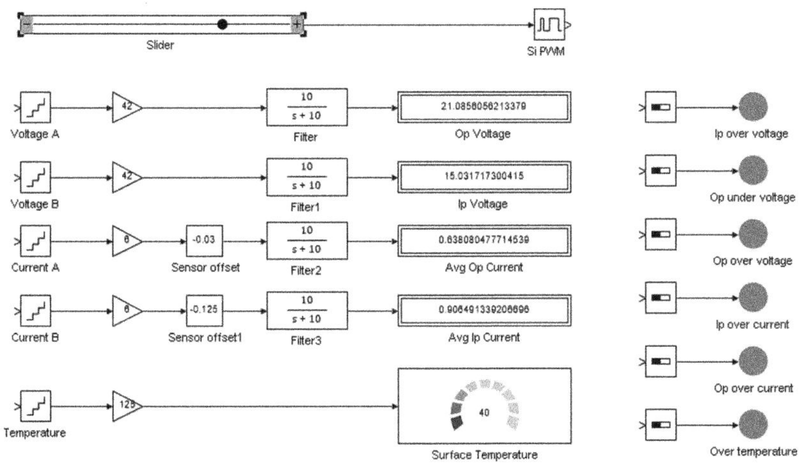

Abb. 3.17 Workbench-Modell für Beispiel 3.6.

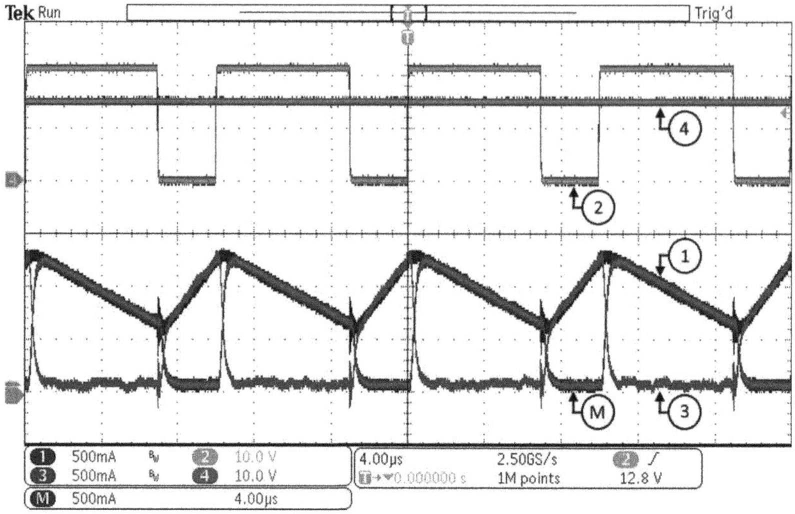

Abb. 3.18 Workbench-Hardware-Ergebnisse: (1) Eingangsstrom, (2) Spannung am Leistungsschalter, (3) Diodenstrom, (4) Ausgangsspannung und (M) Schaltstrom.

Die Signalformen des Aufwärtswandlers im stationären DC-Betrieb mit dem Sciamble-Laborkit sind in Abb. 3.18 dargestellt. Das schrittweise Verfahren zur Nachbildung dieser Hardware-Implementierung ist in [3] beschrieben.

3.7 Inverswandler im stationären DC-Betrieb

Inverswandler drehen die Polarität der Eingangsspannung und passen die Ausgangsspannung so an, sodass der Betrag je nach Tastverhältnis D höher oder niedriger als der Betrag der Eingangsspannung ist. Traditionell wird der Inverswandler mit Leistungsschalter zur Darstellung des Leistungsflusses von links nach rechts wie in Abb. 3.19 gezeichnet.

Wenn der Transistor eingeschaltet, wird die Eingangsspannung über die Induktivität angelegt, wodurch V_L gleich V_{in} ist (Abb. 3.20a). Der Strom steigt linear an und erhöht die Energie in der Spule. Wenn der Transistor ausgeschaltet ist, fließt der Spulenstrom im Freilauf durch die Diode und überträgt die gespeicherte Energie an den Ausgang (Abb. 3.20b).

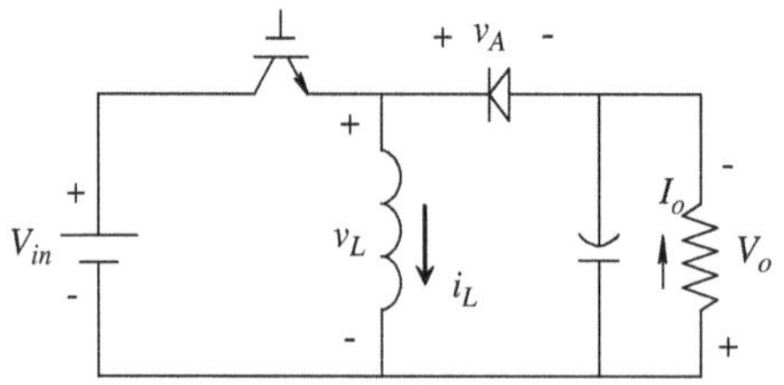

Abb. 3.19 DC-DC-Inverswandler.

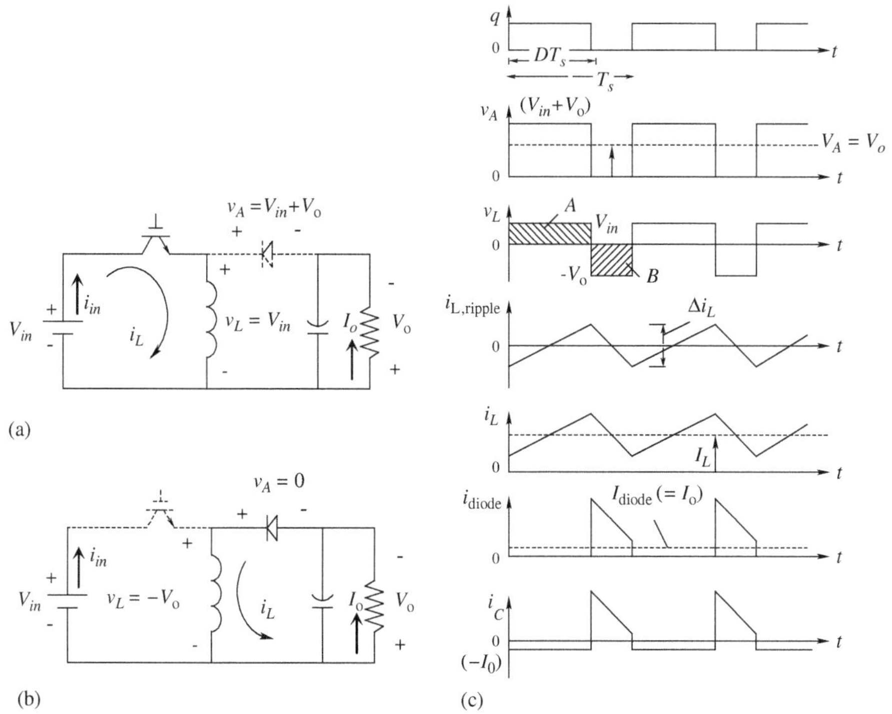

Abb. 3.20 Inverswandler: (a) Betrieb mit eingeschaltetem Transistor, (b) mit ausgeschaltetem Transistor. (c) Zugehörige Signalformen für die Zustände (a) und (b).

Abbildung 3.20c zeigt die Transistor-Schaltfunktion q mit stationärem Tastverhältnis D. Am Signal v_A sieht man, dass die mittlere Spannung über der Induktivität im DC-Betrieb null ist, was den Mittelwert V_A und die Ausgangsspannung V_o gleichsetzt. Die Spulenspannung schwankt zwischen V_{in} und $-V_o$, mit gleich großen Spannungs-Zeit-Flächen mit umgekehrten Vorzeichen während der beiden Teilintervalle.

Das Verhältnis von Eingangs- zu Ausgangsspannung kann aus der Signalform v_A oder v_L in Abb. 3.20c abgeleitet werden. Für v_L mit einem Mittelwert von null im stationären DC-Betrieb gilt:

$$DV_{in} = (1 - D)V_o. \tag{3.25}$$

Daraus folgt, dass

$$\frac{V_o}{V_{in}} = \frac{D}{1 - D}. \tag{3.26}$$

Der Spulenstrom setzt sich aus einem mittleren Strom, der von der Ausgangslast abhängt, und einer Welligkeit zusammen, die von V_L abhängt:

$$i_L(t) = I_L + i_{L,ripple}. \tag{3.27}$$

Wie man in Abb. 3.20c sieht, besteht $i_{L,\text{ripple}} = \frac{1}{L\int v_L \mathrm{d}\tau}$ aus linearen Segmenten, die ansteigen, wenn V_L positiv ist, und die abfallen, wenn V_L negativ ist. Der Mittelwert von $i_{L,\text{ripple}}$ ist null. Die Spitze-Spitze-Welligkeit kann unter Verwendung der Fläche $A = V_{\text{in}}DT_s$ oder $B = V_o(1 - D)T_s$ berechnet werden:

$$i_L = \frac{1}{L}V_{\text{in}}(DT_s) = \frac{1}{L}V_o(1-D)\,T_s \tag{3.28}$$

Nach Anwendung des Kirchhoffschen Stromgesetzes in Abb. 3.19a oder 3.19b entspricht der mittlere Spulenstrom der Summe der gemittelten Eingangs- und Ausgangsströme (unter Berücksichtigung, dass der gemittelte Kondensatorstrom im Stationären DC-Fall gleich null ist).

$$I_L = I_{\text{in}} + I_o. \tag{3.29}$$

Die Gleichsetzung von Eingangs- und Ausgangsleistungen liefert

$$I_{\text{in}}V_{\text{in}} = I_oV_o. \tag{3.30}$$

Unter Verwendung von Gl. (3.26) bekommen wir

$$I_{\text{in}} = \frac{V_o}{V_{\text{in}}}I_o = \frac{D}{1-D}I_o. \tag{3.31}$$

Daher gilt, unter Verwendung der Gln. (3.29) und (3.31),

$$I_L = I_{\text{in}} + I_o = \frac{1}{1-D}I_o = \frac{1}{1-D}\frac{V_o}{R}. \tag{3.32}$$

Durch Überlagerung der Mittelwerte und Welligkeitskomponenten erhalten wir schließlich die Signalform an der Induktivität in Abb. 3.20c.

Der Diodenstrom ist null, außer wenn Strom durch die Spule fließt (Abb. 3.20c). Im Gleichstrombetrieb ist der mittlere Strom I_C durch den Kondensator null. Nach dem Kirchhoffschen Stromgesetz entspricht der mittlere Diodenstrom dem Ausgangsstrom und in der Praxis stellt ein großer Filterkondensator sicher, dass die Ausgangsspannung nahezu eine Gleichspannung darstellt, also $v_o(t) = V_o$ gilt. Daher fließt die Welligkeitskomponente hauptsächlich durch den Kondensator, wodurch

$$i_C(t) = i_{\text{diode,ripple}}(t). \tag{3.33}$$

In der Praxis fallen die Spannungen über dem ESR des Kondensators ab und der Spannungsabfall an der ESL dominiert gegenüber dem Spannungsabfall $\frac{1}{C}\int i_C \mathrm{d}t$ über C. Das i_C-Diagramm in Abb. 3.20c kann somit verwendet werden, um die Welligkeit der Ausgangsspannung V_o zu berechnen.

Beispiel 3.7

Der Inverswandler in Abb. 3.19 arbeitet im DC-Betrieb unter folgenden Bedingungen: $V_{\text{in}} = 14$ V, $V_o = 42$ V, $P_o = 21$ W, $i_L = 1.8$ A und $f_s = 200$ kHz. Berechnen Sie L unter der Annahme idealer Komponenten und zeichnen Sie die Signalformen analog Abb. 3.20c.

Lösung

Aus der Gleichung (3.26) bekommen wir $D = 0.75$, $T_s = 1/f_s = 5$ µs und $T_{\text{on}} = DT_s = 3.75$ µs (Abb. 3.13). Die Spannung an der Induktivität v_L schwankt zwischen $V_{\text{in}} = 14$ V und $-V_o = -42$ V. Unter Verwendung der Gl. (3.28) bekommen wir

$$L = \frac{V_{\text{in}}}{\Delta i_{lL}} DT_s = 29.17\ \mu\text{H}.$$

Der mittlere Eingangsstrom beträgt $I_{\text{in}} = \dfrac{P_{\text{in}}}{V_{\text{in}}} = 1.5$ A und $I_o = \dfrac{P_o}{V_o} = 0.5$ A. Daher ist $I_L = I_{\text{in}} + I_o = 2$ A. Wenn der Transistor eingeschaltet ist, ist der

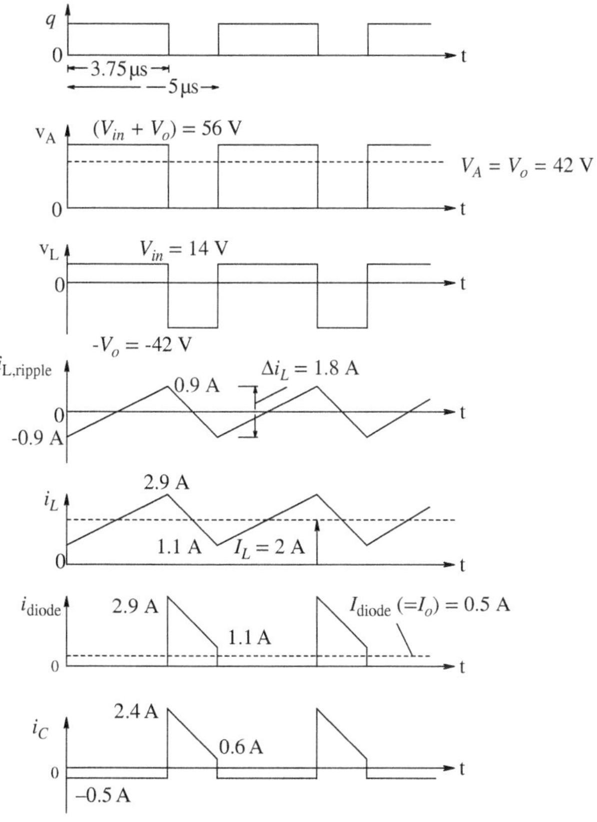

Abb. 3.21 Signalverläufe zu Beispiel 3.7.

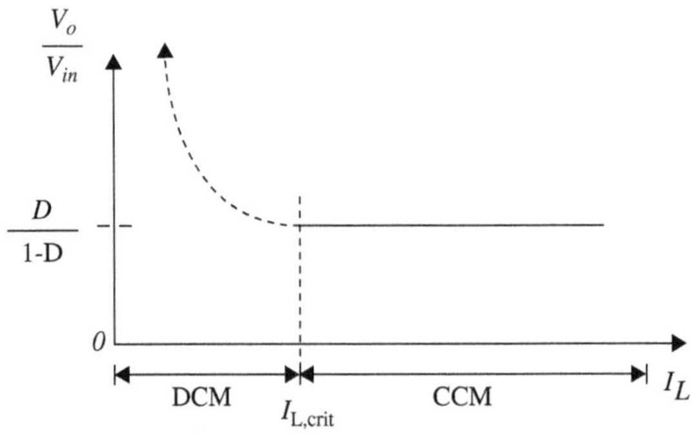

Abb. 3.22 Spannungsübertragungsverhältnis des Inverswandlers.

Diodenstrom null; andernfalls ist $i_{\text{diode}} = i_L$. Der mittlere Diodenstrom entspricht dem mittleren Ausgangsstrom $I_{\text{diode}} = I_o = 0.5$ A. Der Kondensatorstrom ist $i_C = i_{\text{diode}} - I_o = -0.5$ A. Der Kondensatorstrom springt auf 2.4 A und fällt dann auf 1.1 - 0.5 A = 0.6 A ab (Abb. 3.21).

Die Analyse zeigt, dass das Spannungsumsetzungsverhältnis (Gl. 3.26) von Inverswandlern im CCM von $D/(1 - D)$ abhängt und unabhängig von der Ausgangslast ist (Abb. 3.22). Wenn die Ausgangslast so weit abnimmt, dass der mittlere Spulenstrom unter den kritischen Wert $I_{L,\text{crit}}$ fällt, wird der Spulenstrom diskontinuierlich. In diesem diskontinuierlichen Strommodus (DCM) ist die CCM-Eingangs-Ausgangs-Beziehung nicht mehr gültig (Abb. 3.22). Wenn das Tastverhältnis D konstant bleibt, könnte die Ausgangsspannung im DCM auf gefährlich hohe Werte ansteigen; dieses Szenario wird im Abschnitt 3.23 im Detail diskutiert.

3.7.1 Simulation und Hardware-Prototyping

Die Simulation eines nicht-idealen Inverswandlers wird anhand des folgenden Beispiels veranschaulicht.

Beispiel 3.8

Im in Abb. 3.19 gezeigten Inverswandler sind die Parameter wie folgt: $L = 68\ \mu$H, $C = 490\ \mu$H und $R = 25\ \Omega$. Der Wandler arbeitet im stationären DC-Betrieb unter folgenden Bedingungen: Eingangsspannung $V_{\text{in}} = 15$ V, Tastverhältnis $D = 0.3$ und Schaltfrequenz $f_s = 100$ kHz. Für den Schalter und die Diode verwenden Sie bitte die im Anhang des Kapitels 2 angegebenen Parameter. Simulieren Sie diesen Wandler mit LTspice.

Lösung

Die Simulationsdatei für dieses Beispiel ist auf der begleitenden Website verfügbar. Das LTspice-Modell und die stationären Signalformen aus der Simulation sind unten zu sehen (Abb.3.23 und Abb 3.24).

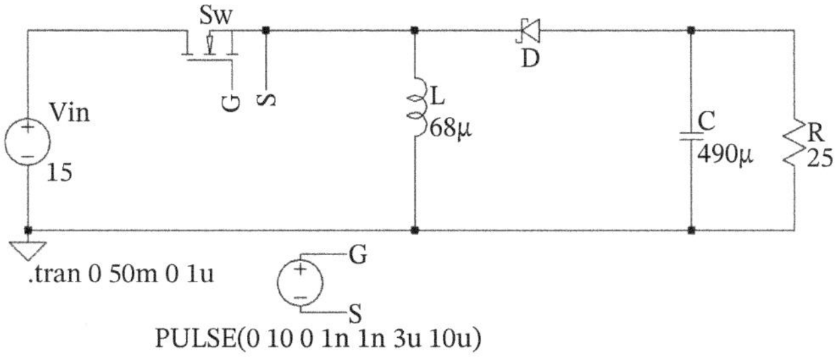

Abb. 3.23 LTspice-Modell.

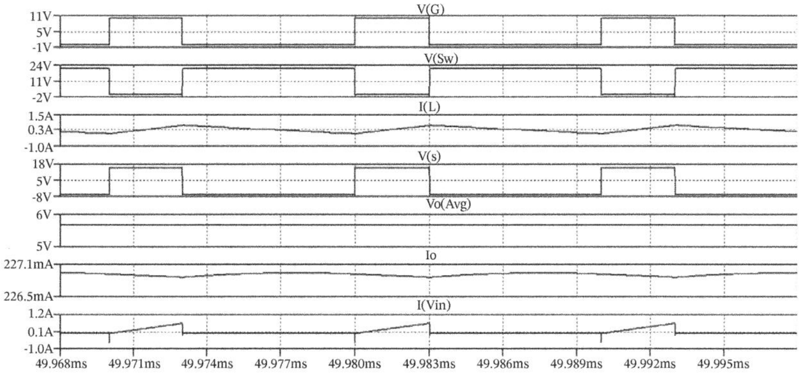

Abb. 3.24 LTspice-Simulationsergebnisse.

Das Workbench-Modell zur Implementierung des obigen Beispiels in Hardware mit dem Sciamble-Laborkit ist in Abb. 3.25 zu sehen:

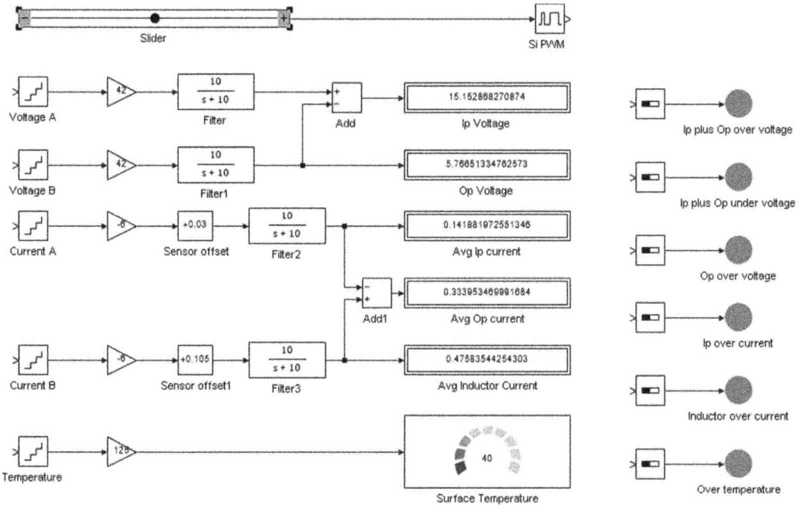

Abb. 3.25 Das Workbench-Modell.

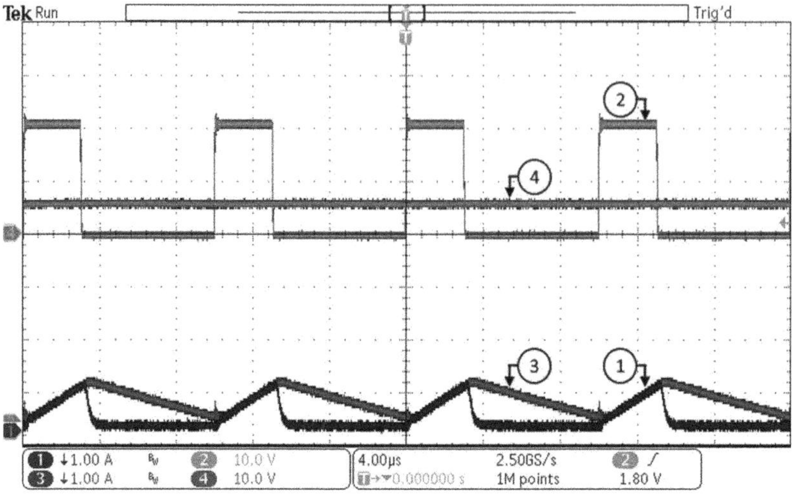

Abb. 3.26 Workbench-Hardware-Ergebnisse: (1) Eingangsstrom, (2) Spannung am Leistungsschalter, (3) Strom durch die Induktivität und (4) Ausgangsspannung.

Die stationären Signalformen aus dem Betrieb des Inverswandlers mit dem Sciamble-Laborkit sind in Abb. 3.26 dargestellt. Das schrittweise Verfahren zur Nachbildung dieser Hardware-Implementierung wird in [4] erklärt.

3.7.2 Andere Inverswandler-Topologien

Es gibt zwei Varianten der Inverswandler-Topologie, die in speziellen Anwendungen verwendet werden. Diese Topologien werden im Folgenden kurz beschrieben.

3.7.2.1 SEPIC-Wandler (Single-Ended Primary Inductor Converters)

Der SEPIC-Wandler (Single-Ended Primary Inductor Converter), (Abb. 3.27a) wird in Anwendungen eingesetzt, bei denen der Stromverbrauch am Eingang welligkeitsfrei sein soll. Durch Anwendung des Kirchhoffschen Spannungsgesetzes und unter Berücksichtigung, dass die gemittelte Spulenspannung im stationären DC-Betrieb null ist, wird sich der Kondensator in diesem Wandler auf einen Mittelwert aufladen, welcher der Eingangsspannung V_{in} mit der gezeigten Polarität entspricht.

Während des Einschaltintervalls des Transistors DT_s, ist die Diode durch die Summe aus Kondensator- und Ausgangsspannung in Sperrrichtung vorgespannt (Abb. 3.27b). Es fließen die Ströme i_{L1} und i_{L2} durch den Transistor. Im Ausschaltintervall $(1 - D)T_s$, fließen diese Ströme durch die Diode (Abb. 3.27c). Die Spannung über L_2 entspricht v_C während des Einschaltintervalls und $-V_o$ während des Ausschaltintervalls.

Durch das Gleichsetzen der gemittelten Spannung über L_2 zu null und mit dem Wissen, dass die mittlere Kondensatorspannung gleich V_{in} ist, erhalten wir:

$$DV_{in} = (1 - D)V_o \tag{3.34}$$

oder

$$\frac{V_o}{V_{in}} = \frac{D}{1-D}. \tag{3.35}$$

Im Gegensatz zu Inverswandlern hat die Polarität der Ausgangsspannung im SEPIC-Wandler das gleiche Vorzeichen wie die Eingangspolarität.

3.7.2.2 Ćuk-Wandler

Der Ćuk-Wandler, benannt nach seinem Erfinder, ist in Abb. 3.28a dargestellt. Er überträgt Energie durch den Kondensator *C* zwischen zwei Induktivitäten. Die Kondensatorspannung mittelt sich auf ($V_{in} + V_o$) mit der angegebenen Polarität. Während des Einschaltintervalls des Transistors DT_s (Abb. 3.28b) wird die Diode durch die Kondensatorspannung in Sperrrichtung geschaltet, wodurch Eingangs- und Ausgangsströme durch den Transistor fließen können. Während des Ausschaltintervalls $(1 - D)T_s$ fließen diese Ströme durch die Diode (Abb. 3.28c). Indem man die Nettoladungsänderung am Kondensator über T_s im stationären Zustand auf null setzt, erhalten wir:

$$DI_o = (1 - D)I_{in}, \tag{3.36}$$

oder

$$\frac{I_{in}}{I_o} = \frac{D}{1-D} \tag{3.37}$$

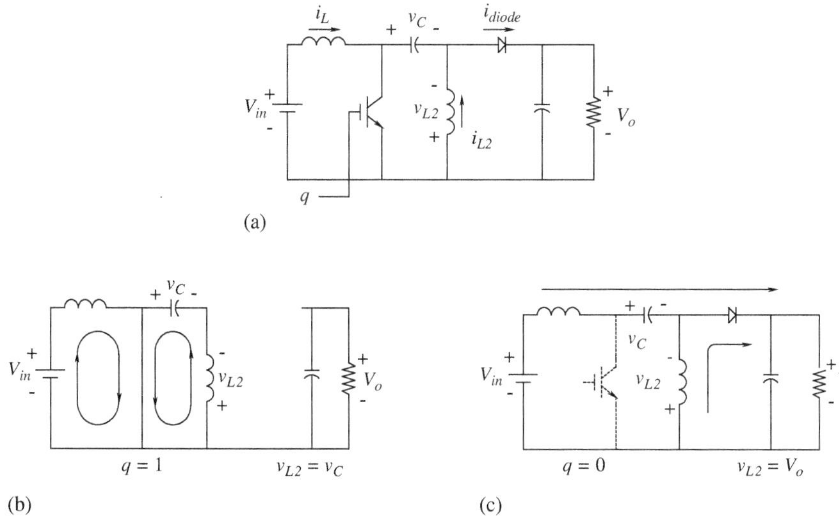

Abb. 3.27 SEPIC Wandler. (a) Schaltbild, (b) Stromfluss bei eingeschaltetem Transistor, (c) Stromfluss bei ausgeschaltetem Transistor.

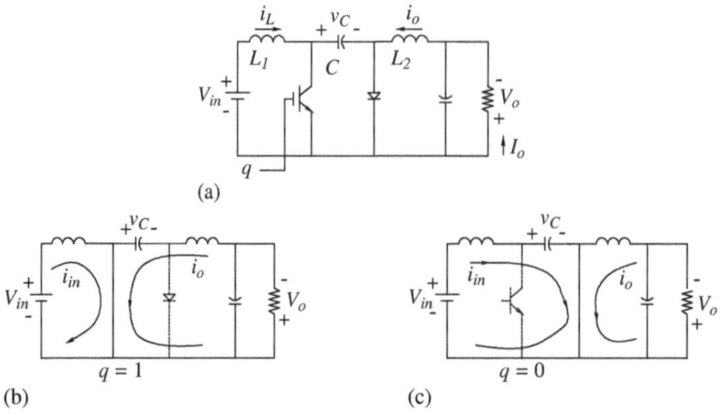

Abb. 3.28 Ćuk Wandler. (a) Schaltbild, (b) Stromfluss bei eingeschaltetem Transistor, (c) Stromfluss bei ausgeschaltetem Transistor.

Durch Gleichsetzen von Eingangs- und Ausgangsleistung in diesem idealisierten Wandler bekommt man:

$$\frac{V_o}{V_{in}} = \frac{D}{1 - D} \tag{3.38}$$

Dies beschreibt die gleiche Funktionalität wie beim Inverswandler. Ein Vorteil des Ćuk-Wandlers sind seine nicht-pulsierenden Eingangs- und Ausgangsströme. Allerdings hat er die gleichen Bauteilbelastungsprobleme wie ein Inverswandler und erzeugt auch eine Ausgangsspannung mit entgegengesetzter Polarität im Vergleich zur Eingangsspannung.

3.8 Topologieauswahl [5]

Um unter den drei in diesem Kapitel diskutierten Wandlertopologien zu wählen, können wir die in Tab. 3.1 aufgeführten Kriterien vergleichen. Diese Vergleiche

Tab. 3.1 Auswahlkriterien für Wandlertopologien.

Kriterium	Abwärts	Aufwärts	Invers
Transistor $\hat{V}$	V_{in}	V_o	$V_{in} + V_o$
Transistor $\hat{I}$	I_o	I_{in}	$I_{in} + I_o$
Transistor I_{rms}	$\sqrt{D}I_o$	$\sqrt{D}I_{in}$	$\sqrt{D}(I_{in} + I_o)$
Transistor I_{avg}	DI_o	DI_{in}	$D(I_{in} + I_o)$
Diode	$(1 - D)I_o$	$(1 - D)I_{in}$	$(1 - D)(I_{in} + I_o)$
Spule I_L	I_o	I_{in}	$I_{in} + I_o$
Wirkung von L auf C	Signifikant	gering	gering
Pulsierender Strom	Eingang	Ausgang	beide

setzen voraus, dass die Welligkeit des Stroms durch die Induktivität vernachlässigbar ist.

Aus der Tabelle geht hervor, dass der Inverswandler zusätzlichen Belastungen ausgesetzt ist. Daher sollte er nur verwendet werden, wenn sowohl Aufwärts- als auch Abwärts-Fähigkeiten erforderlich sind. Andernfalls wählt man besser den Abwärts- oder den Aufwärtswandler entsprechend auf der gewünschten Fähigkeit. Eine detaillierte Analyse ist in [2] enthalten.

3.9 Worst-Case-Design

Beim Entwurf für extreme Szenarien ist es entscheidend, die unterschiedlichen Bereiche der Eingangsspannung und der Ausgangslast zu berücksichtigen. Wandler, die mehr als einige zehn Watt leisten, arbeiten typischerweise im kontinuierlichen Strommodus (Continuous Conduction Mode, CCM). Um CCM unter sehr geringen Lastbedingungen sicherzustellen, wäre eine unpraktisch große Induktivität erforderlich. Daher wird der ausgewählte Induktivitätswert normalerweise auf das höchstens Dreifache der kritischen Induktivität begrenzt. Diese kritische Induktivität ist der Wert, bei welcher der Wandler bei Volllast vom CCM in den diskontinuierlichen Strommodus (Discontinuous Conduction Mode, DCM) übergeht.

3.10 Synchron gleichrichtende Abwärtswandler für sehr kleine Spannungen [6]

Die Betriebsspannungen in Computern und Kommunikationsgeräten sind mit der Zeit auf etwa 1 V gesunken, mit Prognosen für Werte von etwa 0.5 V in naher Zukunft. Bei so niedrigen Spannungen ist der Spannungsabfall über der Diode (selbst bei einer Schottky-Diode) im Leistungsschalter des Abwärtswandlers inakzeptabel hoch.

Um dieses Problem zu lösen, wird der Leistungsschalter in einem Abwärtswandler mit zwei MOSFETs implementiert (Abb. 3.29a). Diese MOSFETs haben sehr niedrige $R_{\mathrm{DS(on)}}$-Werte bei niedrigen Spannungen. Sie werden durch nahezu komplementäre Gate-Signale angesteuert, wobei eine gewisse Totzeit eingehalten werden muss, um einen Stromdurchschlag durch die beiden Transistoren zu verhindern (Abb. 3.29b).

Wenn der obere MOSFET ausgeschaltet ist, fließt der Spulenstrom durch den Kanal des unteren MOSFETs, was nur zu einem sehr niedrigen Spannungsabfall über dem unteren MOSFET führt. Unter geringen Lastbedingungen kann der Spulenstrom negativ werden, aber ohne diskontinuierlich zu sein, und fließt vom Drain zur Source des unteren MOSFETs.

Ein weiches Schalten zur Verbesserung der Wandlereigenschaften ist in solchen Wandlern möglich und wird im Kapitel 10 besprochen. Eine Verschachtelung (Interleaving) von Leistungsschaltern, die hilft, die Welligkeit der gesamten Ausgangs- und Eingangsströme zu minimieren, wird im nächsten Abschnitt behandelt.

3.10.1 Simulation und Hardware-Prototyping

Die Simulation eines nicht-idealen synchronen Abwärtswandlers wird anhand des folgenden Beispiels demonstriert:

Beispiel 3.9

In einem synchron-gleichgerichteten DC-DC-Abwärtswandler (Abb. 3.29a) werden die folgenden Parameter verwendet: $L = 68\,\mu\text{H}$, $C = 490\,\mu\text{F}$ und $R = 25\,\Omega$. Der Wandler arbeitet im stationären DC-Betrieb unter den Bedingungen: $V_{\text{in}} = 15\,\text{V}$, $D = 0.5$ und $f_s = 100\,\text{kHz}$. Verwenden Sie die Schalterparameter, die im Anhang vom Kapitel 2 angegeben sind und simulieren Sie diesen Wandler mit LTspice.

Lösung

Die Simulationsdatei ist auf der begleitenden Website verfügbar. Das LTspice-Modell ist in Abb. 3.30 dargestellt, die Signalformen aus der Simulation finden sich in Abb. 3.31.

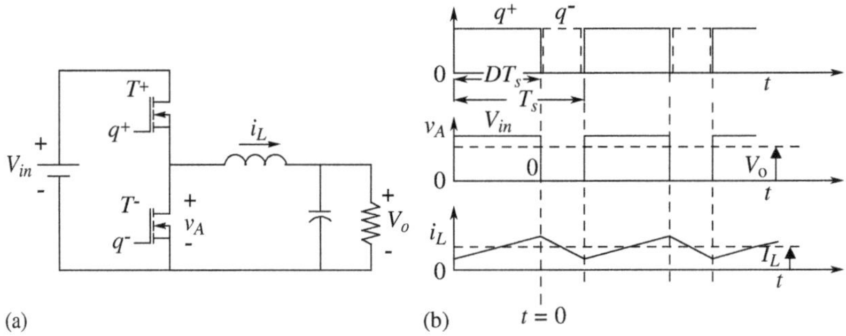

Abb. 3.29 Abwärtswandler mit synchroner Gleichrichtung. (a) Schaltbild, (b) Signalverläufe.

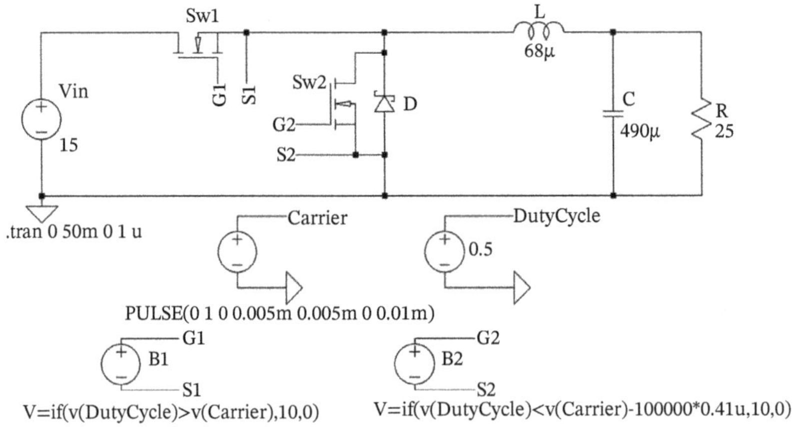

Abb. 3.30 LTspice-Modell zu dem Beispiel 3.9.

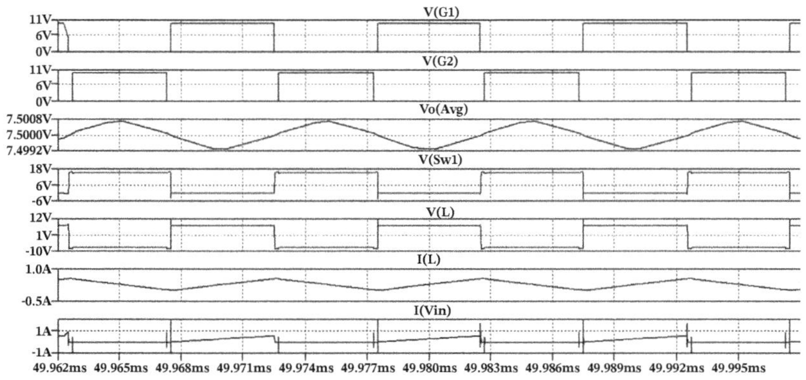

Abb. 3.31 LTspice-Simulationsergebnisse zu dem Beispiel 3.9.

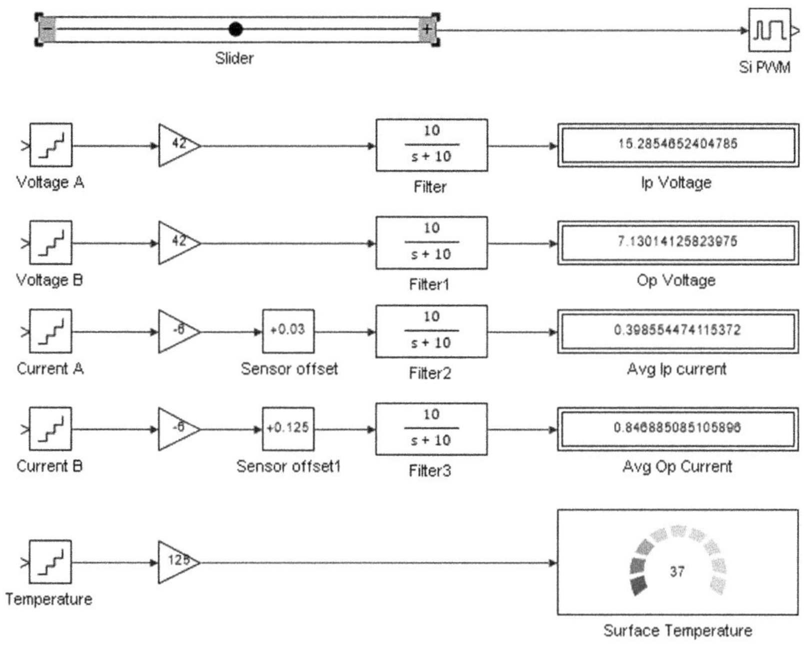

Abb. 3.32 Workbench-Modell zu dem Beispiel 3.9.

Das Workbench-Modell zur Implementierung dieses Beispiels in Hardware unter Verwendung des Sciamble-Laborkits ist in Abb. 3.32 dargestellt.

Die Signale des synchron-gleichgerichteten Abwärtswandlers im stationären Betrieb unter Verwendung des Sciamble-Laborkits sind in der Abb. 3.33 zu sehen. Das schrittweise Verfahren zur Nachbildung der Hardware-Implementierung wird in [7] beschrieben.

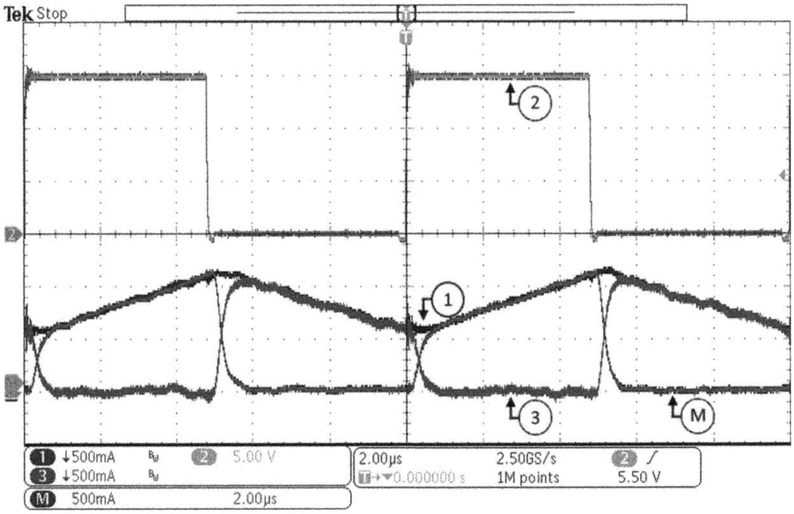

Abb. 3.33 Workbench-Hardware-Ergebnisse für den synchron-gleichgerichteten Abwärtswandler unter Verwendung von Si-Schaltern: (1) Spulenstrom, (2) Schaltknotenspannung, (3) Eingangsstrom/Schalterstrom hochspannungsseitig und (M) Schalterstrom niederspannungsseitig.

Im im Abschnitt 3.5 diskutierten Abwärtswandler sinkt die Effizienz aufgrund des 0.3–1.1 V Spannungsabfalls über die Freilaufdiode erheblich (Abb. 3.34a). Dieser Abfall kann im synchron-gleichgerichteten Abwärtswandler durch die Verwendung eines Si-MOSFETs anstelle einer Diode reduziert werden (Abb. 3.34b).

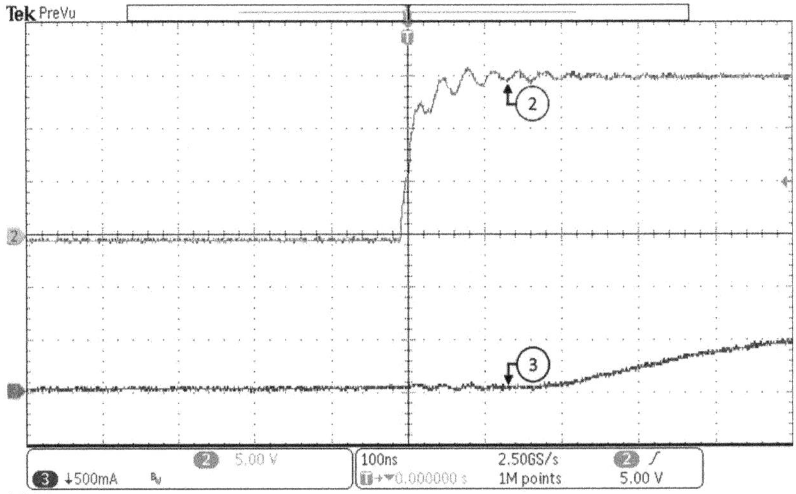

(a)

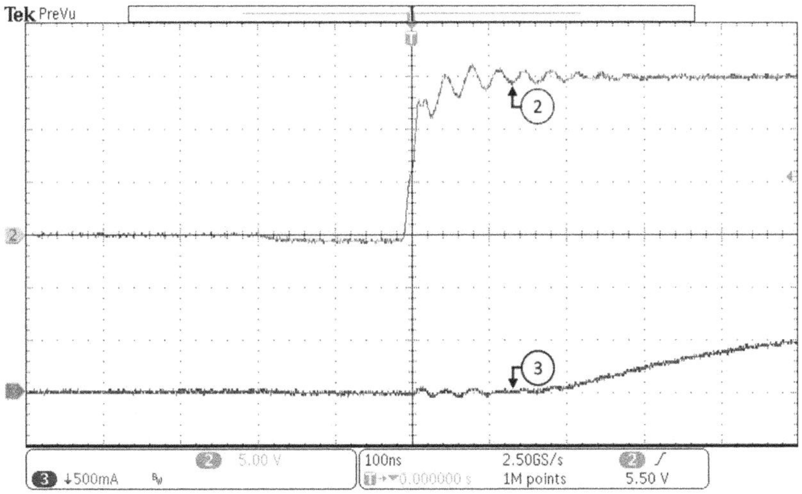

(b)

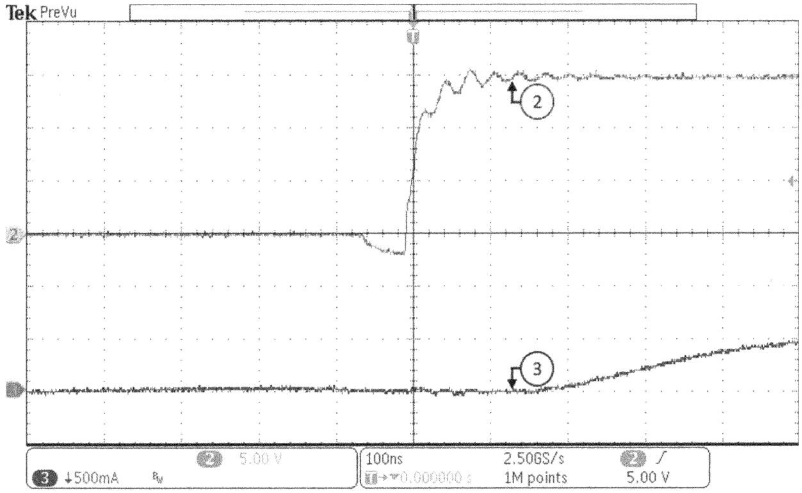

(c)

Abb. 3.34 Spannung am Schaltknoten: (a) Abwärtswandler, (b) synchron-gleichgerichteter Abwärtswandler unter Verwendung von Si-MOSFETs und (c) synchron-gleichgerichteter Abwärtswandler unter Verwendung von GaN-FETs.

Während des Übergangs des Gate-ON-Signals von einem MOSFET zum anderen werden die Gates beider MOSFETs kurzzeitig ausgeschaltet, um Durchschussströme zu verhindern. Während dieses Intervalls fließt der Strom durch die Body-Diode des MOSFETs, was zu einem Spannungsabfall von -0.7 V während der 200 ns Totzeit führt. Anmerkungen des Übersetzers: (1) Wegen der gewählten Empfindlichkeit von 5V/Div. ist dieser Spannungsabfall im 3.

Quadrant von Abb. 3.34b, nur schwer zu erkennen. (2) Um den Trick mit der Si-Body-Diode zu verstehen, benötigt man Kenntnisse über den detaillierten Aufbau eines Si-MOSFETS.

Abbildung 3.34c zeigt die Schaltknotenspannung eines synchron-gleichgerichteten Abwärtswandlers unter Verwendung von GaN-FETs. Die Totzeit für einen GaN-FET mit ähnlichen Kenndaten wie ein Si-MOSFET ist typischerweise viel geringer, in diesem Fall etwa 50 ns (Anmerkung: im englischen Original steht 30 ns). Dieses schnellere Schalten reduziert die Schaltverluste. Es muss jedoch besonders darauf geachtet werden, die Totzeit so gering wie möglich zu halten [8], da der Spannungsabfall über den GaN-FET bei Rückwärtsstromleitung, während das Gate ausgeschaltet ist, in etwa -2 V beträgt (Abb. 3.34c, Empfindlichkeit 5 V/Div. Anmerkung: im englischen Originaltext steht 3.5 V, wovon der Übersetzer im Diagramm aber nichts erkennen kann). Dieser Spannungsabfall in Rückwärtsrichtung ist signifikant höher als der einer Si-MOSFET-Body-Diode.

3.11 Verschachtelte Wandler

Abbildung 3.35a zeigt zwei verschachtelte Wandler mit um $T_s/2$ phasenverschobenen Schaltsignalen. Im Allgemeinen können nicht nur zwei, sondern n Wandler verschachtelt werden, wobei deren Schaltsignale dann um T_s/n phasenverschoben sind. Der Hauptvorteil dieser verschachtelten Mehrphasen-Wandler ist die signifikante Reduzierung der Welligkeit sowohl in den Eingangs- als auch in den Ausgangsströmen. Diese Methode trägt auch dazu bei, eine höhere Regelbandbreite zu erreichen.

3.12 Regelung von DC-DC-Wandlern durch PWM

Die meisten DC-DC-Wandler regeln ihre Ausgangsspannungen so, dass ihre Referenzwerte innerhalb eines festgelegten Toleranzbereichs (z. B. +1 % des Nennwerts)

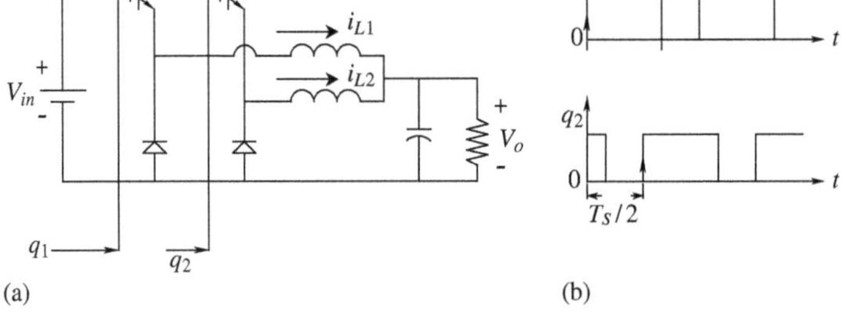

Abb. 3.35 Verschachtelung von Wandlern. (a) Schaltbild, (b) Zeitlich versetzte Schaltsignale an den Transistoren.

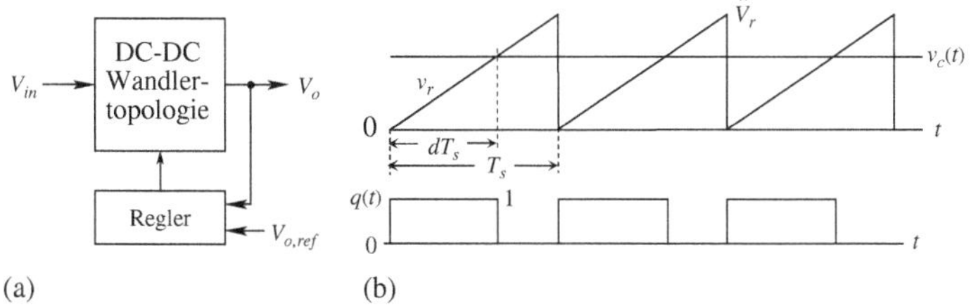

Abb. 3.36 Regelung des Ausgangssignals durch PWM. (a) Blockschaltbild, (b) Zeitlicher Verlauf von Schalt- und Ausgangssignal.

erreicht werden. Diese Regelung reagiert auf Abweichungen in der Eingangsspannung und der Ausgangslast. Das gemittelte Ausgangssignal des Leistungsschalters in einem DC-DC-Wandler wird durch Pulsweitenmodulation (PWM) des Tastverhältnisses $d(t)$ gesteuert.

Abbildung 3.36a zeigt das Blockdiagramm eines geregelten DC-DC-Wandlers. Die Ausgangsspannung des Wandlers wird gemessen und innerhalb eines PWM-Controller-ICs, der kurz im Kapitel 2 beschrieben wurde, mit einem Referenzwert verglichen. Der Fehler zwischen diesen Spannungen wird verstärkt und erzeugt eine Steuerspannung $v_c(t)$, die sich auch zeitlich (langsam) verändern kann. Im Inneren des PWM-ICs wird diese Steuerspannung mit einem Rampensignal $v_r(t)$ (Abb. 3.36b) verglichen. Der Ausgang des Komparators stellt die Schaltfunktion $q(t)$ dar, deren Pulsweite $d(t)$ moduliert werden kann, um die Ausgangsgröße des Wandlers zu regeln.

Das Rampensignal v_r hat eine konstante Amplitude $\hat{V}_r$ und eine Schaltfrequenz f_s. Der Ausgang des Komparators, der die Transistorschaltfunktion $q(t)$ darstellt, ist gleich 1, wenn $v_c(t) \geq v_r$, und ansonsten 0 (Hinweis: Abb. 3.36 suggeriert ein konstantes $v_c(t)$. Das ist aber nicht der Fall, $v_c(t)$ ist eine mit der Zeit veränderliche Größe). Das Tastverhältnis in Abb. 3.36b ist durch die folgende Gleichung gegeben:

$$d(t) = \frac{v_c(t)}{\hat{V}_r}. \tag{3.39}$$

Somit steuert die zwischen 0 und $\hat{V}_r$ begrenzte Steuerspannung dynamisch die Pulsweite $d(t)$ (Gl. 3.39 und Abb. 3.36b). Die Auslegung des Rückkopplungsreglers zur Regelung der Pulsweite und der Ausgangsspannung wird dann ausführlich im Kapitel 4 behandelt.

3.13 Dynamische Mittelwertdarstellung von Wandlern im CCM

Im kontinuierlichen Strommodus (Continuous Conduction Mode, CCM) für alle drei Arten von DC-DC-Wandlern wechselt der Leistungsschalter zwischen zwei Zuständen basierend auf der Schaltfunktion $q(t)$. Im diskontinuierlichen Strommodus

(DCM) hingegen, wechselt der Schalter zwischen drei Zuständen, da der Schalter zwischen den Ein- und Aus-Positionen „feststecken" kann, wenn der Spulenstrom null ist (Abschnitt 3.15). Die Gewinnung einer nicht schaltenden Mittelwertdarstellung (Mittelwertmodell), die auch solche Situationen berücksichtigt, ist damit für die Simulation der Leistung unter dynamischen Bedingungen vorteilhaft, wie z. B. Änderungen der Eingangsspannung oder der Ausgangslast. Unter dynamischen Bedingungen ändern sich das Tastverhältnis und die Mittelwerte der Spannungen und Ströme im Laufe der Zeit, jedoch bei Frequenzen, die viel niedriger sind als die Schaltfrequenz.

Zur Herleitung des Mittelwertmodells ist der Leistungsschalter unserer Wandler nochmals in Abb. 3.37a dargestellt. Spannungen und Ströme am Spannungsanschluss werden mit dem Index vp versehen, für den Stromanschluss wird der Index cp verwendet, wobei die Bezeichnung „vp" für voltage port und cp „für" current port steht. Im stationären DC-Betrieb lauten die gemittelten Spannungs- und Strombeziehungen für das bistabile Schaltelement im Leistungsschalter der drei Wandler (Zur Erinnerung: zeitunabhängige Spannungen und Ströme werden mit Großbuchstaben gekennzeichnet):

$$V_{\mathrm{cp}} = DV_{\mathrm{vp}} \tag{3.40a}$$

und

$$V_{\mathrm{vp}} = DI_{\mathrm{cp}} \tag{3.40b}$$

Wie man in Abb. 3.37b erkennen kann, repräsentieren die Beziehungen (3.40) einen idealen Transformator. Dieser hypothetische Transformator arbeitet, im Gegensatz zu einem realen Transformator, sowohl mit AC- als auch DC-Spannungen und -Strömen. Dieses Verhalten wird durch das Symbol mit Querstrich und Wellenlinie darunter symbolisiert. Da keine elektrische Isolation zwischen dem Spannungsanschluss und dem Stromanschluss besteht, sind die beiden Wicklungen dieses

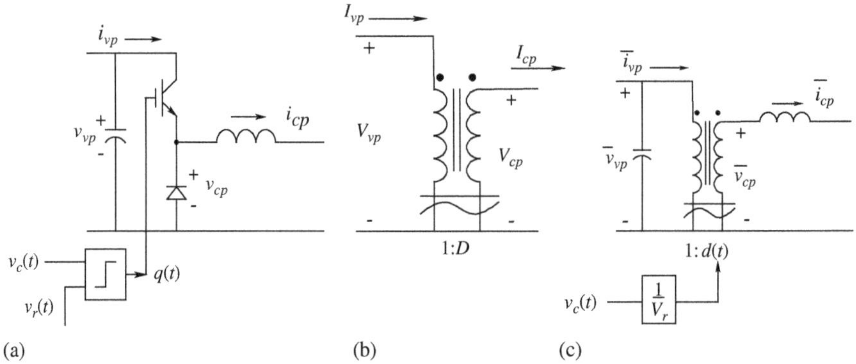

Abb. 3.37 Leistungsschalter (a), sowie statisches (b) und dynamisches Mittelwertmodell (c) des Leistungsschalters mit einem hypothetischen, idealen Transformator.

idealen Transformators in Abb. 3.37b unten verbunden. Darüber hinaus kann die Spannung am Spannungsanschluss nicht negativ werden, und *d* ist auf den Bereich zwischen 0 und 1 begrenzt.

Unter dynamischen Bedingungen kann das statische Mittelwertmodell in Abb. 3.37b den Leistungsschalter in Abb. 3.37a ersetzen. Unter Verwendung von Gl. (3.39) für $d(t)$ führt dies dann zum dynamischen Mittelwertmodell in Abb. 3.37c.

Im dynamischen Mittelwertmodell werden alle Symbole in Großbuchstaben, die in den Beziehungen für den stationären Zustand verwendet werden, durch Symbole mit Überstrich ersetzt, um gemittelte Spannungen und Ströme zu kennzeichnen, die aber noch immer mit der Zeit langsam variieren können: D wird zu $d(t)$, V_{cp} wird zu $\bar{v}_{cp}(t)$, I_{cp} wird zu $\bar{i}_{cp}(t)$ und I_{vp} wird zu $\bar{i}_{vp}(t)$. Aus den Gleichungen (3.40a) und (3.40b) folgt damit:

$$\bar{v}_{cp}(t) = d(t)\,\bar{v}_{vp}(t) \tag{3.41a}$$

und

$$\bar{i}_{vp}(t) = d(t)\,\bar{i}_{cp}(t)\,. \tag{3.41b}$$

Das dynamische Mittelwertmodell des Leistungsschalters im CCM ist also ein idealer Transformator mit einem Übersetzungsverhältnis von $1{:}d(t)$. Mit diesem Modell entsprechen die dynamischen Mittelwertmodelle der drei Wandler im CCM, die in Abb. 3.38a gezeigt werden, den drei Transformatorschaltungen in Abb. 3.38b. Beachten Sie, dass im Aufwärtswandler (Abb. 3.38b Mitte), bei dem der Transistor im Leistungsschalter in der unteren Position ist, das Übersetzungsverhältnis des Transformators $1{:}(1 - d(t))$ beträgt. Dies liegt daran, dass sich im Gegensatz

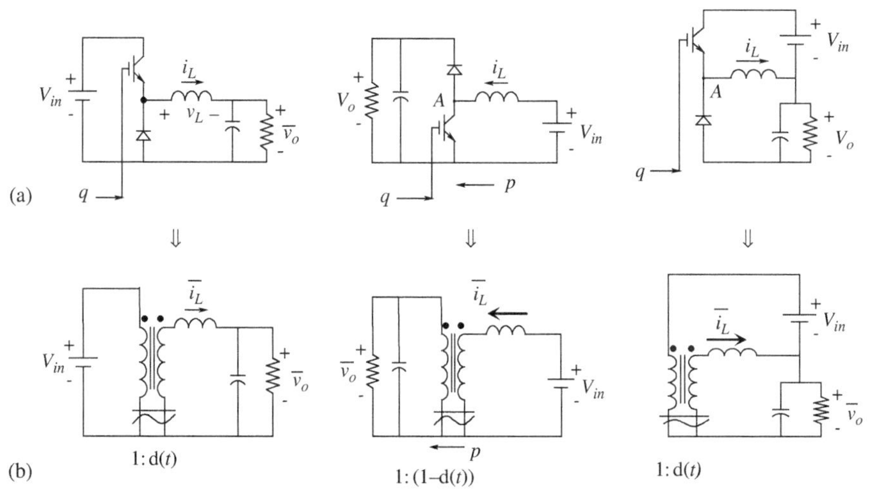

Abb. 3.38 (a) Abwärts- (links), Aufwärts- (Mitte) und Inverswandler (rechts). (b) Die zugehörigen dynamischen Mittelwertmodelle.

zu Abwärts- und Inverswandlern der Transistor in einem Aufwärtswandler in der unteren Position befindet. Wenn der Transistor mit einem Tastverhältnis d eingeschaltet ist, befindet sich der effektive bistabile Schalter in der „unteren" Position, und das Tastverhältnis am Ausgang beträgt 1:(1 – d). Das Mittelwertmodell dieser Wandler im DCM wird später im Detail beschrieben.

In Mittelwertmodellen von Schaltwandlern tauchen keine detaillierten Schaltinformationen auf, was ein einfacheres Verständnis ermöglicht. Darüber hinaus erlaubt das Mittelwertmodell höhere Berechnungsgeschwindigkeiten bei der Simulation der dynamischen Reaktion eines Wandlers im Vergleich zum (zeitabhängigen) Schaltmodell, bei dem das Simulationszeitintervall kleiner als ein Hundertstel der Schaltzeitperiode T_s sein sollte, um eine hinreichend genaue Auflösung zu garantieren.

3.14 Bidirektionale Leistungsschalter

In DC-DC-Aufwärts-, Abwärts- und Inverswandlern führt die Verwendung eines Transistors und einer Diode im Leistungsschalter zu einem unidirektionalen Stromfluss. Durch eine Kombination der Leistungsschalter-Designs von Abwärts- und Aufwärtswandlern, bei denen zwei Transistoren durch komplementäre Signale geschaltet werden, wird jedoch ein kontinuierlicher bidirektionaler Leistungs- und Stromfluss ermöglicht (Abb. 3.39a).

Im bidirektionalen Leistungsschalter (Abb. 3.39) kennzeichnet ein positiver Spulenstrom (Abb. 3.39b) den Abwärtsmodus, wobei hier nur der Transistor und die Diode im Abwärtswandler zum Stromfluss beitragen. Umgekehrt kennzeichnet ein negativer Spulenstrom den Aufwärtsmodus (Abb. 3.39c). Hier tragen nur der Transistor und die Diode im Aufwärtswandler zum Stromfluss bei. Wie in den Kapiteln 11 und 12 besprochen wird, werden diese bidirektionalen Leistungsschalter in DC- und AC-Motorantrieben, unterbrechungsfreien Stromversorgungen und anderen Anwendungen in Stromversorgungssystemen verwendet.

Wenn Transistoren in einem bidirektionalen Leistungsschalter durch komplementäre Signale gesteuert werden, kann Strom in beide Richtungen fließen.

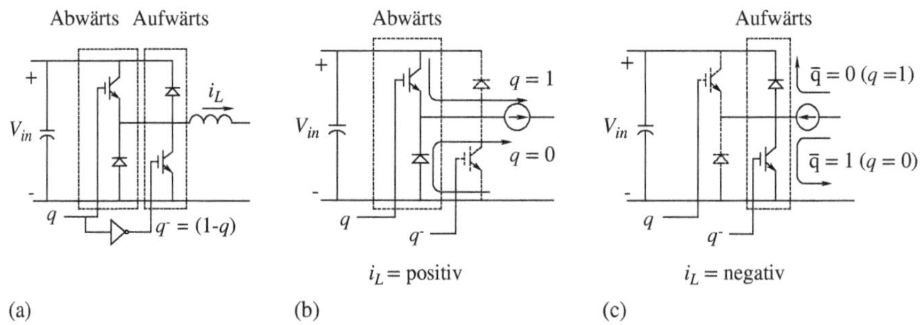

Abb. 3.39 (a) Bidirektionaler Leistungsschalter. (b) Stromfluss für positives i_L, (c) Stromfluss für negatives i_L.

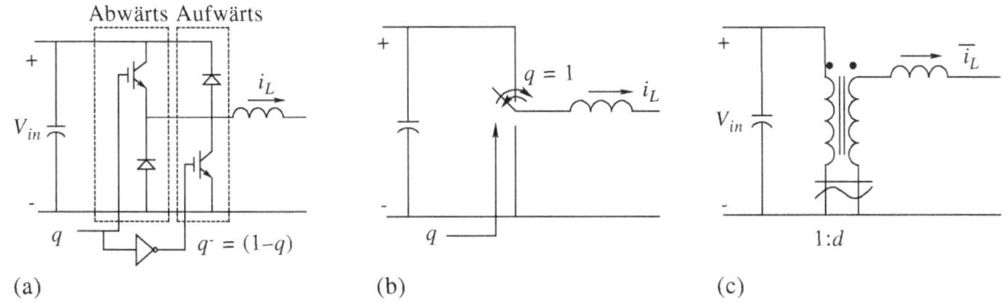

Abb. 3.40 (a) Bidirektionaler Leistungsschalter. (b) Prinzipschaltbild. (c) Dynamiscches MIttelwertmodell.

Idealerweise wird in diesem Aufbau der diskontinuierlichen Strommodus vermieden, abgesehen von einer kurzen Totzeit, die auftritt, wenn beide Transistoren kurzzeitig simultan ausgeschaltet werden müssen.

Wie in den Abbn. 3.39b und 3.39c gezeigt, befindet sich der bidirektionale Leistungsschalter in Abb. 3.40a in der „oberen" Position, wenn $q = 1$ ist, unabhängig von der Richtung von i_L (Abb. 3.40b). Er befindet sich in der „unteren" Position, wenn $q = 0$, ebenfalls unabhängig von der Richtung von i_L. Somit ist das Mittelwertmodell unseres bidirektionalen Leistungsschalters (Abb. 3.40a, schematische Darstellung in Abb. 3.40b) ein idealer Transformator (Abb. 3.40c). Dieser Transformator hat ein Übersetzungsverhältnis von $1{:}d(t)$, wobei $d(t)$ das Tastverhältnis des Ausgangs ist, welches auch das Tastverhältnis des Transistors im Abwärtsmodus darstellt.

3.15 Diskontinuierlicher Strommodus (DCM)

Alle DC-DC-Wandler mit unidirektionalem Leistungs- und Stromfluss verwenden einen Transistor und eine Diode, wodurch sie bei niedrigen Ausgangslasten in den diskontinuierlichen Strommodus (DCM) übergehen können. Dies tritt auf, wenn das Tastverhältnis konstant bleibt (Abb. 3.41) und die Ausgangslast abnimmt. Als Folge davon sinkt der mittlere Spulenstrom. Unterhalb einer kritischen Last erreicht der Spulenstrom am Ende des Ausschaltintervalls den Wert null.

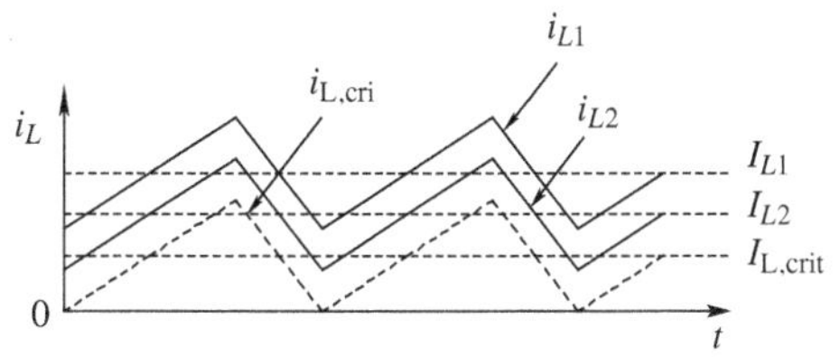

Abb. 3.41 Strom durch die Spule bei verschiedenen Lasten; das Tastverhältnis bleibt dabei konstant.

Wir bezeichnen den mittleren Spulenstrom in diesem Zustand als den kritischen Spulenstrom, $I_{L,\text{crit}}$. Bei Lasten unterhalb dieses kritischen Wertes kann der Spulenstrom in keinem der drei Wandler (Abwärtswandler, Aufwärtswandler und Inverswandler) rückwärts durch die Diode fließen und der Wandler tritt in den DCM ein. Im DCM bleibt der Spulenstrom für ein endliches Intervall null, bis der Transistor wieder einschaltet und den nächsten Schaltzyklus startet.

Während des Intervalls, in dem der Spulenstrom null ist, wird keine Leistung aus der Eingangsquelle entnommen und keine Energie an die Ausgangsstufe übertragen. Diese Inaktivität erhöht im Allgemeinen die Belastung der Bauteile und damit die Nennwerte der benötigten passiven Komponenten. Der DCM erzeugt auch Rauschen und elektromagnetische Interferenzen (EMI), obwohl das Problem der Erholungszeit der Dioden minimiert wird. Aufgrund dieser Probleme werden Wandler mit einer Leistung von mehr als einigen zehn Watt normalerweise so ausgelegt, dass sie im immer kontinuierlichen Strommodus (CCM) arbeiten. Alle Wandler mit einem Transistor und einer Diode werden jedoch bei sehr geringen Lasten in den DCM übergehen, sodass der Rückkopplungsregler in beiden Modi angemessen funktionieren muss. Die Auslegung des Reglers kann für einzelne Wandler, wie z. B. den Inverswandler, im CCM komplexer als im DCM sein. Daher bevorzugen es Schaltungsdesigner manchmal, solche Wandler unter allen Betriebsbedingungen im DCM zu halten. Dieses Thema wird im Kapitel über die Auslegung von Rückkopplungsreglern im Detail behandelt.

3.15.1 Kritischer Lastzustand an der Grenze zwischen kontinuierlicher und diskontinuierlicher Leitung

Beim kritischen Lastzustand wird der Laststrom (der mittlere Spulenstrom) kleiner als die Amplitude der Welligkeit, die eben nicht von den Lastbedingungen abhängt. Als Formel ausgedrückt beträgt dann der mittlere kritische Spulenstrom $I_{L,\text{crit}}$ (Abb. 3.41) die Hälfte des Spitzenwertes

$$I_{L,\text{crit}} = \frac{\hat{i}_{L,\text{crit}}}{2}. \tag{3.42}$$

Der Spitzenwert des Spulenstroms kann aus der Spannung v_L berechnet werden, die während des Intervalls DT_s über der Spule anliegt, während der Transistor eingeschaltet ist. Dies führt dazu, dass der Strom von null auf seinen Spitzenwert ansteigt. In Abwärtswandlern beträgt diese Spulenspannung $(V_{\text{in}} - V_o)$. Unter Verwendung dieser Gleichung und der Tatsache, dass $f_s = 1/T_s$ und $V_o = DV_{\text{in}}$ ist, gilt im kritischen Zustand dieselbe Spannungsbeziehung wie im kontinuierlichen Strommodus (CCM):

$$I_{L,\text{crit,Buck}} = \frac{V_{\text{in}}}{2Lf_s} D(1 - D). \tag{3.43}$$

Sowohl in Aufwärtswandlern (boost-converter) als auch bei Inverswandlern (buck-boost-converter) ist die Spulenspannung während DT_s gleich V_{in}. Aus Gründen der besseren Vergleichbarkeit mit dem englischen Original hat Ihr Übersetzer die Indices der Formeln nicht übersetzt, und daher gilt unter Verwendung der Gl. (3.42):

$$I_{L,\text{crit,Boost}} = I_{L,\text{crit,Buck-Boost}} = \frac{V_{\text{in}}}{2Lf_{\text{s}}}D. \tag{3.44}$$

Durch Gleichsetzen der kritischen Werte des mittlere Spulenstroms (Gln. 3.43, 3.44) mit den Eingangs-/Ausgangsströmen können wir die Ausgangsspannung V_{o} mit der Eingangsspannung V_{in} in Beziehung setzen und erkennen, dass der Ausgangswiderstand einfach durch die Beziehung $R = V_{\text{o}}/I_{\text{o}}$ gegeben ist. Dadurch können die kritischen Werte des Lastwiderstands in diesen Wandlern abgeleitet werden:

$$R_{\text{crit,Buck}} = \frac{2Lf_{\text{s}}}{(1-D)},$$

$$R_{\text{crit,Boost}} = \frac{2Lf_{\text{s}}}{D(1-D)^2},$$

$$R_{\text{crit,Buck-Boost}} = \frac{2Lf_{\text{s}}}{(1-D)^2}. \tag{3.45}$$

Ein Lastwiderstand über diesem kritischen Wert führt zu einer unkritischen Last, wodurch der entsprechende Wandler unweigerlich in den diskontinuierlichen Strommodus (DCM) übergeht.

3.15.2 Abwärtswandler im stationären DCM-Zustand

Die Signalverläufe eines Abwärtswandlers im diskontinuierlichen Strommodus (DCM) sind in Abb. 3.42a dargestellt. Im DCM wird der Spulenstrom für eine Periode null, was zu einem Mittelwert von I_{o} führt, der kleiner als der kritische Wert ist. Wenn der Spulenstrom während des Intervalls $D_{\text{off,2}}T_{\text{s}}$ null ist, ist die Spannung über der Spule null, und wir bekommen $v_{\text{A}} = V_{\text{o}}$.

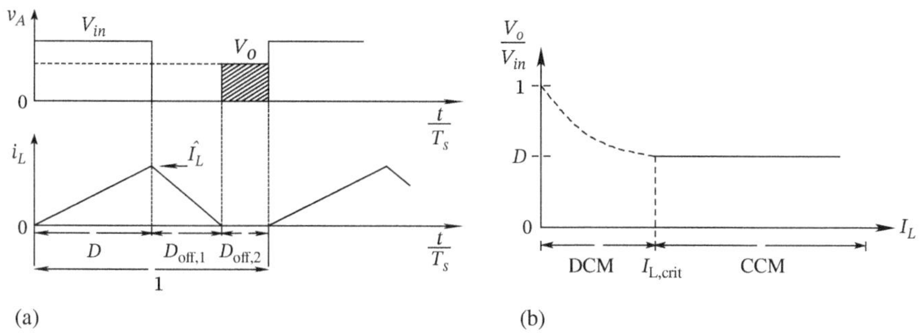

Abb. 3.42 (a) Signalverläufe eines Abwärtswandlers im diskontinuierlichen Strommodus. (b) Ausgangsspannung als Funktion von i_L.

In einem Abwärtswandler ist i_{in} gleich i_L während des Einschaltintervalls und sonst null. In Abb. 3.42a gilt im DCM:

$$\hat{I}_{\text{in}} = \hat{I}_L = \frac{(V_{\text{in}} - V_{\text{o}})}{L} DT_{\text{s}}. \tag{3.46}$$

Daraus ergibt sich mit $f_{\text{s}} = 1/T_{\text{s}}$:

$$I_{\text{in}} = \frac{(V_{\text{in}} - V_{\text{o}})}{2Lf_{\text{s}}} D^2. \tag{3.47}$$

Durch Gleichsetzen der mittleren Eingangsleistung $P_{\text{in}}(= V_{\text{in}} I_{\text{in}})$ mit der Ausgangsleistung $P_{\text{o}}\left(= V_{\text{o}}^2/R\right)$ erhalten wir imDCM (siehe Übungsbeispiel 3.32):

$$V_{\text{o}} = \frac{V_{\text{in}}}{2}\left(\sqrt{M(M+4)} - M\right), \tag{3.48a}$$

wobei

$$M = \left(\frac{R}{2Lf_{\text{s}}}\right) D^2. \tag{3.48b}$$

Diese Gleichung zeigt, dass geringe Lasten mit $R > R_{\text{crit,Buck}}$ dazu führen, dass die Ausgangsspannung in Richtung der Eingangsspannung ansteigt (Abb. 3.42b). In einem geregelten DC-DC-Wandler passt dann der Regelkreis das Tastverhältnis an, um die Ausgangsspannung zu regulieren.

3.15.3 Simulation und Hardware-Prototyping

Die Simulation eines nicht-idealen Abwärtswandlers, der im diskontinuierlichen Strommodus arbeitet, wird anhand des folgenden Beispiels veranschaulicht:

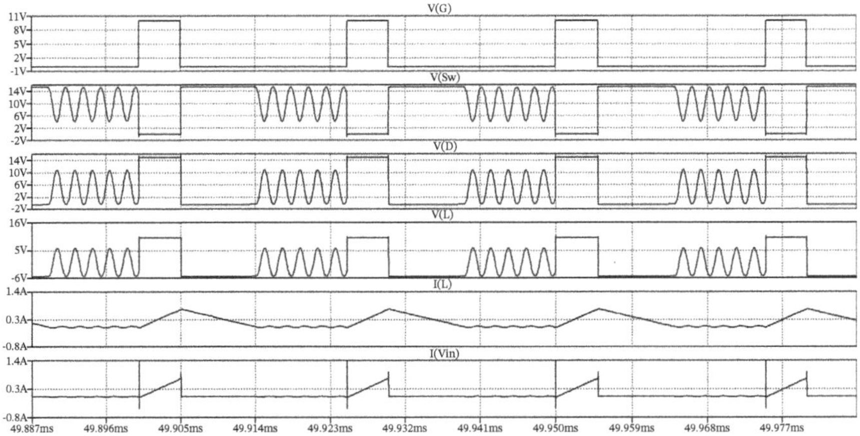

Abb. 3.43 LTspice-Simulationsergebnisse für Beispiel 3.10.

Beispiel 3.10

Im in Abb. 3.5a gezeigten DC-DC-Abwärtswandler sind die Parameter: $L = 68\,\mu H$, $C = 490\,\mu F$ und $R = 25\,\Omega$. Der Wandler arbeitet im stationären DC-Betrieb mit: $V_{in} = 15\,V$, $D = 0.2$ und $f_s = 40\,kHz$. Für den Schalter und die Diode verweisen Sie auf die im Anhang vom Kapitel 2 angegebenen Parameter. Simulieren Sie diesen Wandler mit LTspice.

Lösung

Die Simulationsdatei für dieses Beispiel ist auf der Begleitwebsite verfügbar. Das LTspice-Modell ist mit dem in der Abbildung gezeigten identisch, und die stationären Signalformen aus der Simulation sind in der Abbildung 3.43 dargestellt.

Die stationären Signale des Abwärtswandlers im diskontinuierlichen Strommodus aus dem Sciamble-Labor-Kit sind in Abb. 3.44 dargestellt. Das Workbench-Modell ist dasselbe wie in Abb. 3.9. Das schrittweise Verfahren zur Nachbildung der oben genannten Hardware-Implementierung wird in [9] erklärt.

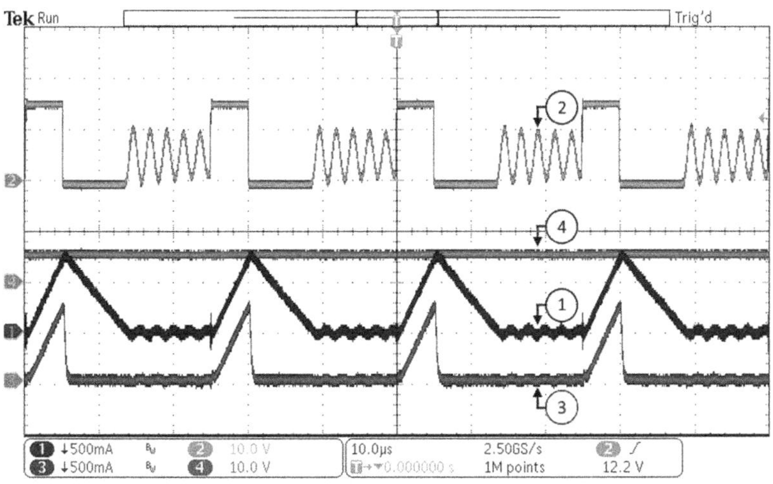

Abb. 3.44 Workbench-Hardware: (1) Strom durch die Induktivität, (2) Spannung am Leistungsschalter, (3) Eingangsstrom und (4) Ausgangsspannung.

3.15.3.1 Klingeln der Spannung am Leistungsschalter

Im Gegensatz zum idealen Abwärtswandler (Abb. 3.5) zeigt die Schaltknotenspannung eines realen Abwärtswandlers während des Intervalls $D_{off,2}$ ein Klingeln (störende Oszillationen). Dieses Klingeln hat eine Spitze-Spitze-Amplitude, die das Doppelte der Ausgangsspannung beträgt und auf das Intervall zwischen 0 und V_{in} beschränkt ist.

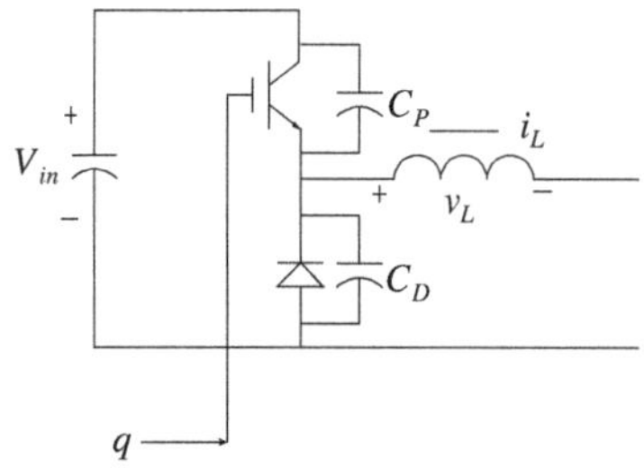

Abb. 3.45 Nicht-idealer Abwärtswandler mit parasitären Kapazitäten am Schalter und an der Diode.

Dieses Phänomen tritt aufgrund des LC-Schwingkreises auf, der durch die Filterinduktivität und die kombinierte parasitäre Kapazität des Schalters und der Diode gebildet wird (Abb. 3.45).

Dieses Klingeln erhöht die elektromagnetischen Interferenzen (EMI) und führt zu höheren Verlusten. Um einen EMI-Filter zu entwerfen, der diese Frequenzkomponente unterdrückt, ist es also wichtig, die Klingelfrequenz zu kennen. Das folgende Beispiel demonstriert das Verfahren:

Beispiel 3.11

Im Abwärtswandler in Abb. 3.45 hat der Schalter eine parasitäre Kapazität von $C_T = 1550$ pF und die Diode hat eine parasitäre Kapazität von $C_D = 450$ pF. Nehmen Sie an, dass die restlichen Parameter dieselben wie im Beispiel 3.10 sind. Berechnen Sie die Klingelfrequenz der Schaltknotenspannung.

Lösung

$$f_0 = \frac{1}{2\pi\sqrt{L(C_T + C_D)}} = \frac{1}{2\pi\sqrt{68 \cdot 10^{-6}(1550 \cdot 10^{-12} + 450 \cdot 10^{-12})}} = 0.432 \text{ MHz}$$

Dies entspricht den in Abb. 3.45 gezeigten Ergebnissen. Die Amplitude und die gesamte Periodendauer dieses Klingelns können durch die Verwendung eines Snubber-Schaltkreises (Kapitel 8) erheblich reduziert werden.

3.15.4 Aufwärtswandler im stationären DCM-Zustand

Die Signalformen eines Aufwärtswandlers im DCM sind in Abb. 3.46a zu sehen. Im DCM, wenn der Spulenstrom während des Intervalls $D_{off,2}T_s$ null ist, ist die Spannung über dem Spulen null, und v_A entspricht V_{in}. In einem Aufwärtswandler ist der Mittelwert von $V_A = V_{in}$, und i_{in} entspricht i_L während aller Intervalle.

In Abb. 3.46a gilt im DCM:

$$\hat{I}_{in} = \hat{I}_L = \frac{V_{in}}{L} DT_s. \tag{3.49}$$

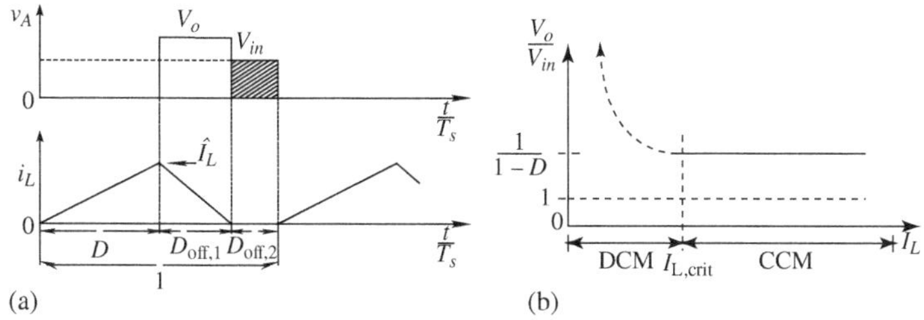

Abb. 3.46 Aufwärtswandler im stationären DCM-Zustamd. (a) Zeitlicher Verlauf von Ausgangsspannung und Spulenstrom. (b) DCM- und CCM-Bereich.

Daher ist der Mittelwert des Eingangsstroms ($f_s = 1/T_s$),

$$I_{\text{in}} = \frac{V_{\text{in}}}{2Lf_s} D\left(D + D_{\text{off},1}\right). \tag{3.50}$$

Wenn man die mittlere Eingangsleistung $P_{\text{in}}(= V_{\text{in}}I_{\text{in}})$ mit der Ausgangsleistung $P_{\text{o}}\left(= V_{\text{o}}^2/R\right)$ gleichsetzt, bekommt man

$$\frac{V_{\text{in}}^2}{2Lf_s} D\left(D + D_{\text{off},1}\right) = \frac{V_{\text{o}}^2}{R}. \tag{3.51}$$

Aus Abb. 3.46a ergibt sich der mittlere Ausgangsstrom V_{o}/R zu:

$$\frac{V_{\text{in}}}{2Lf_s} DD_{\text{off},1} = \frac{V_{\text{o}}}{R}. \tag{3.52}$$

Durch Auflösen nach $D_{\text{off},1}$ aus der Gl. (3.52) und Einsetzen in die Gl. (3.53a) erhält man

$$V_{\text{o}} \frac{V_{\text{in}}}{2} = \left(1 + \sqrt{4M}\right), \tag{3.53a}$$

wobei

$$M = \left(\frac{R}{2Lf_s}\right) D^2. \tag{3.53b}$$

Gleichung (3.53) zeigt, dass bei geringen Lasten mit $R > R_{\text{crit,Boost}}$ die Ausgangsspannung gefährlich hoch ist und im Prinzip gegen unendlich ansteigen kann (Abb. 3.46b). Um die Ausgangsspannung zu regeln, muss in einem geregelten DC-DC-Wandler also der Rückkopplungsregler das Tastverhältnis anpassen.

3.15.5 Simulation und Hardware-Prototyping

Das nächste Beispiel demonstriert die Simulation eines nicht-idealen Aufwärtswandlers, der im diskontinuierlichen Strommodus arbeitet.

Beispiel 3.12

Im dargestellten DC-DC-Aufwärtswandler in Abb. 3.11 sind die folgenden Parameter gegeben: $L = 68\ \mu H$, $C = 490\mu F$ und $R = 39\ \Omega$. Der Wandler arbeitet im stationären Gleichstromzustand unter diesen Bedingungen: $V_{in} = 15$ V, $D = 0.3$ und $f_s = 20$ kHz. Für den Schalter und die Diode verwenden Sie die im Anhang des Kapitels angegebenen Parameter. Simulieren Sie diesen Wandler mit LTspice.

Lösung

Die Simulationsdatei für dieses Beispiel ist auf der begleitenden Website verfügbar. Das LTspice-Modell ist mit dem in der Abb. 3.15 identisch, und die stationären Signalformen aus der Simulation sind in Abb. 3.47 zu finden.

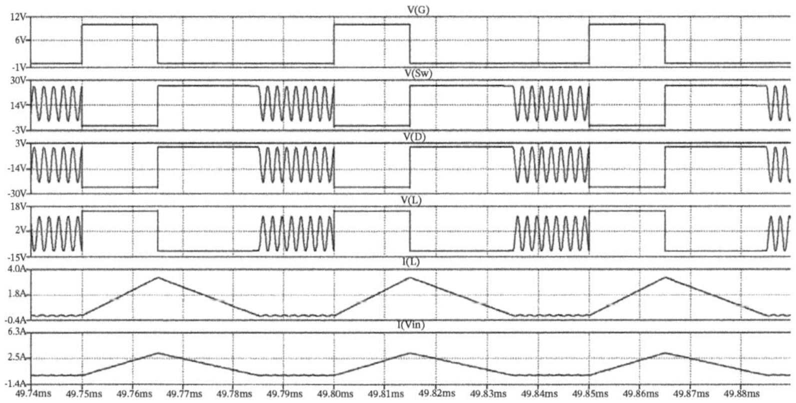

Abb. 3.47 LTspice-Simulationsergebnisse für Beispiel 3.12.

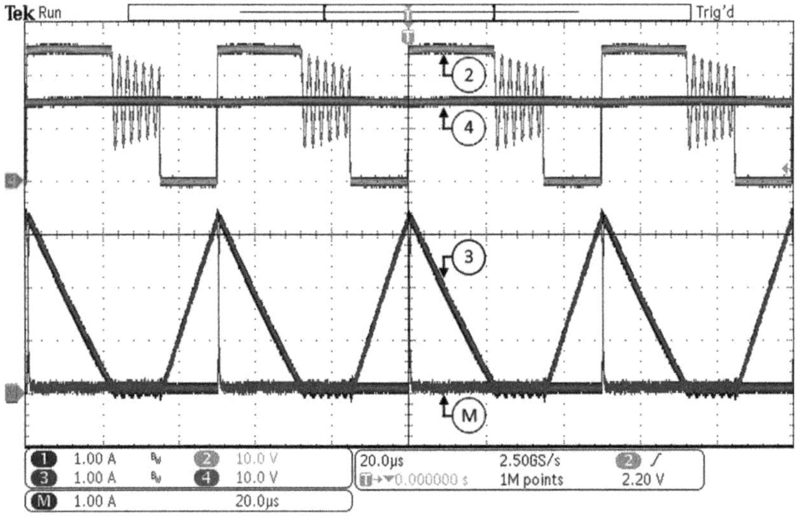

Abb. 3.48 Workbench-Hardware Ergebnis für Beispiel 3.12: (2) Spannung am Leistungsschalter (3) Diodenstrom, (4) Ausgangsspannung und (M) Schalterstrom.

Die stationären Signalformen aus dem Sciamble-Labor-Kit, die man beim Betrieb des Aufwärtswandlers im diskontinuierlichen Strommodus bekommt, sind in der Abb. 3.48 dargestellt. Das Workbench-Modell ist das gleiche wie das in Abb. 3.17. Das schrittweise Verfahren zur Nachbildung der Hardware-Implementierung ist in [10] zu finden.

Ähnlich wie beim realen Abwärtswandler schwingt die Schalterknotenspannung des realen Aufwärtswandlers während $D_{\mathrm{off},2}$ mit einer Spitze-Tal-Amplitude, die doppelt so groß ist wie der Unterschied zwischen der Ausgangs- und Eingangsspannung ist. Der Spannungsbereich ist auf das Intervall zwischen 0 und V_o begrenzt: $0 < V_A < V_o$.

3.15.6 Inverswandler im stationären DCM-Betrieb

Die Signalformen für einen Inverswandler (buck-boost-converter) im diskontinuierlichen Strommodus (DCM) sind in Abb. 3.49a dargestellt. Im DCM, wenn der Spulenstrom während des Intervalls $D_{\mathrm{off},2}T_s$ null ist, ist die Spannung über den Spulen null, und v_A entspricht V_o. In einem Inverswandler ist der Mittelwert von V_A gleich V_o.

In einem Inverswandler ist i_{in} gleich i_L während des Einschaltintervalls und sonst null. In Abb. 3.49a, gilt im DCM

$$\hat{I}_{\mathrm{in}} = \hat{I}_L = \frac{V_{\mathrm{in}}}{L} DT_s. \tag{3.54}$$

Daher ist der Mittelwert des Eingangsstroms mit $f_s = 1/T_s$:

$$I_{\mathrm{in}} = \frac{V_{\mathrm{in}}}{2Lf_s} D^2. \tag{3.55}$$

Durch Gleichsetzen der mittleren Eingangsleistung $P_{\mathrm{in}} (= V_{in} I_{\mathrm{in}})$ mit der Ausgangsleistung $P_o \left(= V_o^2/R\right)$ erhalten wir:

$$\frac{V_{\mathrm{in}}^2}{2Lf_s} D^2 = \frac{V_o^2}{R}. \tag{3.56}$$

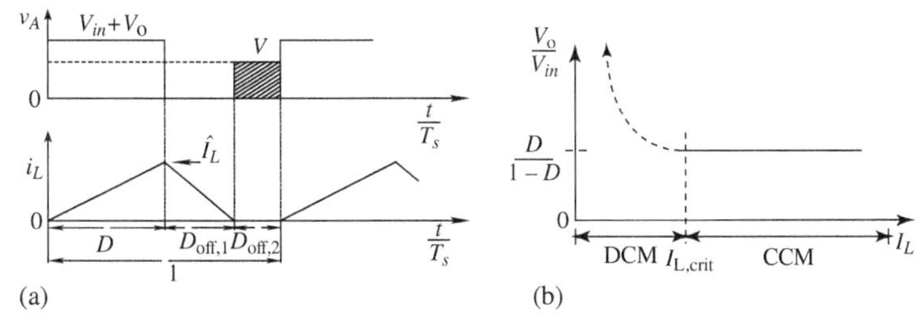

Abb. 3.49 Inverswandler im stationären DCM-Betrieb. (a) Zeitlicher Verlauf von Ausgangsspannung und Spulenstrom. (b) DCM- und CCM-Bereich.

Auflösen nach V_o liefert

$$V_o = DV_{in}\sqrt{\frac{R}{2Lf_s}}, \tag{3.57}$$

im DCM. Diese Gleichung zeigt, dass kleine Lasten mit $R > R_{crit,Buck\text{-}Boost}$ dazu führen können, dass die Ausgangsspannung gefährlich gegen unendlich ansteigt (Abb. 3.49b). In einem geregelten DC-DC-Wandler muss der Regelkreis dann das Tastverhältnis anpassen, um die Ausgangsspannung zu regeln.

3.15.7 Simulation und Hardware-Prototyping

Das folgende Beispiel zeigt die Simulation eines nicht-idealen Inverswandlers, der im diskontinuierlichen Strommodus arbeitet.

Beispiel 3.13

Im in Abb. 3.19b gezeigten Inverswandlers sind die Bauteilwerte: $L = 68$ µH, $C = 490$ µF und $R = 39$ Ω. Er arbeitet im stationären DC-Zustand unter den folgenden Bedingungen: $V_{in} = 15$ V, $D = 0.3$ und $f_s = 20$ kHz. Verwenden Sie die im Anhang des Kapitels angegebenen Parameter für den Schalter und die Diode. Simulieren Sie diesen Wandler mit LTspice.

Lösung

Die Simulationsdatei für dieses Beispiel ist auf der begleitenden Website verfügbar. Das LTspice-Modell ist dasselbe wie in Abb. 3.23, und die stationären Signalformen aus der Simulation sind in Abb. 3.50 dargestellt.

Die stationären Signale, die durch den Betrieb des Inverswandlers im diskontinuierlichen Strommodus mit dem Sciamble-Labor-Kit erzielt wurden, sind in Abb. 3.51 gezeigt. Das Workbench-Modell ist dasselbe wie in der Abb. 3.25.

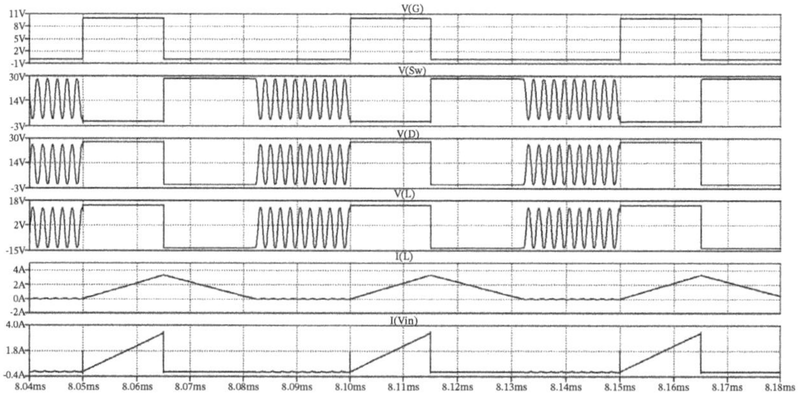

Abb. 3.50 LTspice-Simulationsergebnisse zu Beispiel 3.13.

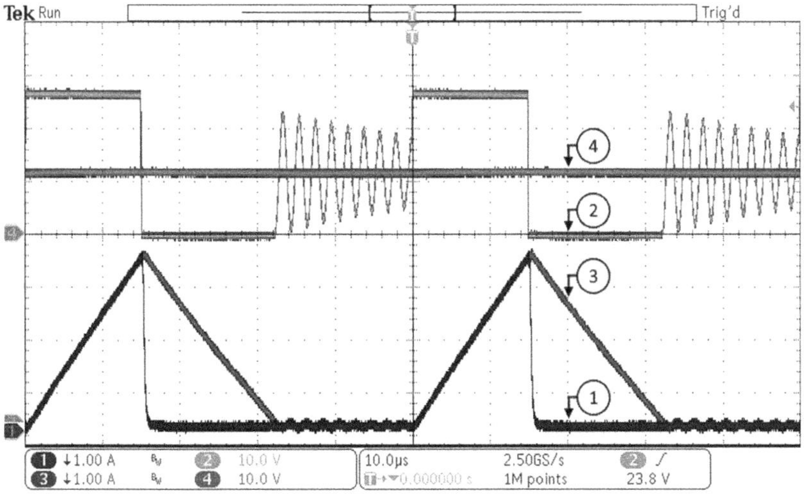

Abb. 3.51 Workbench-Hardware: (1) Eingangsstrom, (2) Schalterspannung, (3) Strom durch die Induktivität und (4) Ausgangsspannung.

Das schrittweise Verfahren zur Nachbildung der oben genannten Hardware-Implementierung findet sich in [11].

Ähnlich wie beim realen Abwärtswandler schwingt die Schaltknoten-Spannung des realen Inverswandlers auch während $D_{\text{off},2}$ mit einer Spitze-Spitze-Amplitude, die doppelt so hoch wie die Ausgangsspannung ist, und ist zwischen 0 und $V_{\text{in}} + V_{\text{o}}$ begrenzt.

3.15.8 Mittelwertdarstellung im CCM und DCM für die dynamische Analyse

In den vorhergehenden Abschnitten haben wir drei DC-DC-Wandler im stationären diskontinuierlichen Strommodus (DCM) analysiert. Im kontinuierlichen Strommodus (CCM) hängt die Ausgangsspannung ausschließlich von der Eingangsspannung V_{in} und dem Tastverhältnis des Transistors ab. Im DCM hingegen hängt die Ausgangsspannung auch von den Wandlerparametern und den Betriebsbedingungen ab, was zu einer höheren Ausgangsspannung im Vergleich zum CCM führt.

Wenn sich das Tastverhältnis bei einer Frequenz, die viel niedriger als die Schaltfrequenz ist, ändert, können wir die Mittelwertdarstellung zur dynamischen Modellierung sowohl in CCM als auch in DCM verwenden. Dies geschieht, indem Großbuchstaben durch Kleinbuchstaben mit einem Überstrich (ein „–" oben) ersetzt werden, welche die zeitlich veränderlichen Mittelwerte kennzeichnen:

$$D \rightarrow d(t) \; V_{\text{o}} \rightarrow \bar{v}_{\text{o}}(t) \; I_L \rightarrow \bar{i}_L(t) \; I_{\text{in}} \rightarrow \bar{i}_{\text{in}}. \tag{3.58}$$

Wie im Anhang abgeleitet, wird im DCM das Mittelwertmodell eines Leistungsschalters in CCM durch eine abhängige Spannungsquelle v_{k} am Stromausgang und eine

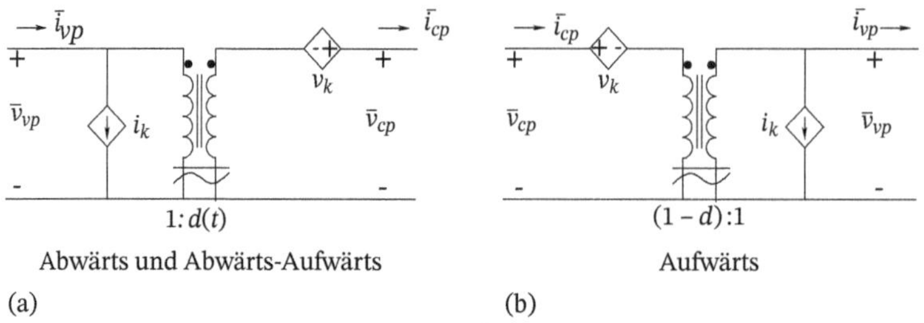

Abb. 3.52 (a) Mittelwertmodell des Abwärts- und Abwärts-Aufwärtswandlers (Inverswandler) und (b) des Aufwärtswandlers, gültig im CCM und DCM.

Tab. 3.2 Die Ausdrücke für v_k und i_k für die verschiedenen Wandlertypen.

Wandler	v_k	i_k
Abwärts	$\left(1 - \frac{2Lf_s\bar{i}_L}{(V_{in} - \bar{v}_o)d}\right)\bar{v}_o$	$\frac{d^2}{2Lf_s}(V_{in} - \bar{v}_o) - d\bar{i}_L$
Aufwärts	$\left(1 - \frac{2Lf_s\bar{i}_L}{V_{in}d}\right)(V_{in} - \bar{v}_o)$	$\frac{d^2}{2Lf_s}V_{in} - d\bar{i}_L$
Invers	$\left(1 - \frac{2Lf_s\bar{i}_L}{V_{in}d}\right)\bar{v}_o$	$\frac{d^2}{2Lf_s}V_{in} - d\bar{i}_L$

abhängige Stromquelle i_k am Spannungsausgang ergänzt. Dies wird in Abb. 3.52a für Abwärts- und Abwärts-Aufwärtswandler und in Abb. 3.52b für Aufwärtswandler veranschaulicht. Die Werte dieser abhängigen Quellen für die drei Wandler sind im Anhang berechnet und in der nachstehenden Tabelle zusammengefasst.

Wenn der mittlere Spulenstrom unter seinen kritischen Wert fällt, dann gelten die Darstellungen in Abb. 3.52 sowohl für CCM als auch für DCM, aber nur dann, wenn v_k und i_k in den Ausdrücken in Tab. 3.2 für CCM-Bedingungen auf null gesetzt werden.

In LTspice wird der ideale Transformator durch eine abhängige Stromquelle und eine abhängige Spannungsquelle dargestellt. Die bedingten abhängigen Quellen v_k und i_k, die in den Abbildungen a und b gezeigt sind, sind zusätzlich zu denen, die zur Darstellung des idealen Transformators verwendet werden, hinzugefügt.

Literatur

1. Mohan, N., Undeland, T.M. and Robbins, W.P. (2003). *Power Electronics: Converters, Applications and Design*. 3e. New York: John Wiley & Sons.
2. Buck converter lab manual: https://sciamble.com/resources/pe-drives-lab/basic-pe/buck-converter

3. Boost converter lab manual: https://sciamble.com/resources/pe-drives-lab/basic-pe/boost-converter
4. Buck-Boost converter lab manual: https://sciamble.com/resources/pe-drives-lab/basic-pe/buck-boost-converter
5. Carsten, B. (1988). Converter Component Load Factors: A performance Limitation of Various Topologies. *PCI Proceedings*, Munich 1988, 31–49.
6. Walters, M. (1995). An Integrated Synchronous-Rectifier Power IC with Complementary-Switching (HIP5010, HIP5011). *Technical Brief, TB332*, Intersil Corp.
7. Synchronous-Rectified Buck converter lab manual: https://sciamble.com/resources/pe-drives-lab/basic-pe/synchronous-buck-converter.
8. (2019). Does GaN Have a Body Diode?—Understanding the Third Quadrant Operation of GaN. *Texas Instruments Application Report SNOAA36–February 2019*. https://www.ti.com/lit/an/snoaa36/snoaa36.pdf?ts=1654535176366.
9. Buck converter discontinuous conduction mode lab manual: https://sciamble.com/resources/pe-drives-lab/basic-pe/buck-converter-dcm
10. Boost converter discontinuous conduction mode lab manual: https://sciamble.com/resources/pe-drives-lab/basic-pe/boost-converter-dcm
11. Buck-Boost converter discontinuous conduction mode lab manual: https://sciamble.com/resources/pe-drives-lab/basic-pe/buck-boost-converter-dcm

Übungsbeispiele

DC-DC-Abwärtswandler

Die folgenden Angaben gelten für die Beispiele 3.1 bis 3.6: In einem DC-DC-Abwärtswandler beträgt $L = 25\ \mu\text{H}$. Er arbeitet im stationären Gleichstromzustand unter den folgenden Bedingungen: $V_{in} = 42$ V, $D = 0.3$, $P_o = 24$ W und $f_s = 400$ kHz. Es wird angenommen, dass die Komponenten ideal sind.

3.1 Berechnen und zeichnen Sie die Signalformen wie in Abb. 3.5d.

3.2 Zeichnen Sie die Spannungs- und Stromsignalformen an der Spule, wenn $P_o = 12$ W; alles andere bleibt unverändert. Vergleichen Sie die Welligkeit des Spulenstroms mit den Angaben in Aufgabe 3.1.

3.3 Berechnen Sie den kritischen Wert der Ausgangslast P_o, unterhalb dessen der Wandler in den diskontinuierlichen Strommodus übergeht.

3.4 Berechnen Sie den kritischen Wert der Induktivität L, um den Wandler bei und über $P_o = 5$ W für Eingangsspannungen von 24 bis 50 V im kontinuierlichen Strommodus zu halten.

3.5 Zeichnen Sie die Signalformen für die in Abb. 3.5d gezeigten Variablen für die Ausgangslast, die den Wandler an der Grenze zwischen kontinuierlichem und diskontinuierlichem Modus betreibt.

3.6 Passen Sie das Tastverhältnis für Eingangsspannungen von 24 bis 50 V an, um die Ausgangsspannung konstant auf ihrem Nennwert zu halten (mit $V_{in} = 40$ V und $D = 0.3$). Berechnen Sie die minimale Induktivität L, die erforderlich ist, um den Wandler bei $P_o = 5$ W im kontinuierlichen Strommodus zu halten.

3.7 Entwerfen Sie einen DC-DC-Abwärtswandler für V_{in} = 20 V, V_o = 12 und eine maximale Ausgangsleistung von P_o =72 W. Die Schaltfrequenz beträgt f_s = 400 kHz. Es wird angenommen, dass die Komponenten ideal sind. Schätzen Sie den Wert der Filterinduktivität ab, um den Wandler im kontinuierlichen Strommodus bei einem Drittel der maximalen Ausgangsleistung zu halten.

DC-DC-Aufwärtswandler

Die folgenden Angaben gelten für die Beispiele 3.8 bis 3.13: In einem Aufwärtswandler beträgt L = 25 μH. Er arbeitet im stationären DC-Zustand unter folgenden Bedingungen: V_{in} = 12 V, D = 0.4, P_o = 25 W und f_s = 400 kHz. Es wird von idealen Komponenten ausgegangen.

3.8 Berechnen und zeichnen Sie die Signalformen wie in Abb. 3.12c.

3.9 Zeichnen Sie die Signalformen der Spulenspannung und des Spulenstroms, wenn P_o = 15 W beträgt, während die anderen Parameter unverändert bleiben. Vergleichen Sie die Welligkeit des Spulenstroms mit der in Aufgabe 3.8.

3.10 Bestimmen Sie die kritische Ausgangslast P_o, unterhalb der der Wandler in den diskontinuierlichen Strommodus übergeht.

3.11 Berechnen Sie die kritische Induktivität L, unterhalb der der Wandler bei P_o = 5 W in den diskontinuierlichen Strommodus übergeht.

3.12 Zeichnen Sie die Signalformen für die Variablen in Abbildung c, wenn der Wandler an der Grenze zwischen kontinuierlichem und diskontinuierlichem Modus arbeitet.

3.13 Die Eingangsspannung variiert von 9 bis 15 V. Passen Sie das Tastverhältnis an, um eine konstante Ausgangsspannung (Nennwert bei V_{in} = 12 V und D = 0.4) aufrechtzuerhalten. Berechnen Sie die kritische Induktivität L, sodass der Wandler bei und über P_o = 5 W für alle Eingangsspannungen im kontinuierlichen Strommodus bleibt.

3.14 Entwerfen Sie einen Boost-Wandler mit D = 0.333, V_o = 12 V und einer maximalen Ausgangsleistung von P_o = 40 W. Die Schaltfrequenz beträgt f_s = 400 kHz. Es wird von idealen Komponenten ausgegangen. Schätzen Sie den Wert von L ab, um den Wandler bei einem Drittel der maximalen Ausgangsleistung im CCM zu halten.

DC-DC-Inverswandler

Die folgenden Angaben gelten für die Übungsbeispiele 3.15 bis 3.20: In einem Inverswandler beträgt L = 25 μH. Er arbeitet im stationären Gleichstromzustand unter den folgenden Bedingungen: V_{in} = 12 V, D = 0.6, P_o = 36 W und f_s = 400 kHz. Es werden ideale Komponenten angenommen.

3.15 Berechnen und zeichnen Sie die Signalformen wie in Abb. 3.20c.

3.16 Zeichnen Sie die Signalformen der Spulenspannung und des Spulenstroms für $P_o = 18$ W; alle anderen Bedingungen bleiben gleich. Vergleichen Sie die Welligkeit des Spulenstroms mit der in Aufgabe 3.15.

3.17 Berechnen Sie für diesen Inverswandler die kritische Ausgangslast P_o, unterhalb derer der Wandler in den diskontinuierlichen Strommodus übergeht.

3.18 Berechnen Sie die kritische Induktivität L, unterhalb derer dieser Inverswandler bei $P_o = 5$ W in den diskontinuierlichen Strommodus übergeht.

3.19 Zeichnen Sie die Signalformen der Variablen in Abb. 3.20c, wenn der Buck-Boost-Wandler an der Grenze zwischen kontinuierlichem und diskontinuierlichem Modus arbeitet.

3.20 Die Eingangsspannung variiert von 9 bis 15 V. Für jeden Eingabewert wird das Tastverhältnis angepasst, um die Ausgangsspannung konstant auf ihrem Nennwert zu halten ($V_{in} = 12$ V, $D = 0.6$). Berechnen Sie die kritische Induktivität L, um sicherzustellen, dass der Wandler bei und über $P_o = 5$ W für alle Eingangsspannungen V_{in} im kontinuierlichen Strommodus bleibt.

3.21 Entwerfen Sie einen Inverswandler unter den folgenden Bedingungen: $V_{in} = 12$ V, $V_o = 42$ V und maximale Ausgangsleistung $P_o = 96$ W. Die Schaltfrequenz beträgt $f_s = 300$ kHz. Ideale Komponenten werden angenommen. Schätzen Sie den Wert von L, um den Wandler bei einem Drittel der maximalen Ausgangsleistung im kontinuierlichen Strommodus zu halten.

SEPIC-DC-DC-Wandler

3.22 In einem SEPIC-Wandler nehmen wir an, dass es keine Welligkeit in den Spulenströmen und der Kondensatorspannung gibt. Dieser SEPIC-Wandler arbeitet im Gleichstrom-Gleichgewichtszustand unter folgenden Bedingungen: $V_{in} = 10$ V, $D = 0.333$, $P_o = 50$ W und $f_s = 200$ kHz. Nehmen Sie ideale Bauteile an. Zeichnen Sie die Signalformen für alle Wandlergrößen im stationären Zustand.

3.23 Zeigen Sie, dass der SEPIC-Wandler ebenfalls einen Leistungsschalter als grundlegende Komponente verwendet.

Ćuk-DC-DC-Wandler

3.24 In einem Ćuk-Wandler wird angenommen, dass es keine Welligkeit in den Spulenströmen und in der Kondensatorspannung gibt. Dieser Wandler arbeitet im stationären DC-Betrieb unter den folgenden Bedingungen: $V_{in} = 10$ V, $D = 0.333$, $P_o = 50$ W und $f_s = 200$ kHz. Es wird von idealen Komponenten ausgegangen. Zeichnen Sie die Signalformen für alle Wandlergrößen in diesem Gleichgewichtszustand.

3.25 Zeigen Sie, dass der Ćuk-Wandler ebenfalls einen Leistungsschalter als grundlegende Komponente verwendet.

Verschachtelung von DC-DC-Wandlern

3.26 Zwei verschachtelte Abwärtswandler, die jeweils dem im Übungsbeispiel 3.1 entsprechen, liefern insgesamt 48 W. Berechnen und zeichnen Sie die Signalformen des gesamten Eingangsstroms und des kombinierten Stroms $\left(i_{L_1} + i_{L_2}\right)$ zur Ausgangsstufe. Die Gatesignale zu den Wandlern sind um 180° phasenverschoben.

Regelung durch PWM

3.27 Betrachten Sie in einem Abwärtswandler die zwei Tastverhältnisse 0.3 und 0.4. Die Schaltfrequenz f_s beträgt 200 kHz. Zeichnen Sie die Signalformen analog zu Abb. 3.36b.

Dynamische Mittelwertmodelle im CCM

3.28 Zeichnen Sie die dynamischen Mittelwertmodelle für die folgenden Wandler im kontinuierlichen Strommodus (CCM) zur Übernahme in LTspice:
Abwärtswandler (Buck), Aufwärtswandler (Boost), Inverswandler (Buck-Boost), SEPIC und Ćuk.

3.29 Verwenden Sie die dynamischen Mittelwertmodelle aus Übungsbeispiel 3.28, um den mittleren Eingangsstrom für jeden Wandler zu berechnen. Drücken Sie den Eingangsstrom in Bezug auf den durchschnittlichen Ausgangsstrom und das Tastverhältnis $d(t)$ aus.

Bidirektionale Leistungsschalter

3.30 Der bidirektionale DC-DC-Wandler in Abb. 3.40a verbindet eine 12/14-V-Batterie mit einer 36/42-V-Batteriebank. Die internen EMKs sind $E_1 = 40$ V (DC) und $E_2 = 13$ V (DC). Beide Batterien haben einen Innenwiderstand von jeweils 0.1 Ω. Berechnen Sie für den DC-Betrieb das Tastverhältnis D_A des Leistungsschalters, wenn
(a) die Eingangsleistung der Niederspannungsbatterie 140 W beträgt und
(b) die Ausgangsleistung der Niederspannungsbatterie 140 W beträgt.

DC-DC-Wandler im DCM

3.31 Leiten Sie die Ausdrücke für den kritischen Widerstand für die drei Wandler her, die in der Gl. (3.45) angegeben sind.

3.32 Leiten Sie das Spannungsverhältnis im DCM für einen Abwärtswandler mit Gl. (3.48) her.

3.33 Leiten Sie das Spannungsverhältnis im DCM für einen Aufwärtswandler mit Gl. (3.53) her.

3.34 Leiten Sie das Spannungsverhältnis im DCM für einen Abwärts-Aufwärtswandler der Gl. (3.57) her.

3.35 Wiederholen Sie Übungsbeispiel 3.1 für den Abwärtswandler, wenn P_0 nicht angegeben ist, aber der Lastwiderstand das Doppelte seines kritischen Werts beträgt.

3.36 Wiederholen Sie Übungsbeispiel 3.8 für den Aufwärtswandler, wenn P_0 nicht angegeben ist, aber der Lastwiderstand das Doppelte seines kritischen Werts beträgt.

3.37 Wiederholen Sie Übungsbeispiel 3.15 für den Abwärts-Aufwärtswandler, wenn P_0 nicht angegeben ist, aber der Lastwiderstand das Doppelte seines kritischen Werts beträgt.

Fragen zur nachhaltigen Energieverwendung

3.38 Ein 1.2 kW Photovoltaik (PV)-System hat vier in Serie geschaltete Arrays, von denen jedes bei maximaler Leistung und Einstrahlung die Nennwerte 55 V und 6.0 A hat. Der Ausgang der in Serie geschalteten Arrays wird durch einen Aufwärtswandler auf 400 V (DC) erhöht, der dann über einen Wechselrichter Energie in das einphasige Stromnetz einspeist. Angenommen, die Schaltfrequenz des Aufwärtswandlers beträgt 200 kHz und die Spitzenspitzenwelligkeit im Eingangsstrom weniger als 10 % des Nennstroms bei maximaler Leistung. Berechnen Sie die Induktivität der Spule im Wandler. Nehmen Sie ideale Komponenten an.

3.39 In einem großen Batteriespeichersystem hat die Batteriekette eine Nennausgangsspannung von 650 V (DC) und einen Nennstrom von 1200 A. Die Spannung kann von 500 bis 800 V reichen. Diese Ausgangsspannung soll auf 900 V (DC) erhöht werden, um als Eingang für einen Wechselrichter zu dienen, der mit dem dreiphasigen Stromnetz verbunden ist. Es wird ein bidirektionales Schaltmodul verwendet. Die Schaltfrequenz beträgt 50 kHz und der Induktivitätswert wird so gewählt, dass die Spitzenspitzenwelligkeit im Spulenstrom weniger als 10 % des Nennstroms der Batterie bei der Nennspannung beträgt.

(a) Berechnen Sie die Induktivität.

(b) Berechnen Sie die Spitze-Spitze-Welligkeit im Spulenstrom für den Nennstrom, wenn die Batteriespannung auf ihrem Minimum ist.

(c) Wiederholen Sie die Berechnung für die Spitze-Spitze-Welligkeit, wenn die Batteriespannung auf ihrem Maximum ist.

Simulationsaufgaben

3.40 Im Abwärtswandler in Abb. 3.5a sind die Parameter: $L = 100\ \mu H$, $R_L = 10\ m\Omega$, $C = 100\ \mu F$, $R_{Load} = 9.0\ \Omega$, $V_{in} = 24\ V$, $f_s = 100\ kHz$ und $d = 0.7$.

(a) Zeichnen Sie die Signalformen für i_L, v_L und v_o während der letzten 10 Schaltzyklen nach Erreichen des stationären Zustands.

(b) Zeichnen Sie den Mittelwert von v_L.

(c) Zeichnen Sie i_L und messen Sie dessen Spitzen-Spitzen-Ripple. Vergleichen Sie ihn mit dem theoretischen Wert.

(d) Zeichnen Sie die Signalform von i_C und bestimmen Sie deren Durchschnitt. Vergleichen Sie die Signalform von i_C mit dem Ripple in i_L.

(e) Zeichnen Sie die Signalform des Eingangsstroms und berechnen Sie dessen Durchschnitt. Vergleichen Sie ihn mit dem theoretischen Wert.

3.41 Verwenden Sie die Anordnung aus Problem 3.40, um den Induktivitätswert L zu berechnen, wenn i_L gleich $\frac{1}{3}$ des Laststroms sein soll. Verifizieren Sie die Ergebnisse durch Simulationen.

3.42 Reduzieren Sie in Problem 3.40 die Ausgangsleistung auf die Hälfte ihres ursprünglichen Wertes. Messen Sie die Spitze-Spitze-Welligkeit i_L und vergleichen Sie die Welligkeit mit dem Wert in Problem 3.40c. Kommentieren Sie den Vergleich.

3.43 Verwenden Sie die Schaltung aus Problem 3.40, um R_{crit} zu berechnen und durch Simulation zu überprüfen, ob der Wandler an der Grenze zwischen kontinuierlichem Strommodus (CCM) und diskontinuierlichem Strommodus (DCM) arbeitet.

3.44 Im Aufwärtswandler in Abb. 3.11 sind die Parameter: $L = 100\ \mu H$, $R_L = 10\ m\Omega$, $C = 100\ \mu F$, $R_{Load} = 12.5\ \Omega$, $V_{in} = 10\ V$, $f_s = 100\ kHz$ und $d = 0.6$.

(a) Zeichnen Sie die Signalformen für i_L, v_L und v_o während der letzten 10 Schaltzyklen nach Erreichen des stationären Zustands.

(b) Zeichnen Sie den Mittelwert von v_L.

(c) Zeichnen Sie i_L und messen Sie dessen Spitze-Spitze-Welligkeit. Vergleichen Sie ihn mit dem theoretischen Wert.

(d) Zeichnen Sie die Signalformen von i_C und i_{diode}. Bestimmen Sie den Mittelwert von i_C und vergleichen Sie ihn mit der Welligkeit in i_{diode}.

(e) Zeichnen Sie die Signalform des Eingangsstroms und berechnen Sie dessen Mittelwert. Vergleichen Sie ihn mit dem theoretischen Wert.

3.45 Verwenden Sie die Anordnung aus Übungsbeispiel 3.44, um den Induktivitätswert L zu berechnen, wenn i_L gleich $\frac{1}{3}$ des Eingangsstroms sein soll. Verifizieren Sie die Ergebnisse durch Simulationen.

3.46 Reduzieren Sie im Übungsbeispiel 3.44 die Ausgangsleistung auf die Hälfte ihres ursprünglichen Wertes. Messen Sie die Spitze-Spitze-Welligkeit von i_L und vergleichen Sie diese mit dem Wert im Übungsbeispiel 3.44c. Kommentieren Sie den Vergleich.

3.47 Verwenden Sie die Anordnung aus Übungsbeispiel 3.44, um R_{crit} zu berechnen und durch Simulation zu überprüfen, ob der Wandler an der Grenze zwischen CCM und DCM arbeitet.

3.48 Im Inverswandler in Abb. 3.11 sind die Parameter: $L = 100\ \mu H$, $R_L = 10\ m\Omega$, $C = 100\ \mu F$, $R_{Load} = 15\ \Omega$, $V_{in} = 10\ V$, $f_s = 100\ kHz$ und $d = 0.75$.

(a) Zeichnen Sie die Signalformen für i_L, v_L und v_o während der letzten 10 Schaltzyklen nach Erreichen des stationären Zustands.

(b) Zeichnen Sie den Mittelwert von v_L.

(c) Zeichnen Sie i_L und messen Sie dessen Spitze-Spitze-Welligkeit. Vergleichen Sie diese mit dem theoretischen Wert.

(d) Zeichnen Sie die Signalformen von i_C und i_{diode}.

(e) Bestimmen Sie den Mittelwert von i_C und vergleichen Sie ihn mit dem Ripple in i_{diode}.

(f) Zeichnen Sie die Signalform des Eingangsstroms und berechnen Sie dessen Mittelwert. Vergleichen Sie ihn mit dem theoretischen Wert.

3.49 Verwenden Sie die Anordnung aus Übungsbeispiel 3.48, um den Induktivitätswert L zu berechnen, wenn i_L gleich $\frac{1}{3}$ des Eingangsstroms sein soll. Verifizieren Sie die Ergebnisse durch Simulationen.

3.50 Reduzieren Sie im Übungsbeispiel 3.48 die Ausgangsleistung auf die Hälfte ihres ursprünglichen Wertes. Messen Sie die Spitze-Spitze-Welligkeit i_L und vergleichen Sie sie mit dem Wert im Übungsbeispiel 3.48c. Kommentieren Sie den Vergleich.

3.51 Verwenden Sie die Anordnung aus Übungsbeispiel 3.48, um R_{crit} zu berechnen und durch Simulation zu überprüfen, ob der Wandler an der Grenze zwischen CCM und DCM arbeitet.

3.52 Der Inverswandler aus Übungsbeispiel 3.48 arbeitet zunächst mit einem Lastwiderstand von $R_{Load} = 30.0\ \Omega$. Nach Erreichen des stationären Zustands wird ein zusätzlicher Widerstand von $30.0\ \Omega$ hinzugefügt. Simulieren Sie diesen Wandler mit seinem Mittelwertmodell und vergleichen Sie die Signalform des Spulenstroms in der Mittelwertdarstellung mit der in der Schaltvorgangsdarstellung.

3.53 Der Inverswandler im Übungsbeispiel 3.48 arbeitet zunächst im DCM mit $R_{Load} = 1\ k\Omega$.

(a) Zeichnen Sie die Signalformen für i_L, v_L und v_o während der letzten 5 Schaltzyklen.

(b) Zeichnen Sie den Mittelwert von v_L.

(c) Berechnen Sie V_o mit der theoretischen Gleichung und vergleichen Sie ihn mit dem gemessenen Wert.

(d) Zeichnen Sie die Signalform von v_A, beschriften Sie diese in Bezug auf V_{in} und V_o und vergleichen Sie diese mit Abb. 3.49a.

(e) Zeigen Sie, dass der schraffierte Bereich in Abbildung a, gemittelt über die Schaltzeitperiode, zu einer Erhöhung von V_o im Vergleich zu seinem CCM-Wert führt.

Anhang 3A: Mittelwertmodell für den diskontinuierlichen Strommodus (DCM)

3.A.1 Einführung

In Einzelschalterwandlern, wie DC-Aufwärts- Abwärts- und Inverswandlern, wechselt der Schalter bei geringer Last im kontinuierlichen Strommodus (CCM) zwischen zwei Positionen: oben oder unten, ein oder aus. Unter geringen Lastbedingungen arbeiten Einzelschalterwandler jedoch im diskontinuierlichen Strommodus (DCM). Im DCM fällt der Spulenstrom während jedes Schaltzyklus für eine gewisse Zeit auf null. Im DCM hat der Schalter damit eine zusätzliche mittlere Position, was zu drei Subzuständen der Schaltung während eines Schaltzyklus führt.

Die folgende Analyse zeigt, dass das Mittelwertmodell von Einzelschalterwandlern, ähnlich wie im CCM, auch im DCM einen idealen Transformator einschließt, jedoch mit zusätzlichen abhängigen Spannungs- und Stromquellen. Diese Darstellung erleichtert den reibungslosen Übergang zwischen dem kontinuierlichen und diskontinuierlichen Modus.

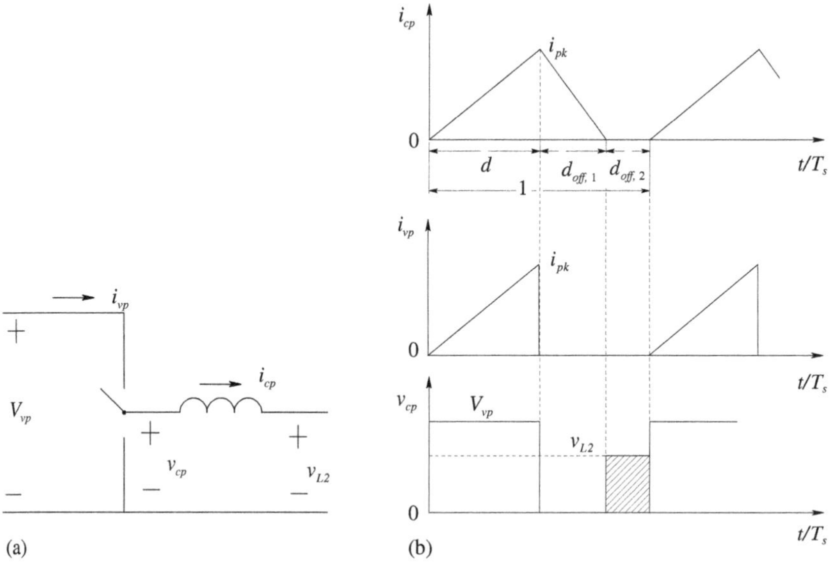

Abb. 3.A.1 (a) Schaltbild des Leistungsschalters. (b) Zugehörige Signalformen.

3.A.2 Mittelwertmodell im diskontinuierlichen Strommodus

Aufwärts- und Inverswandler

Der grundlegende Leistungsschalter mit Schalter der Diode für den Abwärts- und Inverswandler ist in Abb. 3.A.1a dargestellt. Die Ströme i_{cp} und i_{vp} sowie die Spannung v_{cp} sind in Abb. 3.A.1b zusehen, wobei v_{L2} die Spannung am zweiten Anschluss der Induktivität darstellt (Abb. 3.A.1a). Das Tastverhältnis des Schalters, gesteuert durch den PWM-IC, wird als d bezeichnet. Während $d_{off,1}$ fließt der Induktivitätsstrom durch die Diode, während er während $d_{off,2}$ null bleibt.

Basierend auf den Spannungen im Schaltkreis in Abb. 3.A.1a und den Signalformen in Abb. 3.A.1b bekommen wir:

$$i_{pk} = \frac{V_{vp} - v_{L2}}{L} dT_s = \frac{v_{L2}}{L} d_{off,1} T_s, \tag{3.A.1}$$

und

$$\bar{i}_{cp} = \frac{d + d_{off,1}}{2} i_{pk}. \tag{3.A.2}$$

Die Gleichungen (3.A.1) und (3.A.2) liefern dann:

$$d + d_{off,1} = \frac{2\bar{i}_{cp} L}{\left(V_{vp} - v_{L2}\right) dT_s} = \frac{k\bar{i}_{cp}}{\left(V_{vp} - v_{L2}\right) d}, \tag{3.A.3}$$

wobei

$$k = 2Lf_s \tag{3.A.4}$$

eine Konstante ist, die mit der Induktivität und der Schaltfrequenz $f_s = 1/T_s$ zusammenhängt.

Das Ersatzschaltbild des Mittelwertmodells ist in Abb. 3.28a zu sehen. Es beinhaltet einen idealen Transformator mit einem Windungsverhältnis von 1:d und zwei abhängige Quellen, i_k und v_k. Mit dem Modell in Abb. 3.52a können diese Quellen wie folgt berechnet werden:

$$i_k = \bar{i}_{vp} - d\bar{i}_{cp}. \tag{3.A.5}$$

Aus den Signalformen in Abb. 3.A.1b ergibt sich

$$\bar{i}_{vp} = \frac{d}{d + d_{off,1}} \bar{i}_{cp}. \tag{3.A.6}$$

Durch Einsetzen von $\bar{i}_{vp}$ aus Gl. (3.A.6) und $d + d_{off,1}$ aus Gl. (3.A.3) in Gl. (3.A.5) bekommen wir

$$i_k = \frac{d^2}{k}\left(V_{vp} - v_{L2}\right) - d\bar{i}_{cp}. \tag{3.A.7}$$

Um v_k in Abb. 3.28a zu berechnen, brauchen wir die durchschnittliche Spannung am Stromanschluss:

$$\bar{v}_{cp} = V_{vp}d + 0 \cdot d_{off,1} + d_{off,2}v_{L2} = V_{vp}d + \left[1 - \left(d + d_{off,1}\right)\right] v_{L2}. \tag{3.A.8}$$

Aus Abbildung 3.A.1 bekommen wir dann

$$v_k = \bar{v}_{cp} - dV_{vp}. \tag{3.A.9}$$

Durch Einsetzen von Gl. (3.A.8) und Gl. (3.A.3) in Gl. (3.A.9) erhält man

$$v_k = \left[1 - \frac{k\bar{i}_{cp}}{\left(V_{vp} - v_{L2}\right) d}\right] v_{L2}. \tag{3.A.10}$$

Beim Übergang vom diskontinuierlichen Strommodus (DCM) zum kontinuierlichen Strommodus (CCM) müssen im Modell in Abb. 3.52a sowohl i_k als auch v_k gleichzeitig auf null gehen. Der kritische Wert des Stroms an der DCM-CCM-Grenze ergibt sich entweder aus Gl. (3.A.7) für i_k oder aus Gl. (3.A.10) für v_k:

$$\bar{i}_{cp,crit} = \frac{d}{k}\left(V_{vp} - v_{L2}\right). \tag{3.A.11}$$

Abwärtswandler

Die vorherige Analyse gilt sowohl für Abwärts- als auch für Inverswandler. Speziell für Abwärtswandler haben wir $V_{vp} = V_{in}$, $v_{L2} = \bar{v}_o$ und $\bar{i}_{cp} = \bar{i}_L$. Daher gelten die folgenden Ausdrücke:

$$i_{k,buck} = \frac{d^2}{2Lf_s}\left(V_{in} - \bar{v}_o\right) - d\bar{i}_L \tag{3.A.12a}$$

$$v_{k,buck} = \left[1 - \frac{2Lf_s\bar{i}_L}{\left(V_{in} - \bar{v}_o\right) d}\right] \bar{v}_o \tag{3.A.12b}$$

Und für den kritischen Spulenstrom:

$$\bar{i}_{L,crit,buck} = \frac{d}{2Lf_s}\left(V_{in} - \bar{v}_o\right) \tag{3.A.12c}$$

Inverswandler

Für Inverswandler gelten mit $V_{vp} = V_{in} + \bar{v}_o$, $v_{L2} = \bar{v}_o$ und $\bar{i}_{cp} = \bar{i}_L$ die folgenden Strom- und Spannungsausdrücke:

$$i_{k,buck-boost} = \frac{d^2}{2Lf_s}V_{in} - d\bar{i}_L \tag{3.A.13a}$$

$$v_{\mathrm{k,buck-boost}} = \left[1 - \frac{2Lf_{\mathrm{s}}\bar{i}_L}{V_{\mathrm{in}}d}\right] V_{\mathrm{o}} \tag{3.A.13b}$$

Der kritische Spulenstrom ist gegeben durch:

$$\bar{i}_{L,\mathrm{crit,buck-boost}} = \frac{d}{2Lf_{\mathrm{s}}} V_{\mathrm{in}} \tag{3.A.13c}$$

Aufwärtswandler

Die Mittelwertdarstellung für im DCM betriebene Aufwärtswandler ist in Abb. 3.52b gezeigt. Eine ähnliche Analyse wie für Abwärts- und Inverswandler ergibt die folgenden Gleichungen:

$$i_{\mathrm{k,boost}} = \frac{d^2}{2Lf_{\mathrm{s}}} V_{\mathrm{in}} - d\bar{i}_L, \tag{3.A.14a}$$

$$v_{\mathrm{k,boost}} = \left[1 - \frac{2Lf_{\mathrm{s}}\bar{i}_L}{V_{\mathrm{in}}d}\right] (V_{\mathrm{in}} - \bar{v}_{\mathrm{o}}), \tag{3.A.14b}$$

$$\bar{i}_{L,\mathrm{crit,boost}} = \frac{d}{2Lf_{\mathrm{s}}} V_{\mathrm{in}}. \tag{3.A.14c}$$

Mittelwertmodellierung in PSpice für Großsignalstörungen

Um sicherzustellen, dass die PSpice-Modelle sowohl im kontinuierlichen Strommodus (CCM) als auch im diskontinuierlichen Strommodus (DCM) gültig sind, sollten die abhängigen Quellen in Abb. 3.52a und Abb. 3.52b durch bedingte Ausdrücke dargestellt werden. Diese Ausdrücke sorgen dann dafür, dass die Quellen im CCM auf null gehen.

4

Entwurf von Rückkopplungsreglern in Schaltnetzteilen

In vielen Anwendungen (Kapitel 1) werden leistungselektronische Wandler durch externe Signale gesteuert. Dies ist z. B. entscheidend, um Geschwindigkeit und Position bei elektrischen Antrieben im Transportwesen zu steuern. Ebenso ist, in Photovoltaiksystemen, der Betrieb am Maximum Power Point (MPP) notwendig, um die maximale Leistung zu extrahieren. Bei Windrädern stellt die Steuerung der Generatordrehzahl sicher, dass die Windräder mit ihrem maximalen Leistungskoeffizienten arbeiten. In DC-DC-Wandlern, ob isoliert oder nicht isoliert, ist es wesentlich, die Ausgangsspannung innerhalb einer engen Toleranz zu regeln. In diesem Kapitel werden die grundlegenden Konzepte der Rückkopplungsregelung anhand geregelter DC-DC-Wandler veranschaulicht.

4.1 Einführung und Ziele der Rückkopplungsregelung

Wie in Abb. 4.1 dargestellt, arbeiten fast alle DC-DC-Wandler mit einer geregelten Ausgangsspannung, die innerhalb eines spezifizierten Toleranzbands (zum Beispiel ±1 %) ihrem Referenzwert entspricht. Auf diese Weise kann auf Störungen in der Eingangsspannung und der Ausgangslast reagiert werden. Diese Regelung wird durch Pulsweitenmodulation des Tastverhältnisses $d(t)$ erreicht. Im folgenden Kapitel werden die Details eines solchen Rückkopplungsreglers diskutiert.

Der Rückkopplungsregler zur Regelung der Ausgangsspannung muss mit den folgenden Zielen entworfen werden: Null Fehler im stationären Betrieb, schnelle Reaktion auf Änderungen der Eingangsspannung und der Ausgangslast, geringes Überschwingen und geringe Störanfälligkeit. Man beachte, dass beim Design von Rückkopplungsreglern alle später im Kapitel 8 behandelten Transformatortopologien durch die ihnen zugrundeliegenden Einzelschalter-Topologien ersetzt werden können. Die Rückkopplungsregelung wird unter Verwendung der Spannungsregelung beschrieben, die später zur Stromregelung erweitert wird.

Leistungselektronik: Eine Einführung, Ned Mohan and Siddharth Raju.
© 2025 Wiley-VCH GmbH. Published 2025 by Wiley-VCH GmbH.

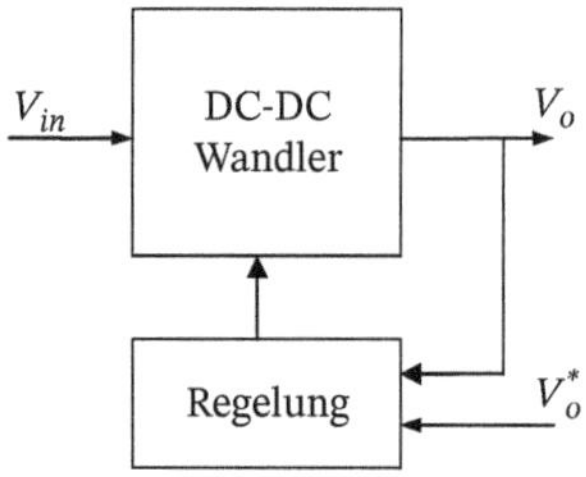

Abb. 4.1 Geregeltes DC-Netzteil.

Die wesentlichen Schritte zur Gestaltung des Rückkopplungsreglers sind:

- Linearisierung des Systems für kleine Änderungen um den stationären Betriebspunkt (Arbeitspunkt). Dies erfordert eine dynamische Mittelwertbildung wie im vorherigen Kapitel.
- Entwurf des Rückkopplungsreglers unter Verwendung der linearen Regelungstheorie.
- Bestätigung und Bewertung des Systemverhaltens für große Störungen durch Simulationen.

4.2 Regelungstheorie – Ein Überblick

Abbildung 4.2 zeigt ein typisches Regelungssystem mit Rückkopplung, bei dem die Ausgangsspannung gemessen und mit einem Referenzwert V_o^* verglichen wird. Der Fehler v_{err} zwischen den beiden Größen wirkt auf den Regler, der die Regelspannung $v_c(t)$ erzeugt (v_c steht für $v_{control}$). Diese Regelspannung dient als Eingang für den Pulsweitenmodulator, um ein Schaltsignal $q(t)$ für die Ausgänge des DC-DC-Wandlers zu erzeugen. Der Mittelwert dieses Schaltsignals ist $d(t)$ (Abb. 4.2).

Um die lineare Regelungstheorie anzuwenden, werden die verschiedene Blöcke in der Stromversorgung in Abb. 4.2 um den stationären DC-Betriebspunkt für kleine Signalstörungen linearisiert. Jede gemittelte Größe (dargestellt durch einen Überstrich, d. h. ein „–“ oben) im Zusammenhang mit den Ausgängen der

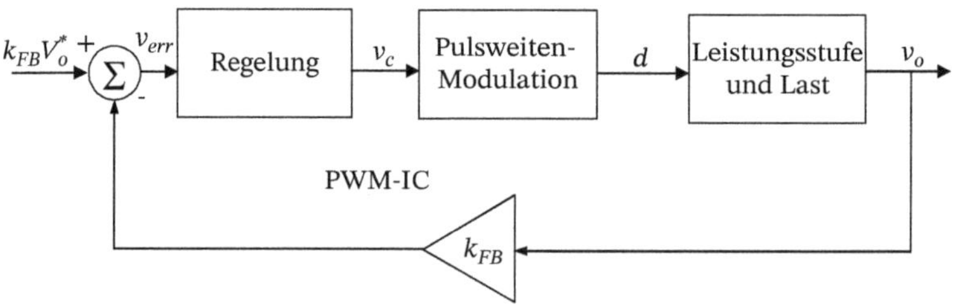

Abb. 4.2 Rückkopplungsregelung.

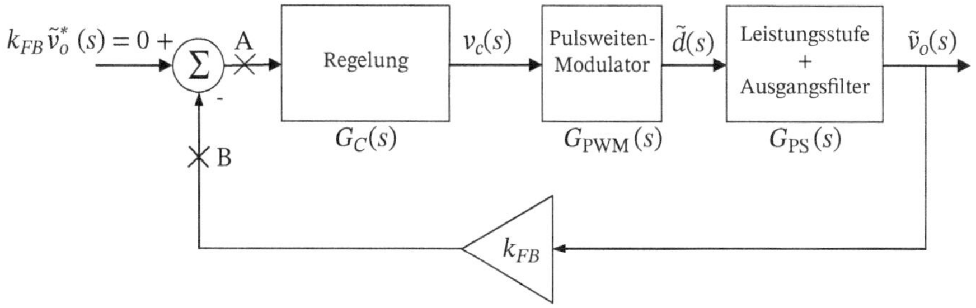

Abb. 4.3 Blockschaltbild des Kleinsignal-Regelsystems.

Wandler-Topologie kann als Summe ihres stationären DC-Wertes (dargestellt durch einen Großbuchstaben) und einer kleinen Signalstörung (dargestellt durch ein „~" oben) ausgedrückt werden, zum Beispiel

$$\begin{aligned} \bar{v}_{\mathrm{o}}(t) &= V_{\mathrm{o}} + \tilde{v}_{\mathrm{o}}(t) \\ d(t) &= D + \tilde{d}(t), \\ v_{\mathrm{c}}(t) &= V_{\mathrm{c}} + \tilde{v}_{\mathrm{c}}(t) \end{aligned} \tag{4.1}$$

wobei $d(t)$ bereits ein Mittelwert ist und $v_c(t)$ keine Schaltfrequenzkomponenten mehr enthält. Basierend auf solch kleinen Signalstörungen im Laplace-Bereich (komplexer Frequenzbereich) erhält man das linearisierte Blockdiagramm des Systems (Abb. 4.3), wobei die Störung $\tilde{v}_0^*$ am Referenzeingang dieses rückgekoppelten Systems null ist, da die Ausgangsspannung auf ihren Referenzwert geregelt wird. In Abb. 4.3 stellt $G_{\mathrm{PWM}}(s)$ die Übertragungsfunktion des Pulsweitenmodulators und $G_{\mathrm{PS}}(s)$ die Übertragungsfunktion der Leistungsstufe dar (PS steht für power source). Im Rückkopplungskreis ist die Übertragungsfunktion des Spannungserfassungsnetzwerks, dargestellt durch einen einfachen Verstärkungsfaktor k_{FB}, normalerweise kleiner als eins. $G_C(s)$ ist die Übertragungsfunktion des Rückkopplungsreglers, die bestimmt werden muss, um die Regelungsziele zu erfüllen. Ein kleiner Hinweis: Bode-Diagramme von Übertragungsfunktionen mit Polen und Nullstellen werden im Anhang 4.A am Ende dieses Kapitels besprochen.

4.2.1 Schleifenübertragungsfunktion $G_L(s)$

Um die geschlossene Regelkreisantwort mit Rückkopplung zu optimieren, verwenden wir die lineare Regelungstheorie, um die benötigten Eigenschaften der Schleifenübertragungsfunktion $G_L(s)$ sicherzustellen. Im Blockdiagramm der Regelung wird die Schleifenübertragungsfunktion von Punkt A bis Punkt B durch folgende Gleichung beschrieben:

$$G_L(s) = G_C(s) G_{\mathrm{PWM}}(s) G_{\mathrm{PS}}(s) k_{\mathrm{FB}}. \tag{4.2}$$

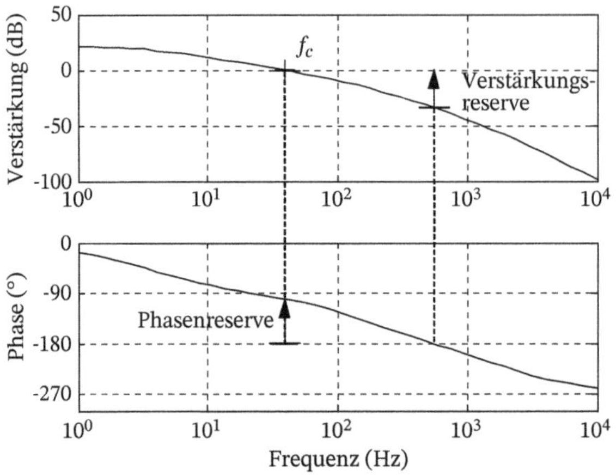

Abb. 4.4 Definitionen von Transitfrequenz, Verstärkungsreserve und Phasenreserve.

4.2.2 Die Transitfrequenz f_c

Um einige notwendige Regelungsbegriffe zu definieren, betrachten wir ein generisches Bode-Diagramm der Schleifenübertragungsfunktion $G_L(s)$, also die Magnitude und den Phasenwinkel als Funktion der Frequenz (Abb. 4.4). Die Frequenz, bei der der Verstärkungsfaktor gleich eins ist (das heißt $|G_L(s)| = 0$ dB), wird als Transitfrequenz f_c (oder ω_c) definiert. Diese Transitfrequenz ist ein guter Indikator für die Bandbreite des geschlossenen Regelkreissystems, welche die Geschwindigkeit der dynamischen Reaktion des Regelungssystems auf verschiedene Störungen bestimmt.

4.2.3 Phasen- und Verstärkungsreserve

Damit das geschlossene Rückkopplungssystem stabil ist, muss bei der Transitfrequenz f_c die Phasenverzögerung, die durch die Schleifenübertragungsfunktion eingeführt wird, weniger als 180° betragen. Bei f_c wird der Phasenwinkel $\angle G_L(s)|_{f_c}$ der Schleifenübertragungsfunktion $G_L(s)$, gemessen in Bezug auf -180°, als Phasenreserve ϕ_{PM} definiert (Abb. 4.4):

$$\phi_{PM} = \angle G_L(s)|_{f_c} - (-180°) = \angle G_L(s)|_{f_c} + 180°. \tag{4.3}$$

Anmerkung zur Schreibweise: $\angle G_L(s)|_{f_c}$ ist der Winkel, den die Funktion $G_L(s)$ bei der Frequenz f_c liefert. Man beachte, dass $\angle G_L(s)|_{f_c}$ negativ ist, aber die Phasenreserve in Gl. (4.3) positiv sein muss. Im Allgemeinen werden Rückkopplungsregler so ausgelegt, dass sie eine Phasenreserve von ungefähr 60° liefern, da deutlich kleinere Werte zu hohen Überschwingungen und langen Einschwingzeiten (oszillatorische Antwort) und höhere Werte zu einer trägen Antwort des Reglers führen.

Die Verstärkungsreserve (gain margin) ist ebenfalls in Abb. 4.4 definiert. Dort sieht man, dass die Verstärkungsreserve der Wert des Betrags der Schleifenübertragungsfunktion ist, bei der der Phasenwinkel der Schleifenübertragungsfunktion -180° überschreiten kann (nicht immer). Wenn der Phasenwinkel -180° überschreitet, sollte die Verstärkungsreserve im Allgemeinen mehr als 10 dB betragen, um zu verhindern, dass die Systemantwort aufgrund von Parameteränderungen und anderen Schwankungen oszillatorisch wird.

4.3 Linearisierung der verschiedenen Blöcke in der Übertragungsfunktion

Um die lineare Regelungstheorie für den Entwurf eines Rückkopplungsreglers anwenden zu können, ist es notwendig, dass alle Blöcke in Abb. 4.5 um ihren stationären Gleichstrombetriebspunkt linearisiert werden. Dies wird durch die Einführung von Übertragungsfunktionen wie in Abb. 4.3 erreicht.

4.3.1 Linearisierung des Pulsweitenmodulators

In der Rückkopplungsregelung kann ein Hochgeschwindigkeits-PWM-IC wie der UC3824 [1] von Unitrode/Texas Instruments verwendet werden. Funktional wird in diesem PWM-IC (Abb. 4.5a) bei einer konstanten Schaltfrequenz f_s die durch den Fehlerverstärker erzeugte Regelspannung $v_c(t)$ mit einem Rampensignal v_r mit konstanter Amplitude $\hat{V}_r$ verglichen (Abb. 4.5b). Das Ausgangssignal wird durch die Schaltfunktion $q(t)$ dargestellt, die 1 ist, wenn $v_c(t) \geq v_r$ und ansonsten 0. Das Tastverhältnis des Schalters in Abb. 4.5b ist gegeben durch

$$d(t) = \frac{v_c(t)}{\hat{V}_r}. \tag{4.4}$$

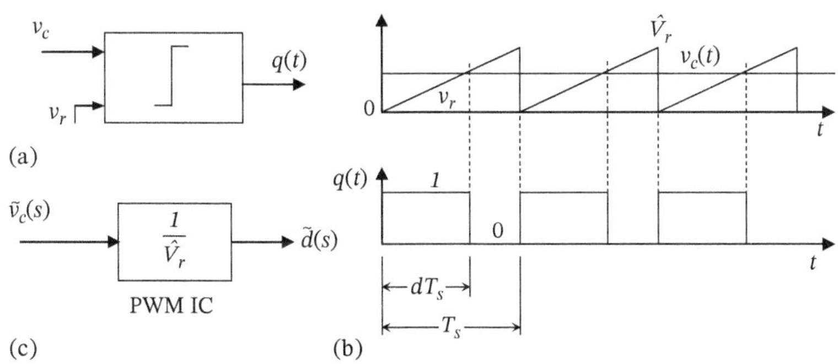

Abb. 4.5 (a) Symbolschaltbild des PWM-ICs. (b) Signalverlauf bei der Pulsweitenmodulation. (c) Übertragungsfunktion des PWM-ICs.

Betrachtet man eine Störung um den stationären DC-Betriebspunkt, so kann die Regelspannung so ausgedrückt werden:

$$v_c(t) = V_c + \tilde{v}_c(t)\,. \tag{4.5}$$

Durch Einsetzen von Gl. (4.5) in Gl. (4.4) erhalten wir

$$d(t) = \underbrace{\frac{V_c}{\hat{V}}}_{D} + \underbrace{\frac{\tilde{v}_c(t)}{\hat{V}_r}}_{\tilde{d}(t)}. \tag{4.6}$$

In Gleichung (4.6) ist der zweite Term auf der rechten Seite gleich $\tilde{d}(t)$, woraus sich die Übertragungsfunktion des PWM-ICs ergibt:

$$G_{\mathrm{PWM}}(s) = \frac{\tilde{d}(s)}{\tilde{v}_c(s)} = \frac{1}{\hat{V}_r}. \tag{4.7}$$

Wie in Abb. 4.5c im Laplace-Bereich zu sehen ist, handelt es sich um eine Übertragungsfunktion mit konstantem Verstärkungsfaktor.

Beispiel 4.1

In PWM-ICs gibt es üblicherweise einen DC-Spannungsuntergrund (offset) im Rampensignal, und anstelle von $\hat{V}_r$ wird daher ein typischer Tal-zu-Spitze-Wert des Rampensignals definiert (Abb. 4.5b). Im PWM-IC UC3824 beträgt dieser Wert 1.8 V. Berechnen Sie die linearisierte Übertragungsfunktion, die mit diesem PWM-IC verbunden ist.

Lösung

Der DC-Untergrund im Rampensignal ändert die Kleinsignal-Übertragungsfunktion nicht. Daher kann die Spitze-zu-Tal-Spannung als $\hat{V}_r$ behandelt werden. Unter Verwendung von Gl. (4.7) bekommt man

$$G_{\mathrm{PWM}}(s) = \frac{1}{\hat{V}_r} = \frac{1}{1.8} = 0.556. \tag{4.8}$$

4.3.2 Linearisierung der Leistungsstufe von DC-DC-Wandlern im CCM

Um Rückkopplungsregler zu entwerfen, muss die Leistungsstufe der Wandler um den stationären DC-Betriebspunkt herum linearisiert werden, wobei eine Kleinsignalstörung angenommen wird. Abbildung 4.6a zeigt das Mittelwertmodell des Leistungsschalters, wobei der Index „vp" den Spannungsanschluss und „cp" den Stromanschluss bezeichnet. Jede Größe in Abb. 4.6a kann als Summe ihres stationären DC-Werts (dargestellt durch einen Großbuchstaben) und einer Kleinsignalstörung (dargestellt durch eine Tilde „~" oben) ausgedrückt werden:

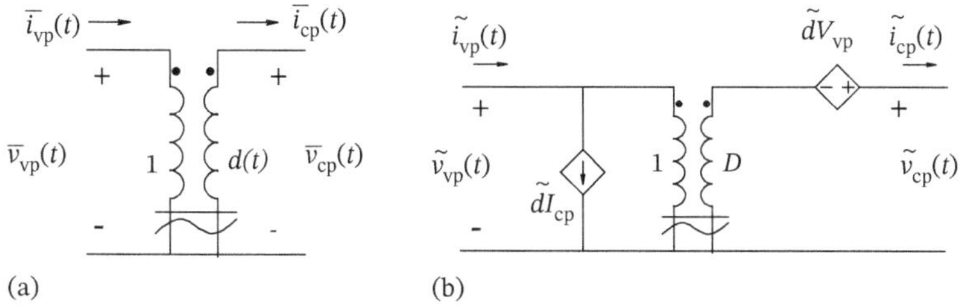

Abb. 4.6 (a) Mittelwertmodell des Leistungsschalters, (b) Linearisiertes Modell

$$\begin{aligned}
d(t) &= D + \tilde{d}(t) \\
\bar{v}_{vp}(t) &= V_{vp} + \tilde{v}_{vp}(t) \\
\bar{v}_{cp}(t) &= V_{cp} + \tilde{v}_{cp}(t) \\
\bar{i}_{vp}(\mathrm{t}) &= I_{vp} + \tilde{i}_{vp}(\mathrm{t}) \\
\bar{i}_{cp}(\mathrm{t}) &= I_{cp} + \tilde{i}_{cp}(\mathrm{t})\,.
\end{aligned} \tag{4.9}$$

Unter Verwendung der Spannungs- und Strombeziehungen zwischen den beiden Anschlüssen in Abb. 4.6a und der Darstellung jeder der Variablen wie in Gl. (4.9) bekommen wir

$$V_{cp} + \tilde{v}_{cp} = \left(D + \tilde{d}\right)\left(V_{vp} + \tilde{v}_{vp}\right) \tag{4.10a}$$

und

$$I_{vp} + \tilde{i}_{vp} = \left(D + \tilde{d}\right)\left(I_{cp} + \tilde{i}_{cp}\right). \tag{4.10b}$$

Durch Gleichsetzen der Störterme auf beiden Seiten der obigen Gleichungen erhält man

$$\tilde{v}_{cp}(t) = D\,\tilde{v}_{vp} + V_{vp}\tilde{d} + \tilde{d}\tilde{v}_{vp} \tag{4.11a}$$

und

$$\tilde{i}_{vp}(t) = D\tilde{i}_{cp} + I_{cp}\tilde{d} + \tilde{d}\tilde{i}_{cp}. \tag{4.11b}$$

Die beiden obigen Gleichungen werden linearisiert, indem die Produkte der Kleinsignalstörungen vernachlässigt werden. Die resultierenden linearen Gleichungen sind

$$\tilde{v}_{cp}(t) = D\tilde{v}_{vp} + V_{vp}\tilde{d} \tag{4.12}$$

und

$$\tilde{i}_{vp} = D\tilde{i}_{cp} + I_{cp}\tilde{d}. \tag{4.13}$$

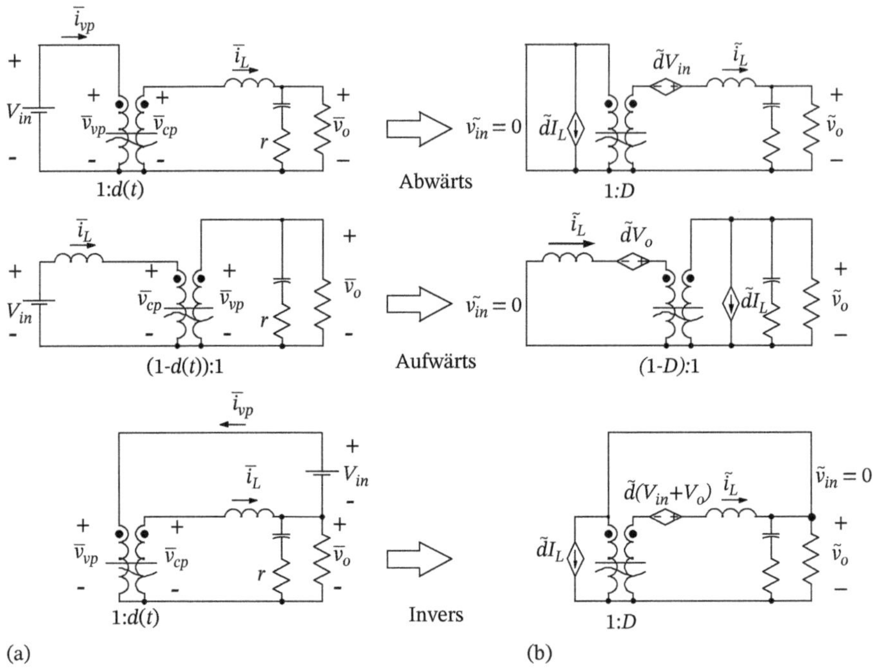

Abb. 4.7 (a) Verschiedene Schaltwandler im CCM, (b) die entsprechende linearisierte Version.

Die Gleichungen (4.12) und (4.13) können durch einen idealen Transformator dargestellt werden (Abb. 4.6b), der eine lineare Darstellung des Schaltmoduls für Kleinsignale um einen stationären Betriebspunkt darstellt, der durch D, V_{vp} und I_{cp} gegeben ist.

Die Mittelwertdarstellungen von Aufwärts-, Abwärts- und Inverswandlern sind in Abb. 4.7a zu sehen. Ersetzt man den Leistungsschalter in jedem dieser Wandler durch seine linearisierte Kleinsignaldarstellung, so ergeben sich die Schaltungen in Abb. 4.7b, wobei die Störung $\tilde{v}_{\mathrm{in}}$ basierend auf der Annahme einer konstanten DC-Eingangsspannung V_{in} und eines ESR des Ausgangskondensators r dargestellt wird. Beachten Sie, dass in Aufwärtswandlern d in Abb. 4.6a durch $(1 - d)$ ersetzt werden muss, da der Transistor in der unteren Position des Leistungsschalters sitzt. Ersetzt man d durch $\left(D + \tilde{d}\right)$, so ergibt sich $(1 - d) = (1 - D) - \tilde{d}$. Daher muss D in den Gln. (4.12) und (4.13) durch $(1 - D)$ und $\tilde{d}$ durch $\left(-\tilde{d}\right)$ ersetzt werden.

Wie im Anhang 4B ausführlich erläutert wird, haben alle drei Schaltungen für Kleinsignalstörungen in Abb. 4.7b formal die gleiche Form (Abb. 4.8). In dieser äquivalenten Schaltung ist im Abwärtswandler die effektive Induktivität L_{e} die gleiche wie die tatsächliche Induktivität L, da in beiden Zuständen eines Abwärtswandlers im CCM die Größen L und C immer miteinander verbunden sind. In Aufwärts- und Inverswandlern sind diese beiden Elemente jedoch nicht immer verbunden, was dazu führt, dass in Abb. 4.8 L_{e} zu $L/(1 - D)^2$ wird:

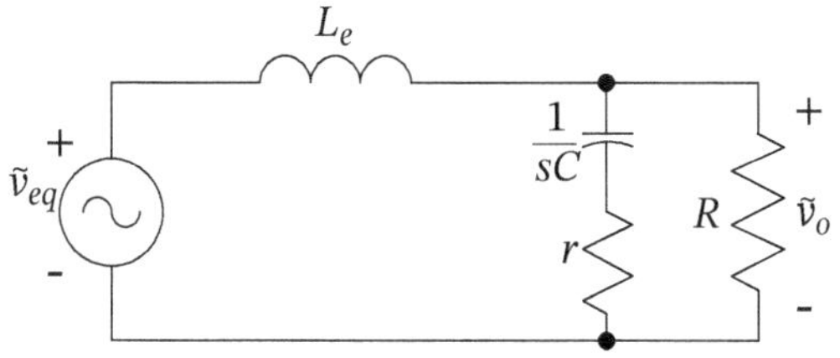

Abb. 4.8 Kleinsignal-Ersatzschaltbild für Aufwärts-, Abwärts- und Inverswandler.

$$L_e = L\,(\text{Abwärts-})\,;\,L_e = \frac{L}{(1-D)^2}\,(\text{Aufwärts-und Inverswandler})\,. \tag{4.14}$$

Die Übertragungsfunktionen, welche im Anhang 4B für die drei Wandler im CCM hergeleitet werden, sind:

$$\frac{\tilde{v}_o}{\tilde{d}} = \frac{V_{in}}{LC}\frac{1+srC}{s^2+s\left(\frac{1}{RC}+\frac{r}{L}\right)+\frac{1}{LC}}\ (\text{Abwärtswandler}) \tag{4.15}$$

$$\frac{\tilde{v}_o}{\tilde{d}} = \frac{V_{in}}{(1-D)^2}\left(1-s\frac{L_e}{R}\right)\frac{1+srC}{L_eC\left(s^2+s\left(\frac{1}{RC}+\frac{r}{L_e}\right)+\frac{1}{L_eC}\right)}\ (\text{Aufwärtswandler}) \tag{4.16}$$

und

$$\frac{\tilde{v}_o}{\tilde{d}} = \frac{V_{in}}{(1-D)^2}\left(1-s\frac{L_e}{R}\right)\frac{1+srC}{DL_eC\left(s^2+s\left(\frac{1}{RC}+\frac{r}{L_e}\right)+\frac{1}{L_eC}\right)}\ (\text{Inverswandler})\,. \tag{4.17}$$

In den obigen Übertragungsfunktionen der Leistungsstufe gibt es im CCM mehrere bemerkenswerte Merkmale. Es gibt zwei Pole, die durch den Tiefpass L-C-Filter in Abb. 4.8 erzeugt werden, und der ESR des Kondensators r führt zu einer Nullstelle. In Aufwärts- und Inverswandlern hängen die Übertragungsfunktionen vom stationären Betriebswert D ab. Sie haben auch eine Nullstelle in der rechten Halbebene, deren Vorhandensein dadurch erklärt werden kann, dass in diesen Wandlern eine Erhöhung des Tastverhältnisses zur Erhöhung des Ausgangssignals beispielsweise zunächst eine gegenteilige Folge hat, weil die Eingangsphase für eine längere Zeit von der Ausgangslast isoliert wird.

4.3.2.1 *Verwendung von Computersimulation zur Bestimmung von $\tilde{v}_o/\tilde{d}$*

Übertragungsfunktionen, wie sie durch die Gln. (4.15) bis (4.17) gegeben sind, bieten analytische Einblicke in den Betrieb des Wandlers. Die Bode-Diagramme der Übertragungsfunktion können jedoch mit ähnlicher Genauigkeit durch Linearisierung und AC-Analyse unter Verwendung eines Computerprogramms wie LTspice erhalten werden. Die Wandlerschaltung in Abb. 4.9 wird im folgenden Beispiel für eine Frequenzbereichs-AC-Analyse simuliert, wobei das im Kapitel 3 und in Abb. 4.6a diskutierte Mittelwertmodell des Schaltermoduls verwendet wird. Die Störung im Tastverhältnis $\tilde{d}$ wird als eine AC-Quelle dargestellt, deren Frequenz mehrere Dekaden durchläuft und deren Amplitude z. B. bei 1 V konstant gehalten wird. In einer solchen Simulation berechnet LTspice zunächst Spannungen und Ströme im DC-Betriebszustand, linearisiert die Schaltung um diesen DC-Arbeitspunkt und führt dann die AC-Analyse durch.

Beispiel 4.2

Ein Abwärtswandler arbeitet im kontinuierlichen Strommodus (CCM) und hat die folgenden Parameter: $L = 100\ \mu$H, $C = 697\ \mu$F, $r = 0.1\ \Omega$, $\tilde{d}$, $V_{in} = 30$ V und $P_o = 36$ W. Das Tastverhältnis D wird angepasst, um die Ausgangsspannung auf $V_o = 12$ V zu regulieren. Bestimmen Sie die Verstärkung und die Phase $G_{PS}(s)$ der Leistungsstufe für Frequenzen im Bereich von 1 Hz bis 100 kHz.

Lösung

Die LTspice-Schaltung ist in Abb. 4.9 dargestellt, wobei die DC-Spannungsquelle {D}, die das Tastverhältnis D darstellt, den DC-Betriebspunkt festlegt. Die Störung des Tastverhältnisses $\tilde{d}$ wird als eine AC-Quelle dargestellt, deren Frequenz bei konstanter Amplitude über mehrere Dekaden durchlaufen wird. Die Schaltung wird vor der AC-Analyse linearisiert, wodurch eine Amplitude von 1 V eine gute Wahl für die Wechselstromquelle ist. Der Leistungsschalter wird durch einen idealen Transformator dargestellt, der aus zwei abhängigen Quellen besteht: einer abhängigen Stromquelle und einer abhängigen Spannungsquelle. Die Schaltungsparameter werden mittels Parameterblöcken innerhalb von LTspice spezifiziert.

Das Bode-Diagramm der Frequenzantwort ist in Abb. 4.10 zu sehen. Es zeigt, dass bei der Transitfrequenz $f_c = 1$ kHz, die dann ebenfalls im Beispiel 4.3 verwendet wird, die Leistungsstufe Werte von $|G_{PS}(s)| = 24.66$ dB und $\angle G_{PS}(s)|_{f_c} = -138°$ aufweist. Diese Werte werden dann ebenfalls im Beispiel 4.3 verwendet.

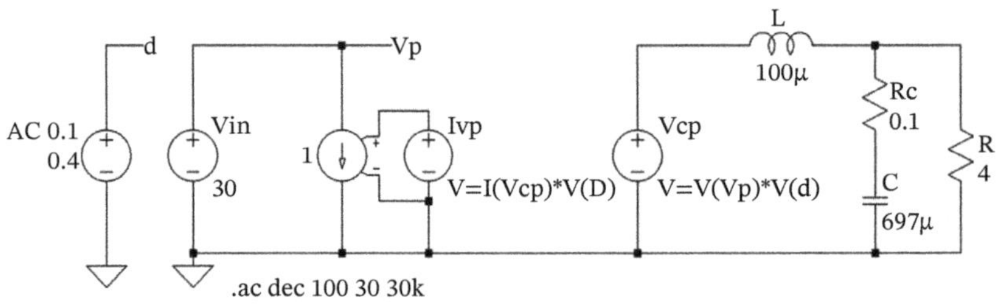

Abb. 4.9 LTspice-Schaltungsmodell für einen Abwärtswandler.

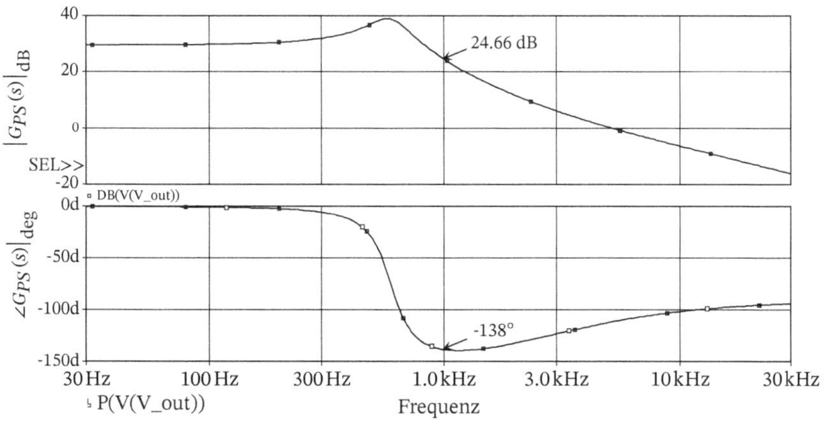

Abb. 4.10 Verstärkung und Phase der Leistungsstufe.

4.4 Entwurf eines Rückkopplungsreglers mit Spannungsregelung

In diesem Abschnitt wird der Entwurf eines Rückkopplungsreglers zur Regelung des zuvor beschriebenen Abwärtswandlers vorgestellt. Der Regler ist für den kontinuierlichen Strommodus (CCM) bei Volllast ausgelegt und gewährleistet Stabilität auch im diskontinuierlichen Strommodus (DCM).

Beispiel 4.3

Entwerfen Sie einen Rückkopplungsregler für den im Beispiel 4.2 beschriebenen Abwärtswandler. Der PWM-IC ist der gleiche wie im Beispiel 4.1. Das Erfassungsnetzwerk für die Ausgangsspannung im Rückkopplungspfad hat eine Verstärkung von $k_{FB} = 0.2$. Der stationäre Fehler muss null sein und die Phasenreserve der Schleifenübertragungsfunktion sollte bei einer möglichst hohen Transitfrequenz 60° betragen.

Lösung

Um die Reglerübertragungsfunktion $G_C(s)$ zu entwerfen, benötigen wir die folgenden Eigenschaften für die Schleifenübertragungsfunktion $G_L(s)$:

- Die Transitfrequenz f_c der Schleifenverstärkung ist so hoch wie möglich, um eine schnelle Reaktion des geschlossenen Regelkreises zu erzielen.
- Der Phasenwinkel der Schleifenübertragungsfunktion hat bei der Transitfrequenz eine typische Phasenreserve von 60°, sodass die Reaktion im geschlossenen Regelkreis schnell und ohne Schwingungen abklingt.

- Der Phasenwinkel der Schleifenübertragungsfunktion sollte bei Frequenzen unterhalb der Transitfrequenz nicht unter -180° fallen.

Das Bode-Diagramm für die Leistungsstufe wurde schon zuvor erstellt (Beispiel 4.2, Abb. 4.10). In diesem Bode-Diagramm fällt der Phasenwinkel aufgrund der beiden Pole des *LC*-Filters in Richtung -180°. Die Pole sind im Äquivalentschaltkreis in Abb. 4.8 dargestellt und werden die durch die Übertragungsfunktion in Gl. (4.15) bestätigt. Jenseits der Resonanzfrequenz des *LC*-Filters steigt der Phasenwinkel aufgrund des durch den ESR des Ausgangskondensators eingeführten Nullpunktes in der Übertragungsfunktion der Leistungsstufe in Richtung -90°. Man sollte sich aber besser nicht auf den ESR des Kondensators verlassen, da er nicht genau bekannt ist und eine große Streuung aufweisen kann.

Im Folgenden wird ein einfacher K-Faktor-Ansatz [2] verwendet, der sich für ein einfaches Schritt-für-Schritt-Design eignet. Die Übertragungsfunktion $G_C(s)$ des Reglers wird in der Form von Gl. (4.18) gewählt. Das zugehörige Bode-Diagramm findet sich in Abb. 4.11.

$$G_C(s) = \frac{k_c}{s} \frac{(1 + s/\omega_z)^2}{(1 + s/\omega_p)^2} \tag{4.18}$$

Um einen stationären Fehler von null zu erzielen, enthält $G_C(s)$ einen Pol im Ursprung, der eine Phasenverschiebung von -90° in der Schleifenübertragungsfunktion erzeugt. Der Phasenwinkel der Übertragungsfunktion erreicht sein Maximum beim geometrischen Mittel $\sqrt{f_z f_p}$ der Nullstellen- und Polfrequenzen (Abb. 4.11), wobei f_z und f_p so gewählt sind, dass $\sqrt{f_z f_p} = f_c$.

Die Transitfrequenz f_c der Rückkopplungsschleife wird jenseits der Resonanzfrequenz des *LC*-Filters der Leistungsstufe gewählt, wobei $\angle G_{PS}|_{f_c}$ einen großen negativen Wert aufweist. Um eine Phasenreserve von 60° zu erreichen, müssen

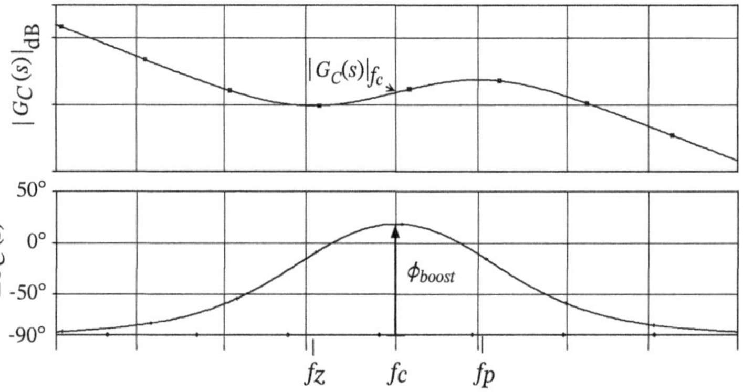

Abb. 4.11 Bode-Diagramm von $G_C(s)$ nach Gl. (4.18).

wir die Phase bei f_c um mehr als 90° erhöhen, indem wir zwei zusammenfallende Nullstellen bei f_z platzieren, um so die Wirkung der beiden Pole in der Übertragungsfunktion der Leistungsstufe $G_{PS}(s)$ auszugleichen. Zwei zusammenfallende Pole werden bei f_p ($> f_z$) platziert, um die Verstärkung schnell vor der Schaltfrequenz abfallen zu lassen. Die Reglerverstärkung $|G_C(s)|_{f_c}$ ist so, dass die Schleifenverstärkung bei der Transitfrequenz gleich eins ist.

4.4.1 Das Schritt-für-Schritt-Verfahren

Zur Bestimmung der Parameter der Reglerübertragungsfunktion in Gl. (4.18) sind f_c, ϕ_{boost} und die Reglerverstärkung $|G_C(s)|_{f_c}$ aus Abb. 4.1 vorgegeben. Ein schrittweises Verfahren zur Gestaltung von $G_C(s)$ funktioniert so:

Schritt 1: Wählen Sie die Transitfrequenz.

Wählen Sie f_c etwas oberhalb der Resonanzfrequenz des LC-Filters $1/\left(2\pi\sqrt{LC}\right)$, die in diesem Beispiel etwa 600 Hz beträgt. Daher wählen wir z. B. $f_c = 1$ kHz, stellen wir sicher, dass der Phasenwinkel der Schleife bei allen Frequenzen unterhalb von f_c und kleiner als -180° bleibt.

Schritt 2: Berechnen Sie die erforderliche Phasenverschiebung.

Die gewünschte Phasenreserve ist als $\phi_{PM} = 60°$ angegeben. Die erforderliche Phasenverschiebung (Phasenerhöhung, phase boost) ϕ_{boost} bei der Transitfrequenz wird wie folgt berechnet, wobei zu beachten ist, dass G_{PWM} und k_{FB} keine Phasenverschiebung erzeugen:

$$\angle G_L(s)|_{f_c} = \angle G_{PS}(s)|_{f_c} + \angle G_C(s)|_{f_c} \text{ (aus Gleichung (4.2))} \quad (4.19)$$

$$\angle G_L(s)|_{f_c} = -180^\circ + \phi_{PM} \text{ (aus Gleichung (4.3))} \quad (4.20)$$

$$\angle G_L(s)|_{f_c} = -90^\circ + \phi_{boost} \text{ (aus Abbildung 4.11)} \quad (4.21)$$

Durch Einsetzen der Gln. (4.20) und (4.21) in die Gl. (4.19) erhalten wir schließlich

$$\phi_{boost} = -90^\circ + \phi_{PM} - \angle G_{PS}(s)|_{f_c}. \quad (4.22)$$

In Abb. 4.11 ist $\angle G_{PS}(s)|_{f_c} \simeq -138°$. Setzen wir das in Gl. (4.22) ein und benutzen $\phi_{PM} = 60°$, ergibt sich die erforderliche Phasenerhöhung zu $\phi_{boost} = 108°$.

Schritt 3: Berechnung der Reglerverstärkung bei der Transitfrequenz.

Aus Gleichung (4.2) bekommen wir bei der Transitfrequenz f_c

$$|G_L(s)|_{f_c} = |G_C(s)|_{f_c} \times |G_{PWM}(s)|_{f_c} \times |G_{PS}(s)|_{f_c} \times k_{FB} = 1. \quad (4.23)$$

In Abb. 4.10 ist bei $f_c = 1\text{kHz}\,|G_{PS}(s)|_{f_c=1\,\text{kHz}} = 24.66\text{dB} = 17.1$. Daher bekommt man unter Verwendung der Verstärkung des PWM-Blocks, die im Beispiel 4.1 berechnet wurde, aus Gl. (4.23)

$$|G_C(s)|_{f_c} \times \underbrace{0.556}_{G_{PWM}(s)|_{f_c}} \times \underbrace{17.1}_{G_{PS}(s)|_{f_c}} \times \underbrace{0.2}_{k_{FB}} = 1 \tag{4.24}$$

oder

$$|G_C(s)|_{f_c} = 0.5263. \tag{4.25}$$

Der Regler in Gl. (4.18) mit zwei Pol-Nullstellen-Paaren wird im Anhang analysiert. Laut dieser Analyse erreicht der Phasenwinkel von $G_C(s)$ in Gl. (4.18) sein Maximum beim geometrischen Mittel der Frequenzen $\sqrt{f_z f_p}$, wobei die Phasenerhöhung ϕ_{boost} relativ zu -90° gemessen wird (Abb. 4.11). Durch die richtige Wahl der Reglerparameter wird das geometrische Mittel der Frequenzen gleich der Transitfrequenz f_c. Wir führen jetzt noch einen Faktor K_{boost} für die geometrische Trennung zwischen den Polen und den Nullstellen ein, die nötig ist, um die notwendige Phasenerhöhung zu erzielen:

$$K_{boost} = \sqrt{\frac{f_p}{f_z}}. \tag{4.26}$$

Wie im Anhang 4C gezeigt wird, kann K_{boost} als Funktion von ϕ_{boost} so angeschrieben werden:

$$K_{boost} = \tan\left(45° + \frac{\phi_{boost}}{4}\right). \tag{4.27}$$

Unter Verwendung von K_{boost} aus Gl. (4.26) und der Tatsache, dass wir $\sqrt{f_z f_p}$ gleich der gewählten Transitfrequenz f_c wählen, können die Frequenzen der Pole und Nullstellen im Regler wie folgt berechnet werden:

$$f_z = \frac{f_c}{K_{boost}}, \tag{4.28}$$

$$f_p = K_{boost} f_c. \tag{4.29}$$

Aus den Gleichungen (4.26), (4.28) und (4.29) kann die Reglerverstärkung k_c in Gl. (4.18) bei der Frequenz f_c so berechnet werden:

$$k_c = |G_C(s)|_{f_c} \frac{\omega_z}{K_{boost}}. \tag{4.30}$$

Sobald die Parameter in Gl. (4.18) bestimmt sind, kann die Reglerübertragungsfunktion durch eine einzelne Operationsverstärkerschaltung synthetisiert werden (Abb. 4.12).

Die Wahl von R_1 in Abb. 4.12 basiert darauf, wie viel Strom vom Sensorausgang gezogen werden kann; andere Widerstände und Kapazitäten werden unter Verwendung der im Anhang 4C abgeleiteten Beziehungen ausgewählt:

$$C_2 = \omega_z/(k_c\omega_p R_1), C_1 = C_2(\omega_p/\omega_z - 1), R_2 = 1(\omega_z C_1), R_3 = R_1/(\omega_p/\omega_z - 1), C_3 = 1/(\omega_p R_3). \tag{4.31}$$

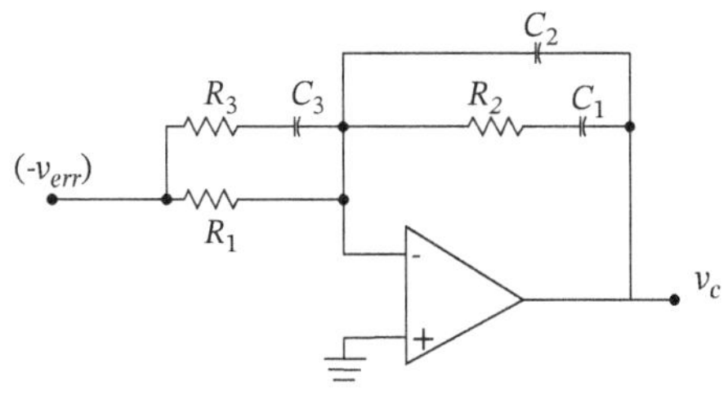

Abb. 4.12 Reglerimplementierung von $G_C(s)$ unter Verwendung von Gl. (4.18) und eines Operationsverstärkers.

Hier ein kurzes numerisches Beispiel: Mit $f_c = 1$ kHz, $\phi_{boost} = 108°$ und $|G_C(s)|_{f_c} = 0.5263$ können wir $K_{boost} = 3.078$ in Gl. (4.27) berechnen. Wir verwenden die Gln. (4.28) bis (4.30), $f_z = 324.9$ Hz, $f_p = 3078$ Hz und $k_c = 349.1$. Für die Operationsverstärkerimplementierung wählen wir $R_1 = 100$ kΩ. Aus Gleichung (4.31) bekommen wir $C_2 = 3.0$ NF, $C_1 = 25.6$ nF, $R_2 = 19.1$ kΩ, $R_3 = 11.8$ kΩ und $C_3 = 4.4$ nF.

4.4.2 Simulation und Hardware-Prototyping

Anhand des folgenden Beispiels wird die Simulation einer Spannungsregelung eines Abwärtswandlers unter Verwendung von LTspice und Workbench demonstriert:

Beispiel 4.4

Ein Abwärtswandler arbeitet im kontinuierlichen Strommodus (CCM) und hat die folgenden Parameter: $L = 68$ µH, $C = 490$ µF, ESR $r = 0.28$ Ω und den Lastwiderstand $R = 8$ Ω. Er arbeitet im stationären Gleichstromzustand unter den folgenden Bedingungen: $V_{in} = 15$ V, $D = 0.5$ und $f_s = 100$ kHz. Für den Schalter und die Diode verwenden wir die im Anhang vom Kapitel 2 angegebenen Parameter. Entwerfen Sie einen Spannungsregler um die Spannung, um diesen Betriebszustand bei variierender Eingangsspannung und Last zu halten. Nehmen Sie an, dass im Spannungsrückkopplungsnetzwerk $k_{FB} = 1$ gilt. Simulieren Sie diesen Wandler mit LTspice.

Lösung

Die Simulationsdatei, die in diesem Beispiel verwendet wird, ist auf der begleitenden Website verfügbar. Die Reglerparameter werden mit einem Workbench-Skript berechnet, in dem Gl. (4.19) bis Gl. (4.30) implementiert sind (Abb. 4.13). Die Verwendung einer Skriptdatei zur automatischen Generierung von Parametern hilft, schnell durch mehrere Designoptionen zu iterieren.

Als Transitfrequenz wird die doppelte *LC*-Resonanzfrequenz gewählt ($f_c = 1.75$ kHz). Die Phasenreserve wird auf $\phi_m = 60°$ festgelegt. Die vom Skript berechneten Reglerparameter sind: $f_z = 950.1$ Hz, $f_p = 3.19$ kHz und $k_c = 408.4$. Unter Verwendung dieser Parameter wird der Regler in LTspice mit einem Operationsverstärker implementiert (Abb. 4.14). Die Signalformen aus der

```
Public Module Param ! Buck converter parameters
   ! Hardware components
   Public C as Native Double = 491µ ! output capacitance
   Public ESR as Native Double = 0.28 ! output capacitor ESR
   Public L as Native Double = 68µ ! inductance

   ! Operating condition
   Public Vin as Native Double = 15 ! input voltage
   Public Rl as Native Double = 8 ! load resistance
   Public Fs as Native Double = 100k ! switching frequency (Hz)
   Public D as Native Double = 0.5 ! duty cycle

   ! Controller parameters
   Private ϕm as Native Double = π / 3 ! phase margin (radians)
   ! cross-over frequency (Hz) choosen at 2x LC resonance frequency
   Private fc as Native Double = 2 * 1 / (2 * π * √(L * C))
   Private ωc as Native Double = 2 * π * fc ! cross-over frequency (rad/s)

   ! Controller design
   ! converter magnitude and phase at fc
   Private GpsAtFc as Native Complex = Vin / L / C * (jωc * ESR * C + 1) /
   |                  ((jωc)² + jωc * (1 / Rl / C + ESR / L) + 1 / L / C)
   Private ϕboost as Native Double = -π / 2 + ϕm - ∠GpsAtFc
   Private Kboost as Native Double = Math:Tan(π / 4 + ϕboost / 4)

   ! Controller parameters
   Public ωz as Native Double = ωc / Kboost ! controller zero
   Public ωp as Native Double = Kboost * ωc ! controller pole
   Public kc as Native Double = 1 / M(GpsAtFc) * ωz / Kboost
End Module
```

Abb. 4.13 Workbench-Skript zur Berechnung der Reglerparameter.

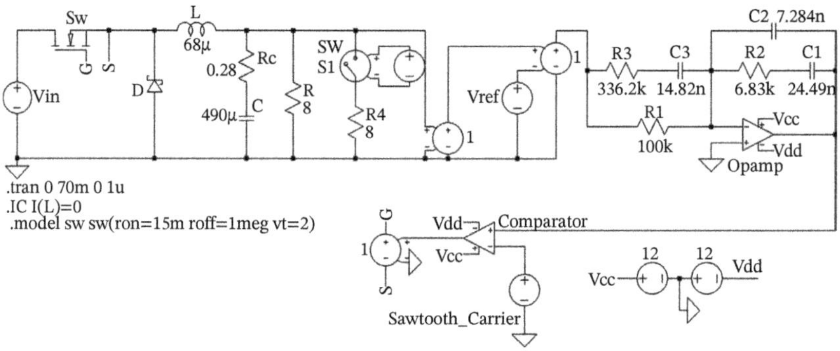

Abb. 4.14 LTspice-Modell zu dem Beispiel 4.4.

Simulation dieses Modells sind für eine Laständerung bei 25 ms in Abb. 4.15 zu sehen.

Das gleiche Modell kann auch mit Workbench implementiert werden (Abb. 4.16). Der Vorteil der Verwendung von Workbench besteht darin, dass der Regler mit der Übertragungsfunktion gemäß Gl. (4.18) implementiert werden kann, ohne ihn in eine äquivalente Schaltung mit Operationsverstärker umwandeln zu müssen. Die Implementierung innerhalb des Regler-Subsystems aus Abb. 4.16 ist in Abb. 4.17 zu sehen.

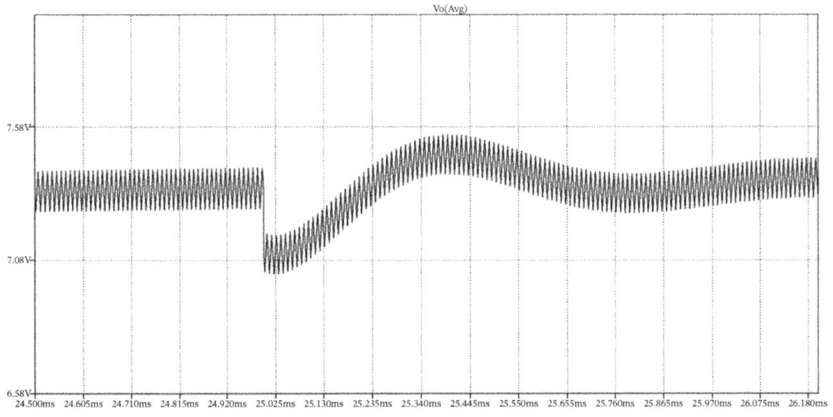

Abb. 4.15 LTspice-Simulationsergebnisse zu dem Beispiel 4.4.

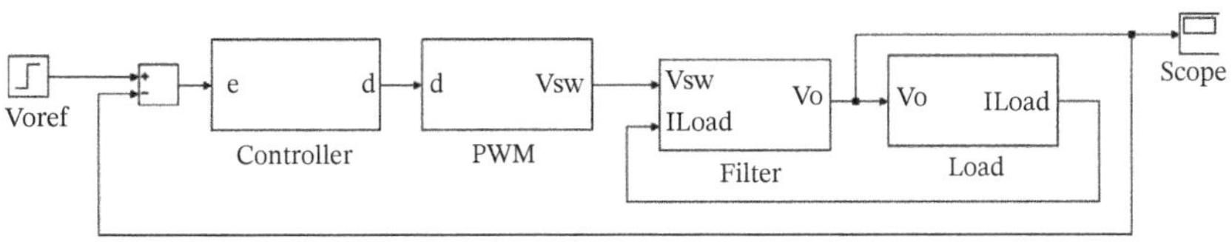

Abb. 4.16 Workbench-Modell.

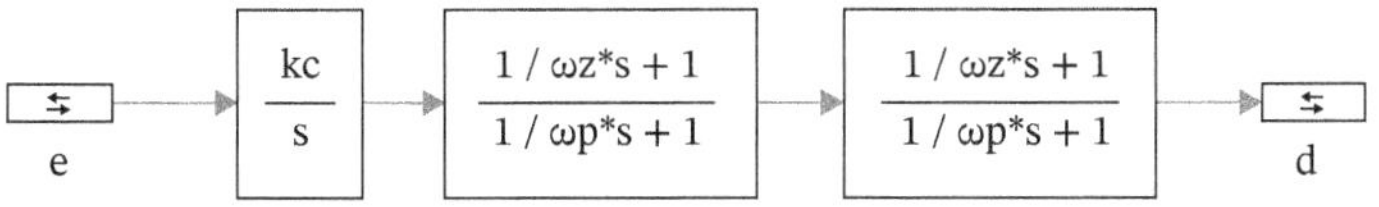

Abb. 4.17 Das Reglersystem im Workbench-Modell.

Im Modell wird die Ausgangsreferenzspannung von einem Anfangswert von 0 V auf 7.5 V zum Zeitpunkt $t = 1$ ms erhöht. Die Last wird verdoppelt, d. h. der Lastwiderstand wird zur Zeit $t = 5$ ms von $R = 8\ \Omega$ auf $R = 4\ \Omega$ halbiert. Schließlich wird zur Zeit $t = 8$ ms die Eingangsspannung von $V_{in} = 15$ V auf $V_{in} = 22.5$ V erhöht. Dadurch wird die Ausgangsspannung durch den Regler auf $V_o = 7.5$ V gehalten (Abb. 4.18).

Das Workbench-Modell zur Implementierung des obigen Beispiels in Hardware mit dem Sciamble-Labor-Kit ist in Abb. 4.19 zu sehen. Wie bereits erwähnt, kann der Regler direkt in Form einer Übertragungsfunktion implementiert werden (Abb. 4.19). Im Gegensatz zur Reglerimplementierung mit Operationsverstärker, bei der Änderungen der Parameter physische Komponentenänderungen erfordern würden, besteht die digitale Implementierung hier lediglich darin, die numerischen Werte in der Software zu ändern. Dies ermöglicht eine schnelle Prototypenerstellung verschiedener Regler mit derselben Hardware. Die stationären Signalformen aus dem Betrieb des Abwärtswandlers mit dem

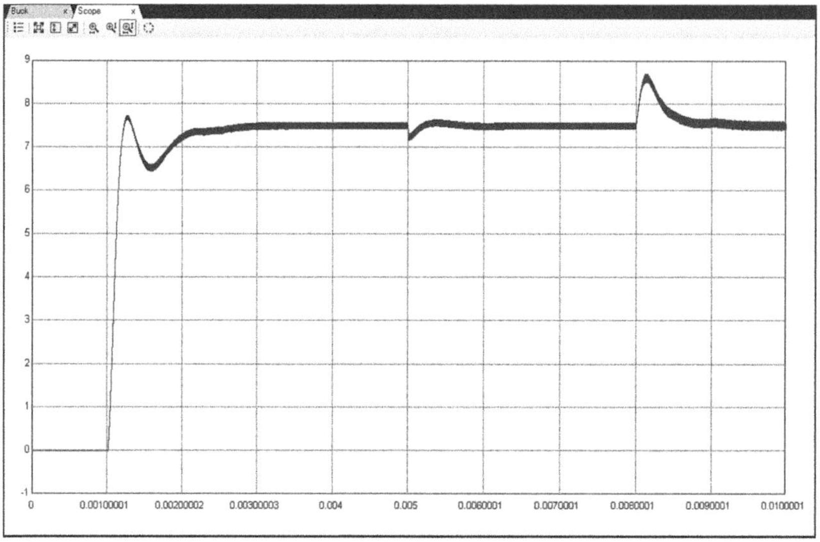

Abb. 4.18 Spannungssignale am Ausgang des Reglers.

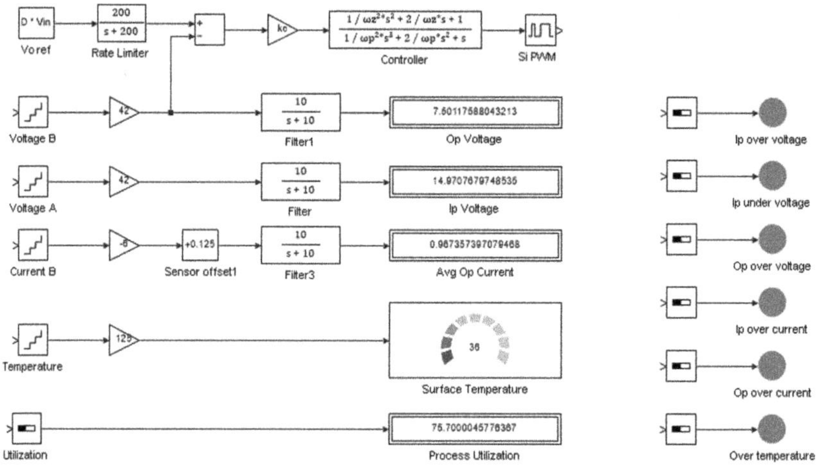

Abb. 4.19 Workbench-Modell.

Sciamble-Labor-Kit sind in Abb. 4.20 dargestellt. Die Ausgangsspannung des Wandlers stabilisiert sich auf die gewünschte Referenzspannung (Abb. 4.20a) und bleibt bei sich änderndem Lastwiderstand auf der Referenzspannung (Abb. 4.20b). Abbildung 4.20c zeigt die vergrößerte Version der Signalformen über einige Schaltzyklen. Das schrittweise Verfahren zur Nachbildung der obigen Hardware-Implementierung wird in [3] erläutert.

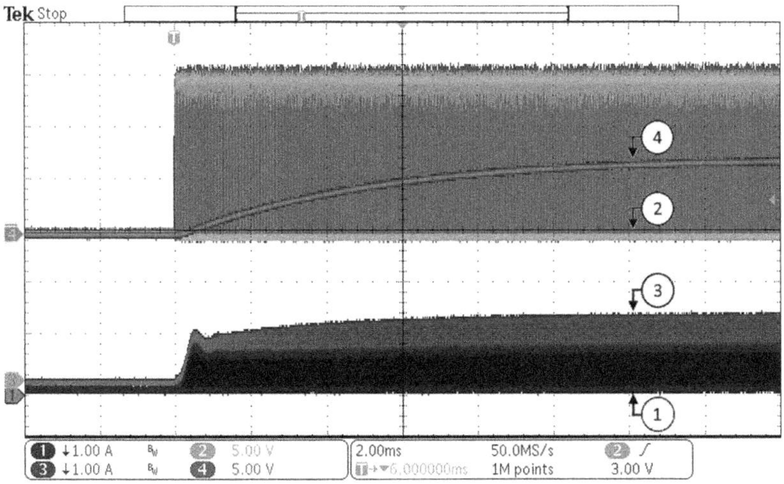

(a)

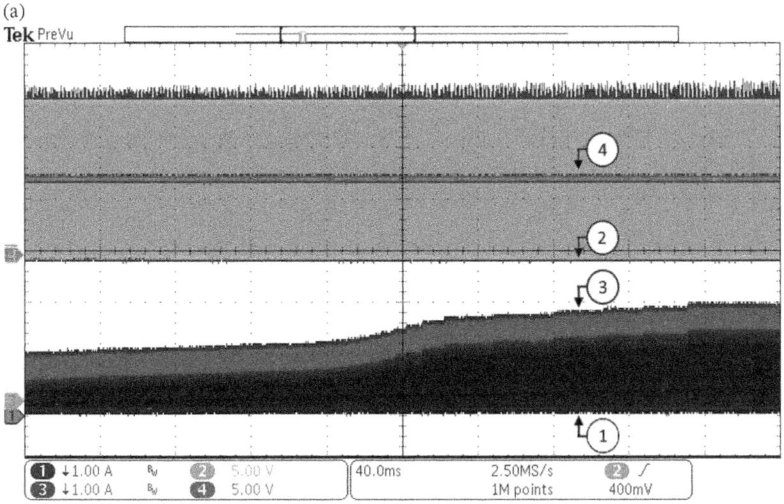

(b)

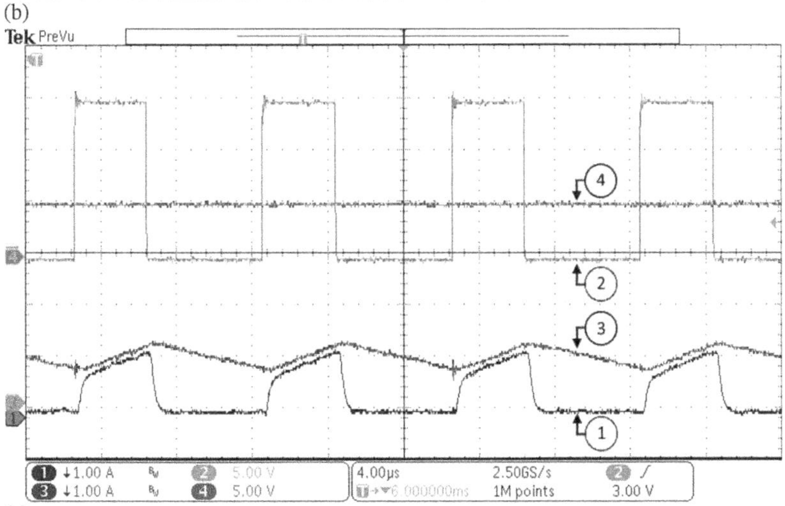

(c)

Abb. 4.20 (a) Workbench-Hardwareresultate: Sprunghafte Änderung der Referenzspannung, (b): Schrittweise Änderung des Lastwiderstands und (c): Signalformen während des Schaltzyklus. (1) Eingangsstrom, (2) Schaltknotenspannung, (3) Spulenstrom und (4) Ausgangsspannung.

4.5 Spitzenstromregelung

Die Stromregelung ist in der Praxis häufig zu finden, da sie viele wünschenswerte Eigenschaften aufweist, wie z. B. eine einfachere Reglerauslegung und eine inhärente Strombegrenzung. In einem solchen Regelungsschema wird eine innere Regelungsschleife innerhalb der äußeren Spannungsschleife verwendet (Abb. 4.21), was zu einem Spitzenstrom-Regelungssystem führt. In dieser Regelungsanordnung wird der Spulenstrom als Rückkopplungssignal genutzt.

Die allgemeinen Ziele der Spannungsschleife in der Stromregelung sind die gleichen wie in der zuvor besprochenen Spannungsregelung. Der Spannungsregler erzeugt hier jedoch nur den Referenzwert für den Strom, der durch die Spule fließen soll, daher der Name Stromregelung. Es gibt zwei Arten der Stromregelung: die Spitzenstromregelung und die Strommittelwertregelung. Die Spitzenstromregelung wird sehr häufig in Schaltnetzteilen verwendet, weshalb wir diese im Folgenden ausführlicher diskutieren. Die Strommittelwertregelung wird dann im Zusammenhang mit den Leistungsfaktorkorrekturschaltungen im nächsten Kapitel untersucht.

In der Stromschleife erzeugt die äußere Spannungsrückkopplung in Abb. 4.21 den Referenzwert i_L^* des Spulenstroms. Dieses Referenzsignal wird mit dem gemessenen Spulenstrom i_L verglichen, um das Flip-Flop zurückzusetzen, wenn i_L den Wert i_L^* erreicht. Wie in den Abb. 4.21 und 4.22a gezeigt, wird bei der Erzeugung von i_L^* das Ausgangssignal des Spannungsreglers i_c durch ein Signal der Steigungskompensation modifiziert, das notwendig ist, um Oszillationen bei den Subharmonischen von f_s zu vermeiden, insbesondere wenn Tastverhältnis $d > 0.5$ ist. Im Allgemeinen beträgt die Steigung dieses Kompensationssignals weniger als die Hälfte der Steigung, mit der der Spulenstrom abfällt, wenn der Transistor im Wandler ausgeschaltet wird.

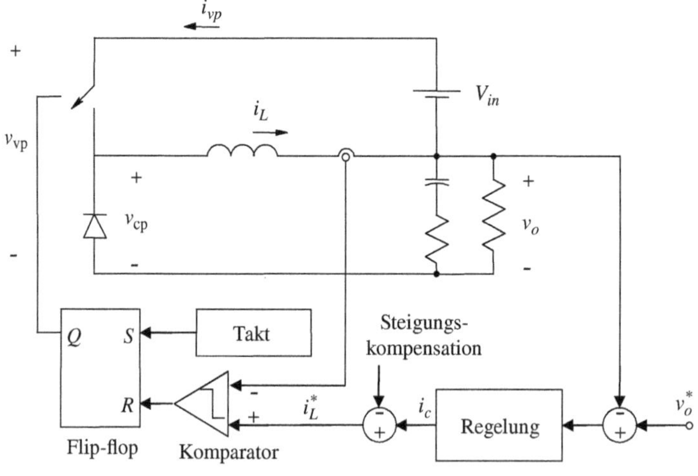

Abb. 4.21 Spitzenstromregelung.

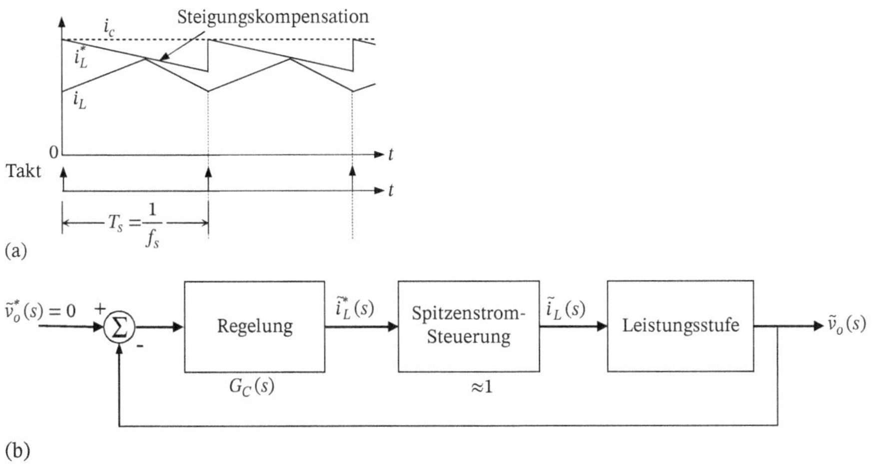

Abb. 4.22 Spitzenstromregelung mit Steigungskompensation. (a) Zeitabhängige Stromsignale, (b) Blockschaltbild.

Wenn der Spulenstrom in Abb. 4.22a den Referenzwert erreicht, wird der Transistor ausgeschaltet und in regelmäßigen Abständen $T_s(= 1/f_s)$ wieder eingeschaltet, welche durch die Taktfrequenz festgelegt werden. Bei kleinen Störungen reagiert diese Stromschleife extrem schnell und sie kann im Kleinsignal-Blockdiagramm von Abb. 4.22b als ideal mit einer Verstärkung von eins angenommen werden. Die Auslegung der äußeren Spannungsschleife wird im folgenden Beispiel anhand eines Inverswandlers im CCM beschrieben.

Beispiel 4.5

In diesem Beispiel wird ein Spitzenstromregler für einen Inverswandler [4] entworfen, der die folgenden Parameter und Betriebsbedingungen aufweist: $L = 100\ \mu\text{H}$, $C = 697\ \mu\text{F}$, $r = 0.01\ \Omega$, $f_s = 100\text{kHz}$ und $V_{in} = 30\ \text{V}$. Die Ausgangsleistung sei $P_o = 18\ \text{W}$ im CCM und das Tastverhältnis D wird angepasst, um die Ausgangsspannung $V_o = 12\ \text{V}$ zu regeln. Die für die Spannungsschleife erforderliche Phasenreserve beträgt 60°. Im Spannungsrückkopplungsnetzwerk sei $k_{FB} = 1$.

Lösung

Beim Entwurf der äußeren Spannungsschleife in Abb. 4.22b wird die Übertragungsfunktion $\tilde{v}_0/\tilde{i}_L$ der Leistungsstufe benötigt. Diese Übertragungsfunktion im CCM kann aus der Theorie gewonnen werden. Es ist jedoch viel einfacher, das Bode-Diagramm dieser Übertragungsfunktion, ähnlich wie das Bode-Diagramm von $\tilde{v}_0/\tilde{d}$ im Beispiel 4.3 für den Abwärtswandler, durch eine Computersimulation zu erhalten. Das LTspice-Simulationsdiagramm für den Inverswandler ist in Abb. 4.23 zu sehen, wobei, wie bereits erwähnt, ein idealer Transformator zur Mittelwertdarstellung des Schaltermoduls im CCM verwendet wird.

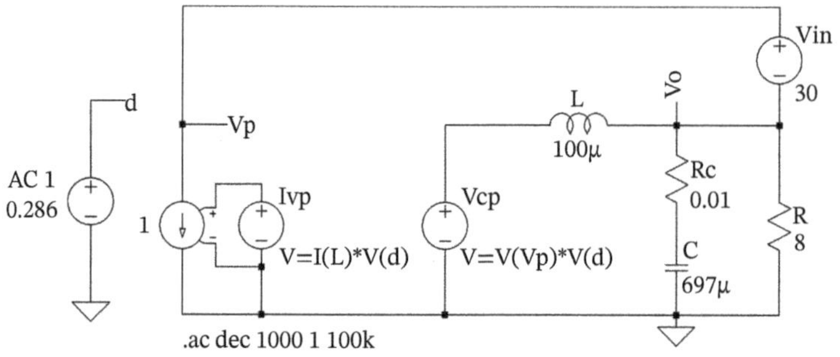

Abb. 4.23 LTspice-Schaltung für den Inverswandler.

In Abb. 4.23 ist die Gleichspannungsquelle für das Tastverhältnis D verantwortlich und stellt den DC-Betriebszustand ein, um den herum die Schaltung linearisiert wird. In der Wechselstromanalyse wird die Frequenz der Wechselstromquelle, die die Störung des Tastverhältnisses $\tilde{d}$ darstellt, über den gewünschten Bereich durchgefahren. Das Verhältnis von $\tilde{v}_o(s)$ und $\tilde{i}_L(s)$ ergibt dann das Bode-Diagramm $G_{PS}(s)$ der Leistungsstufe (Abb. 4.24).

Wie in Abb. 4.24 zu sehen ist, nivelliert sich der Phasenwinkel der Übertragungsfunktion der Leistungsstufe bei einer Frequenz von $\simeq 1$ kHz bei etwa -90°. Die Transitfrequenz wird auf 5 kHz festgelegt, bei der in Abb. 4.24 der Winkel $\angle G_{PS}(s)|_{f_c} \simeq -90°$ ist. Die Übertragungsfunktion $\tilde{v}_o(s)/\tilde{i}_L(s)$ der Leistungsstufe von Inverswandlern enthält im CCM eine Nullstelle in der rechten Halbebene. Die Transitfrequenz wird daher weit unterhalb der Frequenz dieser Nullstelle genommen. Um die gewünschte Phasenreserve von 60° zu erreichen, wird die Übertragungsfunktion des Reglers wie folgt gewählt:

$$G_C(s) = \frac{k_c}{s}\frac{(1 + s/\omega_z)}{(1 + s/\omega_p)}. \qquad (4.32)$$

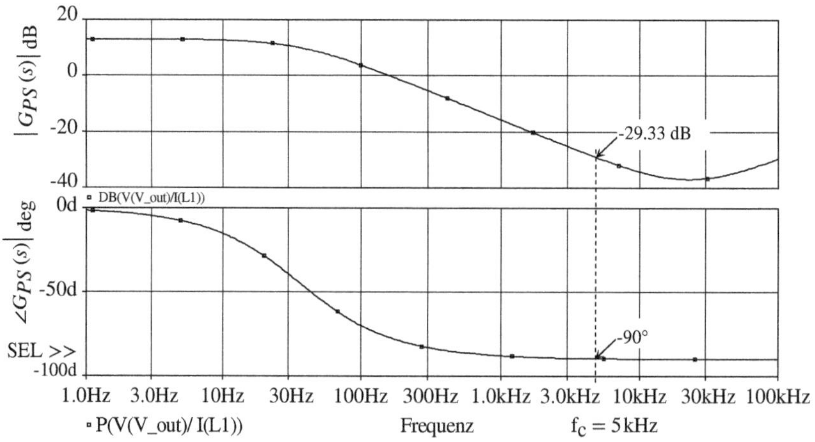

Abb. 4.24 Bode-Diagramm von $\tilde{v}_o(s)/\tilde{i}_L(s)$.

Um im stationären Zustand einen Fehler von null zu erzielen, enthält die Übertragungsfunktion eine Polstelle im Ursprung, die einen Phasenwinkel von −90° erzeugt. Die positive Phasenverschiebung dieser Pol-Nullstellen-Kombination in Gl. (4.32) beträgt unter Verwendung von Gl. (4.22) $\phi_{boost} \simeq 60°$ und $\angle G_{PS}(s)|_{f_c} \simeq -90°$. Daher ist im Gegensatz zur Übertragungsfunktion des Reglers in Gl. (4.18) nur ein einzelnes Pol-Nullstellenpaar, um eine positive Phasenverschiebung bereitzustellen. In Gleichung (4.32) können die mit der erforderlichen Phasenverschiebung verbundenen Frequenzen der Null- und Polstellen wie im Anhang 4C berechnet werden, wobei K_{boost} denselben Wert hat, wie in Gl. (4.26), nämlich $K_{boost} = \sqrt{f_p/f_z}$:

$$K_{boost} = \tan\left(45° + \frac{\phi_{boost}}{2}\right), \tag{4.33}$$

$$f_z = \frac{f_c}{K_{boost}}, \tag{4.34}$$

$$f_p = K_{boost} f_c \tag{4.35}$$

und

$$k_c = \frac{\omega_z}{|G_{PS}(s)|_{f_c}}. \tag{4.36}$$

Bei der Transitfrequenz hat die Übertragungsfunktion der Leistungsstufe eine Verstärkung von $|G_{PS}(s)|_{f_c} = -29.33\text{dB}$ (Abb. 4.24). Daher gilt bei der Transitfrequenz in Abb. 422b per Definition

$$|G_C(s)|_{f_c} \times |G_{PS}(s)|_{f_c} = 1. \tag{4.37}$$

Damit ist

$$|G_C(s)|_{f_c} = 29.33\text{dB} = 29.27. \tag{4.38}$$

Unter Verwendung der obigen Gleichungen bekommt man für $f_c = 5$ kHz, $\phi_{boost} \simeq 60°$ und $|G_C(s)|_{f_c} = 29.27$, aus Gl. (4.33) einen Wert von $K_{boost} = 3.732$. Die Parameter in der Übertragungsfunktion des Reglers in Gl. (4.32) werden damit wie folgt berechnet: $f_z = 1340$ Hz, $f_p = 18660$ Hz und $k_c = 246.4 \times 10^3$. Die Übertragungsfunktion in Gl. (4.32) kann durch eine Operationsverstärkerschaltung realisiert werden, die in Abb. 4.25 gezeigt ist. In den im Anhang 4C abgeleiteten Ausdrücken haben mit $R_1 = 10$ kΩ, und unter Verwendung der oben berechneten Übertragungsfunktionsparameter, die Bauteilwerte der Schaltung in Abb. 4.25 die folgenden Werte:

$$\begin{aligned} C_2 &= \frac{\omega_z}{\omega_p R_1 k_c} = 30\text{ pF}, \\ C_1 &= C_2\left(\frac{\omega_p}{\omega_z} - 1\right) = 380\text{ pF}, \\ R_2 &= \frac{1}{\omega_z C_1} = 315\text{ k}\Omega. \end{aligned} \tag{4.39}$$

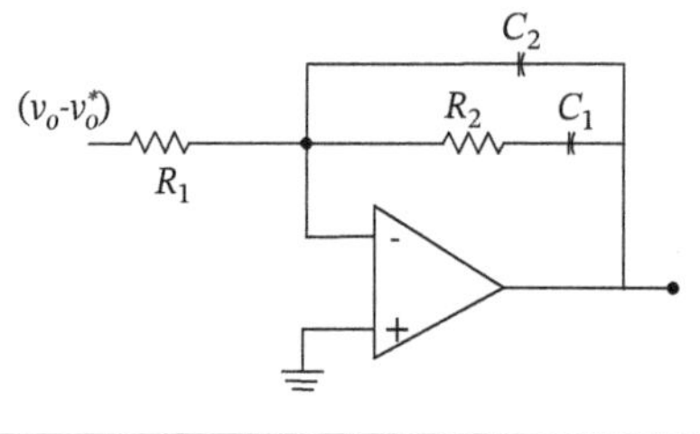

Abb. 4.25 Reglerimplementierung von $G_C(s)$ mittels Gl. (4.32) und einem Operationsverstärker.

4.5.1 Simulation und Hardware-Prototyping

Die Simulation einer Spitzenstromregelung eines Inverswandlers unter Verwendung von LTspice und Workbench wird anhand des nächsten Beispiels demonstriert:

Beispiel 4.6

Ein Inverswandler arbeitet im kontinuierlichen Strommodus (CCM) und hat folgende Parameter: L = 68 µH, C = 490 µF, ESR r = 0.28 Ω und Lastwiderstand R =8 Ω. Er arbeitet im stationären Zustand unter den folgenden Bedingungen: V_{in} = 15 V, V_{o} = 8 V und f_{s} = 100 kHz. Für den Schalter und die Diode verwenden Sie die im Anhang vom Kapitel 2 angegebenen Parameter. Entwerfen Sie einen Spitzenstromregler, um die Spannung in diesem Betriebszustand unter variierender Eingangsspannung und Last konstant zu halten. Gehen Sie davon aus, dass im Spannungsrückkopplungsnetzwerk k_{FB} = 1 ist. Simulieren Sie diesen Wandler mit LTspice.

Lösung

Die in diesem Beispiel verwendete Simulationsdatei ist auf der begleitenden Website verfügbar. Die Reglerparameter werden mit einem Workbench-Skript berechnet, in dem die Gln. (4.32) bis (4.38) implementiert sind.

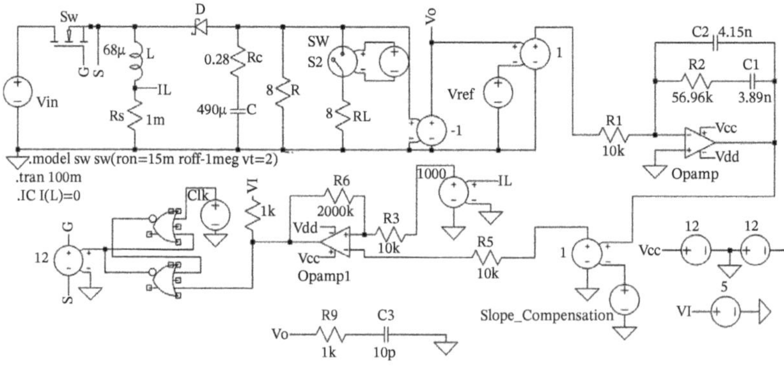

Abb. 4.26 LTspice-Modell zu Beispiel dem 4.6.

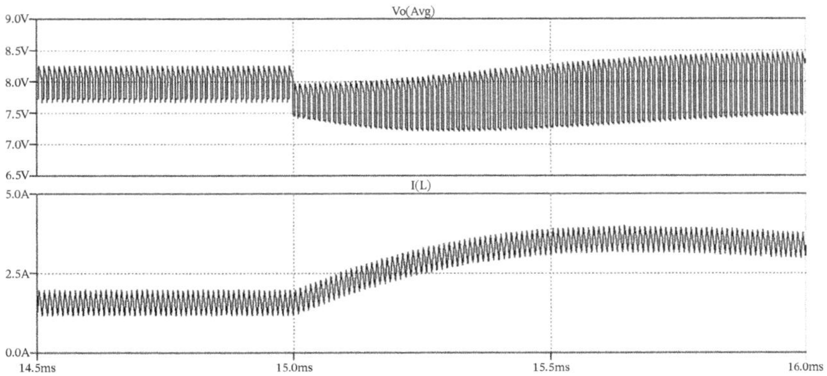

Abb. 4.27 LTspice-Simulationsergebnisse zu Beispiel 4.6.

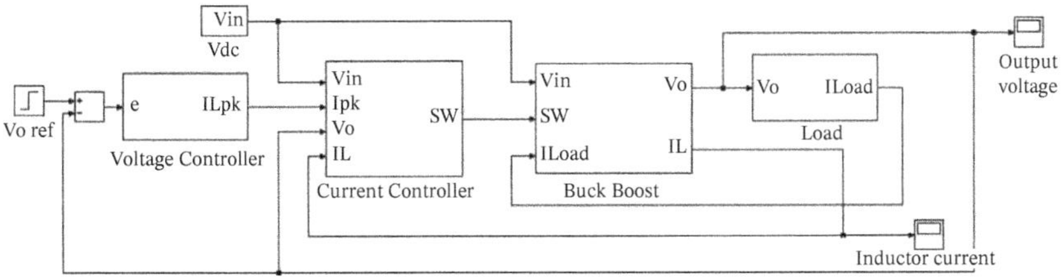

Abb. 4.28 Workbench-Modell zu dem Beispiel 4.6.

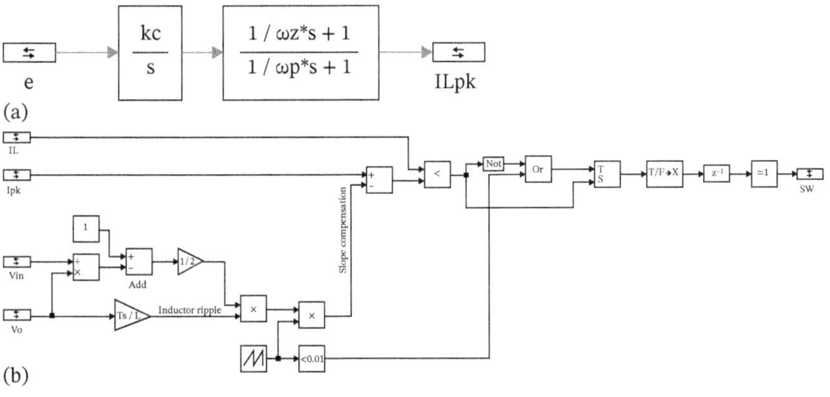

Abb. 4.29 (a): Das Stromregler-Subsystem im Blockdiagramm, (b): Das Stromregler-Subsystem in Workbench-Darstellung.

Um den Verstärkungsabfall bei höheren Frequenzen sicherzustellen, wird die Transitfrequenz zu $f_c = 1$ kHz unterhalb der Frequenz des ESR-Nullpunkts gewählt, der bei $f_{z,esr} = r \times C = 1/(0.28 \times 490\mu \times 2\pi) = 1.16$ kHz auftritt. Die Phasenreserve wird zu $\phi_m = 60°$ gewählt. Die durch die Skriptdatei berechneten Reglerparameter sind: $f_z = 718.5$ Hz, $f_p = 1.39$ kHz und $k_c = 11604.2$. Mit den

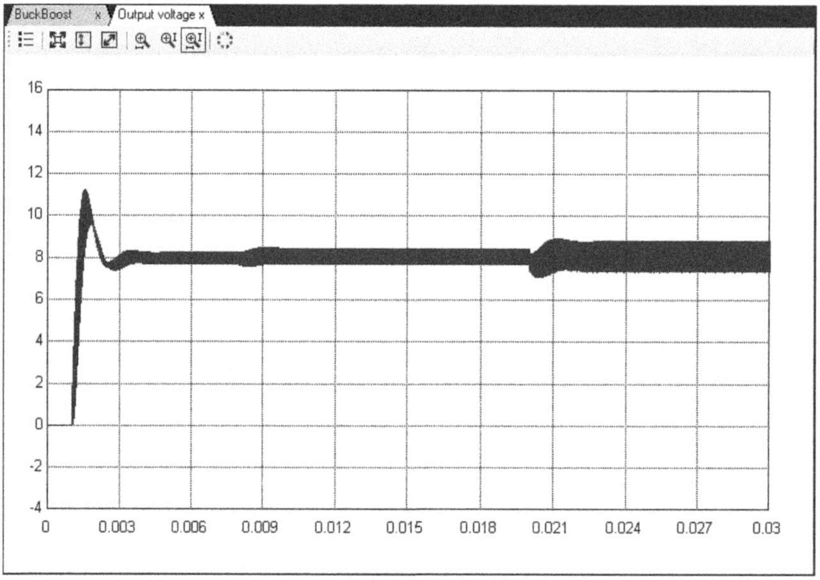

Abb. 4.30 Signalform der Ausgangsspannung.

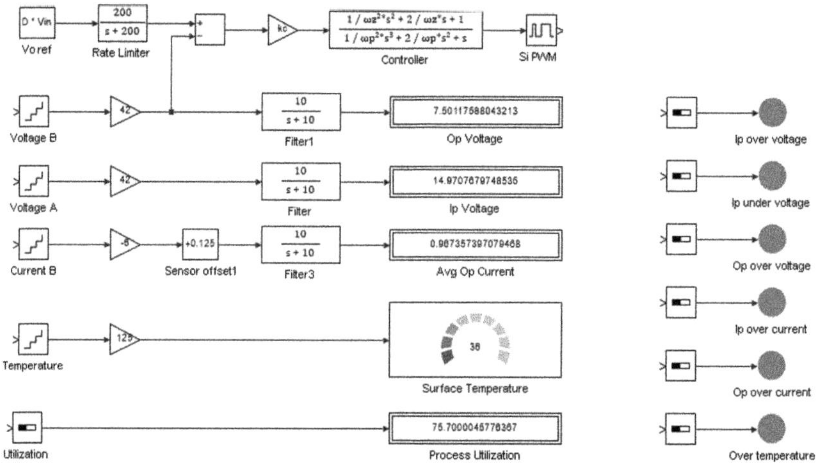

Abb. 4.31 Workbench-Modell.

obigen Parametern wird der Regler durch einen Operationsverstärker in LTspice implementiert (Abb. 4.26). Die Signalformen aus der Simulation für eine Laständerung bei $t = 15$ ms sind in Abb. 4.27 zu sehen.

Das gleiche Modell kann auch mit Workbench implementiert werden (Abb. 4.28). Der Spannungsregler kann hier als Übertragungsfunktion implementiert werden (Gl. (4.32) und Abb. 4.29a). Der Stromregler ist in Abb. 4.29b zu sehen.

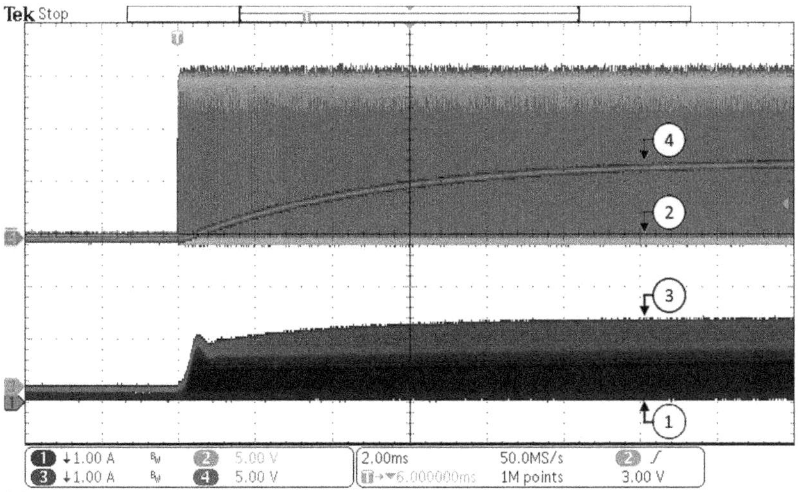

(a)

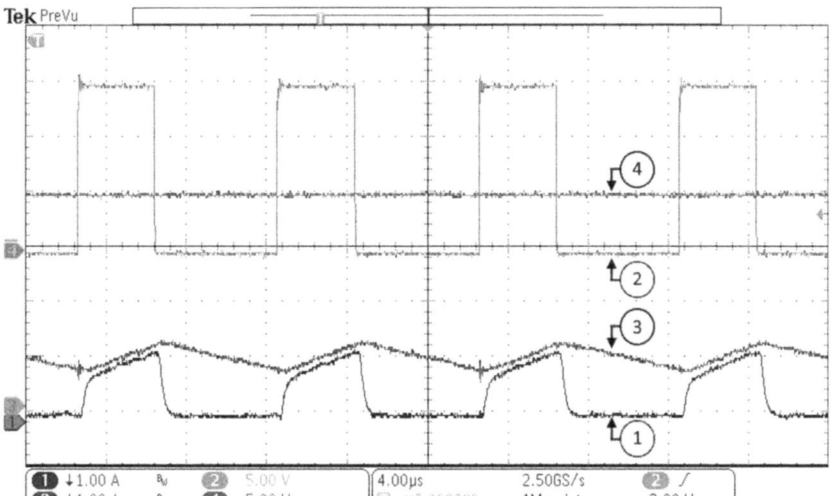

(b)

Abb. 4.32 (a): Workbench-Hardware-Ergebnisse für eine Stufe in der Referenzspannung: (1) Eingangsstrom, (2) Schaltknotenspannung, (3) Spulenstrom und (4) Ausgangsspannung, (b) Workbench-Hardware-Ergebnisse. Signalformen im Schaltzyklus: (1) Eingangsstrom, (2) Schaltknotenspannung, (3) Spulenstrom und (4) Ausgangsspannung.

Im Modell wird die Ausgangsreferenzspannung zum Zeitpunkt t = 1 ms von einem Anfangswert von 0 V auf 8 V erhöht. Die Last wird verdoppelt, d. h. der Lastwiderstand wird von R = 8 Ω auf R = 4 Ω zur Zeit t = 5 ms halbiert. Schließlich wird zur Zeit t = 8 ms die Eingangsspannung von V_{in} = 15 V auf V_{in} = 22.5 V erhöht. Dadurch wird die Ausgangsspannung vom Regler auf V_o = 7.5 V gehalten (Abb. 4.30).

Das Workbench-Modell zur Implementierung des obigen Beispiels mit dem Sciamble-Labor-Kit ist in Abb. 4.19 dargestellt. Wie bereits erwähnt, kann der Regler direkt in Form der Übertragungsfunktion implementiert werden (Abb. 4.31).

Die stationären Signalformen aus dem Betrieb des Abwärtswandlers mit dem Sciamble-Labor-Kit sind in Abb. 4.32 dargestellt. Die Ausgangsspannung des Wandlers stellt sich, wie erwartet, auf die gewünschte Referenzspannung ein (Abb. 4.32a). Abbildung 4.32b zeigt die vergrößerte Version der Signalformen über einige Schaltzyklen. Das schrittweise Verfahren zur Wiederherstellung der obigen Hardware-Implementierung wird in [4] beschrieben.

4.6 Entwurf von Rückkopplungsreglern im DCM

In den Abschnitten 4.4 und 4.5 werden Rückkopplungsregler für Wandler im CCM-Betrieb entworfen. Das Verfahren zur Auslegung von Reglern im diskontinuierlichem Strommodus (DCM) ist dasselbe, außer dass das Mittelwertmodell der Leistungsstufe in Ltspice-Simulationen einfach durch ein Reglermodell ersetzt wird, welches auch im DCM gültig ist (Kapitel 3). Dies wird in Abb. 4.33 für einen Inverswandler im LTspice-Schaltbild veranschaulicht, wobei das Mittelwertmodell des Schaltmoduls sowohl für den CCM- als auch für DCM-Modus verwendet werden kann.

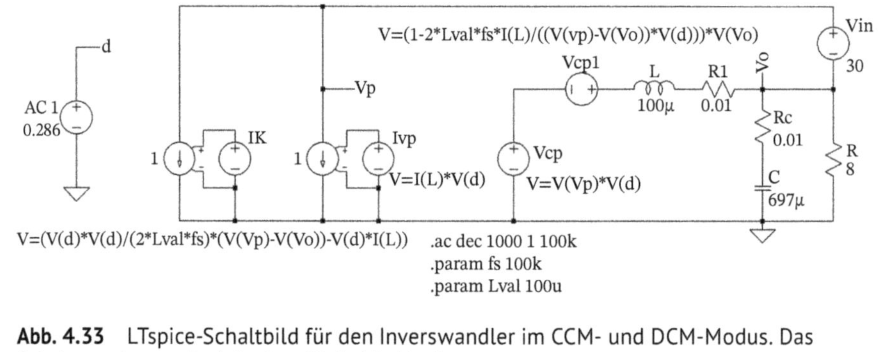

Abb. 4.33 LTspice-Schaltbild für den Inverswandler im CCM- und DCM-Modus. Das Schaltungslayout funktioniert für beide Modi.

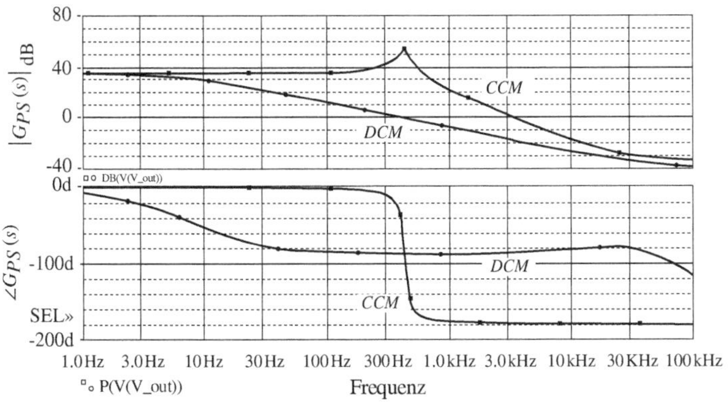

Abb. 4.34 Verstärkung und Phasengang der Leistungsstufe $G_{PS}(s)$ in CCM und DCM.

Das Bode-Diagramm $G_{PS}(s)$ der Leistungsstufe in Abb. 4.34 zeigt, dass im DCM-Modus im Vergleich zum CCM-Modus das Phasendiagramm so erscheint, als ob einer der Pole in der Übertragungsfunktion fehlt. Dies erleichtert die Auslegung des Rückkopplungsreglers in diesem Modus.

Literatur

1. PWM Controller Ics: Digital power control drivers and powertrain modules product selection | TI.com., http://focus.ti.com/analog/docs/powerhome.tsp?familyId=64&contentType=4.
2. Dean Venable, H. The K-Factor: A New Mathematical Tool for Stability Analysis and Synthesis, Proceedings of Powercon 10 (1983), http://www.venable.biz.
3. Buck converter voltage-mode control lab manual: https://sciamble.com/resources/pe-drives-lab/basic-pe/buck-voltage-mode-control
4. Mohan, N., Undeland, T.M., and Robbins W.P. (2003). *Power Electronics: Converters, Applications and Design*. 3e. New York: John Wiley & Sons.

Übungsbeispiele

4.1 Zeichnen Sie für Beispiel 4.3 die Verstärkung und die Phase der offenen Schleifen-Übertragungsfunktion $G_L(s)$.

4.2 In einem spannungsgesteuerten DC-DC-Wandler hat die Schleifenübertragungsfunktion die Transitfrequenz $f_c = 2$ kHz. Die Übertragungsfunktion der Leistungsstufe hat bei der Transitfrequenz einen Phasenwinkel von -160°. Berechnen Sie w_z und w_p in der Übertragungsfunktion des Spannungsreglers gemäß Gl. (4.18), wenn die erforderliche Phasenreserve 60° beträgt.

4.3 Im obigen Übungsbeispiel hat die Leistungsstufe bei der Transitfrequenz eine Verstärkung von 20, $k_{FB} = 0.2$ und $G_{PWM} = 0.6$. Berechnen Sie k_c in der Übertragungsfunktion des Spannungsreglers gemäß Gl. (4.18).

4.4 Zeichnen Sie die Verstärkung und die Phase der offenen Schleifen-Übertragungsfunktion $G_L(s)$ für Beispiel 4.4.

4.5 In einem spitzenstromgesteuerten DC-DC-Wandler beträgt die Schleifen-Transitfrequenz in der äußeren Spannungsschleife 10 kHz. Bei dieser Transitfrequenz hat die Leistungsstufe in Abb. 4.22b eine Verstärkung von 0.1 und einen Phasenwinkel von -80°. Berechnen Sie f_z, f_p und k_c in der Übertragungsfunktion des Reglers gemäß Gl. (4.32), wenn die gewünschte Phasenreserve 60° beträgt.

4.6 Leiten Sie die Übertragungsfunktion $\tilde{v}_o(s)/\tilde{i}_L(s)$ eines Abwärtswandlers im kontinuierlichen Strommodus (CCM) her.

4.7 Leiten Sie die Übertragungsfunktion $\tilde{v}_o(s)/\tilde{i}_L(s)$ eines Aufwärtswandlers im kontinuierlichen Strommodus (CCM) her.

4.8 Leiten Sie die Übertragungsfunktion $\tilde{v}_o(s)/\tilde{i}_L(s)$ eines Inverswandlers im kontinuierlichen Strommodus (CCM) her.

Simulationsaufgaben

4.9 In einem Abwärtswandler gelten folgende Parameter: $L = 100\,\mu H$, $C = 697\,\mu F$ und $R_{Load} = 9.0\,\Omega$. Der ESR des Kondensators beträgt 0.1 Ω. Die Eingangsspannung ist $V_{in} = 24$ V, die Schaltfrequenz $f_s = 100$ kHz und die Ausgangsspannung sei $V_o = 18$ V. Ermitteln Sie die Bode-Diagramme der Übertragungsfunktion $\frac{\tilde{v}_o}{\tilde{d}}(s)$ für die in diesem Übungsbeispiel angegebenen Werte analog zu Abb. 4.10. Ermitteln Sie die Verstärkung und die Phase der Übertragungsfunktion $\frac{\tilde{v}_o}{\tilde{d}}(s)$ bei einer Frequenz von 1 kHz, die als Transitfrequenz der Übertragungsfunktion $G_L(s)$ (open loop, ohne Rückkopplung) im nächsten Übungsbeispiel gewählt wird.

4.10 Entwerfen Sie einen Rückkopplungsregler im Spannungsmodus für den Abwärtswandler aus Übungsbeispiel 4.9 (Abb. 4.13), wobei $k_{FB} = 0.2$ und $G_{PWM}(s) = 0.556$. Wählen Sie die Transitfrequenz (ohne Rückkopplung) zu ≈ 1 kHz und die Phasenreserve von 60°.

(a) Simulieren Sie diesen Rückkopplungsregler unter Verwendung eines Operationsverstärkers simuliert wie in der Abb. 4.12. Ermitteln Sie die Ausgangsspannungsantwort für eine Sprungänderung der Last. Wiederholen Sie Teil (b) dieser Aufgabe mit einer Phasenreserve von 45°. Vergleichen Sie die Ausgangsspannungsantwort mit der Antwort eines Reglers mit der Phasenreserve von 60°.

(b) Wiederholen Sie Teil (a) mit einer Transitfrequenz von 2 kHz und vergleichen Sie die Ausgangsspannungsantwort mit der in Teil (a).

4.11 In einem Inverswandler gelten folgende Parameter: $L = 100\ \mu\text{H}$, $C = 697\ \mu\text{F}$ und $R_{\text{Load}} = 200.0\ \Omega$. Der ESR des Kondensators beträgt 0.01ω. Die Eingangsspannung sei $V_{\text{in}} = 24$ V, die Schaltfrequenz $f_s = 100$ kHz und das Tastverhältnis ist $D = 0.375$.

(a) Ermitteln Sie die Bode-Diagramme der Übertragungsfunktion $\frac{\tilde{v}_o}{\tilde{i}_L}(s)$ wie in der Abb. 4.24 für die in diesem Schaltkreis angegebenen Werte gezeigt.

(b) Ermitteln Sie die Verstärkung und die Phase der Übertragungsfunktion $\frac{\tilde{v}_o}{\tilde{i}_L}(s)$ in Teil (a) bei einer Frequenz von 5 kHz, die als Transitfrequenz der offenen Übertragungsfunktion $G_L(s)$ im nächsten Übungsbeispiel gewählt wird.

4.12 Entwerfen Sie den Rückkopplungsregler im Spitzenstrommodus für den Inverswandler des Übungsbeispiels 4.11 (Abb. 4.26). Wählen Sie die (open loop) Transitfrequenz auf ≈ 5 kHz und eine Phasenreserve von 60°. Dieser Rückkopplungsregler soll unter Verwendung eines Operationsverstärkers simuliert werden (Abb. 4.26). Ermitteln Sie die verschiedenen Parameter. Ermitteln Sie die Ausgangsspannung und die Spulenspannungsantwort für eine Sprungänderung der Last.

4.13 Ermitteln Sie für den Inverswandler im Übungsbeispiel 4.11 das Verhältnis $\frac{\tilde{v}_o}{\tilde{d}}(s)$ im CCM- und DCM-Betrieb und vergleichen Sie die Ergebnisse.

Anhang 4.A: Bode-Diagramme von Übertragungsfunktionen mit Polen und Nullstellen

In diesem Abschnitt finden Sie einen Überblick über die Bode-Diagramme verschiedener Übertragungsfunktionen.

Übertragungsfunktion mit einem Pol

Eine Übertragungsfunktion mit einer Polstelle bei ω_p lässt sich wie folgt ausdrücken:

$$T(s) = \frac{1}{1 + s/\omega_p}. \tag{4.A.1}$$

Die zugehörigen Verstärkungs- und Phasendiagramme in Abb. 4.A.1 zeigen, dass sich die Verstärkung jenseits der Polstellenfrequenz ω_p mit einer Rate von –20 dB/Dekade zu ändern beginnt und der Phasenwinkel ungefähr eine Dekade später auf –90° abfällt.

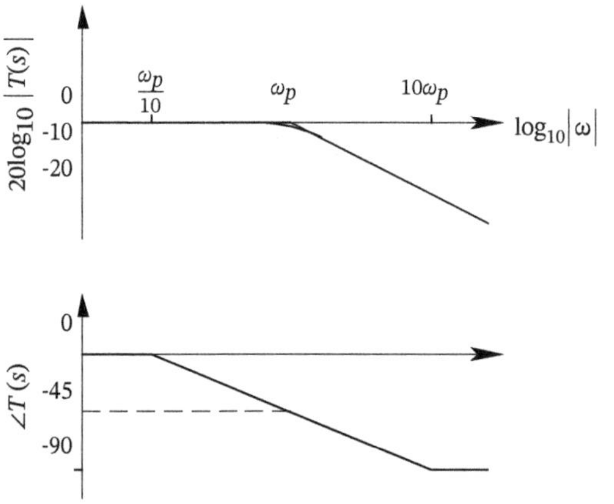

Abb. 4.A.1 Verstärkungs- und Phasendiagramm einer Übertragungsfunktion mit einem Pol.

Übertragungsfunktion mit einer Nullstelle

Die Übertragungsfunktion mit einer Nullstelle bei einer Frequenz von ω_z lässt sich wie folgt ausdrücken:

$$T(s) = 1 + s/\omega_z. \tag{4.A.2}$$

Die zugehörigen Amplituden- und Phasenverläufe in Abb. 4.A.2 zeigen, dass die Amplitude jenseits der Frequenz von ω_z mit einer Rate von 20 dB/Dekade zu steigen beginnt und der Phasenwinkel etwa eine Dekade später auf +90° ansteigt.

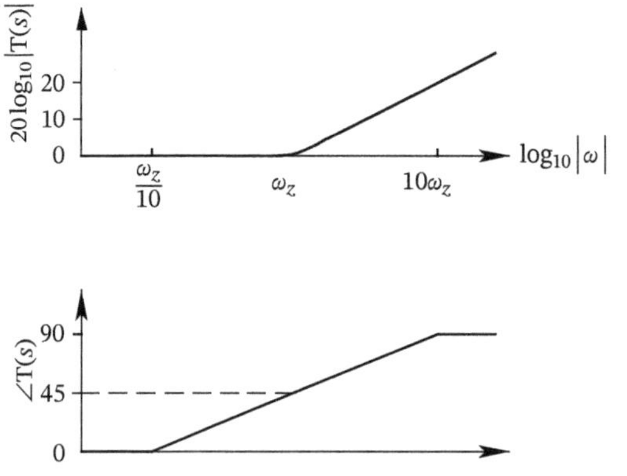

Abb. 4.A.2 Verstärkungs- und Phasendiagramm einer Übertragungsfunktion mit einer Nullstelle.

Übertragungsfunktion mit einer Nullstelle in der rechten Halbebene

In Aufwärts- und DC-DC-Inverswandlern enthalten die Übertragungsfunktionen eine Nullstelle in der rechten Halbebene (right half plane, RHP). Die zugehörige Übertragungsfunktion wird wie folgt ausgedrückt:

$$T(s) = 1 - \frac{s}{\omega_z}. \qquad (4.A.3).$$

Die Verstärkungs- und Phasendiagramme in Abb. 4.A.3 zeigen, dass die Verstärkung jenseits der Frequenz ω_z mit einer Rate von 20 dB pro Dekade zu steigen beginnt, während der Phasenwinkel ungefähr eine Dekade später auf −90° abfällt. Dieser RHP-Nullpunkt stellt besondere Herausforderungen bei der Gestaltung von Rückkopplungsreglern in Aufwärts- und Inverswandlern dar.

Übertragungsfunktion mit Doppelpol

In den Übertragungsfunktionen von DC-DC-Wandlern führt das Vorhandensein von *LC*-Filtern zu einem Doppelpol, der mit folgender Funktion dargestellt werden kann:

$$T(s) = \frac{1}{1 + \alpha s + \left(\frac{s}{\omega_0}\right)^2}. \qquad (4.A.4)$$

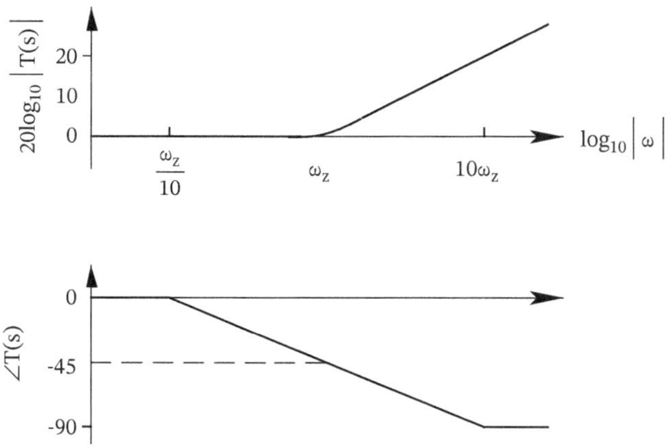

Abb. 4.A.3 Verstärkungs- und Phasendiagramme einer Übertragungsfunktion mit Nullstelle in der rechten Halbebene.

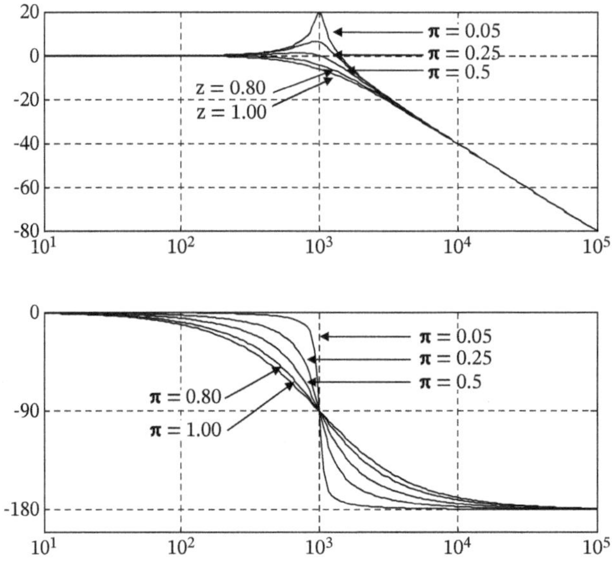

Abb. 4.A.4 Verstärkung und Phasengang einer Übertragungsfunktion mit Doppelpol.

Die zugehörige Verstärkung sowie der Phasengang in Abb. 4.A.4 zeigen, dass die Verstärkung jenseits der Frequenz ω_0 mit einer Rate von 40 dB/Dekade abfällt und der Phasenwinkel gegen –180° abfällt. Dieses Verhalten hängt vom Dämpfungskoeffizienten $\xi = (\alpha/2)\omega_0$ ab.

Anhang 4.B: Übertragungsfunktionen im kontinuierlichen Strommodus (CCM)

In diesem Abschnitt werden die Übertragungsfunktionen v_0/d für Abwärts-, Aufwärts- und Inverswandler im CCM-Betrieb hergeleitet.

Abwärtswandler

Aus Abb. 4.7 ergibt sich das Kleinsignalschaltbild für einen Abwärtswandler, das in Abb. 4.B.1 dargestellt ist. Die Ausgangsstufenimpedanz Z_{os} wird als die Parallelschaltung des Filterkondensators und des Lastwiderstands definiert:

$$Z_{os} = \frac{R\left(r + \frac{1}{sC}\right)}{R + \left(r + \frac{1}{sC}\right)} = R\frac{1 + srC}{1 + s(R + r)C}. \tag{4.B.1}$$

In jedem realen Wandler ist $r \ll R$ und damit ist $R + R \approx R$. Unter Verwendung dieser Annahme bekommen wir aus Gl. (4.B.1)

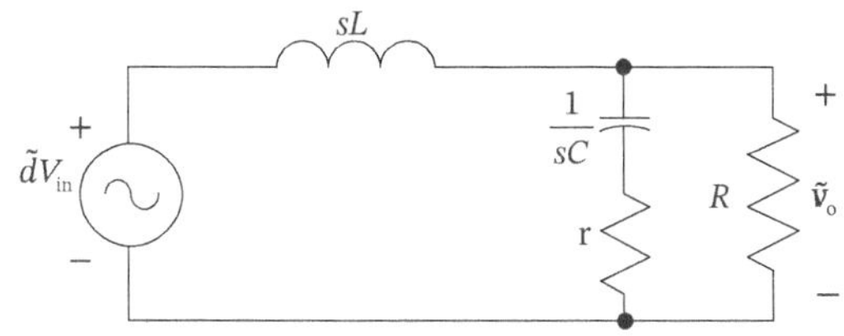

Abb. 4.B.1 Äquivalentschaltkreis des Abwärtswandlers in Mittelwertdarstellung.

$$Z_{os} \simeq R\frac{1 + srC}{1 + sRC}. \tag{4.B.2}$$

Definiert man Z_{eff} als die Summe der Impedanz der Spule im Filter sL, und der Ausgangsstufenimpedanz Z_{os}, so bekommt man

$$\frac{Z_{os}}{Z_{eff}} = \frac{1 + srC}{LC\left[s^2 + s\left(\frac{1}{RC} + \frac{r}{L}\right) + \frac{1}{LC}\right]}. \tag{4.B.3}$$

Daher ergibt sich durch Spannungsteilung in Abb. 4.B.1

$$\frac{\tilde{v}_o}{\tilde{d}} = V_{in}\frac{Z_{os}}{Z_{eff}} = V_{in}\frac{1 + srC}{LC\left[s^2 + s\left(\frac{1}{RC} + \frac{r}{L}\right) + \frac{1}{LC}\right]}. \tag{4.B.4}$$

Aufwärtswandler

Das Kleinsignal-Diagramm eines Aufwärtswandlers (Abb. 4.B.2a) ergibt sich aus Abb. 4.7. Die DC-Betriebswerte im stationären Betrieb können wie folgt berechnet werden:

$$I_o = \frac{V_o}{R}. \tag{4.B.5}$$

Durch Gleichsetzen der Eingangs- und Ausgangsleistung bekommt man

$$V_o I_o = V_{in} I_{in}. \tag{4.B.6}$$

Einsetzen von Gl. (4.B.5) in (4.B.6) liefert dann

$$I_L = I_{in} = \frac{V_o I_o}{V_{in}} = \frac{V_o^2}{RV_{in}}. \tag{4.B.7}$$

In Abb. 4.B.2a kann die Teilschaltung links der markierten Anschlüsse durch ihr Norton-Äquivalent ersetzt werden (Abb. 4.B.2). Die Teilschaltung links des Transformators in Abb. 4.B.2b kann nach rechts transformiert werden (Abb. 4.B.2c), wobei

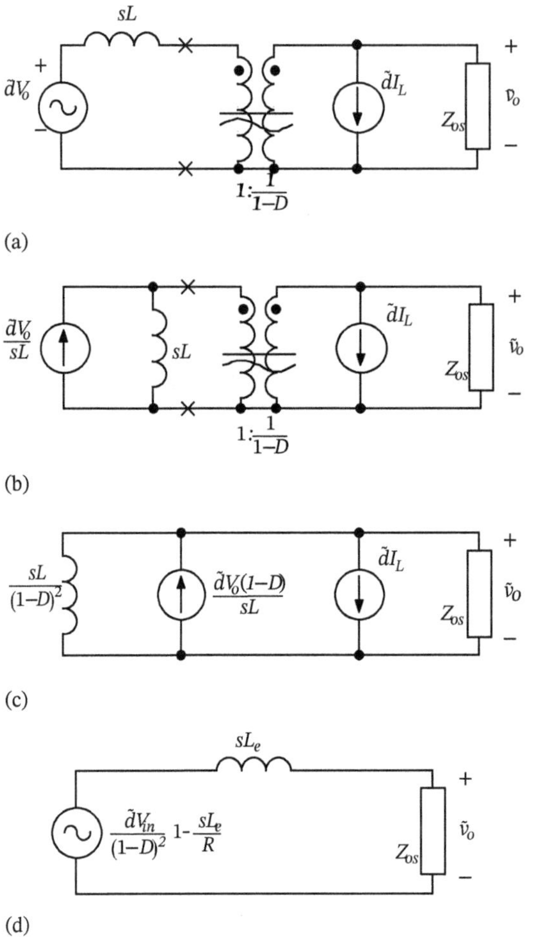

Abb. 4.B.2
(a) Kleinsignal-Diagramm eines Aufwärtswandlers.
(b) Norton Äquivalent,
(c) Kombination der Stromquellen
(d) Thevenin Äquivalent.

$$L_e = \frac{L}{(1-D)^2}. \tag{4.B.8}$$

Die beiden Stromquellen in Abb. 4.B.2c können kombiniert werden. Unter Verwendung des Thevenin-Äquivalents (Anmerkung: Die Thevenin-Ersatzschaltung ist ein vereinfachtes Ersatzschaltbild) ist die äquivalente Spannung in Abb. 4.B.2d

$$v_{eq} = \tilde{d}\frac{V_{in}}{(1-D)^2}\left(1-\frac{sL_e}{R}\right). \tag{4.B.9}$$

Unter Verwendung der äquivalenten Spannung in Gl. (4.B.9) und Anwendung der Spannungsaufteilung im Schaltkreis von Abb. 4.B.2d erhalten wir schließlich

$$\frac{\tilde{v}_o}{\tilde{d}} = \frac{V_{in}}{(1-D)^2}\left(1-\frac{sL_e}{R}\right)\frac{1+srC}{L_eC\left[s^2+s\left(\frac{1}{RC}+\frac{r}{L_e}\right)+\frac{1}{L_eC}\right]}. \tag{4.B.10}$$

Inverswandler

Aus Abb. 4.7 bekommen wir das Kleinsignal-Diagramm eines Inverswandlers (Abb. 4.B.3a). Zunächst berechnen wir die Werte der benötigten Größen am stationären DC-Betriebspunkt. In einem Inverswandler gilt:

$$I_o = \frac{V_o}{R}, \tag{4.B.11}$$

$$v_o = \frac{D}{1-D} V_{in}. \tag{4.B.12}$$

Durch Gleichsetzen der Eingangs- und Ausgangsleistung bekommt man

$$I_{in} V_{in} = V_o I_o, \tag{4.B.13}$$

und damit ergibt sich:

$$I_{in} = \frac{V_o^2}{R V_{in}}, \tag{4.B.14}$$

$$I_L = \frac{V_{in}}{R} \frac{D}{(1-D)^2}. \tag{4.B.15}$$

Betrachtet man die Schaltung links der markierten Anschlüsse in Abb. 4.B.3a und Abb. 4.B.3b, erkennt man, dass

$$i_1 = i_2, \tag{4.B.16}$$

wobei

$$I_1 = D i_2. \tag{4.B.17}$$

Die Gleichungen (4B.16) und (4.B.17) sind im Allgemeinen nur gültig, wenn $i_1 = i_2 = 0$. Daher gilt in Abb. 4.B.3b

$$v_{oc} = \tilde{d} \frac{V_{in}}{(1-D)^2}. \tag{4.B.18}$$

Kurzschließen der Anschlüsse wie in Abb. 4.B.3c liefert

$$i_{sc} = i_1 - D i_1 = (1-D) i_1. \tag{4.B.19}$$

In Abb. 4.B.3c ist

$$i_1 = \tilde{d} \frac{V_{in}}{(1-D)\, sL}. \tag{4.B.20}$$

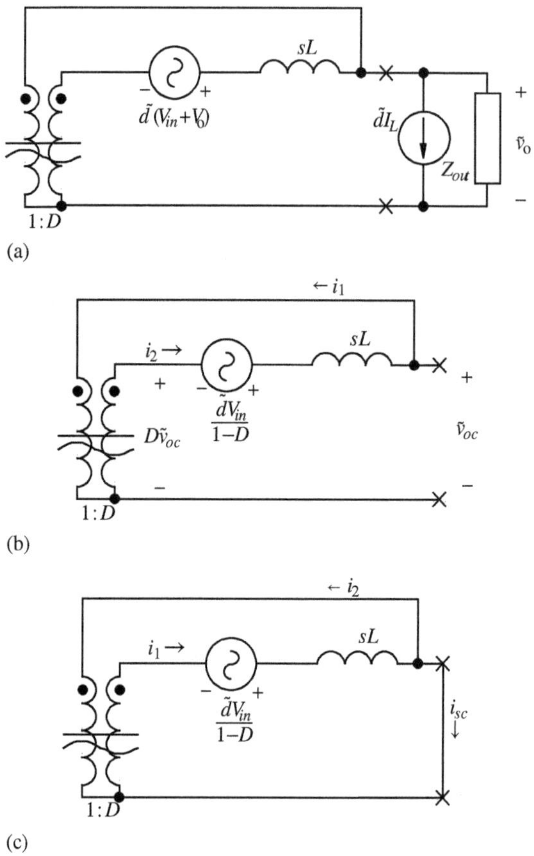

Abb. 4.B.3
(a) Äquivalentschaltbild des Inverswanlers im Mittelwertmodell.
(b) Mit offenem Ausgang.
(c) Mit kurzgeschlossenem Ausgang.

Durch Einsetzen von Gl. (4.B.20) in Gl. (4.B.19) erhält man

$$i_{\mathrm{sc}} = \tilde{d}\frac{V_{\mathrm{in}}}{sL}. \tag{4.B.21}$$

Aus den Abbn. 4.B.3b und 4.B.3c sowie den Gln. (4.B.18) und (4.B.21) ergibt sich die Thevenin-Impedanz links der markierten Anschlüsse in Abb. 4.B.3a zu:

$$Z_{\mathrm{Th}} = \frac{v_{\mathrm{oc}}}{i_{\mathrm{sc}}} = sL_{\mathrm{e}}, \tag{4.B.22}$$

wobei

$$L_{\mathrm{e}} = \frac{L}{(1-D)^2}, \tag{4.B.23}$$

$$v_{\mathrm{Th}} = \tilde{d}\frac{V_{\mathrm{in}}}{(1-D)^2}. \tag{4.B.24}$$

Mit diesem Thevenin-Äquivalent kann die Schaltung von Abb. 4.B.3a wie in Abb. 4.B.4a gezeichnet werden. Durch Kombinieren der Stromquellen und Darstellung der Schaltung in Abb. 4.B.3a durch ihr Thevenin-Äquivalent (Abb. 4.B.4c) bekommt man

$$v_{\mathrm{eq}} = \tilde{d}\frac{V_{\mathrm{in}}}{(1-D)^2}\left(1 - sD\frac{L_{\mathrm{e}}}{R}\right). \tag{4.B.25}$$

Daraus ergibt sich:

$$\frac{\tilde{v}_{\mathrm{o}}}{d} = \frac{V_{\mathrm{in}}}{(1-D)^2}\left(1 - sD\frac{L_{\mathrm{e}}}{R}\right)\frac{1 + srC}{L_{\mathrm{e}}C\left[s^2 + s\left(\frac{1}{RC} + \frac{r}{L_{\mathrm{e}}}\right) + \frac{1}{L_{\mathrm{e}}C}\right]}. \tag{4.B.26}$$

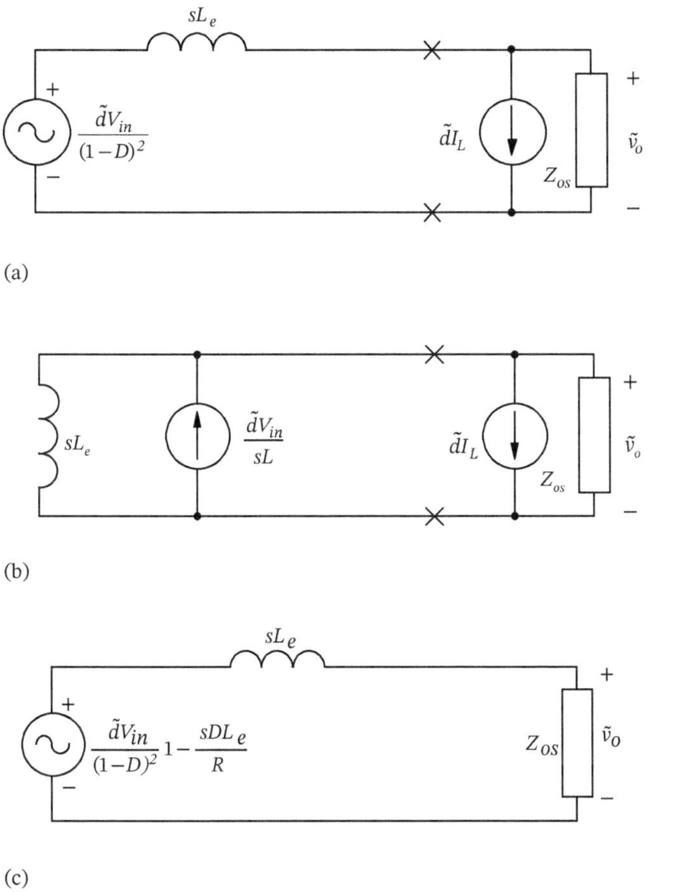

Abb. 4.B.4 (a-c) Ersatzschaltbilder des Inverswandlers aus Abb. 4.B.3, dargestellt mit dem Thevenin-Äquivalent.

Anhang 4.C: Herleitung der Parameter für die Übertragungsfunktionen der Regler

Übertragungsfunktion eines Reglers mit einem Pol-Nullstellen-Paar

Die unten angegebene Übertragungsfunktion des Reglers besteht aus einem Pol am Ursprung und einem Pol-Nullstellen-Paar, um eine Phasenanhebung (positive Phasenverschiebung) zu erzeugen:

$$G_C(s) = \frac{k_c}{s}\frac{1 + s/\omega_z}{1 + s/\omega_p}. \tag{4.C.1a}$$

Um diese Übertragungsfunktion zu analysieren, kann der Pol am Ursprung weggelassen werden, da wir wissen, dass er eine Phase von -90° verursacht. Wir können daher eine alternative Übertragungsfunktion einführen

$$G_c'(s) = k_c \frac{1 + s/\omega_z}{1 + s/\omega_p}, \tag{4.C.1b}$$

wobei

$$\phi = \angle G_c'(s) = \tan^{-1}\frac{\omega}{\omega_p}. \tag{4.C.1c}$$

Frequenz, bei der ϕ_{boost} auftaucht.

Der maximale Winkel ϕ_{boost}, der vom Regler bereitgestellt wird, tritt beim geometrischen Mittel der Frequenzen der Null- und Polstellen auf. Diese geometrische Mittelwertfrequenz wird so gewählt, dass sie mit $\omega = \omega_c$ übereinstimmt, wobei ω_c die Transitfrequenz ist. Um die Frequenz zu finden, bei der ϕ_{boost} auftritt, setzen wir die Ableitung des Phasenwinkels gleich null. Daher gilt,

$$\frac{d}{d\omega}\phi = \frac{1}{\omega_z}\frac{1}{\left(1 + \frac{\omega^2}{\omega_z^2}\right)} - \frac{1}{\omega_p}\frac{1}{\left(1 + \frac{\omega^2}{\omega_p^2}\right)} = 0, \tag{4.C.2}$$

oder

$$\frac{\omega_z}{(\omega^2 + \omega_z^2)} - \frac{\omega_p}{(\omega^2 + \omega_p^2)} = 0, \tag{4.C.3}$$

$$(\omega^2 - \omega_z\omega_p)(\omega_z - \omega_p) = 0. \tag{4.C.4}$$

Aus Gl. (4.C.4) bekommt man

$$\omega = \sqrt{\omega_z \omega_p}, \tag{4.C.5}$$

was zeigt, dass der Phasenwinkel der Übertragungsfunktion des Reglers sein Maximum in der Tat bei der geometrischen Mittelwertfrequenz erreicht.

Herleitung der Frequenzen der Null- und Polstellen

Durch Einsetzen von Gl. (4.C.5) in (4.C.2) bekommt man

$$\phi_{\text{boost}} = \tan^{-1}\frac{\sqrt{\omega_z\omega_p}}{\omega_z} - \tan^{-1}\frac{\sqrt{\omega_z\omega_p}}{\omega_p}, \tag{4.C.6}$$

oder auf andere Art hingeschrieben

$$\phi_{\text{boost}} = \tan^{-1}\sqrt{\frac{\omega_p}{\omega_z}} - \tan^{-1}\sqrt{\frac{\omega_z}{\omega_p}}. \tag{4.C.7}$$

Die mathematische Formelsammlung sagt einem, dass

$$\tan^{-1}x = \cot^{-1}\left(\frac{1}{x}\right) \tag{4.C.8}$$

und

$$\tan^{-1}y + \cot^{-1}y = \frac{\pi}{2}. \tag{4.C.9}$$

Daher gilt in (Gleichung)

$$\phi_{\text{boost}} = \tan^{-1}\sqrt{\frac{\omega_p}{\omega_z}} - \left(\frac{\pi}{2} - \tan^{-1}\sqrt{\frac{\omega_p}{\omega_z}}\right) = 2\tan^{-1}\sqrt{\frac{\omega_p}{\omega_z}} - \frac{\pi}{2}. \tag{4.C.10}$$

Wir definieren eine Zwischenvariable, den *k*-Faktor, als

$$k_{\text{boost}} = \sqrt{\frac{\omega_p}{\omega_z}}. \tag{4.C.11}$$

Durch Lösen der Gln. (4.C.9) und (4.C.10) erhalten wir dann

$$k_{\text{boost}} = \tan\left(\frac{\phi_{\text{boost}}}{2} + \frac{\pi}{4}\right), \tag{4.C.12}$$

oder

$$k_{\text{boost}} = \tan\left(\frac{\phi_{\text{boost}}}{2} + 45^\circ\right). \tag{4.C.13}$$

Realisierung der Übertragungsfunktion des Reglers durch einen Operationsverstärker

Die Übertragungsfunktion des Reglers in Gl. (4.C.1) kann durch die Operationsverstärker-Schaltung unten realisiert werden.

Dazu bestimmt man die Beziehung der Eingangs- und Ausgangsgrößen in Abb. 4.C.1 und vergleicht diese mit der Übertragungsfunktion aus Gl. (4.C.1). Man erhält

$$k_c = \frac{1}{R_1 (C_1 + C_2)} \omega_z = \frac{1}{C_1 R_2} \omega_p = \frac{(C_1 + C_2)}{R_1 C_1 C_2}. \tag{4.C.14}$$

Gl. (C.4.14) nach C_2 auflösen liefert

$$C_2 = \frac{\omega_z}{\omega_p R_1 k_c} C_1 = C_2 \left(\frac{\omega_p}{\omega_z} - 1 \right) R_2 = \frac{1}{\omega_z C_1}. \tag{4.C.15}$$

Übertragungsfunktion eines Reglers mit zwei Pol-Nullstellen-Paaren

Die unten angegebene Übertragungsfunktion des Reglers besteht aus einem Pol im Ursprung und zwei Pol-Nullstellen-Paaren, welche eine Phasenanhebung bereitstellen

$$G_C(s) = \frac{k_c}{s} \frac{(1 + s/\omega_z)^2}{(1 + s/\omega_p)^2}. \tag{4.C.16}$$

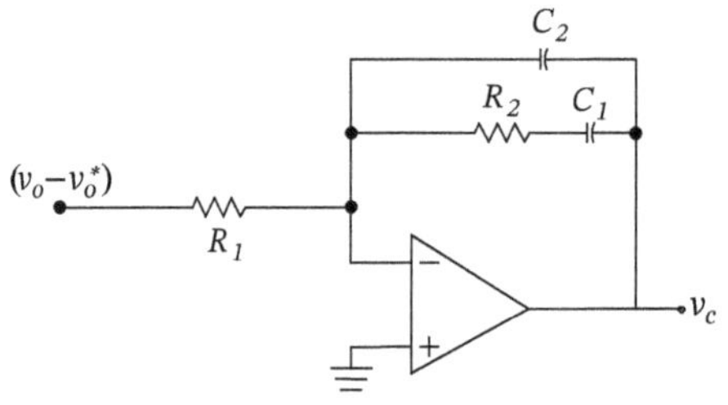

Abb. 4.C.1 Reglerimplementierung von $G_c(s)$ unter Verwendung von Gl. (4C.1a) und eines Operationsverstärkers.

Um diese Übertragungsfunktion zu analysieren, kann der Pol im Ursprung weggelassen werden, da wir wissen, dass er eine Phase von -90° einführt. Als Alternative definieren wir eine andere Übertragungsfunktion:

$$G_C'(s) = k_c \frac{(1 + s/\omega_z)^2}{\left(1 + s/\omega_p\right)^2} \tag{4.C.17}$$

wobei

$$\phi = \angle G_C''(s) = 2\tan^{-1}\frac{\omega}{\omega_z} - 2\tan^{-1}\frac{\omega}{\omega_p} \tag{4.C.18}$$

Eine ähnliche Herleitung wie im Abschnitt 4.C.1 zeigt, dass die Phase bei einer Frequenz f_c ihr Maximum erreicht, die, ähnlich wie im Abschnitt 4.C.1, das geometrische Mittel der Pol- und Nullstellenfrequenzen ist:

$$\omega_c = \sqrt{\omega_z \omega_p}. \tag{4.C.19}$$

Als Nächstes verwenden wir eine trigonometrische Identität aus der Schule

$$\tan^{-1}x - \tan^{-1}y = \tan^{-1}\left(\frac{x - y}{1 + xy}\right). \tag{4.C.20}$$

Damit bekommen wir aus den Gln. (4.C.18) und (4.C.19) bei der Frequenz ω_c die Phasenanhebung

$$\phi_{boost} = \angle G_C''(s) = 2\tan^{-1}\left(\frac{\dfrac{\omega_c}{\omega_z} - \dfrac{\omega_c}{\omega_p}}{1 + \dfrac{\omega_c^2}{\omega_z \omega_p}}\right). \tag{4.C.21}$$

Alternativ kann man das auch so hinschreiben

$$\tan\left(\frac{\phi_{boost}}{2}\right) = \frac{\omega_c\left(\omega_p - \omega_z\right)}{\omega_c \omega_p + \omega_c^2}, \tag{4.C.22}$$

$$\tan\left(\frac{\phi_{boost}}{2}\right) = \frac{\omega_c\left(\omega_p - \omega_z\right)}{\omega_z \omega_p + \omega_c^2}, \tag{4.C.23}$$

und unter Verwendung der Gln. (4.C.21) und (4.C.22) bekommt man dann

$$k_{boost} = \tan\left(45° + \frac{\phi_{boost}}{4}\right). \tag{4.C.24}$$

Die Übertragungsfunktion des Reglers (Gl. [4.C.16]) kann durch eine einzelne Operationsverstärkerschaltung, wie unten gezeigt, realisiert werden. Dazu bestimmt

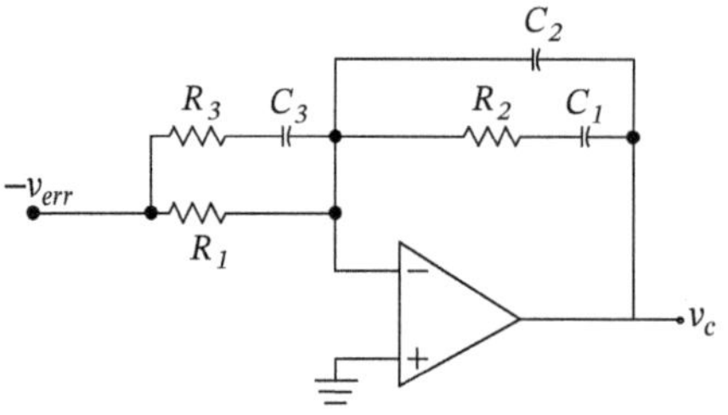

Abb. 4.C.2 Reglerimplementierung von $G_c(s)$ unter Verwendung von Gl. (4.C.15) und eines Operationsverstärkers.

man die Beziehung der Eingangs- und Ausgangsgrößen in Abb. 4.C.2 und vergleicht diese mit der Übertragungsfunktion aus Gl. (4.C.16). Man erhält

$$\begin{aligned} C_2 &= \omega_z / \left(k_c \omega_p R_1\right) \\ C_1 &= C_2 \left(\omega_p / \omega_z - 1\right) \\ R_2 &= 1 / \left(\omega_z C_1\right) \\ R_3 &= R_1 / \left(\omega_p / \omega_z - 1\right) \\ C_3 &= 1 / \left(\omega_p R_3\right). \end{aligned} \tag{4.C.25}$$

5

Netzgleichrichter mit Dioden

Wie in der Einführung zum Kapitel 1 beschrieben, ermöglicht die Leistungselektronik einen kontrollierten Leistungsfluss zwischen einer Quelle und einer Last (Abb. 5.1). Typischerweise stammt die Leistung aus einem einphasigen oder, wie bei regelbaren Antrieben für Elektromotoren, aus einem dreiphasigen Netz. Eine Ausnahme bilden Windturbinen, bei denen der Generator als Stromquelle fungiert und das Stromnetz als „Last".

Leistungselektronische Schaltungen verwenden häufig einen Gleichspannungszwischenkreis (Abschnitt 1.5.1). Hierbei wird der Wechselstromeingang über einen großen Kondensator in eine Gleichspannung umgerichtet. Wenn kein Rückfluss der Leistung erforderlich ist, kann der Wechselstromeingang – egal ob einphasig oder dreiphasig – mittels Dioden gleichgerichtet werden. Das Verständnis dieser Systeme ist entscheidend, um den Thyristorwandler (Kapitel 13) zu verstehen, der z. B. in Hochspannungs-Gleichstrom-Übertragungssystemen (auf Englisch HVDC-Systemen) eingesetzt wird (HVDC steht für high voltage – DC).

5.1 Einführung

In Diodengleichrichtern wird, sofern keine Korrekturmaßnahmen vorhanden sind, die Leistung mit stark verzerrten Strömen entnommen. Diese nichtlinearen Ströme beeinträchtigen die Stromqualität der Energiequelle negativ. Das folgende Kapitel untersucht dieses Problem und die grundlegenden Prinzipien des Betriebs von Diodengleichrichtern.

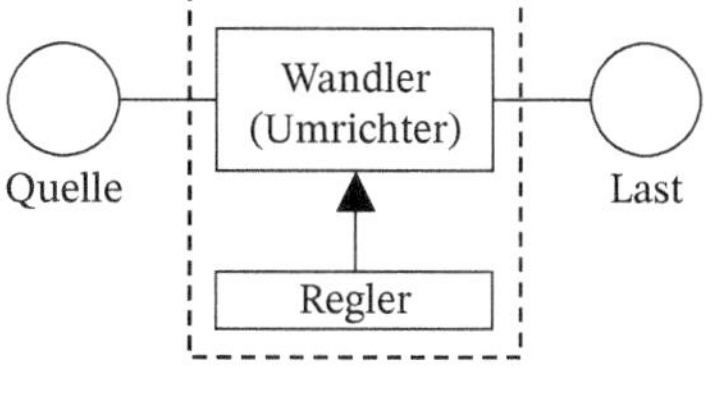

Abb. 5.1 Blockdiagramm eines leistungselektronischen Systems.

Leistungselektronik: Eine Einführung, Ned Mohan and Siddharth Raju.
© 2025 Wiley-VCH GmbH. Published 2025 by Wiley-VCH GmbH.

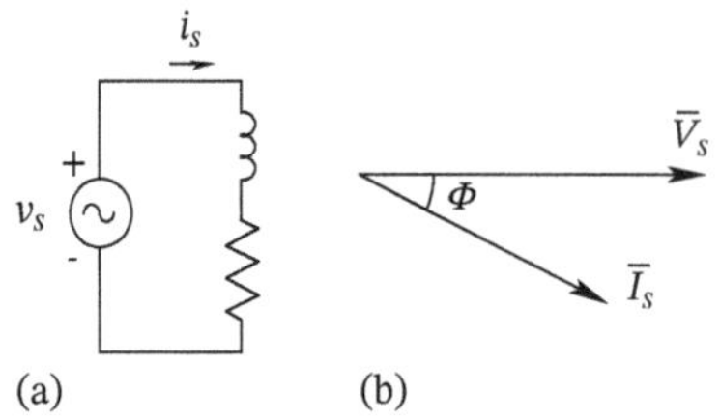

Abb. 5.2 (a) Einfacher *RL*-Schaltkreis mit Spannungs- und Stromzeigern (b).

5.2 Verzerrung und Leistungsfaktor

Um Verzerrungen im Stromverbrauch von leistungselektronischen Systemen zu diskutieren, müssen einige Symbole und Indizes eingeführt werden. Betrachten wir dazu die serielle *RL*-Last in Abb. 5.2a, die von einer sinusförmigen Quelle im stationären Zustand versorgt wird. Die Spannungs- und Stromzeiger (im englischen Original phasor genannt) sind in Abb. 5.2b dargestellt, wobei ϕ der Winkel ist, um den der Strom der Spannung hinterherhinkt.

Unter Verwendung der Effektivwerte für die Spannungs- und Stromstärken ist die mittlere Leistung, die von der Quelle geliefert wird:

$$P = V_s I_s \cos(\phi). \tag{5.1}$$

Der Leistungsfaktor PF (Power Factor), der die Effizienz der Energienutzung angibt, wird als das Verhältnis der realen mittleren Leistung *P* zum Produkt aus Effektivspannung und Effektivstrom definiert:

$$\mathrm{PF} = \frac{P}{V_s I_s} = \cos(\phi), \tag{5.2}$$

wobei $I_s V_s$ die Scheinleistung ist. Für eine gegebene Spannung ist der gezogene Effektivstrom:

$$I_s = \frac{P}{V_s \mathrm{PF}}. \tag{5.3}$$

Der Leistungsfaktor PF und der Strom I_s sind also umgekehrt proportional. Dieser Strom fließt durch die Versorgungsleitungen und Transformatoren und verursacht Verluste in deren Widerständen. Daher bevorzugen Versorgungsunternehmen Lasten mit einem Leistungsfaktor eins, bei dem die Lasten ihre Leistung mit einem minimalen Effektivwert des Stroms beziehen.

5.2.1 Effektivwert von Strömen mit Oberwellen und der Klirrfaktor (THD) [1]

Der sinusförmige Strom, der von der linearen Last in Abb. 5.3a gezogen wird, weist keine Verzerrung auf. Allerdings ziehen leistungselektronische Systeme

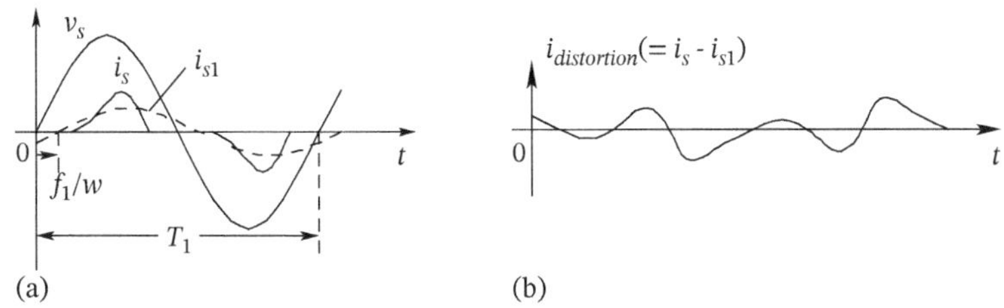

Abb. 5.3 (a) Verzerrte Stromaufnahme verursacht durch einen Diodengleichrichter. (b) Anteil der Oberwellen.

mit Diodengleichrichtern Ströme mit Oberwellen, wie $i_s(t)$ in Abb. 5.3a. Die Netzspannung $v_s(t)$ wird als sinusförmig angenommen. Die folgende Analyse gilt ganz allgemein sowohl für einphasige als auch für dreiphasige Netzversorgungen, die phasenweise analysiert werden.

Das Stromsignal $i_s(t)$ in Abb. 5.3a wiederholt sich mit einer Periode T_1. Durch Fourier-Analyse können wir nun die Komponente der Grundfrequenz $i_{s1}(t)$ finden, die als gestrichelte Linie in Abb. 5.3a dargestellt ist. Die Komponente mit allen Oberwellen (Verzerrungen) $i_{\text{distortion}}(t)$ ist die Differenz zwischen $i_s(t)$ und der Grundkomponente $i_{s1}(t)$.

$$i_{\text{distortion}}(t) = i_s(t) - i_{s1}(t) \tag{5.4}$$

Der zeitliche Verlauf von $i_{\text{distortion}}(t)$ ist in Abb. 5.3b zu sehen und besteht aus Frequenzen, die Vielfachen der Grundfrequenz entsprechen.

Um den rms (root mean square) – Mittelwert von $i_s(t)$ in Abb. 5.3a zu finden, verwenden wir die grundlegende rms-Definition:

$$I_s = \sqrt{\frac{1}{T_1} \int_0^{T_1} i_s^2(t)\,dt}. \tag{5.5}$$

Unter Verwendung der Gl. (5.4) bekommen wir dann

$$i_s^2(t) = i_{s1}^2(t) + i_{\text{distortion}}^2(t) + 2i_{s1}(t) \times i_{\text{distortion}}(t). \tag{5.6}$$

In einem periodischen Signal ist das Integral des Produkts von zwei harmonischen Komponenten bei unterschiedlichen Frequenzen über die Periode gleich null:

$$\int_0^{T_1} g_{h_1}(t) \cdot g_{h_2}(t) \cdot dt = 0 \, \text{für} \, h_1 \neq h_2. \tag{5.7}$$

Daher setzen wir Gl. (5.6) in Gl. (5.5) ein, vereinfachen das Ganze mit dem Trick, dass der dritte Term von Gl. (5.6) null wird, und wir bekommen:

$$\mathrm{I}_s = \sqrt{\frac{1}{T_1} \int_0^{T_1} \cdot i_s^2(t)\,dt + \frac{1}{T_1} \int_0^{T_1} i_{\text{distortion}}^2(t)\,dt + 0}, \tag{5.8}$$

oder anders ausgedrückt

$$I_s = \sqrt{I_{s1}^2 + I_{\text{distortion}}^2}, \tag{5.9}$$

mit den rms-Werten

$$I_{s1} = \sqrt{\frac{1}{T_1}\int_0^{T_1} i_{s1}^2(t)\,\mathrm{d}t}, \tag{5.10}$$

und

$$I_{\text{distortion}} = \sqrt{\frac{1}{T_1}\int_0^{T_1} i_{\text{distortion}}^2(t)\,\mathrm{d}t}. \tag{5.11}$$

Der Klirrfaktor (Total Harmonic Distortion, %THD) wird definiert als:

$$\%\text{THD} = 100 \times \frac{I_{\text{distortion}}}{I_{s1}}. \tag{5.12}$$

Unter Verwendung der vorherigen Gleichungen kann man das auch so ausdrücken:

$$\%\text{THD} = 100 \times \frac{\sqrt{I_s^2 - I_{s1}^2}}{I_{s1}}. \tag{5.13}$$

Der rms-Wert der Summe aller Signalverzerrungen kann auch unter Verwendung der harmonischen Komponenten (ohne die Grundfrequenz) so gefunden werden:

$$I_{\text{distortion}} = \sqrt{\sum_{h=2}^{\infty} I_{\text{sh}}^2}, \tag{5.14}$$

wobei I_{sh} der rms-Wert der harmonischen Komponente „h" ist.

5.2.1.1 Bestimmung von harmonischen Komponenten durch Fourier-Analyse

Die Fourier-Analyse ermöglicht es uns, jedes periodische, nicht-sinusförmige Signal $g(t)$ mit einer Grundfrequenz f_1 (z. B. i_s in Abb. 5.3a) als Summe von sinusförmigen Komponenten bei der Grundfrequenz und ihren Harmonischen auszudrücken:

$$g(t) = G_0 + \sum_{h=1}^{\infty} g_{\text{h}}(t) = G_0 + \sum_{h=1}^{\infty} a_h \cos(h\omega t) + b_h \cos(h\omega t), \tag{5.15}$$

wobei der Mittelwert G_0 die DC-Komponente darstellt:

$$G_0 = \frac{1}{2\pi}\int_0^{2\pi} g(t)\,d(\omega t). \tag{5.16}$$

Die sinusförmigen Signale bei der Grundfrequenz f_1 ($h = 1$) und die harmonischen Komponenten bei Frequenzen, die das h-fache von f_1 sind, können als Summe ihrer Kosinus- und Sinuskomponenten ausgedrückt werden:

$$a_h = \frac{1}{\pi}\int_0^{2\pi} g(t)\ \cos(h\omega t)\, d(\omega t)\,, \quad h = 1, 2, \ldots, \infty \tag{5.17}$$

und

$$\mathrm{b}_h = \frac{1}{\pi}\int_0^{2\pi} g(t) \cos(h\omega t)\, d(\omega t)\,, \quad h = 1, 2, \ldots, \infty. \tag{5.18}$$

Diese Kosinus- und Sinuskomponenten in den Gln. (5.17) und (5.18) können als Zeiger mit dem Effektivwert als Betrag geschrieben werden:

$$\bar{G}_h = G_h \angle \phi_h, \tag{5.19}$$

wobei der Effektivwert in Bezug auf die Spitzenwerte a_h und b_h durch die Gleichung

$$G_h = \frac{\sqrt{a_h^2 + b_h^2}}{\sqrt{2}}, \tag{5.20}$$

und die Phase ϕ_h durch

$$\tan(\phi_h) = \frac{-b_h}{a_h} \tag{5.21}$$

gegeben ist. Der Effektivwert der verzerrten Funktion $g(t)$ kann über ihren Mittelwertwert und die sinusförmigen Komponenten ausgedrückt werden:

$$G = \sqrt{G_0^2 + \sum_{h=1}^{\infty} G_h^2}. \tag{5.22}$$

Durch die geeignete Wahl des Ursprungs der Zeitachse ist es oft möglich, entweder die Sinus- oder die Kosinus-Komponenten auf null zu setzen, was die Analyse vereinfacht. Dies wird im folgenden Beispiel veranschaulicht.

Beispiel 5.1

Ein Strom i_s bestehend aus einem Rechtecksignal ist in Abb. 5.4a dargestellt. Berechnen und zeichnen Sie die Grundfrequenzkomponente und die Komponente mit allen Verzerrungen. Bestimmen Sie die %THD für dieses Signal.

Lösung

Durch die richtige Wahl des Zeit-Nullpunkts (Abb. 5.4a) kann $i_s(t)$ in folgender Form geschrieben werden:

$$i_s = \frac{4}{\pi} I\left(\sin(\omega_1 t) + \frac{1}{3}\sin(3\omega_1 t) + \frac{1}{5}\sin(5\omega_1 t) + \frac{1}{7}\sin(7\omega_1 t) + \ldots\right). \tag{5.23}$$

Die Grundfrequenzkomponente und die Verzerrungskomponente sind in den Abbn. 5.4b und 5.4c dargestellt. I_s ist der Effektivwert des Rechtecksignals I (Abb. 5.4a). Der Effektivwert der Grundfrequenzkomponente ist:

$$I_{s1} = \frac{4/\pi}{\sqrt{2}} I = 0.9I.$$

Die Verzerrungskomponente kann berechnet werden als:

$$I_{\text{distortion}} = \sqrt{I_s^2 - I_{s1}^2} = \sqrt{I^2 - (0.9I)^2} = 0.436I.$$

Unter Verwendung der Definition der THD bekommt man:

$$\%\text{THD} = 100 \times \frac{I_{\text{distortion}}}{I_{s1}} = 100 \times \frac{0.436I}{0.9I} = 48.4\,\%.$$

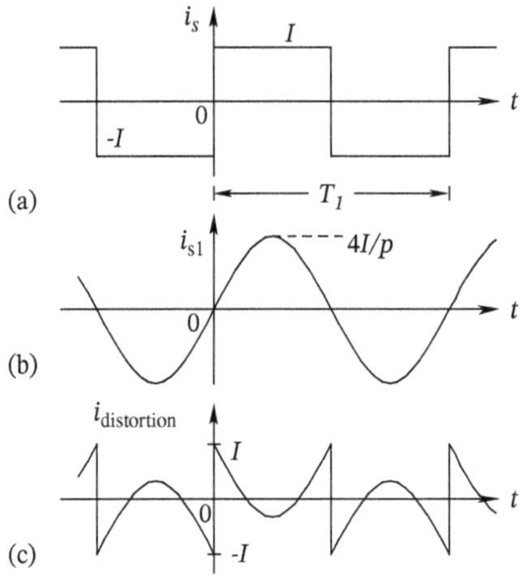

Abb. 5.4 Signalformen im Beispiel 5.1, (a) i_s, (b) i_{s1}, (c) $i_{\text{distortion}}$.

5.2.2 Verschiebungsfaktor (DPF) und Leistungsfaktor (PF)

Betrachten wir nun den Leistungsfaktor für eine Last mit einem verzerrten Stromsignal wie in Abb. 5.3a. Wir nehmen an, dass die vom Versorgungsunternehmen gelieferte Netzspannung $v_s(t)$ sinusförmig ist, einen Effektivwert von V_s und eine Frequenz $f_1 = \frac{\omega_1}{2\pi}$ habe. Nach Gleichung (5.7) stammt die mittlere Leistung P, die von der Last aufgenommen wird, nur aus der Grundfrequenzkomponente des Stroms:

$$P = \frac{1}{T_1}\int_0^{T_1} v_s(t)\; i_s(t)\,\mathrm{d}t = \frac{1}{T_1}\int_0^{T_1} v_s(t)\; i_{s1}(t)\,\mathrm{d}t. \tag{5.24}$$

Für eine Last, welche einen verzerrten Strom zieht, gilt dann für die Leistung:

$$P = V_s I_{s1} \cos(\phi_1). \tag{5.25}$$

wobei ϕ_1 der Winkel ist, um den die Grundfrequenzkomponente des Stroms $i_{s1}(t)$ der Spannung hinterherhinkt (Abb. 5.3a). Wir führen nun den Begriff Verschiebungsfaktor (auf Englisch displacement power factor, DPF) ein:

$$\mathrm{DPF} = \cos(\phi_1). \tag{5.26}$$

Damit bekommt man:

$$P = V_s I_{s1} \,(\mathrm{DPF}). \tag{5.27}$$

Trotz aller Oberwellen (Verzerrungen) im Strom bleibt der Leistungsfaktor (PF) aber immer das Verhältnis der Wirkleistung zum Produkt aus Effektivspannung und Effektivstrom:

$$\mathrm{PF} = \frac{P}{V_s I_s}. \tag{5.28}$$

Ersatzweise kann man den Leistungsfaktor auch so schreiben:

$$\mathrm{PF} = \left(\frac{I_{s1}}{I_s}\right)(\mathrm{DPF}). \tag{5.29}$$

Für lineare Lasten mit sinusförmigen Strömen ist das Stromverhältnis I_{s1}/I_s eins, daher gilt PF = DPF. Aus Gleichung erkennt man folgenden Sachverhalt: Hohe Verzerrungen im Stromsignal führen zu einem niedrigen Leistungsfaktor, auch wenn der Verschiebungsfaktor DPF hoch ist. Das Stromverhältnis I_{s1}/I_s kann mit Hilfe der %THD folgendermaßen ausgedrückt werden:

$$\frac{I_{s1}}{I_s} = \frac{1}{\sqrt{1 + \left(\frac{\%\mathrm{THD}}{100}\right)^2}}. \tag{5.30}$$

Daher bekommt man mit Gl. (5.29):

$$\mathrm{PF} = \frac{1}{\sqrt{1 + \left(\frac{\%\mathrm{THD}}{100}\right)^2}} \cdot \mathrm{DPF}. \tag{5.31}$$

Die Auswirkung der THD auf den Leistungsfaktor wird in der Abb. 5.5 gezeigt, in der PF/DPF gegen THD aufgetragen ist. Selbst wenn der Verschiebungsfaktor DPF gleich eins ist, kann ein Klirrfaktor von 100 % den Leistungsfaktor auf einen inakzeptablen Wert von 0.7 reduzieren.

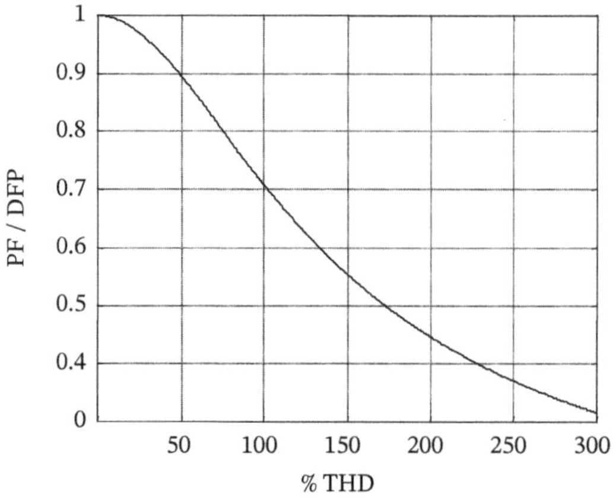

Abb. 5.5 PF/DPF als Funktion der %THD.

5.2.3 Negative Auswirkungen des Klirrfaktors und eines schlechten Leistungsfaktors

Ein hoher Klirrfaktor im Stromsignal und der daraus resultierende schlechte Leistungsfaktor haben mehrere negative Auswirkungen:

- Der Leistungsverlust in Verteilungs- und Übertragungsleitungen, Transformatoren und Generatoren nimmt zu, was potenziell zu Überlastungen führen kann.
- Ströme mit Oberwellen können Parallelkapazitäten überlasten, die von Versorgungsunternehmen zur Spannungsunterstützung verwendet werden. Dies kann zu Resonanz zwischen der kapazitiven Reaktanz dieser Kondensatoren und der induktiven Reaktanz der Verteilungs- und Übertragungsleitungen führen.
- Wenn ein wesentlicher Teil der von der Versorgung gelieferten Last durch verzerrte Ströme verbraucht wird, wird auch die Versorgungsspannung verzerrt. Dies wirkt sich negativ auf andere lineare Lasten aus.

5.2.3.1 Richtlinien zur Aufrechterhaltung der Stromqualität

Zur Aufrechterhaltung der Stromqualität hat das IEEE (Institute of Electrical and Electronics Engineers) Richtlinien empfohlen, die als IEEE-519 bekannt sind. Diese Richtlinien weisen sowohl Stromverbrauchern als auch Energieversorgern Verantwortlichkeiten zu: (1) Nutzer von leistungselektronischen Systemen sollten die Stromverzerrung begrenzen. (2) Es muss vom Energieversorger sichergestellt sein, dass die Spannungsversorgung sinusförmig und mit minimaler Verzerrung zur Verfügung steht.

Der IEEE-519 spezifiziert Grenzwerte für die Oberwellen im Strom, die in Tab. 5.1 aufgelistet sind. Diese zeigt die Grenzwerte für Oberwellen in den Strömen als Verhältnis zur Grundkomponente für verschiedene Frequenzen. Es werden auch Grenzwerte für den Klirrfaktor (%THD) festgelegt, um Verzerrungen in der Versorgungsspannung zu verhindern. Diese Grenzwerte hängen von der „Steifigkeit“

Tab. 5.1 Tolerierbare Oberwellen im Stromsignal I_h/I_L.

	Ungerade harmonische Ordnung *h* (in %)					
I_{sc}/I_L	$h < 11$	$11 \leq h < 17$	$17 \leq h < 23$	$23 \leq h < 35$	$35 < h$	THD (%)
< 20	4.0	2.0	1.5	0.6	0.3	5.0
20–50	7.0	3.5	2.5	1.0	0.5	8.0
50–100	10.0	4.5	4.0	1.5	0.7	12.0
100–1000	12.0	5.5	5.0	2.0	1.0	15.0
> 1000	15.0	7.0	6.0	2.5	1.4	20.0

der Versorgung ab, die in Abb. 5.6a durch eine Spannungsquelle $\bar{V}_s$ in Serie mit einer internen Impedanz Z_s veranschaulicht wird. Eine ideale Spannungsversorgung hat eine interne Impedanz von null, während eine Versorgung am Ende einer langen Verteilungsleitung eine große interne Impedanz hat.

Die „Steifigkeit" der Versorgung wird durch den Kurzschlussstrom I_{sc} definiert, der durch das Anlegen eines hypothetischen Kurzschlusses an den Versorgungsklemmen berechnet wird (Abb. 5.6b). Die Steifigkeit wird relativ zum Laststrom gemessen, und man definiert ein Kurzschlussstromverhältnis (Short-Circuit Ratio, *SCR*):

$$\mathrm{SCR} = \frac{I_{sc}}{I_{s1}}, \tag{5.32}$$

wobei I_{s1} die Grundfrequenzkomponente des Laststroms ist. Tabelle 5.1 zeigt, dass ein kleineres SCR strengere Grenzwerte für die Stromverzerrung nach sich zieht. Bei einem SCR von weniger als 20 muss die gesamte harmonische Verzerrung im Strom unter 5 % liegen. Leistungselektronische Systeme, die diesen Grenzwert einhalten, erfüllen auch automatisch die Grenzwerte für steifere Versorgungen.

Die IEEE-519 Richtlinien gelten für die Gesamtheit der Lasten wie in einer Industrieanlage, betrachtet vom Einspeisepunkt, welcher der Punkt der gemeinsamen Kopplung (point of common coupling, PCC) mit anderen Kunden ist. IEEE-519 wird jedoch oft als Richtlinie für einzelne Geräte wie Motorantriebe interpretiert. Andere Normen, wie IEC-1000, gelten speziell für einzelne Geräte.

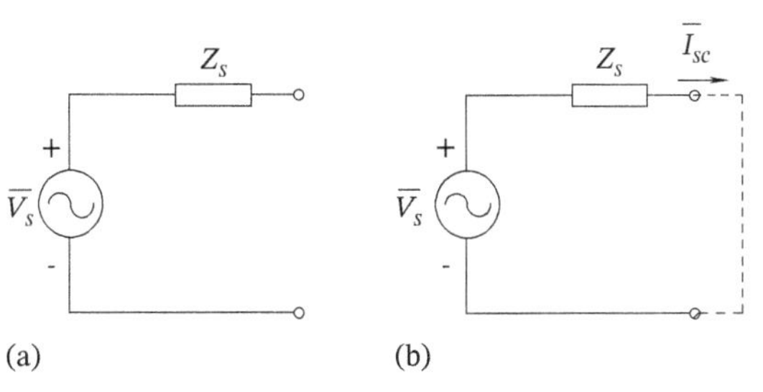

Abb. 5.6 (a) Netzversorgung, (b) Kurzschlussstrom.

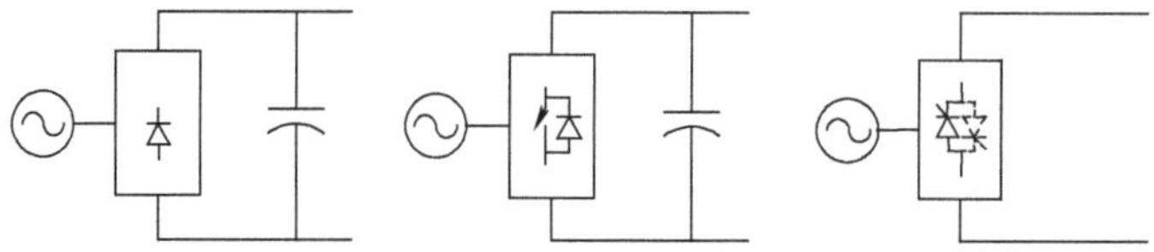

Abb. 5.7 Benutzerschnittstellen zum Stromnetz. (a) Dioden-Brückengleichrichter. (b) Schaltwandler. (c) Thyristorwandler.

5.3 Klassifizierung der Schnittstellen zum Stromnetz

Die Interaktion zwischen Netzversorgung und leistungselektronischen Systemen basiert auf den jeweiligen Benutzerschnittstellen („Front-Ends") zum Stromnetz. Diese Benutzerschnittstellen wandeln den Netzfrequenz-Wechselstrom (AC) in Gleichstrom (DC) um und können grob in drei Klassen unterteilt werden:

- Dioden-Brückengleichrichter (Abb. 5.7a): Der Strom fließt nur in eine Richtung.
- Schaltwandler (Abb. 5.7b): Der Stromfluss kann sich umkehren, und die Netzströme sind sinusförmig mit einem Leistungsfaktor von eins.
- Thyristorwandler (Abb. 5.7c): Der Stromfluss kann bidirektional sein.

Alle diese Benutzerschnittstellen können mit einphasigen oder dreiphasigen Netzsystemen verbunden werden. Im Folgenden gibt es eine einführende Abhandlung über Diodengleichrichter (Abb. 5.7a), ergänzt durch Computersimulationsergebnisse. Schaltwandler (Abb. 5.7b) und Thyristorwandler (Abb. 5.7c) werden später besprochen.

5.4 Dioden-Brückengleichrichter

Obwohl Dioden-Brückengleichrichter (Abb. 5.7a) stark verzerrte Stromsignale erzeugen und den Stromfluss nur in eine Richtung zulassen, werden sie dennoch in den meisten leistungselektronischen Systemen eingesetzt. In Schaltnetzteilen werden diese Gleichrichter mit einer Leistungsfaktorkorrekturschaltung kombiniert, um die Grenzwerte für Oberwellen im Stromfluss einzuhalten.

Diodengleichrichter wandeln Wechselstrom in Gleichstrom über den Kondensator auf der Gleichstromseite des Wandlers um, ohne die Gleichspannung zu steuern. Zur Analyse der Wechselwirkung zwischen dem Versorgungsnetz und dem leistungselektronischen System können wir den Schaltwandler und die Last als einen äquivalenten Widerstand R_{eq} parallel zum Kondensator darstellen. Für unsere theoretische Betrachtung nehmen wir weiters an, dass alle Dioden ideal sind.

In den folgenden Unterabschnitten werden wir sowohl einphasige als auch dreiphasige Diodengleichrichter im stationären Zustand untersuchen, bei dem sich die Signale von einem Netzfrequenzzyklus $T_1 = 1/f_1$ zum nächsten wiederholen.

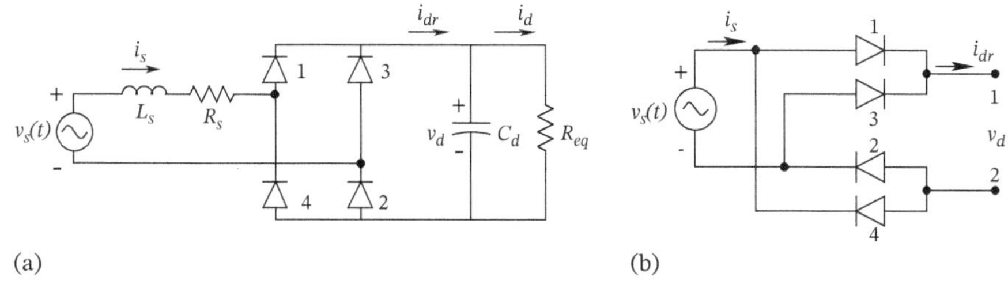

Abb. 5.8 (a) Vollbrückengleichrichter. (b) Vereinfachte Darstellung.

5.4.1 Einphasen-Brückengleichrichter

Für Leistungspegel unterhalb von einigen kW, wie sie in Haushaltsanwendungen vorkommen, werden leistungselektronische Systeme typischerweise von einer einphasigen Netzquelle versorgt. Ein häufig verwendeter Vollbrückengleichrichter ist in Abb. 5.8a dargestellt. Hier repräsentiert L_s die kombinierte Induktivität der Netzversorgung und jeglicher zusätzlicher, externer Induktivitäten in Serie. Die Verluste auf der AC-Seite werden durch den Serienwiderstand R_s modelliert.

Um den Betrieb des Schaltkreises zu verstehen, können wir den Gleichrichterschaltkreis vereinfachen, indem wir die Induktivität und den Widerstand auf der AC-Seite ignorieren (Abb. 5.8b). Der Schaltkreis weist eine obere und eine untere Gruppe von Dioden auf. Damit der Gleichstrom i_dr fließen kann, muss eine Diode aus jeder Gruppe leiten. In der oberen Gruppe leitet die Diode mit der positivsten Spannung, während die andere in Sperrrichtung gepolt ist. In der unteren Gruppe leitet die Diode mit der negativsten Spannung, während die andere in Sperrsichtung gepolt ist.

Betrachten wir zum Beispiel einen Widerstand R_d, der über die Gleichstromklemmen angeschlossen ist (Abb. 5.9a). Die zugehörigen Signale in der Schaltung sind in Abb. 5.9b zusehen. Während der positiven Halbwelle der Eingangsspannung v_s leiten die Dioden 1 und 2, wodurch der Gleichstrom i_dr gleich $v_\mathrm{s}/R_\mathrm{d}$ ist und die Gleichspannung $v_\mathrm{d} = v_\mathrm{s}$ beträgt. Während der negativen Halbwelle leiten die Dioden 3 und 4, wodurch der Gleichstrom i_dr gleich $|v_\mathrm{s}|/R_\mathrm{d}$ ist und die Gleichspannung $v_\mathrm{d} = |v_\mathrm{s}|$ beträgt.

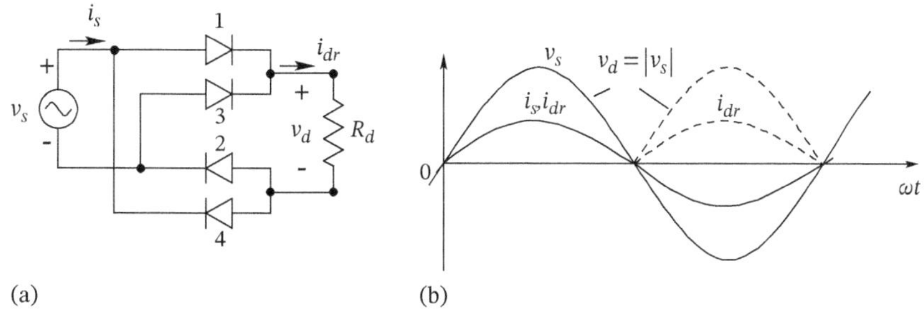

Abb. 5.9 (a) Vollbrückengleichrichter mit ohmscher Last. (b) Zugehöriges Ausgangssignal.

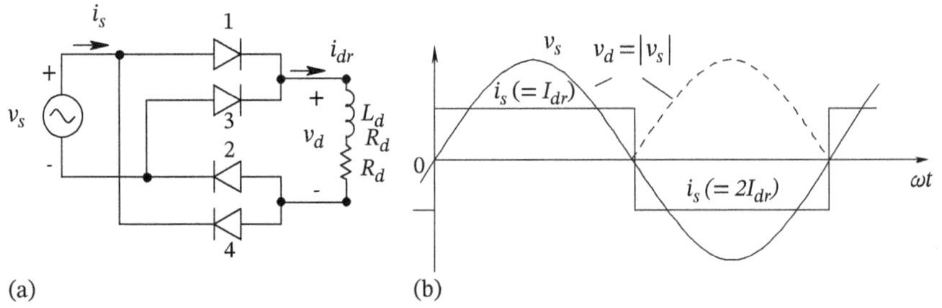

Abb. 5.10 (a) Vollbrückengleichrichter mit induktiver Last. (b) Zugehöriges Ausgangssignal.

Der Mittelwert der Spannung auf der Gleichstromseite des Wandlers V_d kann durch Mittelung des $v_d(t)$ Signals über eine Halbwelle bestimmt werden:

$$V_d = \frac{1}{\pi}\int_0^{\pi} \hat{V}_s \sin\omega t \cdot d(\omega t) = \frac{2}{\pi}\hat{V}_s = 0.9V_s\,(\text{rms}), \tag{5.33}$$

und weiters gilt

$$I_{dr} = \frac{V_d}{R_d} = \frac{0.9V_s\,(\text{rms})}{R_d}. \tag{5.34}$$

Betrachten wir nun die Situation, dass die Gleichstromseite eine große Induktivität aufweist (Abb. 5.10a). Der Gleichstrom ist dadurch im Wesentlichen konstant. Zur besseren Illustration der Lage finden sich in Abb. 5.10b die Signale für den reinen Gleichstromfall, $i_{dr}(t) = I_{dr}$.

Beachten Sie, dass das Signal von $v_d(t)$ in Abb. 5.10b identisch mit dem Signal in Abb. 5.9b für eine ohmsche Last ist. Daher ist der Mittelwert V_d der Spannung auf der Gleichstromseite des Wandlers in Abb. 5.10a derselbe wie in Gl. (5.3), d. h. $V_d = 0.9\,V_s$ (rms). Ebenso ist der Mittelwert des Gleichstroms durch den Widerstand R_d bestimmt, also $I_{dr} = V_d/R_d$.

5.4.1.1 Zwischenkreis-Kondensator zur Reduktion der Welligkeit auf der Gleichspannungsseite

Die Abbn. 5.9b und 5.10b zeigen eine signifikante Welligkeit in der Spannung auf der DC-Seite des Wandlers. Um eine glattere DC-Spannung zu erreichen, wird ein großer Filterkondensator auf der DC-Seite angeschlossen (Abb. 5.8a). Zu Beginn der positiven Halbwelle der Eingangsspannung v_s ist der Kondensator bereits auf eine DC-Spannung v_d aufgeladen (Abb. 5.11). Solange v_d die Eingangsspannung übersteigt, bleiben alle Dioden in Sperrrichtung gepolt, und der Eingangsstrom ist null. Die Leistung für den äquivalenten Widerstand R_{eq} wird bis zum Zeitpunkt t_1 durch die im Kondensator gespeicherte Energie geliefert. Nach dem Zeitpunkt t_1 steigt der Eingangsstrom $i_s = i_{dr}$ an und fließt durch die Dioden D_1 und D_2. Nach Ablauf der Zeit t_2 fällt die Eingangsspannung unter die Kondensatorspannung. Der Eingangsstrom beginnt zu sinken und erreicht bei t_3 den Wert null. Vom Zeitpunkt t_3 bis eine

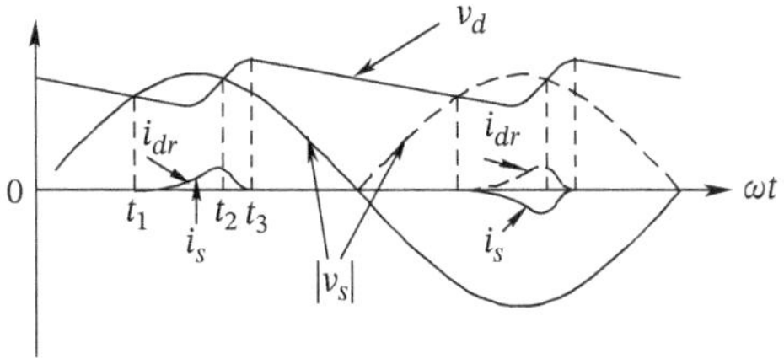

Abb. 5.11 Signale im Vollbrückengleichrichter mit DC-Zwischenkreiskondensator.

halbe Periode nach t_1 bleibt der Eingangsstrom null, und die Leistung für R_{eq} wird durch die im Kondensator gespeicherte Energie geliefert. Während der negativen Halbwelle der Eingangsspannung bei $t_1 + T_1/2$ fließt der Eingangsstrom durch die Dioden D_3 und D_4. Der Strom i_{dr} auf der DC-Seite des Gleichrichters fließt weiterhin in die gleiche Richtung wie während der positiven Halbwelle, aber der Eingangsstrom ist $i_{\mathrm{dr}} = i_{\mathrm{dr}}$ (Abb. 5.11).

Abbildung 5.12 zeigt auch die Signale, die durch LTspice-Simulationen für zwei verschiedene Werte der Induktivität auf der AC-Seite erhalten wurden. Die zugehörige %THD im Strom ist 86 % bzw. 62 %, wobei eine höhere Induktivität die %THD reduziert. Dies wird im nächsten Abschnitt erläutert.

Die Tatsache, dass i_{dr} sowohl während der positiven als auch während der negativen Halbwellen in die gleiche Richtung fließt, zeigt den Gleichrichtungsprozess an. Im Schaltkreis von Abb. 5.8a wiederholen sich im stationären Zustand alle Signale in jedem Zyklus. Damit die DC-Spannung im Zwischenkreis stabil bleibt, muss der Mittelwert des Kondensatorstroms über einen Netzfrequenzzyklus null sein. Folglich entspricht der Mittelwert des Stroms durch den äquivalenten Lastwiderstand R_{eq} dem Mittelwert des Stroms auf der DC-Seite des Gleichrichters, d. h. also $I_{\mathrm{d}} = I_{\mathrm{dr}}$.

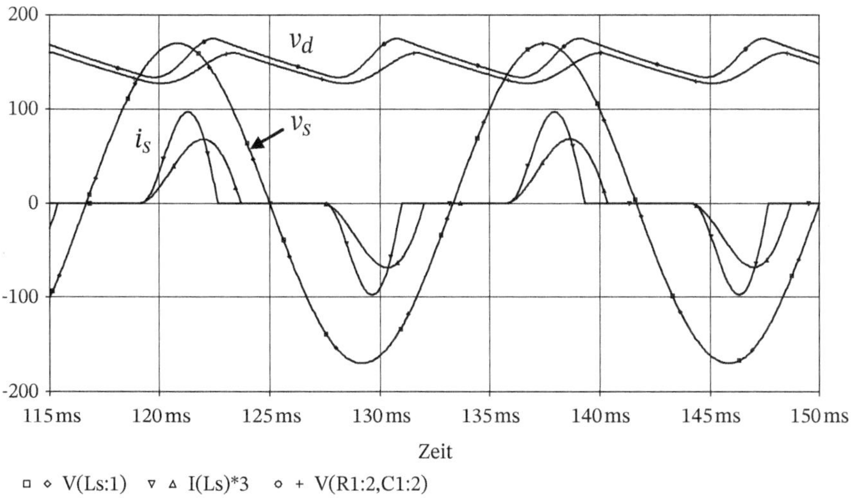

Abb. 5.12 Einphasige Diodengleichrichtung für zwei Werte von L_{s}.

5.4.1.2 Auswirkungen von L_s und C_d auf die Signalformen und den Klirrfaktor

Die Abbildungen 5.11 und 5.12 zeigen, dass der Leistungstransfer aus dem Stromnetz durch einen Stromimpuls in jeder Halbwelle erfolgt. Je breiter ist die Basis dieses Impulses, desto niedriger sind sein Maximalwert und die gesamte harmonische Verzerrung %THD. Diese Impulsverbreiterung kann durch Erhöhung der wechselstromseitigen Induktivität L_s erreicht werden.

Ein weiterer wichtiger Parameter ist der Wert des Zwischenkreiskondensators C_d. Er sollte zumindest die Welligkeit in I_{dr} und I_d bewältigen und die Spitze-zu-Spitze-Welligkeit in der DC-Zwischenkreisspannung unter einem akzeptablen Niveau halten, z. B. weniger als 5 % des Mittelwerts. Wenn diese Anforderungen erfüllt sind, führt ein niedrigerer C_d-Wert zu einer niedrigeren %THD im Strom, aber zu einer höheren Welligkeit in der Spannung im Zweischenkreis.

Es ist jedoch nahezu unmöglich, die von IEEE-519 festgelegten harmonischen Grenzwerte allein mit diesen Techniken zu erfüllen. Leistungsfaktorkorrekturschaltungen, die im nächsten Kapitel besprochen werden, sind daher notwendig, um die %THD-Spezifikationen einzuhalten.

5.4.2 Simulation mit LTspice

Das folgende Beispiel demonstriert die Simulation eines einphasigen Brückengleichrichters unter Verwendung von LTspice:

Beispiel 5.2

Im einphasigen Brückengleichrichter (Abb. 5.8) sind die Parameter wie folgt: Induktivität $L_s = 1$ mH, Widerstand $R_s = 0.2\ \Omega$, Kapazität $C_d = 1200\ \mu$F und Äquivalenter Widerstand $R_{eq} = 15\ \Omega$. Die Versorgungsspannung beträgt $V_s = 120$ V rms bei 60 Hz. Aufgabe: Simulieren Sie diesen Gleichrichter mit LTspice.

Lösung

Die Simulationsdatei für dieses Beispiel ist auf der begleitenden Website verfügbar. Das LTspice-Modell ist in der folgenden Abb. 5.13 dargestellt, und die stationären Signale aus der Simulation sind in Abb. 5.14 zu finden.

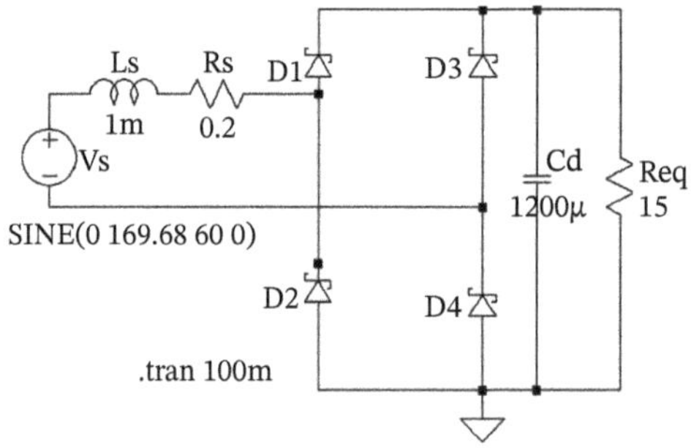

Abb. 5.13 LTspice-Modell zu dem Beispiel 5.2.

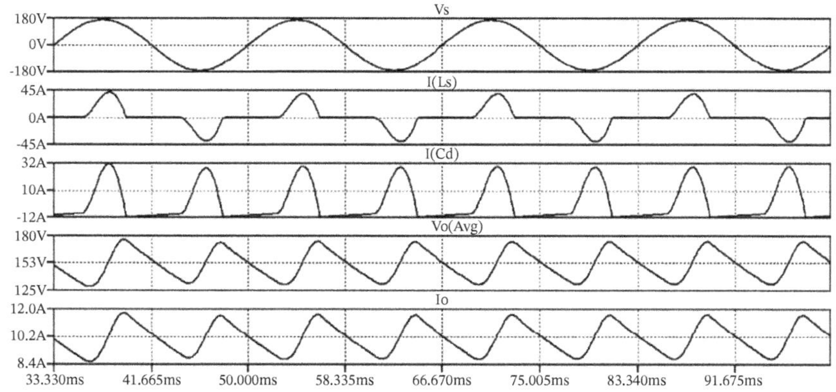

Abb. 5.14 LTspice-Simulationsergebnisse zu dem Beispiel 5.2.

5.4.3 Dreiphasen-Brückengleichrichter

Außer für Anwendungen mit niedrigen Leistungen (< 1 kW) ist es vorzuziehen, eine dreiphasige Netzquelle zu verwenden. Eine häufig verwendete Vollbrückengleichrichterschaltung ist in Abb. 5.15a dargestellt.

Um den Betrieb der Schaltung zu verstehen, werfen wir einen Blick auf Abb. 5.15b. Die Schaltung hat eine obere und eine untere Gruppe von Dioden. Zunächst ignorieren wir L_s und nehmen an, dass der Strom auf der Gleichstromseite kontinuierlich fließt. Mindestens eine Diode aus jeder Gruppe muss leiten, um den Stromfluss von i_{dr} zu ermöglichen. In der oberen Gruppe teilen sich alle Dioden einen gemeinsamen Kathodenanschluss. Die Diode, die mit der höchsten Spannung verbunden ist, wird leiten, während die anderen in Sperrrichtung geschaltet sind. In der unteren Gruppe teilen sich alle Dioden einen gemeinsamen Anodenanschluss. Die Diode, die mit der negativsten Spannung verbunden ist, wird leiten, während die anderen in Sperrrichtung geschaltet sind.

Ignoriert man L_s und nimmt an, dass der Strom i_{dr} auf der Gleichstromseite ein reiner Gleichstrom ist, so bekommt man die Signale, welche in Abb. 5.16a dargestellt

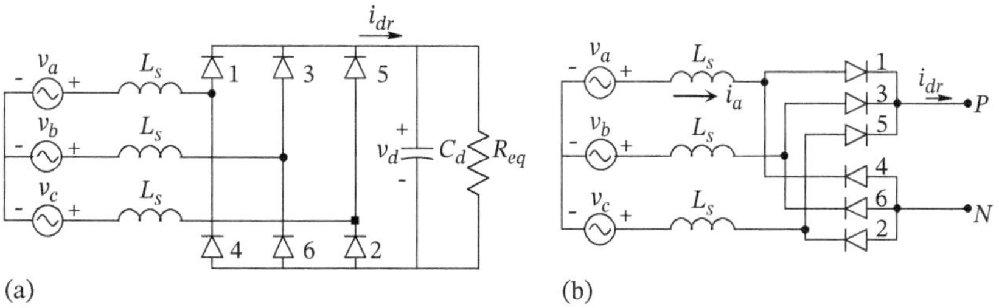

Abb. 5.15 (a) Dreiphasen-Brückengleichrichter. (b) Vereinfachte Darstellung.

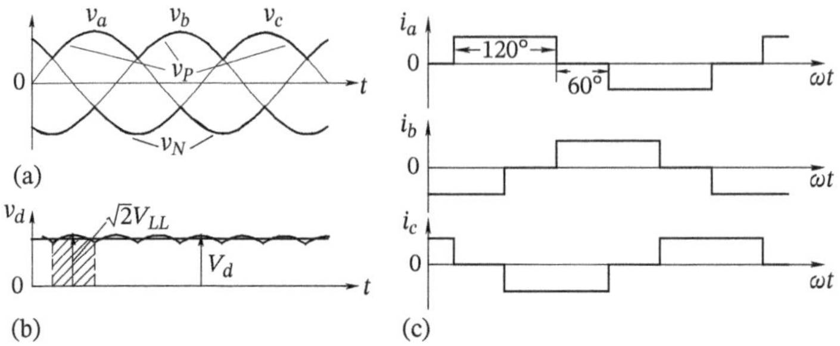

Abb. 5.16 (a), (b) Spannungs- und Stromsignale (c) in einem dreiphasigen Gleichrichter mit konstantem i_{dr}.

sind. Jede Diode leitet für 120° wie oben beschrieben. Die Dioden leiten nacheinander: 1, 2, 3 und so weiter. Die Signale für die Spannungen v_P und v_N zum Neutralleiter der Quelle bestehen aus 120° Segmenten der jeweiligen Phasenspannungen (Abb. 5.16a). Das Signal der Spannung auf der Gleichstromseite $v_d = v_P - v_N$ ist in Abb. 5.16b dargestellt und besteht aus 60° Segmenten der von der Netzquelle gelieferten Netzspannungen. Die Leitungsströme auf der Wechselstromseite sind in Abb. 5.16c dargestellt. Zum Beispiel fließt der Strom der Phase „*a*" für 120° während jeder Halbwelle der Eingangsspannung der Phase „*a*". Er fließt durch die Diode D_1 während der positiven Halbwelle von v_a und durch die Diode D_4 während der negativen Halbwelle.

Der Mittelwert der Spannung auf der Gleichspannungsseite kann bestimmt werden, indem ein 60° Segment im Signal in Abb. 5.16b betrachtet wird. Wir nehmen den Maximalwert des 60° Segments als Zeitursprung und $\hat{V}_{LL}$ als der Spitze-Spitze-Wert der Netzspannung. Der Mittelwert V_d wird durch Integration von $-\pi/6$ bis $+\pi/6$ (schraffierter Bereich in Abb. 5.16b) und Division durch das Intervall $\pi/3$ erhalten:

$$V_\mathrm{d} = \frac{1}{\pi/3}\int_{-\pi/6}^{\pi/6} \hat{V}_\mathrm{LL} \cos\omega t \cdot d(\omega t) = \frac{3}{\pi}\hat{V}_\mathrm{LL}. \tag{5.35}$$

Dieser Mittelwert ist als gerade Linie in Abb. 5.16b dargestellt.

5.4.3.1 Wirkung des DC-Zwischenkreiskondensators

Für den in Abb. 5.15a gezeigten dreiphasigen Gleichrichter mit einem DC-Zwischenkreis-Kondensatorfilter sind die Eingangsstromkurven aus Computersimulationen in Abb. 5.17 dargestellt.

Abbildung 5.17a zeigt, dass bei kleiner Induktivität L_s die Eingangsstromkurve innerhalb jedes Halbzyklus aus zwei unterschiedlichen Pulsen besteht. Beispielsweise entspricht im i_a Signal während des positiven Halbzyklus der erste Puls dem DC-seitigen Strom, der durch das Diodenpaar D_1, D_6 und dann durch das Diodenpaar D_1, D_2 fließt. Bei größeren Werten von L_s fällt der Eingangsstrom zwischen den beiden Pulsen nicht auf null (Abb. 5.17b).

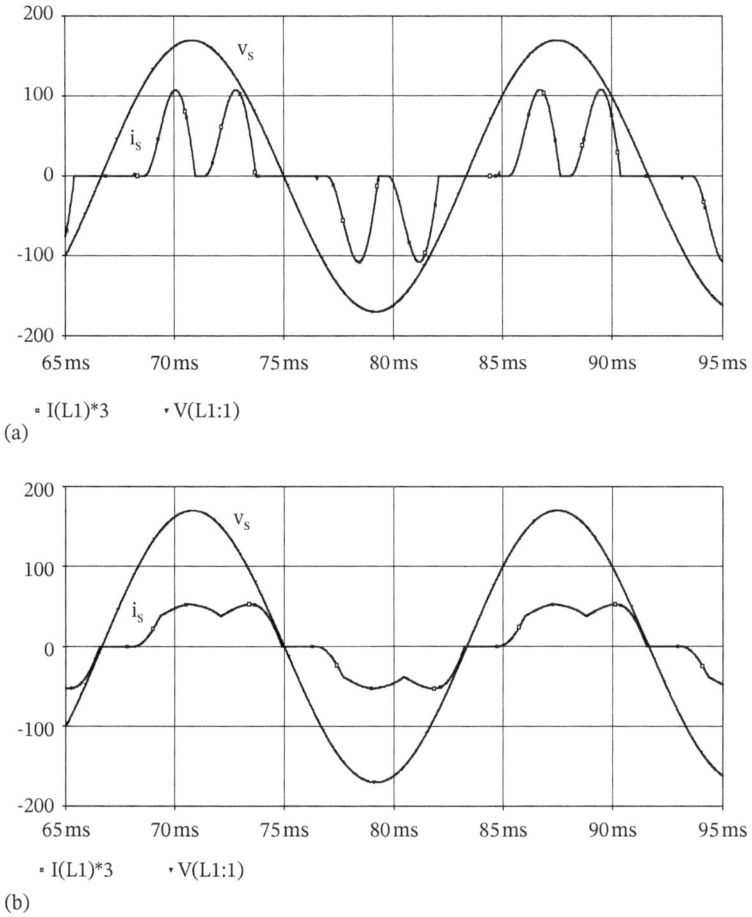

Abb. 5.17 Einfluss von L_s: (a) L_s = 0.1 mH; (b) L_s = 3 mH.

Die Auswirkungen von L_s und C_d auf die Signale können, ähnlich wie bei einphasigen Gleichrichtern, parametrisch analysiert werden. Der Klirrfaktor (%THD) in der Stromkurve von Abb. 5.17b ist deutlich kleiner als in Abb. 5.17a (23 % gegenüber 82 %). Die wechselstromseitige Induktivität L_s sollte eine Netzfrequenzreaktanz $X_{L_s} = 2\pi f_1 L_s$ bieten, die typischerweise größer als 2 % der Basisimpedanz Z_{base} ist:

$$Z_{\text{base}} = 3\frac{V_s^2}{P} \text{ Basisimpedanz,} \tag{5.36}$$

wobei P die dreiphasige Nennleistung des Systems ist und V_s der Effektivwert (rms) der Phasenspannung. Die minimale Wechselstromseitige Induktivität sollte typischerweise folgende Bedingung erfüllen:

$$X_{L_s} \geq (0.02 \times Z_{\text{base}})\,. \tag{5.37}$$

5.4.4 Simulation mit LTspice

Die Simulation eines dreiphasigen Brückengleichrichters wird durch das folgende Beispiel veranschaulicht:

Beispiel 5.3

In dem in Abb. 5.15a gezeigten dreiphasigen Brückengleichrichter sind die Komponenten wie folgt spezifiziert: $L_s = 0.1$ mH, $C_d = 470$ μF und äquivalenter Widerstand $R_{eq} = 15$ Ω. Die Versorgungsspannung zwischen den Leitungen beträgt 208 V (rms) bei 60 Hz. Simulieren Sie diesen Gleichrichter mit LTspice.

Lösung

Die Simulationsdatei für dieses Beispiel ist auf der begleitenden Website verfügbar. Das LTspice-Modell ist in Abb. 5.18 gezeigt, und die stationären Signale aus der Simulation sind in Abb. 5.19 dargestellt.

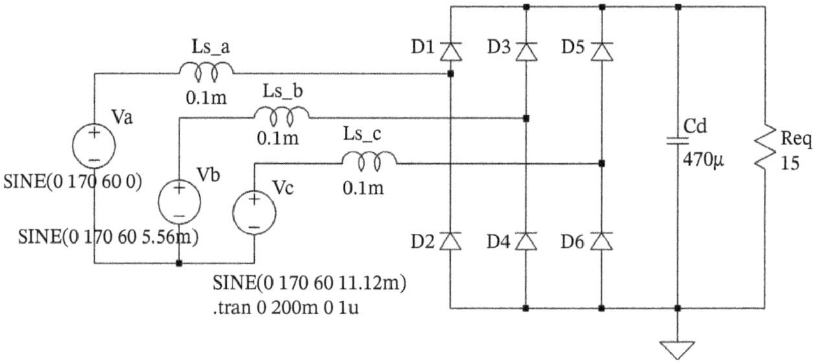

Abb. 5.18 LTspice-Modell.

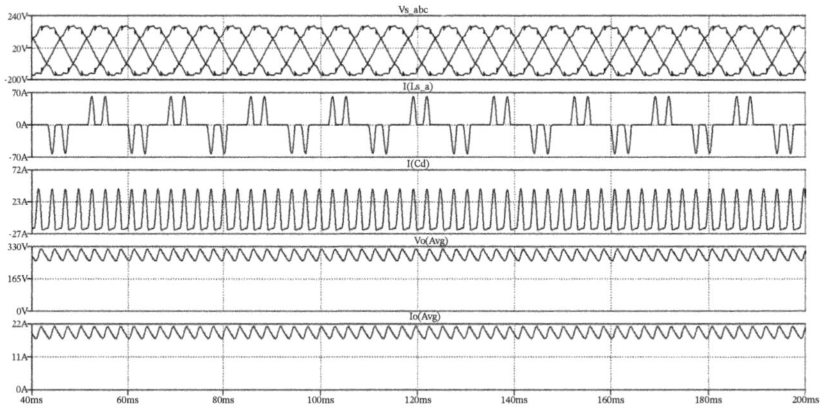

Abb. 5.19 LTspice-Simulationsergebnisse.

5.4.5 Vergleich von Einphasen- und Dreiphasengleichrichtern

Die Signale von Einphasen- und Dreiphasengleichrichtern zeigen sichtbare Unterschiede. Die Dreiphasengleichrichtung erzeugt sechs identische Strompulse pro Zyklus in der gleichgerichteten Gleichspannungsseite, während die Einphasengleichrichtung nur zwei Strompulse ergibt. Daher sind Dreiphasengleichrichter besser geeignet, um Verzerrungen des Netzstroms und Welligkeit der Gleichspannung zu reduzieren. Wenn eine Dreiphasenversorgung verfügbar ist, werden daher Dreiphasengleichrichter empfohlen. Allerdings können Dreiphasengleichrichter, ebenso wie Einphasengleichrichter, die in IEEE-519 festgelegten Grenzwerte für Oberschwingungen ohne Korrekturmaßnahmen nicht einhalten (Kapitel 12).

5.5 Maßnahmen zur Vermeidung von Einschaltströmen

In leistungselektronischen Systemen mit Gleichrichtern ist es wichtig, einen großen Einschaltstrom (inrush current) zu verhindern, wenn das System an die AC-Versorgungsquelle angeschlossen wird. Diese Systeme haben einen großen DC-Zwischenkreiskondensator, der anfangs keine Spannung aufweist. Wenn sich der Schalter in Abb. 5.20a schließt, um das System mit der Versorgungsquelle zu verbinden, fließt ein großer Strom durch den Brückengleichrichter, welcher den Zwischenkreiskondensator auflädt.

Dieser transiente Einschaltstrom ist unerwünscht; glücklicherweise gibt es aber mehrere Methoden, um ihn zu verhindern. Eine Methode besteht darin, einen Gleichrichter mit Thyristoren zu verwenden (Kapitel 14). Eine andere Methode verwendet einen seriellen Halbleiterschalter (Abb. 5.16b). Beim Start ermöglicht der Widerstand über dem Schalter, dass sich der DC-Zwischenkreiskondensator ohne großen Einschaltstrom auflädt. Anschließend schaltet der Halbleiterschalter ein, um den Widerstand zu umgehen. Weitere Techniken können ebenfalls eingesetzt werden, um dieses Problem zu bewältigen.

5.6 Benutzeranwendungen mit bidirektionalem Leistungsfluss

In Anwendungen wie Aufzügen, bei denen häufiges Anhalten und Starten vorkommen, ist es kosteneffektiv, die aus der regenerativen Bremsung zurückgewonnene

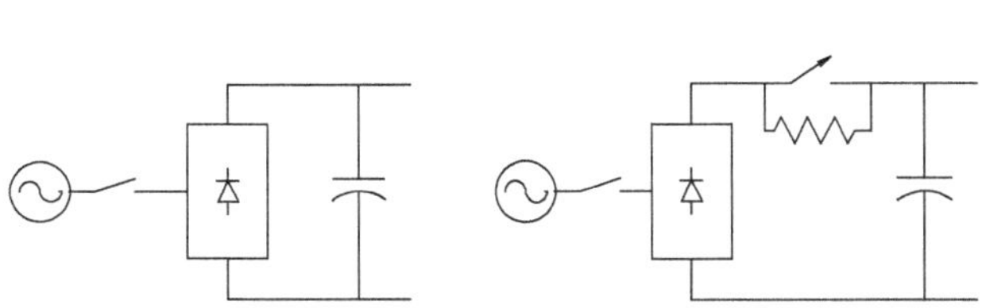

(a) (b)

Abb. 5.20 Maßnahmen zur Vermeidung von Einschaltströmen. (a) Glättungskondensator, (b) Drossel.

Energie wieder in das Stromnetz einzuspeisen. Wandlerkonfigurationen für diese Anwendungen werden im Kapitel 12 besprochen.

Literatur

1. Mohan, N., Undeland, T.M. und Robbins W.P. (2003). *Leistungselektronik: Wandler, Anwendungen und Design*. 3. Auflage. New York: John Wiley & Sons.

Übungsbeispiele

5.1 In einer einphasigen Gleichrichterbrücke sind folgende Parameter gegeben: $I_s = 10$ A (rms) und DPF = 0,85. Berechnen Sie: $I_{distortion}$, %THD und PF.

5.2 In einem einphasigen Brückengleichrichterschaltkreis sind folgende Parameter gegeben: $V_s = 120$ V (rms), $P = 0{,}95$ kW, $I_{s1} = 10$ A und %THD = 75 %. Berechnen Sie: DPF, $I_{distortion}$, I_s und den PF.

5.3 In einem einphasigen Gleichrichter wird der Eingangsstrom durch ein dreiecksförmiges Signal pro Halbwelle mit einem Spitzenwert von 10 A und einer Basis von 60° angenähert. Berechnen Sie den Effektivstrom durch jede Diode.

5.4 Berechnen Sie im obigen Problem die Welligkeitskomponente im Gleichstrom, die durch den Kondensator fließt.

5.5 Berechnen Sie für einen dreiphasigen Gleichrichter, wenn die Eingangsströme rechteckige Signale mit einer Amplitude von 12 A sind (Abb. 5.16c): I_s, I_{s1}, $I_{distortion}$, %THD und PF. Nehmen Sie an, dass DPF = 1.0 (siehe Abb. 5.14c).

5.6 Berechnen Sie im obigen Problem die dreiphasige Leistung durch die Gleichrichterbrücke, wenn V_{LL} (rms) = 208 V ist.

Simulationsaufgaben

5.7 Im einphasigen Gleichrichter in Abb. 5.8a sind die Parameter $L_s = 1$ mH, $R_s = 0.25\ \Omega$, $C_d = 1000\ \mu$F und $R_{eq} = 20.0\ \Omega$.

(a) Bestimmen Sie die %THD im Eingangsstrom für drei Eingangsinduktivitätswerte: 1 mH, 3 mH und 5 mH. Kommentieren Sie, wie sich das Eingangsstromsignal mit der Induktivität auf der AC-Seite ändert.

(b) Bestimmen Sie die mittlere und die Spitze-Spitze-Welligkeit der Ausgangsspannung für diese drei Induktivitätswerte. Kommentieren Sie, wie sich das Ausgangsspannungssignal mit der Induktivität auf der AC-Seite ändert.

(c) Ändern Sie die DC-Seiten-Kapazität auf 220 μF, 470 μF und 1000 μF bei einer festen Eingangsinduktivität von 1 mH. Bestimmen Sie die Spitze-Spitze-Welligkeit der Ausgangskondensatorspannung für diese Kapazitätswerte.

5.8 Im dreiphasigen Gleichrichter in Abb. 5.15a sind die Parameter $L_s = 0.1$ mH, $C_d = 500$ µF und $R_{eq} = 16{,}5$ Ω.

(a) Bestimmen Sie die %THD im Eingangsstrom für drei Eingangsinduktivitätswerte: 0.1 mH, 0.5 mH und 1.0 mH.

(b) Kommentieren Sie, wie sich das Eingangsstromsignal mit der Induktivität auf der AC-Seite ändert.

(c) Beschreiben Sie, wie sich das Ausgangsspannungssignal mit der Induktivität auf der AC-Seite ändert. Bestimmen Sie die durchschnittliche und die Spitze-Spitze-Welligkeit der Ausgangsspannung für diese Induktivitätswerte.

(d) Bestimmen Sie die Spitze-Spitze-Welligkeit des Ausgangskondensatorstroms für diese Induktivitätswerte. Bestimmen Sie die Grundfrequenz dieses Stroms.

6

Leistungsfaktorkorrektur und Entwurf des Rückkopplungsreglers

In Diodengleichrichtern wird die Leistung über stark verzerrte Ströme entnommen, wodurch die Netzqualität auf der Erzeugerseite negativ beeinflusst wird. Im folgenden Kapitel werden Korrekturmaßnahmen für einphasige Diodengleichrichter besprochen. Diese Diskussion bietet auch eine praktische Anwendung von DC-DC-Wandlern (Kapitel 3) und deren Steuerung (Kapitel 4).

6.1 Einführung

Verzerrungen (Oberwellen) im Eingangsstrom sind seit langem ein bekanntes Problem. In letzter Zeit haben Bedenken hinsichtlich der schädlichen Auswirkungen von Oberwellen auf die Netzqualität zur Erstellung von Richtlinien und Standards geführt, welche die Stromverzerrungen begrenzen sollen. In den folgenden Abschnitten werden daher leistungsfaktorkorrigierte (power factor correction, PFC) DC-Versorgungen für die Einphasen-Gleichrichtung betrachtet, wobei angenommen wird, dass der Strom nur in eine Richtung fließt. Drei-Phasen-Gleichrichter in Antriebssystemen können eine bidirektionale Stromflussfähigkeit erfordern. Diese Gleichrichter, die auch im Betrieb einen Leistungsfaktor von eins ermöglichen, werden dann im Kapitel 12 besprochen.

6.2 Betriebsprinzip von einphasigen PFC-Schaltungen

Das Betriebsprinzip einer häufig verwendeten Schaltung zur einphasigen Leistungsfaktorkorrektur ist in Abb. 6.1 dargestellt. Zwischen der Netzversorgung und dem Zwischenkreiskondensator wird ein Aufwärtswandler eingefügt. Dieser Aufwärtswandler besteht aus einem MOSFET, einer Diode und einer kleinen Induktivität L_d. Durch Pulsweitenmodulation des MOSFETs mit einer konstanten Schaltfrequenz wird der Strom i_L durch die Induktivität L_d der Spule in die vollwellengleichgerichtete Form $\bar{i}_L(t) = \hat{I}_L\,|\sin\omega t|$ gebracht, ähnlich wie $|v_s(t)|$ in Abb. 6.1b.

Leistungselektronik: Eine Einführung, Ned Mohan and Siddharth Raju.
© 2025 Wiley-VCH GmbH. Published 2025 by Wiley-VCH GmbH.

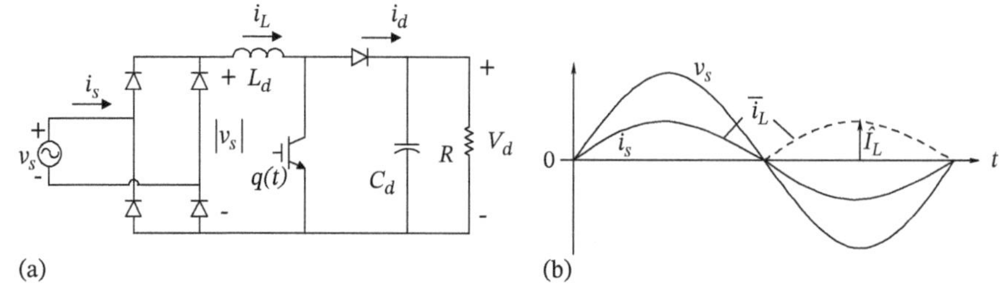

Abb. 6.1 (a) PFC-Schaltung und (b) zugehörige Signalformen.

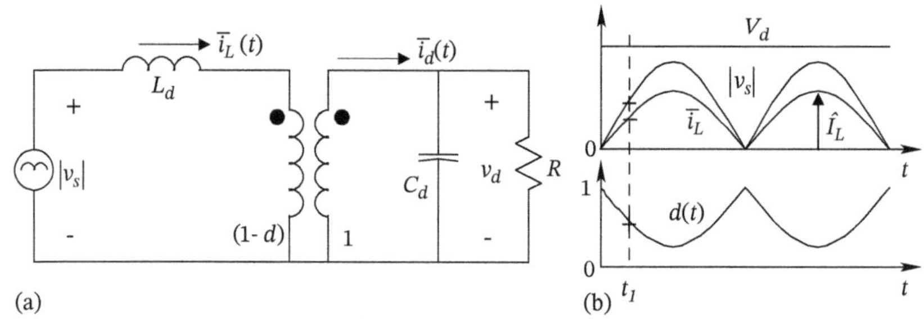

Abb. 6.2 (a) Mittelwertmodell der PFC-Schaltung im CCM ($I_L(t) > 0$) und zugehörige Signakformen (b).

Der Strom durch die Induktivität enthält eine hochfrequente Schaltwelligkeit, die durch einen kleinen Filter entfernt wird. Der Eingangsstrom i_s der Schaltung in Abb. 6.1a ist sinusförmig und phasengleich mit der Versorgungsspannung. Im Aufwärtswandler muss die Zwischenkreisspannung V_d größer sein als der Spitzenwert der Versorgungsspannung $\hat{V}_s$. Als Formel ausgedrückt, bekommt man:

$$V_d > \hat{V}_s. \tag{6.1}$$

Abbildung 6.2a zeigt das zeitunabhängige Mittelwertmodell des Aufwärtswandlers im kontinuierlichen Strommodus (CCM) mit $i_L > 0$. Vernachlässigt man einen kleinen Spannungsabfall über der Induktivität und nimmt an, dass die Spannung über dem Kondensator eine reine Gleichspannung ist, so ergibt sich das Spannungsübertragungsverhältnis im Aufwärtswandler zu:

$$\frac{V_d}{|v_s|} = \frac{1}{1 - d(t)}. \tag{6.2}$$

Daraus folgt, dass

$$1 - d(t) = \frac{\hat{V}_s\,|\sin\omega t|}{V_d} \tag{6.3a}$$

und

$$d(t) = 1 - \frac{\hat{V}_s\,|\sin\omega t|}{V_d}. \tag{6.3b}$$

Gleichung (6.3) zeigt, dass der Wert 1 – $d(t)$ des Schalters, unabhängig vom Spulenstrom, sinusförmig während jeder Halbperiode der Grundfrequenz variiert. Hierbei wurde vorausgesetzt, dass der Spulenstrom größer als null ist. Das Schaltverhältnis aus Gl. (6.3b) ist in Abb. 6.2b dargestellt.

Der Spulenstrom hat die Form $\bar{i}_L(t) = \hat{I}_L\,|\sin(\omega t)|$. Daher kann der Strom $\bar{i}_\mathrm{d}(t)$ aus dem Windungsverhältnis des idealen Transformators in Abb. 6.2 berechnet werden:

$$\bar{i}_\mathrm{d}(t) = (1-d)\,\bar{i}_L(t) = (1-d)\,\hat{I}_L\,|\sin(\omega t)|\,. \tag{6.4a}$$

Einsetzen von 1 – d aus Gl. (6.3a) in Gl. (6.4a) liefert:

$$\bar{i}_\mathrm{d}(t) = \frac{\hat{V}_\mathrm{s}}{V_\mathrm{d}}\hat{I}_L|\sin(\omega t)|^2. \tag{6.4b}$$

Eine freundliche, mathematische Formelsammlung sagt uns, dass in Gl. (6.4b) $|\sin(\omega t)|^2 = \sin^2(\omega t) = \frac{1}{2} - \frac{1}{2}\cos(2\omega t)$ ist, und wir erhalten damit:

$$\bar{i}_\mathrm{d}(t) = \underbrace{\frac{1}{2}\frac{\hat{V}_\mathrm{s}}{V_\mathrm{d}}\hat{I}_L}_{I_\mathrm{d}} - \underbrace{\frac{1}{2}\frac{\hat{V}_\mathrm{s}}{V_\mathrm{d}}\hat{I}_L\cos(2\omega t)}_{i_{d2}(t)}\,. \tag{6.5}$$

Gleichung (6.5) zeigt, dass der gemittelte Strom, der in Richtung der Ausgangsstufe fließt, aus einer Gleichstromkomponente $I_\mathrm{d} = \frac{1}{2}\frac{\hat{V}_\mathrm{s}}{V_\mathrm{d}}\hat{I}_L$ und einer Komponente $i_{d2}(t) = \frac{1}{2}\frac{\hat{V}_\mathrm{s}}{V_\mathrm{d}}\hat{I}_L\cos(2\omega t)$ mit der zweiten harmonischen Oberwelle besteht.

Beispiel 6.1

Leiten Sie den Ausdruck für $\bar{i}_\mathrm{d}(t)$ in Gl. (6.5) her, indem Sie Eingangs- und Ausgangsleistung gleichsetzen.

Lösung

Angenommen, es sei $v_\mathrm{s} = \hat{V}_\mathrm{s}\sin(\omega t)$ und $i_\mathrm{s} = \hat{I}_\mathrm{s}\sin(\omega t)$. Dann ist die Eingangsleistung $P_\mathrm{in}(t) = v_\mathrm{s}i_\mathrm{s} = \hat{V}_\mathrm{s}\hat{I}_\mathrm{s}\sin^2(\omega t)$. In Anbetracht dessen, dass $\sin^2\omega t = \frac{1}{2} - \frac{1}{2}\cos(2\omega t)$, ist die Eingangsleistung $P_\mathrm{in}(t) = \frac{1}{2}\hat{V}_\mathrm{s}\hat{I}_\mathrm{s} - \frac{1}{2}\hat{V}_\mathrm{s}\hat{I}_\mathrm{s}\cos(2\omega t)$. Die Ausgangsleistung $p_\mathrm{o}(t) = V_\mathrm{d}\bar{i}_\mathrm{d}$. Durch Gleichsetzen von $P_\mathrm{in}(t) = p_\mathrm{o}(t)$ und unter der Annahme, dass $\hat{I}_\mathrm{s} = \hat{I}_L$ gilt:

$$\bar{i}_\mathrm{d}(t) = \underbrace{\frac{1}{2}\frac{\hat{V}_\mathrm{s}}{V_\mathrm{d}}\hat{I}_L}_{I_\mathrm{d}} - \underbrace{\frac{1}{2}\frac{\hat{V}_\mathrm{s}}{V_\mathrm{d}}\hat{I}_L\cos(2\omega t)}_{i_{d2}(t)}\,, \tag{6.6}$$

was mit Gleichung (6.5) übereinstimmt.

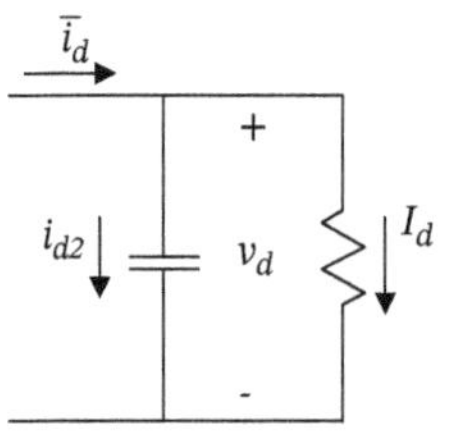

Abb. 6.3 Stromaufteilung in der Ausgangsstufe.

In der Ausgangsstufe der PFC-Schaltung (Abb. 6.3) fließt die Gleichstromkomponente I_{d} von $\bar{i}_{\mathrm{d}}$ durch den äquivalenten Lastwiderstand. In PFCs ist der Kondensator in der Ausgangsstufe ziemlich groß, was es rechtfertigt anzunehmen, dass die zweite harmonische Frequenzkomponente $i_{d2}(t)$ vollständig durch den Ausgangskondensator und nicht durch den äquivalenten Lastwiderstand fließt. Der Spitzenwert von $i_{d2}(t)$ ist:

$$\hat{I}_{d2} = \frac{1}{2}\frac{\hat{V}_{\mathrm{s}}}{V_{\mathrm{d}}}\hat{I}_L. \tag{6.7}$$

Wenn man annimmt, dass $i_{d2}(t)$ vollständig durch den Ausgangskondensator fließt, kann der Spitzenwert der zweiten harmonischen Oberwelle in der Ausgangsspannung wie folgt berechnet werden:

$$\hat{V}_{d2} \simeq \left(\frac{1}{2\omega C}\right)\hat{I}_{d2} = \frac{\hat{I}_L}{4\omega C}\frac{\hat{V}_{\mathrm{s}}}{V_{\mathrm{d}}}. \tag{6.8}$$

$\frac{1}{2\omega C}$ ist die Reaktanz des Kondensators bei der doppelten Netzfrequenz. $\hat{V}_{d2}$ hängt umgekehrt proportional von der Ausgangskapazität C ab, weshalb ein geeigneter Wert von C gewählt werden muss, um diese Welligkeit zu minimieren.

Beispiel 6.2

Berechnen Sie Spitzenwert der zweiten harmonischen Oberwelle $\hat{V}_{d2}$ bei Volllast und nomineller Eingangsspannung für die in Tab. 6.1 angegebenen Parameter und Betriebswerte einer PFC-Schaltung. Ignorieren Sie den ESR des Kondensators.

Lösung

Angenommen, der PFC ist verlustfrei, so gilt $V_{\mathrm{s}}I_{\mathrm{s}} = P_{\mathrm{o}}$. Unter Verwendung der in Tab. 6.1 angegebenen Werte bekommt man: $\hat{I}_L = \hat{I}_{\mathrm{s}} = \sqrt{2}\frac{P_{\mathrm{o}}}{V_{\mathrm{s}}} = 2.946\,\mathrm{A}$ und $\hat{V}_{\mathrm{s}} = \sqrt{2} \times 120 = 169.7\,\mathrm{V}$. Daher ergibt sich aus Gl. (6.5) der Spitzenwert der zweiten harmonischen Oberwelle zu:

$$\hat{V}_{d2} = \frac{\hat{I}_L}{4\omega C}\frac{\hat{V}_{\mathrm{s}}}{V_{\mathrm{d}}} \simeq 6\,\mathrm{V}.$$

Tab. 6.1 Parameter und Betriebswerte.

Parameter	Wert
Eingangsspannung, V_s (rms)	120 V
Netzfrequenz, f	60 Hz
Ausgangsspannung, V_d	250 V (DC)
Maximale Ausgangsleistung	250 W
Schaltfrequenz, f_s	100 kHz
Ausgangsfilterkondensator, C	220 μF
ESR des Kondensators, r	100 mΩ
Induktivität, L_d	1 mH
Äquivalenter Widerstand, R	250 Ω

6.3 Regelung von PFCs

Abbildung 6.4 zeigt die PFC-Leistungselektronik zusammen mit der zugehörigen Regelschaltung in einem Blockdiagramm. Das Hauptziel bei der Regelung einer PFC-Schaltung besteht darin, einen sinusförmigen Strom in Phase mit der Netzspannung zur Verfügung zu stellen.

Der Referenz-Spulenstrom $i_L^*(t)$ wird vollwellengleichgerichtet (Abb. 6.1b). Die Anforderungen an die Form und Amplitude des Spulenstroms führen zu zwei Regelkreisen (Abb. 6.4), welche die Pulsweiten des Schalters im Aufwärtswandlers modulieren.

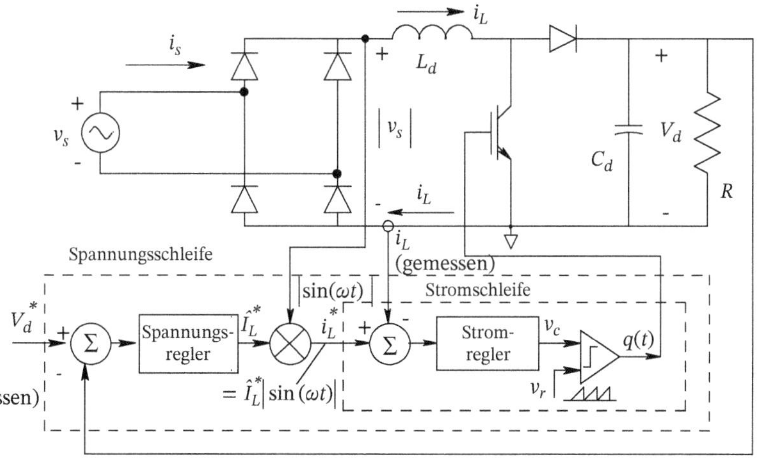

Abb. 6.4 PFC-Regelkreis.

- Das Mittelwertmodell des inneren Stromregelkreises stellt $i_L^*(t)$ in der Form sin $|\omega t|$ bereit. Diese Signalform wird durch Messung der Ausgangsspannung des Gleichrichters $|v_s(t)|$ erhalten.
- Der äußere Spannungsregelkreis bestimmt die Amplitude $\hat{I}_L$ von $i_L^*(t)$ entsprechend der rückgeführten Ausgangsspannung. Wenn der Spulenstrom für die von der PFC-Schaltung versorgte Last nicht ausreicht, fällt die Ausgangsspannung unter ihren Referenzwert V_d^*. Durch die Messung der Ausgangsspannung und deren Verwendung als Rückkopplungssignal passt der Spannungsregelkreis die Amplitude des Spulenstroms an, um so die Ausgangsspannung wieder auf ihren Referenzwert zu bringen. Diese Spannungsrückkopplung reguliert auch die Ausgangsspannung der PFC-Schaltung auf die vorgewählte Gleichspannung.

Der innere Stromregelkreis in Abb. 6.4 erfordert eine sehr hohe Bandbreite im Vergleich zum äußeren Spannungsregelkreis. Daher können beide Regelkreise separat entworfen werden, ähnlich wie bei der Spitzenstromregelung, die im Kapitel 4 besprochen wurde.

6.4 Entwurf der inneren Stromregelschleife im Mittelwertmodell

Die innere Stromregelschleife ist innerhalb des inneren gestrichelten Kastens in der Abb. 6.4 zu sehen. Um den Klirrfaktor (%THD) zu minimieren und das Referenzsignal genau zu verfolgen, wird eine Mittelwertregelung mit hoher Bandbreite verwendet. Hierbei wird der Fehler zwischen der Referenz $i_L^*(t)$ und dem gemessenen Spulenstrom $i_L(t)$ von einem Stromregler verstärkt, der die Regelspannung $v_c(t)$ erzeugt. Diese Regelspannung wird dann mit einem Rampensignal $v_r(t)$ verglichen, welches bei der Schaltfrequenz f_s im PWM-Controller-IC seinen Spitzenwert $\hat{V}_r$ erreicht und dann das Schaltsignal $q(t)$ erzeugt.

Die innere Stromregelschleife in Abb. 6.4 kann auch vereinfacht dargestellt werden (Abb. 6.5a). Wie man in Abb. 6.2b sieht, variiert der Referenzeingang $i_L^*(t)$ mit der Zeit. Die entsprechenden Signalformen von $|v_s(t)|$ und $d(t)$ sind ebenfalls zu sehen. Diese Größen ändern sich im Vergleich zur Bandbreite (hier in etwa 10 kHz) der Stromregelschleife nur langsam. Daher kann zu jedem gegebenen Moment, wie z. B. zur Zeit t_1 in der Abb. 6.2b, der Schaltkreis in der Abb. 6.2a als im DC-Gleichgewichtszustand mit den Variablen $i_L(t_1)$, $|v_s(t_1)|$ und $d(t_1)$ betrachtet werden. Dieser Gleichgewichtszustand ändert sich nur langsam im Vergleich zur viel größeren Bandbreite der Stromregelschleife. Abbildung 6.5b zeigt die Stromschleife im Laplace-Bereich, wobei die Tilde „~" kleine Signalstörungen bei sehr hohen Frequenzen innerhalb der Bandbreite der Stromregelschleife, wie z. B. 10 kHz, kennzeichnet.

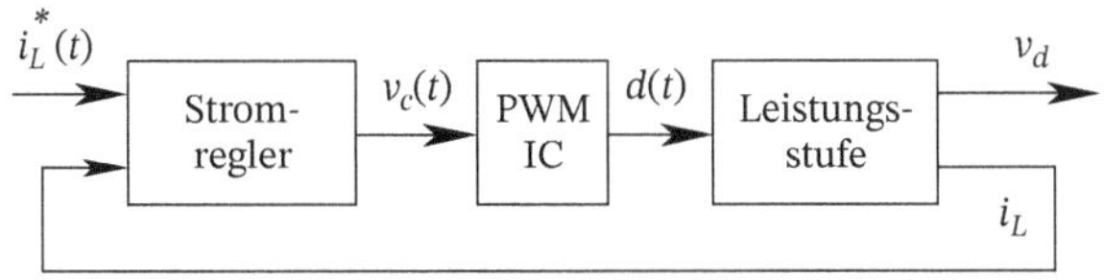

(a)

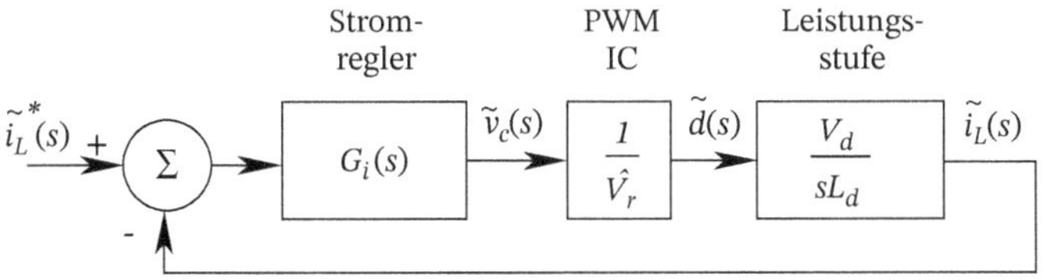

(b)

Abb. 6.5 PFC-Stromregelschleife (a), Stromregelschleife im Laplace Bereich (b).

6.4.1 Übertragungsfunktion des PWM-Reglers

Wenn $\hat{V}_\mathrm{r}$ der Unterschied zwischen dem Maximum und dem Minimum der Rampenspannung im PWM-IC ist, dann ist die Kleinsignal-Übertragungsfunktion des PWM-Reglers (Kapitel 4):

$$\frac{\tilde{d}\,(s)}{\tilde{v}_\mathrm{c}\,(s)} = \frac{1}{\hat{V}_\mathrm{r}}. \tag{6.9}$$

6.4.2 Übertragungsfunktion des Aufwärtswandlers in der Leistungsstufe

Trotz des variierenden DC-Betriebspunkts im stationären Zustand vereinfacht sich die Übertragungsfunktion des Aufwärtswandlers für die hohen Frequenzen, für welche die Bandbreite der Stromregelschleife ausgelegt ist, auf folgende Weise:

$$\frac{\tilde{i}_L\,(s)}{\tilde{d}\,(s)} \simeq \frac{V_\mathrm{d}}{sL_\mathrm{d}}. \tag{6.10}$$

Diese Vereinfachung kann aus der Kleinsignal-Schaltung des Aufwärtswandlers im Kapitel 4, Abb. 4.7b gewonnen werden, in der bei hohen Frequenzen der Kondensator als Kurzschluss fungiert. Dies führt zu der oben genannten Übertragungsfunktion (unter Vernachlässigung des ESR des Kondensators und unter Berücksichtigung der Tatsache, dass anstelle von V_o im Kapitel 4 in diesem Kapitel V_d verwendet wird).

LTspice-Simulationen bestätigen diese Schlussfolgerung. Sie zeigen, dass im Aufwärtswandler einer PFC-Schaltung alle Kurven, die verschiedenen Eingangsspannungen und zugehörigen Tastverhältnissen entsprechen, bei hohen Frequenzen konvergieren und Ergebnisse liefern, die der Übertragungsfunktion in Gl. (6.10) ähneln.

6.4.3 Entwurf der Übertragungsfunktion des Stromreglers

Die Übertragungsfunktion in Gl. (6.10) ist eine Näherung, die bei hohen Frequenzen gültig ist, aber keinen reinen Integrator darstellt. Um eine hohe DC-Schleifenverstärkung und einen stationären Fehler von null im DC-Fall zu erreichen, muss die Übertragungsfunktion des Stromreglers $G_i(s)$ einen Pol im Ursprung haben. In der Schleife addiert sich die Phase des Pols im Ursprung von $G_i(s)$ und der Übertragungsfunktion der Leistungsstufe (Gl. 6.10) zu -180°. Daher enthält $G_i(s)$, ähnlich wie die im Kapitel 4 besprochene Spitzenstromregelung, ein Pol-Nullstellenpaar, das eine Phasenanhebung und die spezifizierten Phasenreserve (typischer Weise 60°) bei der Schleifenübergangssfrequenz bereitstellt

$$G_i(s) = \frac{k_c}{s}\frac{1 + s/\omega_z}{1 + s/\omega_p}. \tag{6.11}$$

k_c ist die Reglerverstärkung. Unter Kenntnis der Phasenanhebung ϕ_{boost} können wir die Position der Pol-Nullstellenkombinaton berechnen (Kapitel 4):

$$K_{boost} = \tan\left(45^\circ + \frac{\phi_{boost}}{2}\right) \tag{6.12}$$

$$f_z = \frac{f_{ci}}{K_{boost}} \tag{6.13}$$

$$f_p = K_{boost} f_{ci}, \tag{6.14}$$

wobei f_{ci} die Transitfrequenz der Stromschleifen-Übertragungsfunktion ist.

6.5 Entwurf der äußeren Spannungsregelschleife

Die äußere Spannungsregelschleife bestimmt den Spitzenwert des Spulenstroms $\hat{I}_L$. Diese Schleife hat eine Bandbreite, die auf ungefähr 15 Hz begrenzt ist. Diese Begrenzung ist auf die Ausgangsspannung am Kondensator zurückzuführen, die eine Komponente v_{d2} bei der doppelten Netzfrequenz (120 Hz in 60-Hz-Systemen) enthält (Gl. 6.8). Eine Korrektur dieser Welligkeit über die Spannungsschleife würde eine Verzerrung der dritten Harmonischen im Eingangsstrom verursachen (siehe Anhang A).

Angesichts der niedrigen Bandbreite der Spannungsregelschleife (etwa drei Größenordnungen unter der Bandbreite der Stromschleife von ~ 10 kHz) können wir annehmen, dass die Stromschleife bei niedrigen Frequenzen um 15 Hz ideal ist. Daher erzeugt die geschlossene Stromschleife im Blockdiagramm der Spannungsregelung in der Abb. 6.6a einen Wert von $\hat{I}_L$ gleich dem Referenzwert $\hat{I}_L^*$. Neben

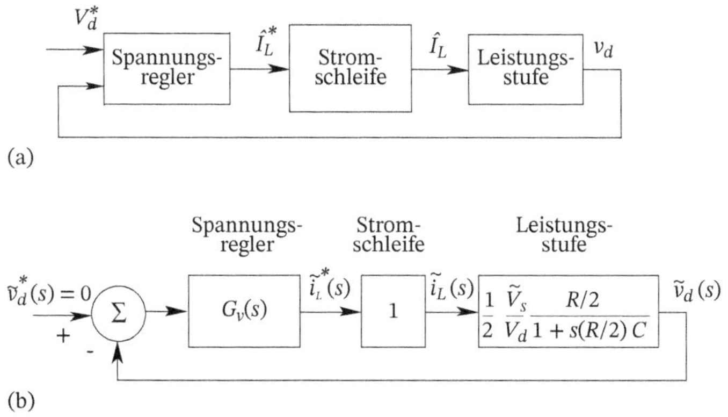

Abb. 6.6 Spannungsregelschleife. (a) Einfaches Blockdiagramm, (b) Spannungsregelschleife für niederfrequente Störungen.

einer großen Gleichstromkomponente enthält $\hat{I}_L^*$ aufgrund von v_{d2} am Eingang des Spannungsreglers eine unerwünschte Komponente der zweiten Oberwelle $\hat{I}_{L2}$. Diese Komponente der zweiten Oberwelle verursacht eine Verzerrung der dritten Oberwelle im aus dem Netz gezogenen Strom. Daher ist am Ausgang des Spannungsreglers $\hat{I}_{L2}$ auf ungefähr 1.5 % der Gleichstromkomponente in $\hat{I}_L^*$ begrenzt.

Die Abbildung 6.6 zeigt die Spannungsregelschleife für niederfrequente Störungen innerhalb der Bandbreite von ungefähr 15 Hz. Wie im Anhang abgeleitet, ist die Übertragungsfunktion der Leistungsstufe bei diesen niedrigen Frequenzen (unter Vernachlässigung des ESR des Kondensators):

$$\frac{\tilde{v}_\mathrm{d}(s)}{\tilde{i}_L(s)} = \frac{1}{2}\frac{\hat{V}_\mathrm{s}}{V_\mathrm{d}}\frac{R/2}{1+s(R/2)C}. \tag{6.15}$$

Um einen stationären Fehler von null zu erreichen, sollte die Übertragungsfunktion des Spannungsreglers einen Pol am Ursprung haben. Da der PFC-Schaltkreis jedoch oft ein Vorregler ist, wird diese Anforderung aufgehoben, um das Design des Spannungsreglers zu vereinfachen. Die folgende Übertragungsfunktion wird häufig für den Spannungsregler verwendet, wobei ein Pol an der (noch zu bestimmenden) Transitfrequenz der Spannungsregelschleife, ω_cv, unter 15 Hz platziert wird:

$$G_\mathrm{v}(s) = \frac{k_\mathrm{v}}{1 + s/\omega_\mathrm{cv}}. \tag{6.16}$$

Bei Volllast hat die Übertragungsfunktion der Leistungsstufe einen Pol bei einer sehr niedrigen Frequenz (ein oder zwei Hz), was eine Phasenverzögerung von bis zu 90° über diese Frequenz hinaus verursacht. Die Übertragungsfunktion des Reglers führt bei der Transitfrequenz der Schleife eine Verzögerung von 45° ein. Zusammen ergeben diese bei der Transitfrequenz eine Phasenverzögerung von etwa 135°, was zu einer zufriedenstellenden Phasenreserve von 45° führt. Mit den gegebenen

Gleichungen hat die Schleifenübertragungsfunktion bei der Transitfrequenz f_{cv} eine Magnitude gleich eins:

$$\left| \frac{k_v}{1 + s/\omega_{cv}} \frac{1}{2} \frac{\hat{V}_s}{V_d} \frac{R/2}{1 + s(R/2)C} \right|_{s=j(2\pi \times f_{cv})} = 1. \tag{6.17}$$

Im Spannungsregler führt die Eingangsspannung $\hat{V}_{d2}$ zu einem Ausgangsstrom $\hat{I}_{L2}$. Daher gilt bei der Frequenz der zweiten Oberwelle:

$$\left| \frac{k_v}{1 + s/\omega_{cv}} \right|_{s=j(2\pi \times 120)} = \frac{\hat{I}_{L2}}{\hat{V}_{d2}}. \tag{6.18}$$

Aus diesen Gleichungen können die beiden Unbekannten k_v und ω_{cv} in der Übertragungsfunktion des Spannungsreglers am besten numerisch berechnet werden.

6.6 Beispiel eines Einphasen-PFC-Systems

Der Betrieb und die Steuerung eines Power Factor Correction (PFC)-Systems werden anhand eines Beispiels demonstriert. Die verwendeten Parameter sind in Tab. 6.1 aufgeführt. Die gesamte harmonische Verzerrung im Eingangsstrom soll weniger als 3 % betragen [1, 2].

6.6.1 Entwurf der Stromregelschleife

In Gleichung (6.9) sei $\hat{V}_r = 1$. Für die Spitzenstromregelung von DC-DC-Wandlern, wie im Kapitel 4 beschrieben, beträgt die Schleifenübertragungsfrequenz 10 kHz ($\omega_{ci} = 2\pi \times 10^4$ rad/s) bei einer Phasenreserve von 60°. Die Parameter für den Stromregler in Gl. (6.11) sind:

$$\begin{aligned} k_c &= 4212 \\ \omega_z &= 1.68 \times 10^4 \text{ rad/s} \\ \omega_p &= 2.35 \times 10^5 \text{ rad/s}. \end{aligned} \tag{6.19}$$

Für die Übertragungsfunktion $G_i(s)$ in Gl. (6.19) verwendet der entsprechende Operationsverstärker-Schaltkreis, ähnlich wie in Abb. 4.19 im Kapitel 4, den Widerstand $R_1 = 100$ kΩ mit den weiteren Bauteilwerten von:

$$\begin{aligned} C_2 &\simeq 0.17 \text{ nF} \\ C_1 &\simeq 2.2 \text{ nF} \\ R_2 &\simeq 27 \text{ k}\Omega \end{aligned} \tag{6.20}$$

6.6.2 Entwurf der Spannungsregelschleife

Bei Volllast hat die Übertragungsfunktion des PFC-Systems eine Polstelle bei 36.36 rad/s (5.79 Hz). Der Strom $\hat{I}_L$ beträgt 2946 A und die Spannung $\hat{V}_{d2}$ beträgt

6029 V. Die zweite harmonische Komponente ist auf 1.5 % von $\hat{I}_L$ begrenzt, was zu $\hat{I}_{L2}$ von 0.0 442 A führt. Unter Verwendung dieser Werte werden die Parameter in der Übertragungsfunktion des Spannungsreglers berechnet: k_v = 0.0754 und ω_{cv} = 73.7 rad/s (11.73 Hz). Diese Übertragungsfunktion wird mit einer Operationsverstärkerschaltung implementiert, die mit folgenden Bauteilwerten in Abb. 6.7 dargestellt ist:

$$\begin{aligned} R_1 &= 100\,\mathrm{k\Omega} \\ R_2 &= 7{,}54\,\mathrm{k\Omega} \\ C_1 &= 1.8\,\mu\mathrm{F} \end{aligned} \tag{6.21}$$

6.6.3 Simulationsergebnisse

Die auf LTspice basierende Simulation des PFC-Systems ist in Abbildung 6.8 dargestellt. Zur Vereinfachung sind die Eingangsspannung und der Vollbrückengleichrichter kombiniert. Bei 100 ms wird die Ausgangslast schrittweise verringert. Die resultierenden Wellenformen für die Spannung und den Spulenstrom sind in Abb. 6.9 gezeigt.

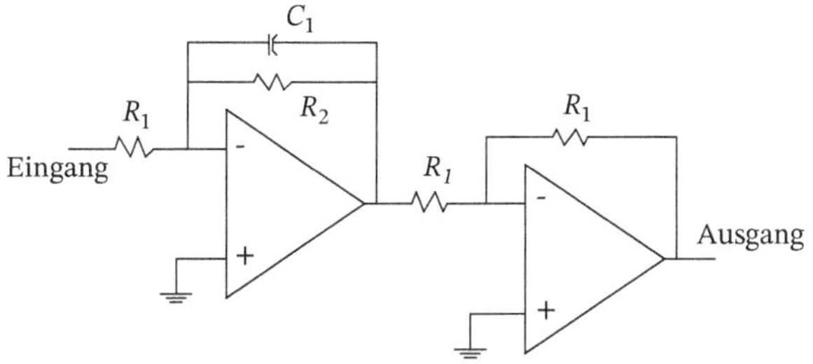

Abb. 6.7 Operationsverstärkerschaltung zur Implementierung der Übertragungsfunktion $G_v(s)$.

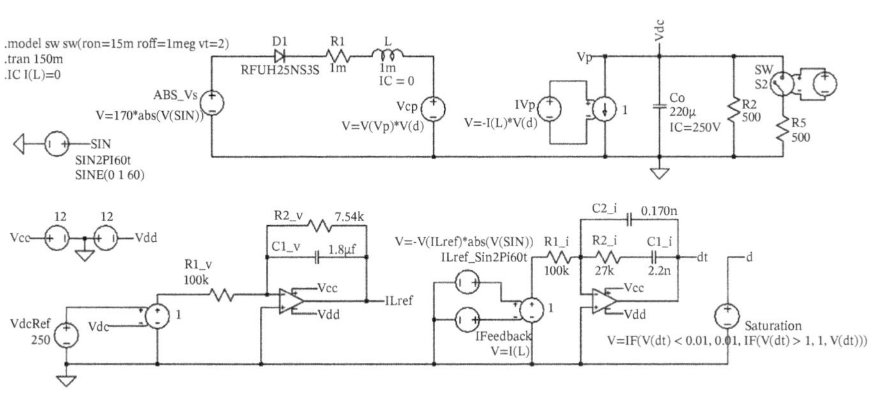

Abb. 6.8 LTspice-Simulationsdiagramm. Die Last wird bei 100 ms reduziert.

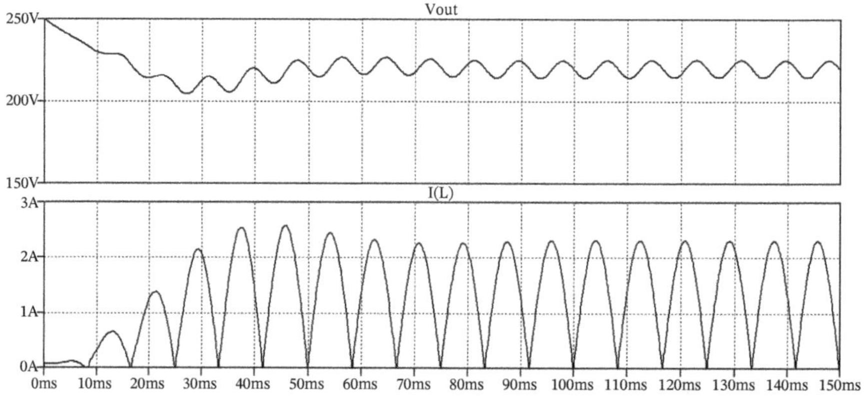

Abb. 6.9 Simulationsergebnisse: Ausgangsspannung und Spulenstrom.

6.7 Durchleitung der Eingangsspannung

Die Eingangsspannung wird, wie in der Abb. 6.10 dargestellt, geradeaus durch die Schaltung geleitet. In einem System mit einer PFC-Schnittstelle bleibt der Ausgang, unabhängig von Änderungen des Effektivwerts der Eingangsspannung im Versorgungsnetz, nahezu konstant. Daher führt eine Erhöhung der Netzspannung $\hat{V}_s$ zu einer Verringerung von $\hat{I}_L$ und umgekehrt. Um zu verhindern, dass Störungen der Eingangsspannung die PFC-Regelkreise beeinflussen, wird der Spitzenwert der Eingangsspannung bei der Bestimmung von $\hat{I}_L^*$ weitergeleitet (Abb. 6.10)

6.8 Andere Regelungsmethoden für PFCs

Dieses Buch beschreibt eine Mittelwertregelung des Stromes zur Steuerung von PFCs. Es gibt auch andere Methoden, wie die Ein-Perioden-Regelung. Weitere Details finden sich in den Referenzen [1] und [2].

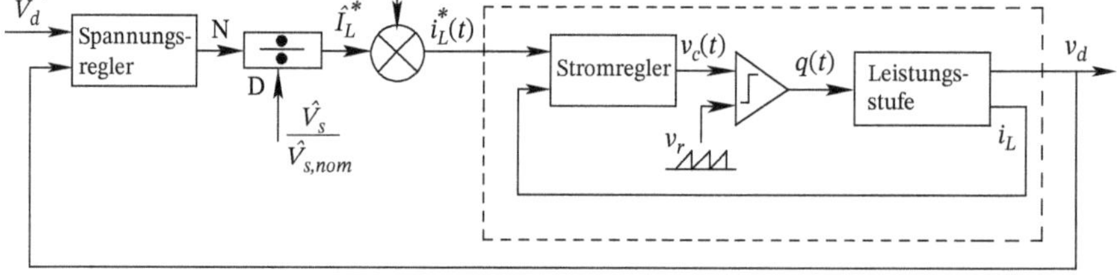

Abb. 6.10 Durchleitung der Eingangsspannung.

Literatur

1. Todd, P.C. (1999). UC3854 Controlled Power Factor Correction Circuit Design. Unitrode Application Note U-134.
2. Dixon, L. (1990). High Power Factor Switching Pre-Regulator Design Optimization. Unitrode Design Application Manual.

Übungsbeispiele

6.1 In einem einphasigen 60 Hz Leistungsfaktor-Korrekturschaltkreis gelte: $V_s = 120$ V (rms), $V_d = 250$ V und Ausgangsleistung: 300 W. Berechnen und zeichnen Sie die folgenden Signale, synchronisiert mit dem Signal von v_s: $\bar{i}_L(t)$, $d(t)$ und den mittleren Strom durch die Ausgangsdiode $\bar{i}_d$.

6.2 Verwenden Sie das numerische Beispiel aus Kapitel 6.6. Berechnen Sie damit den rms-Eingangsstrom, wenn die Netzspannung 110 V (rms) beträgt. Vergleichen Sie ihn mit dem Nennwert, wenn $V_s = 120$ V (rms) ist.

6.3 Berechnen Sie für Übungsbeispiel 6.1 die Spitzenspannung der zweiten Oberwelle im Kondensator, wenn $C = 690\ \mu$F.

6.4 Verwenden Sie das numerische Beispiel aus Kapitel 6.6, um die maximale Welligkeit (Spitze-Spitze) in der Spule zu berechnen.

6.5 Entwerfen Sie basierend auf dem numerischen Beispiel aus Kapitel 6.6 nochmals die Stromschleife, wenn die Schleifen-Übertragungsfrequenz 25 kHz beträgt.

6.6 Entwerfen Sie basierend auf dem numerischen Beispiel aus Kapitel 6.6 nochmals die Spannungsschleife, wenn die Ausgangskapazität $C = 690\ \mu$F beträgt.

Simulationsbeispiele

6.7 Verwenden Sie das Simulationsdiagramm in Abb. 6.8: Simulieren Sie die Eingangsspannung des Aufwärtswandlers (Ausgang der Dioden-Gleichrichterbrücke, hier nicht modelliert), den Spulenstrom und die Spannung über der Last. Listen Sie die harmonischen Komponenten des Spulenstroms i_L und des Kondensatorstroms i_C auf. Bestätigen Sie die Gültigkeit der Gl. (6.5) für den Strom in die Ausgangsstufe der PFC-Schaltung.

Anhang 6.A

Der Ausgang des Spannungsreglers G_v im stationären Zustand ist:

$$G_v = \hat{I}_L - \hat{I}_{L2}\cos(2\omega t). \tag{6.A.1}$$

Hierbei ist $\hat{I}_{L2}$ durch eine geeignete Reglerauslegung wesentlich kleiner als $\hat{I}_L$, typischerweise weniger als 1.5 %. Dieser Ausdruck wird mit $|\sin(\omega t)|$ multipliziert, um die Referenz für den Spulenstrom festzulegen. Die Verzerrung durch die zweite Harmonische in Gl. (6.A.1) verursacht eine Verzerrung der dritten Harmonischen im netzseitigen Eingangsstrom. Dies kann gezeigt werden, indem die Komponente der zweiten Harmonischen in Gl. (6.A.1) mit $\sin(\omega t)$ multipliziert wird:

$$\left(-\hat{I}_{L2}\cos(2\omega t)\right)\sin(\omega t) = \frac{1}{2}\hat{I}_{L2}\sin(\omega t) - \underbrace{\frac{1}{2}\hat{I}_{L2}\ \sin(3\omega t)}_{\hat{I}_{s3}}. \quad (6.A.2)$$

In Gleichung (6.A.2) wird die Grundfrequenzkomponente, die durch die Verzerrung der zweiten Harmonischen verursacht wird, durch den Spannungsregelkreis kompensiert. Jedoch führt die Verzerrung durch die zweite Harmonische mit einem Spitzenwert von $\hat{I}_{L2}$ zu einer Verzerrung der dritten Harmonischen mit der halben Amplitude. Daher gilt:

$$\frac{\hat{I}_{s3}}{\hat{I}_{L2}} = \frac{1}{2}. \quad (6.A.3)$$

Anhang 6.B

Beim Entwurf des Reglers zeigt der Ausgang von $G_v(s)$ in Abb. 6.6b unter dynamischen Bedingungen eine starke Gleichstromkomponente, eine zweite harmonische Frequenzkomponente i_{L2} und einen niederfrequenten Störterm (unterhalb von 15 Hz):

$$\text{AusgangdesSpannungsreglers} = \hat{I}_L + i_{L2} + \tilde{i}_L. \quad (6.B.1)$$

Multipliziert man den Referenzstrom-Spitzenwert in Gl. (6.B.1) mit $|\sin \omega t|$, ergibt sich der Spulenstrom:

$$\bar{i}_L(t) = \left(\hat{I}_L + i_{L2} + \tilde{i}_L\right)|\sin(\omega t)|. \quad (6.B.2)$$

Im Schaltkreis in Abb. 6.2 gilt unter der Annahme, dass der Spannungsabfall über L_d vernachlässigbar ist:

$$|v_s(t)|\,\bar{i}_L(t) = (V_d + v_{d2} + \tilde{v}_d)\left(I_d + i_{d2} + \tilde{i}_d\right). \quad (6.B.3)$$

Einsetzen von $|v_s(t)| = \hat{V}_s\,|\sin(\omega t)|$ in Gl. (6.B.3) liefert gemeinsam mit dem Spulenstrom aus Gl. (6.B.2):

$$\hat{V}_s\,|\sin(\omega t)|\left(\hat{I}_L + i_{L2} + \tilde{i}_L\right)|\sin(\omega t)| = (V_d + v_{d2} + \tilde{v}_d)\left(I_d + i_{d2} + \tilde{i}_d\right). \quad (6.B.4)$$

Wenn man sich daran erinnert, dass $|\sin(\omega t)|^2 = \sin^2(\omega t) = \frac{1}{2} - \frac{1}{2}\cos(2\omega t)$ und man das Produkt von $\tilde{v}_d$ und $\tilde{i}_d$ vernachlässigt, bekommt man:

$$\frac{1}{2}\hat{V}_s\hat{I}_L + \frac{1}{2}\hat{V}_s i_{L2} + \frac{1}{2}\hat{V}_s\hat{i}_L - \frac{\hat{V}_s}{2}\left(\hat{I}_L + i_{L2} + \hat{i}_L\right)\cos(2\omega t)$$
$$\approx |v_d (I_d + i_{d2}) + v_{d2}\left(I_d + I_{d2} + \hat{i}_d\right) + \hat{v}_d i_{d2} + \hat{i}_d V_d + \hat{v}_d I_d \qquad (6.B.5)$$

Gleichsetzen der Störfrequenzterme auf beiden Seiten der obigen Gleichung:

$$\tilde{i}_d V_d + \tilde{v}_d I_d = \frac{1}{2}\hat{V}_s\tilde{i}_L. \qquad (6.B.6)$$

Im PFC in der Abb. 6.1a gilt $I_d = V_d/R$. Daher bekommt man mit Gl. (6.B.6):

$$\left(\tilde{i}_d + \frac{\tilde{v}_d}{R}\right)V_d = \frac{1}{2}\hat{V}_s\tilde{i}_L. \qquad (6.B.7)$$

In der PFC-Ausgangsstufe in Abb. 6.1a hängen Spannung und Strom wie folgt zusammen:

$$\tilde{i}_d = \frac{1 + sRC}{R}\tilde{v}_d. \qquad (6.B.8)$$

Einsetzen von Gl. (B.6.8) in Gl. (B.6.7) liefert:

$$\frac{\tilde{v}_d}{\tilde{i}_L}(s) = \frac{1}{2}\frac{\hat{V}_s}{V_d}\frac{R/2}{1 + s(R/2)C}. \qquad (6.B.9)$$

7

Magnetische Kreise

Dieses Kapitel behandelt die grundlegenden Konzepte von magnetischen Kreisen, Induktivitäten und Transformatoren, die in der Leistungselektronik verwendet werden.

7.1 Amperewindungszahl und magnetischer Fluss

Betrachten wir eine einfache magnetische Struktur, die aus einer Spule mit N Windungen auf einem Eisenkern besteht und von einem Strom mit einem Strom i durchflossen wird. Das Produkt $N \cdot i$ wird (altmodisch) Amperewindungszahl genannt und ist in einer langen Spule gleich dem Produkt aus der magnetischen Feldstärke H und der Spulenlänge. Nehmen wir nun an, dass die magnetische Feldstärke H_m im Kern entlang der mittleren Pfadlänge ℓ_m konstant ist (Gemeint ist ein Pfad, der in der Mitte der Wand des Kerns verläuft, siehe Abb. 7.1). Die magnetische Feldstärke im Luftspalt wird als H_g bezeichnet (g steht für engl. gap). Gemäß dem Gesetz von Ampere entspricht das geschlossene Linienintegral der magnetischen Feldstärke entlang des mittleren Pfades im Kern und im Luftspalt der Amperewindungszahl:

$$H_m \ell_m + H_g \ell_g = Ni. \tag{7.1}$$

Im Kern und im Luftspalt sind die zu H_m und H_g gehörenden magnetischen Flussdichten:

$$B_m = \mu_m H_m \tag{7.2}$$

$$B_g = \mu_o H_g, \tag{7.3}$$

wobei $\mu_o = 4\pi \times \dfrac{10^{-7} H}{m}$ ist. Diese Flussdichten kann man damit so hinschreiben:

$$\frac{B_m}{\mu_m} \ell_m + \frac{B_g}{\mu_o} \ell_g = Ni. \tag{7.4}$$

Leistungselektronik: Eine Einführung, Ned Mohan and Siddharth Raju.
© 2025 Wiley-VCH GmbH. Published 2025 by Wiley-VCH GmbH.

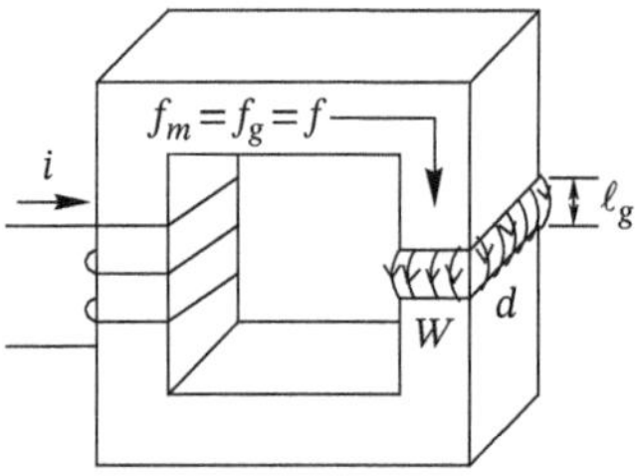

Abb. 7.1 Magnetische Struktur mit einem Luftspalt.

Da magnetische Flusslinien geschlossene Pfade bilden, ist der magnetische Fluss ϕ, der eine senkrechte Querschnittsfläche im Kern durchquert, derselbe wie der, der den Luftspalt durchquert:

$$\phi = A_m B_m = A_g B_g \tag{7.5}$$

$$B_m = \frac{\phi}{A_m} \quad \text{und} \quad B_g = \frac{\phi}{A_g}. \tag{7.6}$$

Diese Flussdichten in die vorherige Gleichung eingesetzt ergibt:

$$\phi\left(\frac{\ell_m}{A_m\mu_m} + \frac{\ell_g}{A_g\mu_0}\right) = Ni \tag{7.7}$$

Der erste Term in den Klammern repräsentiert den magnetischen Widerstand (Reluktanz) $\mathfrak{R}_m = \frac{\ell_m}{A_m\mu_m}$ des Kerns und der zweite Term $\mathfrak{R}_g = \frac{\ell_g}{A_g\mu_0}$ repräsentiert den magnetischen Widerstand des Luftspalts. Daher ist der Gesamtwiderstand $\mathfrak{R}$ der magnetischen Struktur die Summe der beiden Widerstände:

$$\mathfrak{R} = \mathfrak{R}_m + \mathfrak{R}_g. \tag{7.8}$$

Dies in die vorherige Gleichung eingesetzt ergibt:

$$\phi = \frac{Ni}{\mathfrak{R}}. \tag{7.9}$$

Diese Gleichung ermöglicht die Berechnung des Flusses ϕ für die gegebene Amperewindungszahl, womit auch B_m und B_m entsprechend berechnet werden können.

7.2 Induktivität

In der in Abb. 7.2a gezeigten Spule ist der Gesamtfluss λ_m aufgrund der vollständig im Kern verlaufenden Flusslinien gleich dem Fluss ϕ_m multipliziert mit der Anzahl der Windungen N. Der Gesamtfluss hängt mit dem Strom i über die Induktivität L_m zusammen. Als Formel ausgedrückt erhält man

$$\lambda_m = N\phi_m = L_m i. \tag{7.10}$$

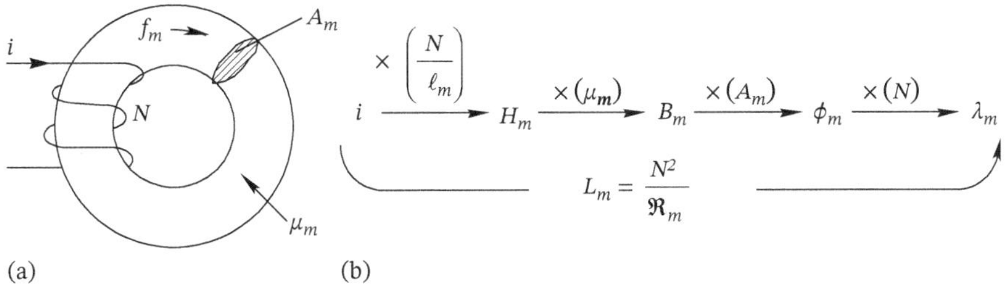

Abb. 7.2 Induktivität einer Spule. (a) Schematische Darrstellung dre Spule. (b) Flussdiagramm zur Berechnung der Induktivität.

Die Induktivität L_m $(= \lambda_m - i)$ ist konstant, wenn sich das Kernmaterial im linearen magnetischen Betriebsbereich befindet. Die Spuleninduktivität im linearen magnetischen Bereich kann unter Verwendung der in Abb. 7.2b gezeigten Faktoren mit Hilfe aller obigen Gleichungen berechnet werden. Man erhält:

$$L_m = \frac{\lambda_m}{i} = \frac{N\phi_m}{i} = \frac{\left(\frac{Ni}{l_m}\right)\mu_m A_m N}{i} = \frac{N^2}{\left(\frac{l_m}{\mu_m A_m}\right)} = \frac{N^2}{\Re_m}. \tag{7.11}$$

Diese Gleichung zeigt, dass die Induktivität L_m eine Eigenschaft des magnetischen Kreises ist, der das Kernmaterial, die Geometrie und die Anzahl der Windungen umfasst, solange der Betrieb im linearen Bereich des magnetischen Materials bleibt, anders ausgedrückt, solange die Beziehung $B = \mu_m H$ gilt.

7.2.1 Energiespeicherung in Magnetfeldern

Energie in einer Induktivität wird in ihrem Magnetfeld gespeichert. Für einen Strom i wird die in der Induktivität gespeicherte Energie W (W steht für „work“, Einheit Joule) durch folgende Gleichung beschrieben:

$$W = \frac{1}{2} L_m i^2. \tag{7.12}$$

Unter der Annahme eines Spulenkerns ohne Luftspalt (Abb. 7.2) können wir die Energiespeicherung im Magnetfeld über die magnetische Flussdichte ausdrücken. Durch Einsetzen der Induktivität und des Stroms aus den relevanten Gleichungen erhalten wir:

$$W_m = \frac{1}{2} \frac{N^2}{\frac{\ell_m}{\mu_m A_m}} \left(\frac{H_m \ell_m}{N}\right)^2 = \frac{1}{2} \frac{(H_m \ell_m)^2}{\frac{\ell_m}{\mu_m A_m}} = \frac{1}{2} \frac{B_m^2}{\mu_m} \cdot A_m \ell_m \ [\mathrm{J}], \tag{7.13}$$

wobei $A_m \ell_m$ das Volumen darstellt, und im Kernbereich $B_m = \mu_m H_m$ gilt. Daher ist mit Gl. (7.13) die Energiedichte im Kern:

$$w_m = \frac{1}{2}\frac{B_m^2}{\mu_m}. \tag{7.14}$$

Ähnlich hängt die Energiedichte im Luftspalt von μ_0 und der Flussdichte ab. Somit ist die Energiedichte in jedem Medium:

$$w = \frac{1}{2}\frac{B^2}{\mu}\left[\frac{\mathrm{J}}{\mathrm{m}^3}\right]. \tag{7.15}$$

In Induktivitäten wird die Energie hauptsächlich im Luftspalt gespeichert, der in den Flussweg eingeführt wird (μ ist im Luftspalt klein).

In idealen Transformatoren gibt es keinen Luftspalt und die im Kern eines idealen Transformators gespeicherte Energie ist null. Dieses Resultat kommt aus der Annahme einer unendlichen Permeabilität ϕ im Kern, was H_m für eine endliche Flussdichte auf null setzt. In einem realen Transformator ist die Kernpermeabilität endlich, wodurch eine gewisse Energiemenge im Kern gespeichert wird.

7.3 Faradays Gesetz

Wir haben zuvor die Beziehungen zwischen der elektrischen Größe i und den magnetischen Größen H, B, ϕ und λ in magnetischen Kreisen besprochen. Diese Beziehungen gelten sowohl unter Gleichstrombedingungen (statisch) als auch zu jedem Zeitpunkt, wenn sich diese Größen mit der Zeit ändern. Nun wollen wir die Spannung über einer Spule unter zeitlich veränderlichen Bedingungen untersuchen. Nach Faradays Gesetz entspricht die zeitliche Änderungsrate des Gesamtflusses der Spannung über der Spule zu jedem Zeitpunkt:

$$e(t) = \frac{\mathrm{d}}{\mathrm{d}t}\lambda(t) = N\frac{\mathrm{d}}{\mathrm{d}t}\phi(t). \tag{7.16}$$

Dies setzt voraus, dass alle Flusslinien alle N Windungen durchsetzen, sodass $\lambda = N\phi$. Die Polarität der EMK $e(t)$ und die Richtung von $\phi(t)$ in der obigen Gleichung sind noch zu rechtfertigen. Ein Hinweis zum etwas altmodischen Jargon in diesem Themengebiet: $e(t)$ steht für elektromotorische Kraft, auf Englisch electromotive

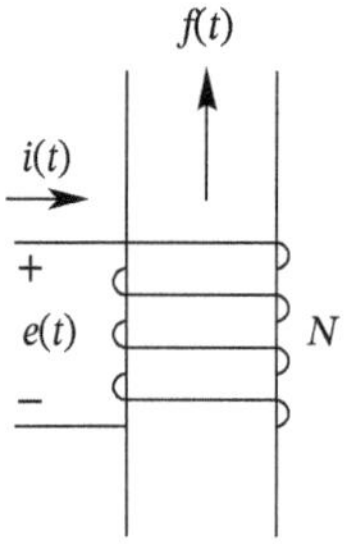

Abb. 7.3 Spannungspolarität und Richtung von Fluss und Strom.

force, EMF. Leerlaufspannung wäre vielleicht eine moderne, sinnentsprechende Bezeichnung.

Gleichung (7.16) ist völlig unabhängig davon, wodurch die Flussänderung verursacht wurde. Eine Möglichkeit, den Fluss zu verändern ist, eine zweite Spule auf demselben Kern zu platzieren. Wenn die zweite Spule mit einem zeitlich veränderlichen Strom versorgt wird, verursacht die gegenseitige Kopplung eine zeitliche Änderung des Flusses ϕ durch die erste Spule. Eine andere Möglichkeit ist, dass eine Spannung $e(t)$ über die Spule angelegt wird, was ebenfalls eine Änderung des Flusses verursacht. Diese Änderung kann berechnet werden, indem beide Seiten der Gleichung über die Zeit integriert werden:

$$\phi(t) = \phi(0) + \frac{1}{N}\int_0^t e(\tau)\,\mathrm{d}\tau, \tag{7.17}$$

wobei $\phi(0)$ der anfängliche Fluss bei $t = 0$ ist und τ eine Integrationsvariable ist.

Erinnert man sich an das Ohmsche Gesetz $v = Ri$, so fließt der Strom gemäß der Verbraucher-Vorzeichenkonvention mit positiver Polarität durch die Anschlussleitung in den Widerstand. Um Faradays Gesetz anzuwenden (Gln. [7.16] und [7.17]), können wir in der Spule (Abb. 7.3) die Spannungspolarität und die Flussrichtung ganz ähnlich festlegen. Wenn die Flussrichtung gegeben ist, können wir die Spannungspolarität bestimmen, indem wir zunächst die Richtung eines hypothetischen Stroms identifizieren, der den Fluss in derselben Richtung erzeugen würde. Die positive Polarität für die Spannung liegt an dem Anschluss, an dem dieser hypothetische Strom hineinfließt. Umgekehrt, wenn die Spannungspolarität bekannt ist, stellen wir uns einen hypothetischen Strom vor, der in den Anschluss mit positiver Polarität hineinfließt. Dieser Strom bestimmt (je nach Windungsrichtung der Spule) die Flussrichtung für die Anwendung in den Gln. (7.16) und (7.17). Die Spannung wird dann aufgrund von $\frac{\mathrm{d}}{\mathrm{d}t}\lambda(t)$ induziert, unabhängig davon, ob ein Strom in dieser Spule fließt oder nicht.

7.4 Streu- und Magnetisierungsinduktivitäten

Magnetische Kerne in Schaltungen leiten den magnetischen Fluss ähnlich wie Leiter den Strom in elektrischen Schaltungen. Es gibt jedoch einen wesentlichen Unterschied: Die Leitfähigkeit von Kupfer ist etwa 10^{20} Mal höher als die von Luft, wodurch Leckströme bei niedrigen Frequenzen vernachlässigbar sind. Im Gegensatz dazu haben magnetische Materialien Permeabilitäten, die nur 10^4 Mal höher sind als die von Luft. Dieses niedrigere Verhältnis führt zu einem „Streufluss“ im Kernfenster des magnetischen Kreises, der sein vorgesehenes Ziel, wie die andere Wicklung im Transformator oder einen Luftspalt in einer Drossel, nicht erreicht. Die in Abb. 7.4a dargestellte Spule ist schematisch; in der Praxis besteht sie aus mehreren Schichten, und der Kern ist so konzipiert, dass er möglichst eng anliegt, um die ungenutzte „Fensterfläche“ zu minimieren.

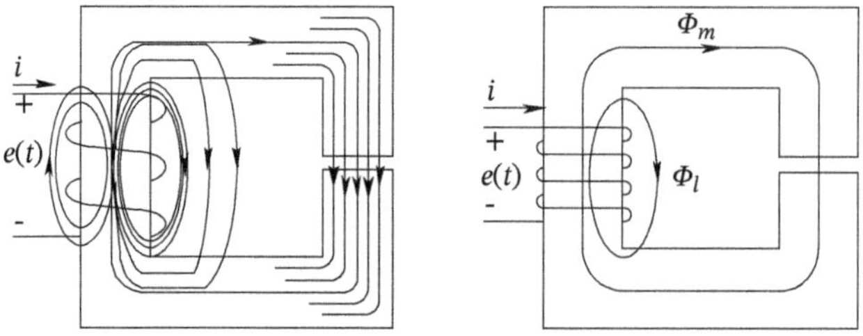

Abb. 7.4 (a) Erwünschte magnetische Flüsse und Streuflüsse; (b) Äquivalente Darstellung von magnetischen Flüssen und Streuflüssen.

Streuflüsse erschweren die Analyse magnetischer Kreise und erfordern oft fortschrittliche numerische Methoden wie die Finite-Elemente-Analyse. Wir können jedoch die Wirkung von Streuflüssen annähernd erfassen, indem wir den gesamten Fluss ϕ in zwei Teile unterteilen:

1. Magnetischen Fluss ϕ_m, der auf den Kern beschränkt ist und alle N Windungen verbindet, und einen
2. Streufluss, der teilweise oder vollständig in der Luft ist, dargestellt durch einen „äquivalenten" Streufluss ϕ_ℓ, der alle N Windungen verbindet, aber nicht dem gesamten magnetischen Pfad folgt (Abb. 7.4b).

In Abb. 7.4b gilt $\phi = \phi_m + \phi_\ell$, wobei ϕ der äquivalente Fluss ist, der alle N Windungen verbindet. Somit gilt für den gesamte Fluss der Spule:

$$\lambda = N\phi = N\phi_m + N\phi_\ell = \lambda_m + \lambda_\ell. \tag{7.18}$$

Die Gesamtinduktivität (Selbstinduktivität) wird durch Division beider Seiten der Gleichung durch den Strom i erhalten:

$$\frac{\lambda}{i} = \frac{\lambda_m}{i} + \frac{\lambda_\ell}{i} \tag{7.19}$$

$$L_{\text{self}} = L_m + L_\ell, \tag{7.20}$$

wobei $L_m = \frac{\lambda_m}{i}$ die Magnetisierungsinduktivität aufgrund von ϕ_m im magnetischen Kern ist und $L_\ell = \frac{\lambda_\ell}{i}$ die Streuinduktivität aufgrund des Streuflusses ϕ_ℓ darstellt. Somit kann der Gesamtfluss der Spule so geschrieben werden:

$$\lambda = (L_m + L_\ell)i. \tag{7.21}$$

Nach Faradays Gesetz gilt (wir erinnern uns; $e(t)$ war die EMK):

$$e(t) = L_m\frac{\mathrm{d}i}{\mathrm{d}t} + L_\ell\frac{\mathrm{d}i}{\mathrm{d}t}. \tag{7.22}$$

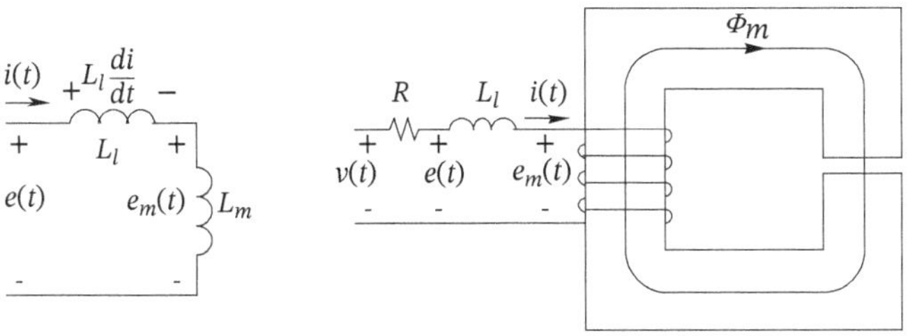

(a) (b)

Abb. 7.5 (a) Schaltungsdarstellung; (b) Vom Kern getrennte Streuinduktivität.

Dies führt zu der elektrischen Schaltung, die in Abb. 7.5a gezeigt ist. In Abb. 7.5b wird der Spannungsabfall aufgrund der Streuinduktivität separat dargestellt, sodass die in der Spule induzierte Spannung ausschließlich durch den Magnetisierungsfluss verursacht wird. Der Spulenwiderstand *R* wird dann in Reihe hinzugefügt, um die Darstellung der Spule zu vervollständigen.

7.4.1 Gegenseitige Induktivitäten

Magnetische Schaltkreise, wie die in Induktivitäten und Transformatoren, haben oft mehrere Spulen. In diesen magnetischen Kreisen verknüpft sich der Fluss des Stroms in einer Spule teilweise mit anderen Spulen. Dies wird in der Schaltungstheorie durch gegenseitige Induktivitäten erklärt und benötigt relativ komplexe Mathematik. Um gegenseitig gekoppelte Spulen in den Sperrwandlern zu analysieren, werden wir jedoch die einfacheren und intuitiven Methoden verwenden, welche im Kapitel 8 über transformatorisolierte DC-DC-Wandler besprochen werden.

7.5 Transformatoren

In der Leistungselektronik sind Hochfrequenztransformatoren für Schaltnetzteile in Gleichstromversorgungen entscheidend. Diese Transformatoren haben typischerweise zwei oder mehr eng gekoppelte Wicklungen, bei denen nahezu der gesamte Fluss einer Wicklung mit den anderen verbunden ist. Der Einfachheit halber konzentrieren wir uns auf den magnetisierenden Fluss ϕ_m, der alle Wicklungen verbindet, und ignorieren den Streufluss, der separat behandelt wird.

Um den Betrieb eines Transformators zu verstehen, betrachten wir einen Transformator mit drei Wicklungen, wie er in Abb. 7.6 zu sehen ist.

7.5.1 Faradays Gesetz

In diesem Transformator teilen sich alle Wicklungen denselben Fluss ϕ_m. Nach Faradays Gesetz berechnen sich die induzierten Spannungen in den einzelnen

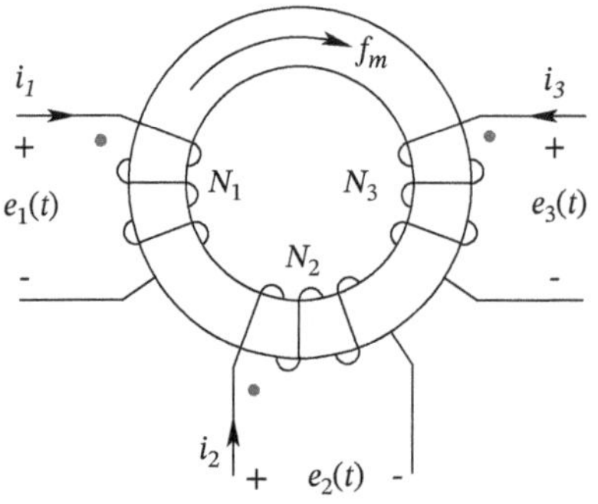

Abb. 7.6 Transformator mit drei Wicklungen.

Wicklungen zwischen den mit Punkten gekennzeichneten Anschlüssen und den unmarkierten Anschlüssen zu:

$$e_1 = N_1 \frac{d\phi_m}{dt} \tag{7.23}$$

$$e_2 = N_2 \frac{d\phi_m}{dt} \tag{7.24}$$

$$e_3 = N_3 \frac{d\phi_m}{dt} \tag{7.25}$$

Diese Gleichungen zeigen, dass die pro Windung induzierte Spannung in jeder Wicklung aufgrund der identischen Flussänderungsrate gleich ist:

$$\frac{d\phi_m}{dt} = \frac{e_1}{N_1} = \frac{e_2}{N_2} = \frac{e_3}{N_3} \tag{7.26}$$

Diese Beziehung ermöglicht es uns, ein gewünschtes Spannungsverhältnis zwischen verschiedenen Wicklungen durch die Auswahl eines geeigneten Windungsverhältnisses der Wicklungen zu erreichen. Der momentane Fluss ϕ_m kann durch Integration der obigen Gleichung gefunden werden:

$$\phi_m = \frac{1}{N_1} \int e_1 dt = \frac{1}{N_2} \int e_2 dt = \frac{1}{N_3} \int e_3 dt \tag{7.27}$$

7.5.2 Ampersches Gesetz

Nach dem Ampereschen Gesetz (Gl. [7.9]) wird der Fluss ϕ_m zu jedem Zeitpunkt durch die resultierenden Amperewindungszahlen im Kern geliefert:

$$N_1 i_1 + N_2 i_2 + N_3 i_3 = \mathfrak{R}_m \phi_m \tag{7.28}$$

Hierbei ist $\mathfrak{R}_m$ die Reluktanz (magnetischer Widerstand) im Flusspfad des Kerns, und die Ströme sind als positiv definiert, wenn sie in die gepunkteten Anschlüsse jeder Wicklung fließen und dabei Flusslinien in derselben Richtung erzeugen. Die resultierenden Amperewindungszahlen hängen je nach angeschlossener Last von den verschiedenen Wicklungsströmen ab.

Die Gln. (7.27) und (7.28) sind für das Verständnis von Transformatoren entscheidend. Die an eine Wicklung angelegte Spannung, die der induzierten Spannung entspricht (wenn der Wicklungswiderstand und der Streufluss ignoriert werden), führt zu einem Fluss ϕ_m, welcher durch die resultierende Amperewindungszahl erzeugt wird.

7.5.3 Transformator-Ersatzschaltbild

Ein Ersatzschaltbild eines Transformators (Abb. 7.7b) ist oft sehr nützlich. Betrachten wir zunächst einen idealen Transformator mit unendlicher Kernpermeabilität und $\Re_m = 0$. In diesem Fall ist die resultierende magnetisierende Amperewindungszahl gleich null (Abb. 7.7a).

Ein realer Transformator (Abb. 7.6) hat keine unendliche Kernpermeabilität und benötigt eine netto-Amperewindungszahl, um den Kernfluss zu erzeugen. Wählen wir Wicklung 1, um die netto-Amperewindungszahl bereitzustellen, wobei ein Magnetisierungsstrom i_{m1} durch N_1 Windungen fließt. Daher haben wir:

$$N_1 i_{m1} = \Re_m \phi_m. \tag{7.29}$$

Damit bekommen wir:

$$N_1(i_1 - i_{m1}) + N_2 i_2 + N_3 i_3 = 0, \tag{7.30}$$

wobei i_1 aus zwei Komponenten besteht:

$$i_1 = i_{m1} + i_1' \tag{7.31}$$

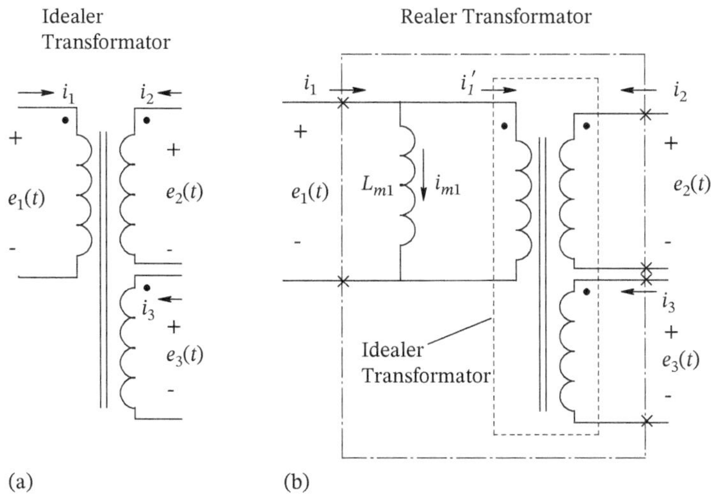

Abb. 7.7 Ersatzschaltbilder von Transformatoren: (a) ideal und (b) real. Die Streuimpedanzen sind nicht eingezeichnet.

und

$$N_1 i_1' + N_2 i_2 + N_3 i_3 = 0. \tag{7.32}$$

Die netto-Amperewindungszahlen sind null, was dem idealen Transformatoranteil des Ersatzschaltbildes in Abb. 7.7b entspricht. In i_1 (Gl. [7.31]) fließt, wie wir gleich sehen werden, der Magnetisierungsstrom i_{m1} durch die Magnetisierungsinduktivität L_{m1}. Aus Gl. (7.29) bekommt man:

$$\phi_m = \frac{N_1 i_{m1}}{\Re_m}. \tag{7.33}$$

Setzen wir ϕ_m aus Gl. (7.33) in Gl. (7.23) ein, bekommen wir:

$$e_1 = \left(\frac{N_1^2}{\Re_m}\right) \frac{di_{m1}}{dt}, \tag{7.34}$$

wobei der Term in den Klammern die Magnetisierungsinduktivität der Wicklung 1 ist

$$L_{m1} = \frac{N_1^2}{\Re_m}. \tag{7.35}$$

Diese Analyse vernachlässigt den Streufluss, wobei angenommen wird, dass der von einer Wicklung erzeugte Fluss alle anderen Wicklungen verbindet. In einer vereinfachten Analyse kann der Streufluss als Streuinduktivität modelliert werden, die in Reihe mit dem Wicklungswiderstand und der induzierten Spannung $e(t)$ im Ersatzschaltbild hinzugefügt wird. Eine systematische Beschreibung der Betriebsprinzipien von Transformatoren findet man in [1].

Literatur

1. Mohan, N. Undeland, T.M. and Robbins W.P. (2003). *Power Electronics: Converters, Applications and Design*. 3e. New York: John Wiley & Sons.

Übungsbeispiele

Induktivitäten

Der magnetische Kern in den Aufgaben 7.1 bis 7.5 habe die folgenden Eigenschaften: Kernfläche $A_m = 0.931\ \text{cm}^2$, magnetische Pfadlänge $\ell_m = 3.76$ cm und die relative Permeabilität sei $\mu_r = \frac{\mu_m}{\mu_0} = 5000$.

7.1 Berechnen Sie den magnetischen Widerstand $\Re$ dieses Kerns.

7.2 Berechnen Sie den magnetischen Widerstand eines Luftspalts der Länge $\ell_g = 1$ mm, wenn dieser in den Kern aus Aufgabe 7.1 eingebaut wird.

7.3 Eine Spule mit $N = 25$. Windungen sind auf einen Kern mit dem in Aufgabe 7.2 beschriebenen Luftspalt gewickelt. Berechnen Sie die Induktivität dieser Spule.

7.4 Bestimmen Sie den maximal zulässigen Strom durch diese Spule, wenn die Flussdichte im Kern in Aufgabe 7.3 den Wert 0.2 T nicht überschreiten soll.

7.5 Berechnen Sie bei dem in Aufgabe 7.4 ermittelten maximalen Strom die im magnetischen Kern und im Luftspalt gespeicherte Energie und vergleichen Sie die beiden.

Transformatoren mit zwei Wicklungen

7.6 Nehmen wir an, dass der Transformator in Abb. 7.7 nur zwei Wicklungen hat; Wicklung 1 und Wicklung 2, mit einem Windungsverhältnis von $\frac{N_1}{N_2} = 5$. Nehmen wir weiters an, dass die Streuinduktivitäten vernachlässigbar sind. Eine Spannung von $v_1 = \sqrt{2120}\,\sin(\omega t)$ wird bei einer Frequenz von 20 kHz an Wicklung 1 angelegt. Die Last an Wicklung 2 ist ein Widerstand mit $R_L = 10\ \Omega$. Berechnen und zeichnen Sie v_1, i_1 und i_2 unter der Annahme, dass wir einen idealen Transformator ohne Magnetisierungsstrom haben. Wie würde dieser Graph aussehen, wenn man annimmt, dass i_2 aus dem mit einem Punkt gekennzeichneten Anschluss von Wicklung 2 herauskommt?

7.7 Wiederholen Sie Aufgabe 7.6, aber verwenden Sie nun als Magnetisierungsstrom 1/5 des Effektivwerts des Stroms in Wicklung 1 aus Aufgabe 7.6.

Transformatoren mit drei Wicklungen

In den Aufgaben 7.8 bis 7.13 wird ein Transformator mit drei Wicklungen verwendet, wobei $N_1 = 10$, $N_2 = 5$ und $N_3 = 5$ sein soll. Der magnetische Kern habe die folgenden Eigenschaften: $A_m = 0.639\ \text{cm}^2$, magnetische Pfadlänge $\ell_m = 3.12$ cm und die relative Permeabilität sei $\mu_r = \frac{\mu_m}{\mu_0} = 5000$. Eine Rechteckspannung mit einer Amplitude von ± 30 V wird bei einer Frequenz von 100 kHz an Wicklung 1 angelegt. Vernachlässigen Sie die Streuinduktivitäten und nehmen Sie an, dass die Signalform des Flusses symmetrisch ist.

7.8 Berechnen und zeichnen Sie den Magnetisierungsstrom, die angelegte Spannung und die in den Wicklungen 2 und 3 induzierten Spannungen, unter der Annahme, dass die Wicklungen unbelastet (offen) sind.

7.9 Berechnen Sie die Selbstinduktivität jeder Wicklung in Aufgabe 7.8.

7.10 Berechnen Sie die Spitzenflussdichte in Aufgabe 7.8.

7.11 Ein Lastwiderstand von 10 Ω wird an Wicklung 2 angeschlossen, und Wicklung 3 ist offen. Berechnen und zeichnen Sie die Ströme in den Wicklungen 1 und 2 sowie die angelegten Spannungen als Funktion der Zeit.

7.12 Angenommen, es wird keine Spannung an Wicklung 1 angelegt und die Wicklungen 1 und 2 sind offen. Wie groß ist die Spitzenamplitude der Rechteckspannung bei 100 kHz, die an Wicklung 3 angelegt werden kann, ohne die in Aufgabe 7.10 berechnete Spitzenflussdichte zu überschreiten?

7.13 Wie hoch ist die Spitzenamplitude der Spannung, die an Wicklung 1 aus Aufgabe 7.8 angelegt werden kann, ohne die in Aufgabe 7.10 berechnete Spitzenflussdichte zu überschreiten? Die Frequenz der Rechteckspannung betrage dabei 200 kHz. Wie hoch ist der Spitzenwert des Magnetisierungsstroms im Vergleich zu dem bei einer Frequenz von 100 kHz?

8
DC-Schaltnetzteile

8.1 Anwendungen von DC-Schaltnetzteilen

Schaltnetzteile für DC-Anwendungen (Switch-Mode DC Power Supplies) sind ein wesentlicher Bestandteil der Leistungselektronik und haben einen globalen Marktwert von mehreren Milliarden Dollar pro Jahr. Diese Netzteile nutzen oft DC-DC-Wandler mit Isolationstransformatoren, die auf nicht-isolierten DC-DC-Wandler-Topologien basieren (Kapitel 3). Zur Vereinfachung werden diese transformatorisolierten Schaltnetzteile in diesem Buch einfach nur als SMPS bezeichnet. SMPS steht für Switched-Mode Power Supply, manchmal auch Switcher genannt. Ein typisches Blockdiagramm ist in Abb. 8.1 zu sehen.

Wie in Abb. 8.1 zu erkennen ist, dient das SMPS zur Gleichrichtung der Netzversorgung. Die Spannung V_{in} am Ausgang eines großen Filterkondensators dient als Eingang für den transformatorisolierten DC-DC-Wandler, der im Mittelpunkt dieses Kapitels steht. Der Transformator in einem SMPS arbeitet bei sehr hohen Frequenzen, typischerweise im Bereich von einigen hundert kHz, was zu einem kompakten und leichten Design führt.

8.2 Bedarf an elektrischer Isolation

Die elektrische Isolation mittels Transformatoren ist in Schaltnetzteilen aus drei Hauptgründen unerlässlich:

- Sicherheit: Isolation verhindert Stromschlaggefahren, indem sie den Niederspannungs-Gleichstromausgang von der Netzversorgung trennt.
- Verschiedene Bezugspotentiale: Die Gleichstromversorgung muss möglicherweise auf einem anderen Potential betrieben werden. Beispielsweise wird die Gleichstromversorgung des Gate-Treibers für den oberen MOSFET im Leistungsschalter auf dessen Source bezogen.
- Spannungsanpassung: Für große DC-DC-Umwandlungsverhältnisse kann die Verwendung eines Transformators wirtschaftlicher und auch technisch

Leistungselektronik: Eine Einführung, Ned Mohan and Siddharth Raju.
© 2025 Wiley-VCH GmbH. Published 2025 by Wiley-VCH GmbH.

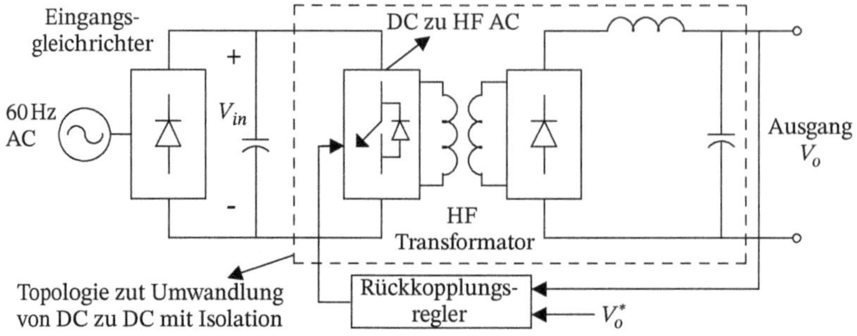

Abb. 8.1 Blockdiagramm eines typischen DC-Schaltnetzteils.

geeigneter sein. Dies hilft, die Notwendigkeit von Halbleiterbauelementen mit hohen Spannungs- und Stromfestigkeiten zu vermeiden.

8.3 Klassifizierung von transformatorisolierten DC-DC-Wandlern

Im folgenden Blockdiagramm werden transformatorisolierte DC-DC-Wandler in drei Typen eingeteilt, die in diesem Kapitel ausführlich behandelt werden:

- Sperrwandler (flyback converter), abgeleitet von DC-DC-Inverswandlern
- Flusswandler, abgeleitet von DC-Abwärtswandlern
- Vollbrücken- und Halbbrücken-Wandler, abgeleitet von DC-Abwärtswandlern

8.4 Sperrwandler

Sperrwandler werden häufig in Anwendungen mit geringer Leistung unter 50 W eingesetzt. Diese leiten sich vom Inverswandler ab (Abb. 8.2a), wobei die Induktivität auf einem Kern mit geringer Permeabilität dargestellt ist.

Der Sperrwandler in Abb. 8.2b besteht aus zwei miteinander gekoppelten Spulen. Wenn der Transistor ausgeschaltet wird, schaltet der Strom zur zweiten Spule, um den gleichen Fluss im Kern aufrechtzuerhalten. Die Punkte auf den Spulen zeigen an, dass der Strom, der in den Punkt an einer der Spulen hineinfließt, einen magnetischen Fluss im Kern in die gleiche Richtung erzeugt. Die Schaltung in Abb. 8.2b wird oft auf alternative Weise wie in Abb. 8.2c dargestellt.

Wir betrachten den stationären Zustand im unvollständigen Entmagnetisierungsmodus, bei dem die Energie dem Magnetkern nie vollständig entzogen wird. Dies entspricht dem kontinuierlichen Strommodus (CCM) in Inverswandlern. Wir nehmen ideale Komponenten, eine Ausgangsspannung $v_0(t) = V_0$ und null parasitäre Induktivitäten an. Das Einschalten des Transistors in Abb. 8.2c

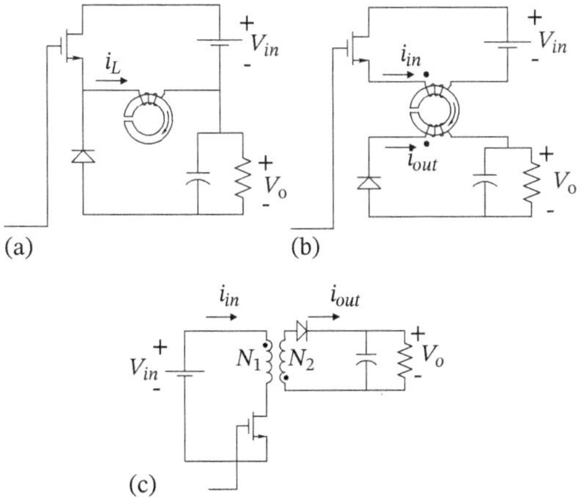

Abb. 8.2 (a) Inverswandler. (b) Sperrwandler. (c) Alterntive Darstellung des Sperrwandlers.

liegt bei $t = 0$. Die Eingangsspannung V_{in} liegt an Spule 1 an, wodurch der magnetische Fluss im Kern ϕ_m beginnend mit seinem Anfangswert $\phi_m(0)$ linear ansteigt (Abb. 8.3). Während des Einschaltintervalls DT_s des Transistors berechnet sich der Flussanstieg nach dem Faradayschen Gesetz zu:

$$\Delta\phi_{p-p} = \frac{V_{\text{in}}}{N_1} DT_s. \tag{8.1}$$

Durch den ansteigenden Fluss ϕ_m wird die induzierte Spannung $(N_2/N_1)V_{\text{in}}$ an Spule 2 zur Ausgangsspannung V_o addiert, wodurch die Diode in Sperrrichtung vorgespannt wird. i_{out} ist damit null ($i_{\text{out}} = 0$). Der Eingangsstrom i_{in} kann unter Verwendung von $\phi = Ni/\mathfrak{R}$ berechnet werden, wobei Ni die Amperewindungszahl und $\mathfrak{R}$ die Kernreluktanz (magnetischer Widerstand des Kerns) ist.

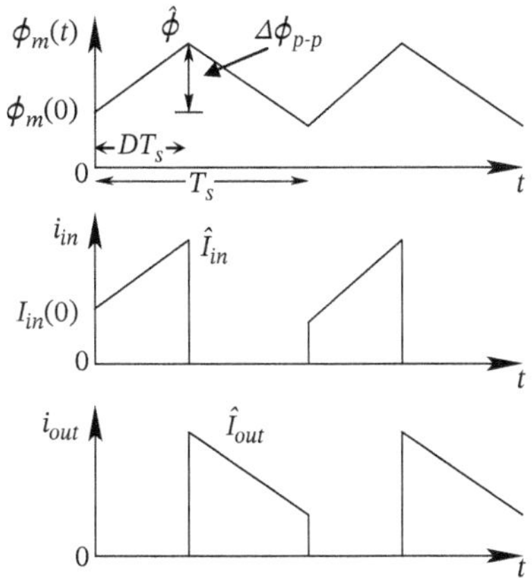

Abb. 8.3 Signalformen im Sperrwandler.

Daher ist der Anstieg des Eingangsstroms während des Einschaltintervalls von seinem Anfangswert I_{in} (0):

$$\Delta i_{in} = \frac{\Re}{N_1^2} V_{in} D T_s. \tag{8.2}$$

Während des Einschaltintervalls DT_s wird die Ausgangslast durch die im Ausgangskondensator gespeicherte Energie versorgt, und der magnetische Fluss im Kern und der Eingangsstrom erreichen ihre Spitzenwerte am Ende des Einschaltintervalls:

$$\hat{\phi}_m = \phi_m(0) + \frac{V_{in}}{N_1} D T_s \tag{8.3}$$

$$\hat{I}_{in} = I_{in}(0) + \frac{\Re}{N_1^2} V_{in} D T_s = I_{in}(0) + \frac{V_{in}(DT_s)}{L_{m1}}. \tag{8.4}$$

$L_{m1}\left(= N_1^2/\Re\right)$ ist die primäre Induktivität des Transformators. Nach dem Einschaltintervall zwingt das Ausschalten des Transistors den Eingangsstrom auf null (Abb. 8.2c). Die im Kern gespeicherte magnetische Energie kann sich aufgrund des Flusses ϕ_m nicht sofort ändern, sodass die Amperewindungszahlen, die auf den Kern wirken, unmittelbar vor und nach dem Ausschalten des Transistors gleich sein müssen. Daher springt der Strom i_{out} in Spule 2 durch die Diode auf seinen Spitzenwert, sodass:

$$N_2 \hat{I}_{out}\big|_{i_{in}=0} = N_1 \hat{I}_{in}\big|_{i_{out}=0} \tag{8.5}$$

$$\hat{I}_{out} = \frac{N_1}{N_2} \hat{I}_{in}. \tag{8.6}$$

Mit der leitenden Diode erscheint die Ausgangsspannung V_o mit negativer Polarität an Spule 2. Des Weiteren nimmt der Fluss im Kern während des Ausschaltintervalls $(1 - D)T_s$ linear ab (Abb. 8.3):

$$\Delta\phi_{p-p} = \frac{V_o}{N_2}(1 - D)\,T_s. \tag{8.7}$$

Unter Verwendung der Gln. (8.1) und (8.7) bekommt man dann die Beziehung

$$\frac{V_o}{V_{in}} = \left(\frac{N_2}{N_1}\right)\frac{D}{1 - D}. \tag{8.8}$$

Die Änderung des Stroms $i_{out}(t)$ kann ähnlich wie in Gl. (8.2) berechnet werden und ist in Abb. 8.3 dargestellt.

In einem Sperrwandler hängt das Spannungsverhältnis vom Tastverhältnis D und dem Windungsverhältnis N_2/N_1 ab. Sperrwandler integrieren die Induktivität mit dem Transformator, bieten gleichzeitig eine elektrische Isolation und Spannungsanpassung, was sie ideal für Anwendungen mit geringer Leistung macht. Diese Wandler werden häufig im vollständigen Entmagnetisierungsmodus (diskontinuierlicher Strommodus in Inverswandlern) verwendet, was die Steuerung vereinfacht. Sie erfordern jedoch Snubber-Schaltungen (Dämpfungsschaltungen), um Spannungsspitzen über dem Transistor und der Diode aufgrund von parasitären Induktivitäten zu verhindern.

Beispiel 8.1
In einem Sperrwandler (Abb. 8.2c) sind $V_{in} = 48$ V, $V_o = 5$ V, $N_1/N_2 = 6$ und die primäre Induktivität $L_{m1} = 150$ µH. Dieser Wandler arbeitet im äquivalenten CCM mit einer Schaltfrequenz $f_s = 200$ kHz und versorgt eine Ausgangslast mit $P_o = 60$ W. Berechnen Sie die zugehörigen Signalformen unter der Annahme, dass der Wandler verlustfrei arbeitet.

Lösung
Aus Gl. (8.8) bekommt man das Tastverhältnis $D = 0.385$ mit $T_s = 5$ µs. Die gemittelten Ströme sind $I_{in} = 0.625$ A und $I_{out} = 6$ A. Während des Einschaltintervalls DT_s steigt der Strom um

$$\hat{I}_{in} - I_{in}(0) = \frac{V_{in}(DT_s)}{L_{m1}} = 0.616 \text{ A}.$$

Aus den Signalformen ergibt sich der mittlere Eingangsstrom zu

$$I_{in} = \frac{\hat{I}_{in} + I_{in}(0)}{2} D = 0.625 \text{ A}; \quad \hat{I}_{in} + I_{in}(0) = 3.247 \text{ A}\cdot$$

Daher ist $\hat{I}_{in} = 1.93$ A und $I_{in}(0) = 1.315$ A (Abb. 8.3). Der Ausgangsstrom hat einen Spitzenwert von $\hat{I}_{out} = \hat{I}_{in} \frac{N_1}{N_2} = 11.58$ A und $I_{out}(0) = I_{in}(0) \frac{N_1}{N_2} = 7.89$ A.

8.4.1 Simulation und Hardware-Prototyping: Sperrwandler im CCM ohne Snubber

Die Simulation eines nicht idealen Sperrwandlers wird mit dem folgenden Beispiel veranschaulicht.

Beispiel 8.2
Im Sperrwandler in Abb. 8.2c sind $C = 490$ µF und $R = 10$ Ω. Er arbeitet im stationären Gleichstrombetrieb unter folgenden Bedingungen: $V_{in} = 15$ V, $D = 0.5$ und $f_s = 100$ kHz. Das Übersetzungsverhältnis des Transformators von Primär- zu Sekundärseite beträgt 2:1. Die Primärseite hat eine Induktivität von $L_m = 27.8$ µH und eine Streuinduktivität von $L_\ell = 0.26$ µH. Verwenden Sie die Schalter- und Diodenparameter aus dem Anhang vom Kapitel. Simulieren Sie diesen Wandler mit LTspice.

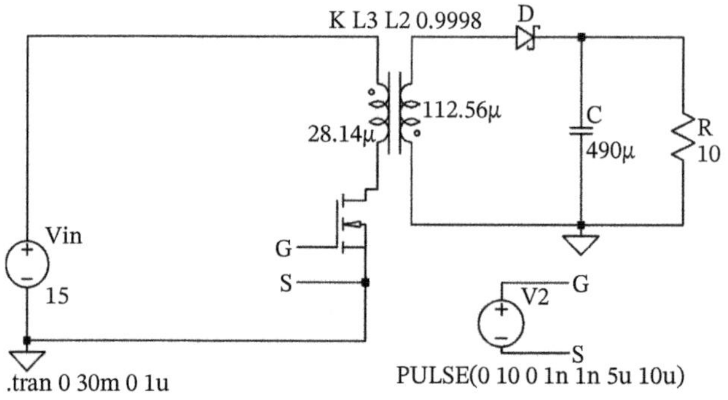

Abb. 8.4 LTspice-Modell zu dem Beispiel 8.2.

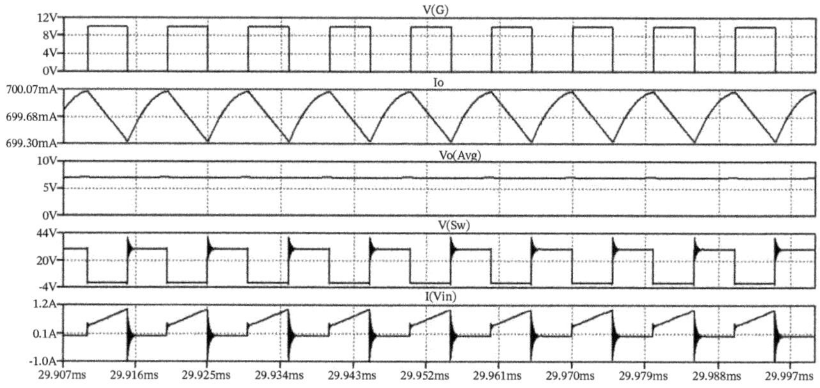

Abb. 8.5 LTspice-Simulationsergebnisse zu Beispiel 8.2.

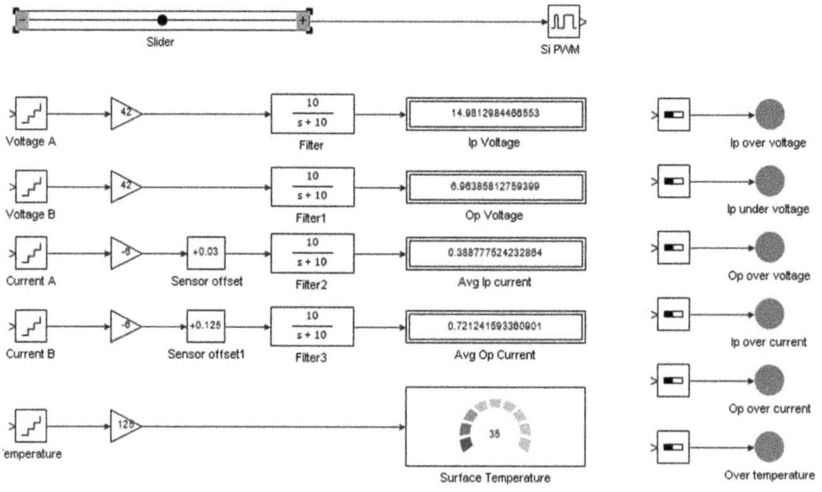

Abb. 8.6 Workbench-Modell zu Beispiel 8.2.

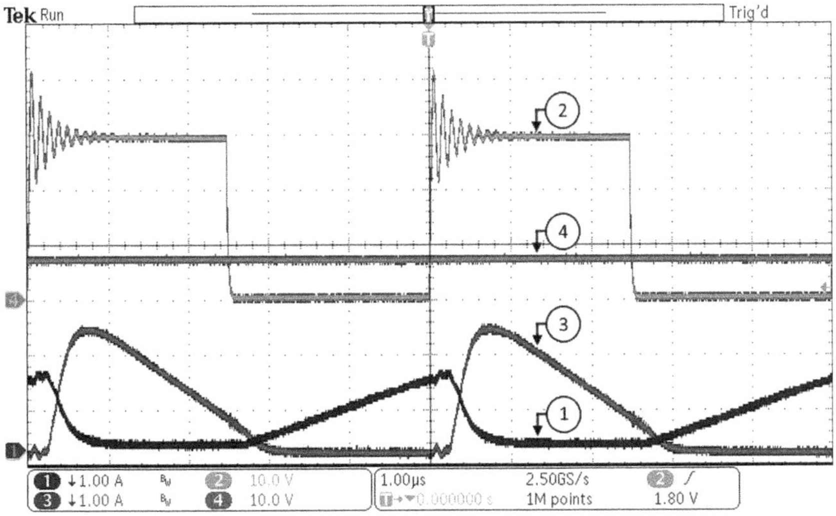

Abb. 8.7 Hardware-Ergebnisse: (1) Eingangsstrom, (2) Schaltknotenspannung, (3) Diodenstrom und (4) Ausgangsspannung.

Lösung

Die Simulationsdatei für dieses Beispiel ist auf der begleitenden Website verfügbar. Das LTspice-Modell ist in Abb. 8.4 dargestellt, und die stationären Signalformen aus der Simulation sind in Abb. 8.5 zu finden.

Das Workbench-Modell zur Implementierung dieses Beispiels in Hardware unter Verwendung des Sciamble-Laborkits ist in Abb. 8.6 dargestellt.

Die stationären Wellenformen beim Betrieb des Sperrwandlers mit dem Sciamble-Laborkit sind in Abb. 8.7 gezeigt. Das schrittweise Verfahren zur Nachbildung dieser Hardware-Implementierung ist in [1] beschrieben.

8.4.2 RCD-Snubber

In einem realen Sperrwandler (Abb. 8.8) zeigt das Spannungssignal, ganz im Gegensatz zur idealen Signalform (Abb. 8.3), am Schaltknoten ein signifikantes Überschwingen (Klingeln). Wenn der Schalter ausschaltet, wird die in der Streuinduktivität L_ℓ gespeicherte Energie im Gegensatz zur primären Induktivität L_m nicht

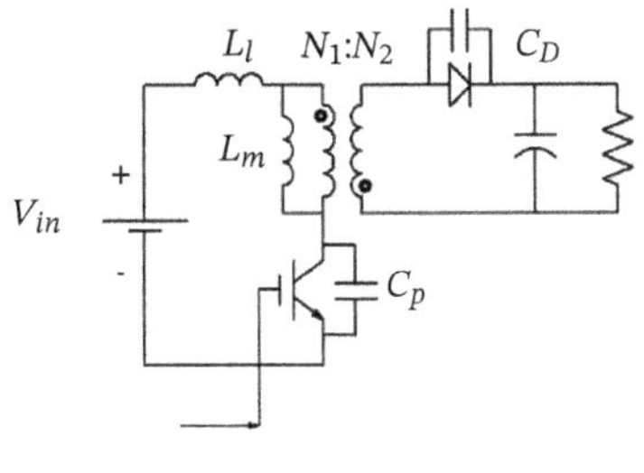

Abb. 8.8 Realer Sperrwandler mit parasitären Elementen.

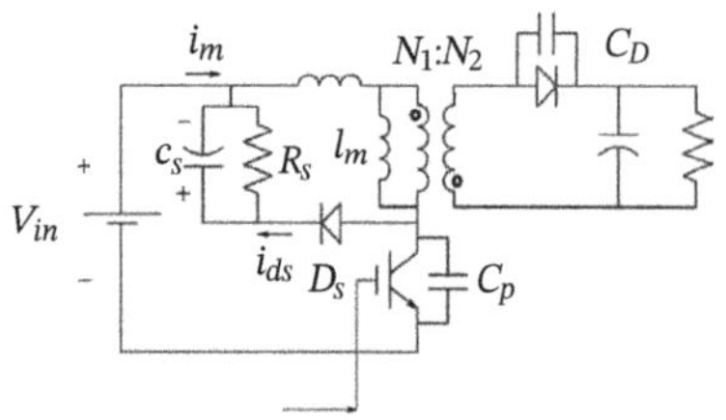

Abb. 8.9 RCD (Resistor-Capacitor-Diode)-Snubber.

auf die Sekundärseite übertragen. Stattdessen lädt diese Energie die parasitäre Kapazität des Schalters auf, was zu einer hohen Spannung über dem Schalttransistor führt und diesen erheblich belastet. In der Folge können der Schalttransistor und die Transformatorisolierung beschädigt werden.

Um diese Spannungsschwankungen zu bewältigen, wird in realen Sperrwandlern eine Snubber-Schaltung verwendet (Snubber-Schaltung bedeutet Dämpfungsschaltung, aber Snubber-Schaltung ist der allgemein übliche Ausdruck). Der nächste Abschnitt behandelt den Betrieb und die Auslegung des häufig verwendeten RCD (Resistor-Capacitor-Diode)-Snubbers (Abb. 8.9).

Zunächst analysieren wir den stationären Betrieb der Snubber-Schaltung, gefolgt von der Bestimmung der Snubber-Parameter. Die Spannung V_{cs} über dem Snubber-Kondensator wird als konstant angenommen, was durch eine ausreichend große Kapazität C_s gerechtfertigt ist.

8.4.2.1 Stationärer Betrieb des RCD-Snubbers

Im Zeitintervall $0 < t < DT_s$ (wenn der Transistor eingeschaltet ist, Abb. 8.10a) steigt der Primärstrom linear an (Abb. 8.10b). Während dieser Periode ist die Spannung über dem Transistor null (Abb. 8.10c). Es fließt kein Strom in den Snubber-Schaltkreis, da die Diode D_s mit einer Spannung von $V_{in} + V_{cs}$ in Sperrrichtung vorgespannt ist (Abb. 8.10d). Der Snubber-Kondensator wird langsam durch den Snubber-Widerstand entladen, was durch den negativen Strom $-\frac{V_{cs}}{R_s}$ zu erkennen ist (Abb. 8.10e).

Wenn der Transistor ausgeschaltet wird, wird die parasitäre Kapazität C_p auf die Summe der Eingangsspannung und der reflektierten Sekundärspannung $V_{in} + nV_o$ aufgeladen, wobei $n = \frac{N_1}{N_2}$. Während des Intervalls $DT_s < t < T_1$ wird die in der primären Induktivität gespeicherte Energie schnell die parasitäre Kapazität C_p des Transistors aufladen und die Sperrschichtkapazität C_d auf der Sekundärseite entladen. Der Eingangsstrom i_{in} bleibt relativ konstant, da der Energieübertrag von den primären Induktivitäten zu den parasitären Kapazitäten vernachlässigbar ist.

Sobald die Sperrschichtkapazität der Sekundärseite vollständig entladen ist und die Diode zu leiten beginnt, wird C_p auf $V_{in} + nV_o$ aufgeladen. Die Energie in der primären Induktivität beginnt den Ausgangskondensator aufzuladen.

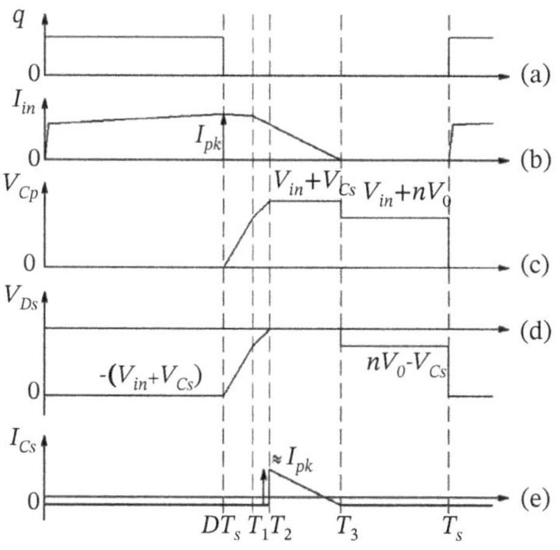

Abb. 8.10 Signalformen des RCD-Snubbers.

Während des Intervalls $T_1 < t < T_2$ bleibt die Snubber-Diode in Sperrrichtung vorgespannt, da $nV_o < V_{cs}$ ist. Die Spannung über dem Transistor steigt weiter an, bis sie den Wert $V_{in} < V_{cs}$ (plus den vernachlässigbaren Spannungsabfall der Diode in Durchlassrichtung) erreicht, wodurch die Snubber-Diode in Durchlassrichtung vorgespannt wird. Der Primärstrom fällt schnell ab, da nur die auf der Primärseite in der Streuinduktivität gespeicherte Energie den Kondensator C_p auflädt.

Ohne den Snubber-Schaltkreis würde die Energie in der Streuinduktivität weiterhin C_p aufladen, was zu großen Spannungsoszillationen über dem Transistor führen würde. Die zugehörige Schwingungsfrequenz liegt typischerweise im MHz-Bereich und verursacht erhebliches Rauschen und elektromagnetische Interferenzen (EMI):

$$f_p = \frac{1}{2\pi\sqrt{L_\ell C_p}} \tag{8.9}$$

Mit dem Snubber-Schaltkreis fließt der Primärstrom durch die in Durchlassrichtung vorgespannte Snubber-Diode und lädt den Snubber-Kondensator auf. V_{cs} bleibt durch das gewählte Design relativ konstant. Während des Intervalls $T_2 < t < T_3$ fällt der Primärstrom weiter schnell ab und die Spannung über dem Transistor bleibt auf $V_{in} + V_{cs}$ beschränkt.

Sobald die Energie aus der Streuinduktivität zum Zeitpunkt $t = T_3$ vollständig auf den Kondensator (der zur Begrenzung der Spannungsspitzen dient) übertragen ist, fällt der Primärstrom auf null und die Snubber-Diode wird in Sperrrichtung vorgespannt, da die Transistorspannung von $V_{in} + V_{cs}$ auf $V_{in} + nV_o$ abfällt.

Beispiel 8.3

Berechnen Sie die Frequenz des Überschwingens (Klingelns) über dem Transistor beim Ausschalten. Die parasitäre Kapazität des Transistors ist $C_p = 970$ pF.

Lösung

Aus Gl. (8.9) erhält man $f_p = \dfrac{1}{2\pi\sqrt{L_\ell C_p}} \approx 10$ MHz.

8.4.2.2 Design eines RCD-Snubbers

Im stationären Zustand ist die Spannung über dem Snubber-Kondensator konstant, sodass der über einen Schaltzyklus $T_s \left(= \frac{1}{f_s}\right)$ gemittelte Strom durch den Kondensator null ist:

$$\frac{1}{2} I_{pk} (T_3 - T_2) - \frac{V_{cs}}{R_s} T_s = 0. \tag{8.10}$$

Während des Intervalls $T_2 < t < T_3$, wenn die Snubber-Diode in Durchlassrichtung vorgespannt ist, ist die Spannung über der Induktivität gleich der Summe der Spannung über dem Snubber-Kondensator und der Spannung über der Primärwicklung des Transformators:

$$V_{L\ell} = L_\ell \frac{\Delta I_\ell}{\Delta t} = V_{cs} - nV_o. \tag{8.11}$$

Der Strom durch die Streuinduktivität geht von ungefähr I_{pk} auf null. Die Dauer des Intervalls, in dem die Snubber-Diode leitet, kann aus der Gleichung

$$L_\ell \frac{\Delta I_\ell}{\Delta t} = L_\ell \frac{I_{pk} - 0}{T_3 - T_2} = V_{cs} - nV_o \Rightarrow T_{sn} = T_3 - T_2 = L_\ell \frac{I_{pk}}{V_{cs} - nV_o} \tag{8.12}$$

ermittelt werden. Den Ausdruck für den Snubber-Widerstand bekommt man aus:

$$\begin{aligned} &\frac{1}{2} I_{pk}^2 L_\ell \frac{1}{V_{cs} - nV_o} - \frac{V_{cs}}{R_s} T_s = 0 \\ &\Rightarrow R_s = \frac{V_{cs}(V_{cs} - nV_o)}{\frac{1}{2} I_{pk}^2 L_\ell f_s}. \end{aligned} \tag{8.13}$$

Unter Berücksichtigung der Betriebsbedingungen des Wandlers und der gewünschten maximalen Transistorspannung kann der Snubber-Widerstand R_s mit obigem Ausdruck bestimmt werden. Eine niedrigere Spannung über dem Transistor erfordert einen kleineren Snubber-Widerstand, was zu höheren Verlusten im Snubber-Kreis führt. Die im Snubber-Kreis verlorene Leistung beträgt:

$$P_s = \frac{V_{cs}^2}{R_s} = \frac{1}{2} I_{pk}^2 L_\ell f_s \frac{V_{cs}}{(V_{cs} - nV_o)} = \alpha P_{L\ell}, \tag{8.14}$$

wobei $P_{L\ell} = \frac{1}{2} I_{pk}^2 L_\ell f_s$ die Streuinduktivitätsleistung ist, also diejenige Energie, die in der Streuinduktivität pro Schaltzyklus gespeichert wird. $\alpha = 1/\left(1 - \frac{nV_o}{V_{cs}}\right)$ ist der Faktor, um den die Verluste im Kreis aufgrund des Vorhandenseins des Snubbers skaliert werden. Da $V_{cs} > nV_o$, ist α immer größer als 1. Eine höhere Snubber-Spannung führt zu geringeren Verlusten und umgekehrt.

Der Wert des Snubber-Kondensators ist weniger kritisch als der des Widerstands. Die Kapazität sollte groß genug sein, um eine konstante Snubber-Spannung aufrechtzuerhalten. Ein ungefährer Ausdruck kann aus der Form des Stromsignals am Snubber-Kondensator abgeleitet werden. Unter der Annahme, dass der Strom durch den Snubber-Widerstand im Vergleich zum Spitzen-Eingangsstrom I_{pk} während des Intervalls, in dem die Snubber-Diode in Sperrrichtung vorgespannt ist, vernachlässigbar ist, gilt:

$$\begin{aligned} i_{cs} &= \frac{C_s(\Delta V_{cs})}{\Delta T} \Rightarrow \frac{V_{cs}}{R_s} = C_s \frac{\Delta V_{cs}}{T_s - T_{sn}} \\ \Rightarrow C_s &= \frac{1}{R_s} \frac{V_{cs}}{\Delta V_{cs}} (T_s - T_{sn}) \approx \frac{T_s}{R_s} \frac{V_{cs}}{\Delta V_{cs}}. \end{aligned} \tag{8.15}$$

In obigem Ausdruck ist $\frac{\Delta V_{cs}}{V_{cs}}$ das Verhältnis der Spitze-Spitze-Welligkeit der Spannung des Snubber-Kondensators zur mittleren Spannung des Snubber-Kondensators über einen Schaltzyklus. Dieser Wert wird typischerweise zwischen 0.01 und 0.1 gewählt. Die Diode muss ein schnell schaltender Typ sein, wie eine Schottky-Diode, da die Leitungsperiode T_{sn} normalerweise nur für ein kurzes Intervall andauert.

Beispiel 8.4

Entwerfen Sie einen Snubber für den Sperrwandler. Nehmen Sie an, dass die Snubber-Diode ideal ist und der Spitzen-Eingangsstrom $I_{pk} = 2$ A beträgt. Die Spannung über dem Transistor sollte 35 V nicht überschreiten.

Lösung

Unter Verwendung von Gl. (8.8) und unter idealen Bedingungen muss die Snubber-Kondensatorspannung größer als die Spannung über dem Transistor sein, wenn dieser ausgeschaltet ist, aber kleiner als die maximal zulässige Spannung über dem Transistor, also

$$30\,\text{V} < V_{in} + V_{cp} < 35\,\text{V} \Rightarrow 15\,\text{V} < V_{cp} < 20\,\text{V}.$$

Bei einer Welligkeit der Snubber-Kondensatorspannung von 10 %, was hier im schlimmsten Fall 2 V ausmacht, wird die Spannung $V_{cp} = 18$ V gewählt. Der Snubber-Widerstand kann aus der Formel

$$R_s = \frac{18\,(18 - 2 \times 7.5)}{\frac{1}{2}2^2 \times 0.26\mu \times 100\text{k}} \approx 1\text{k}\Omega$$

ermittelt werden. Die im Snubber-Kreis verlorene Leistung berechnet sich zu:

$$P_s = \frac{V_{cs}^2}{R_s} = \frac{18^2}{1000} = 0.324\text{W},$$

was etwa dem 6-fachen der Streuinduktivitätsleistung entspricht $\left(P_{L\ell} = \frac{1}{2}I_{pk}^2 L_\ell f = 0.052\text{W}\right)$, die ohne den Snubber-Kreis verloren ginge. Die Snubber-Kapazität ermittelt sich zu:

$$C_s = \frac{T_s}{R_s}\frac{V_{cs}}{\Delta V_{cs}} = \frac{1}{100\text{k} \times 1\text{k}}\frac{18}{0.1 \times 18} = 0.1\ \mu\text{F}.$$

8.4.3 Simulation und Hardware-Prototyping: Sperrwandler im CCM mit Snubberschaltung

Das folgende Beispiel zeigt die Simulation eines nicht-idealen Sperrwandlers mit einer Snubber-Schaltung auf der Primärseite.

Beispiel 8.5

Im in Abb. 8.2c gezeigten Sperrwandler beträgt die Kapazität $C = 490\ \mu\text{F}$ und der Widerstand $R = 10\ \Omega$. Er arbeitet im stationären DC-Zustand unter den folgenden Bedingungen: Eingangsspannung $V_{in} = 15$ V, Tastverhältnis $D = 0.5$ und Schaltfrequenz $f_s = 100$ kHz. Der Transformator hat ein Übersetzungsverhältnis von 2:1. Die Primärseite hat eine Primärinduktivität von $L_m = 27.8\ \mu\text{H}$ und eine Streuinduktivität von $L_\ell = 0.26\ \mu\text{H}$. Der Snubber-Schaltkreis umfasst einen Widerstand $R_s = 1\ \text{k}\Omega$ und eine Kapazität $C_s = 0.1\ \mu\text{F}$. Verwenden Sie die

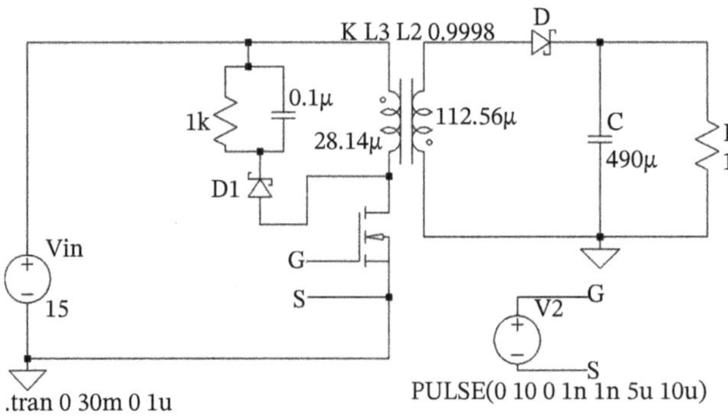

Abb. 8.11 LTspice-Modell zu Beispiel 8.5.

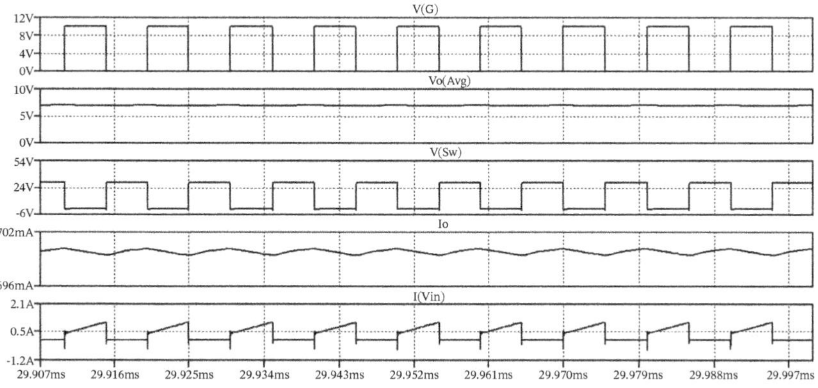

Abb. 8.12 LTspice-Simulationsergebnisse zu Beispiel 8.5.

Schalter- und Diodenparameter aus dem Anhang vom Kapitel 2. Simulieren Sie diesen Wandler mit LTspice.

Lösung

Die Simulationsdatei für dieses Beispiel ist auf der begleitenden Website verfügbar. Das LTspice-Modell ist in Abb. 8.11 dargestellt, und die stationären Signalformen aus der Simulation sind in Abb. 8.12 zu sehen.

Das Workbench-Modell zur Implementierung dieses Beispiels in Hardware unter Verwendung des Sciamble-Labkits ist dasselbe wie in Abb. 8.6. Die

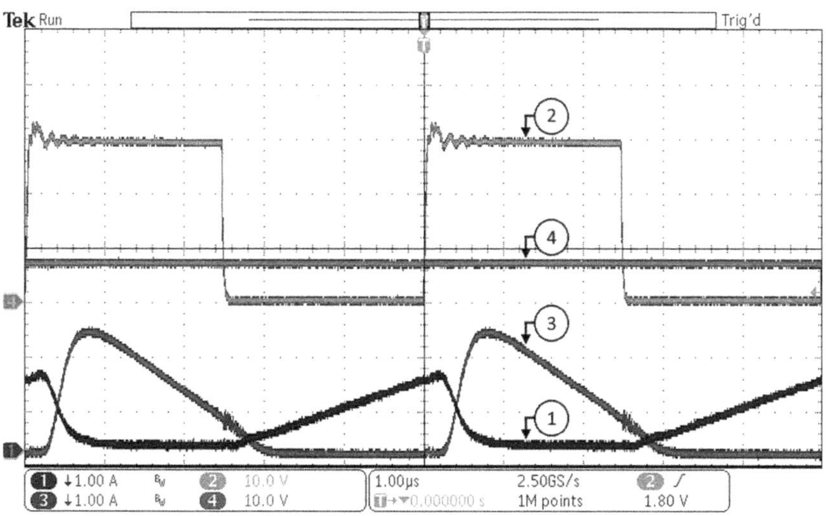

Abb. 8.13 Hardware-Ergebnisse: (1) Eingangsstrom, (2) Schaltknotenspannung, (3) Diodenstrom und (4) Ausgangsspannung.

stationären Signalformen beim Betrieb des Sperrwandlers mit einem RCD-Snubber unter Verwendung des Sciamble-Labkits sind in Abb. 8.13 zu sehen. Das schrittweise Verfahren zur Nachbildung dieser Hardware-Implementierung ist in [2] zu finden.

Wie in der Abb. 8.13 zu sehen ist, wird die Spannung über dem Schalter innerhalb der im Beispiel spezifizierten Anforderung von 35 V begrenzt.

8.4.4 Simulation und Hardware-Prototyping: Sperrwandler im DCM mit Snubberschaltung

In den vorherigen Abschnitten haben wir den Betrieb des Sperrwandlers im kontinuierlichen Strommodus besprochen. Wir werden einen nicht-idealen Sperrwandler im diskontinuierlichen Strommodus (DCM) mit einem Snubber auf der Primärseite anhand eines Beispiels simulieren. Der Betrieb ist dem eines Inverswandlers sehr ähnlich.

Beispiel 8.6

Der Sperrwandler aus Beispiel 8.5 arbeitet mit einem Tastverhältnis von $D = 0.15$ und einem Lastwiderstand von $R = 8\ \Omega$. Simulieren Sie diesen Wandler mit LTspice.

Lösung

Die Simulationsdatei ist auf der begleitenden Website verfügbar. Das verwendete LTspice-Modell ist in der Abbildung dargestellt, und die stationären Signalformen aus dieser Simulation sind in Abb. 8.14 zu finden.

Das Workbench-Modell zur Implementierung dieses Beispiels in Hardware mit dem Sciamble-Labor-Kit ist ebenfalls in der Abbildung gezeigt. Die stationären Wellenformen beim Betrieb des Sperrwandlers mit einem RCD-Snubber unter Verwendung des Sciamble-Labor-Kits im DCM sind in Abb. 8.15 dargestellt. Wenn der Sekundärstrom im DCM auf null geht und die Diode in Sperrrichtung vorgespannt ist, wechselt die Spannung über dem Transistor von $V_{in} + nV_o$ zu V_{in}. Die Frequenz dieses Klingelns wird dann durch folgende Gleichung gegeben:

$$f_d = \frac{1}{2\pi\sqrt{(L_\ell + L_m)\, C_p}}. \tag{8.16}$$

Viele kommerziell verfügbare Controller-ICs für Sperrwandler, wie der UCC28704 von Texas Instruments, arbeiten im DCM. Sie nutzen das inhärente Klingeln der Transistorspannung, um den Transistor einzuschalten, wenn die

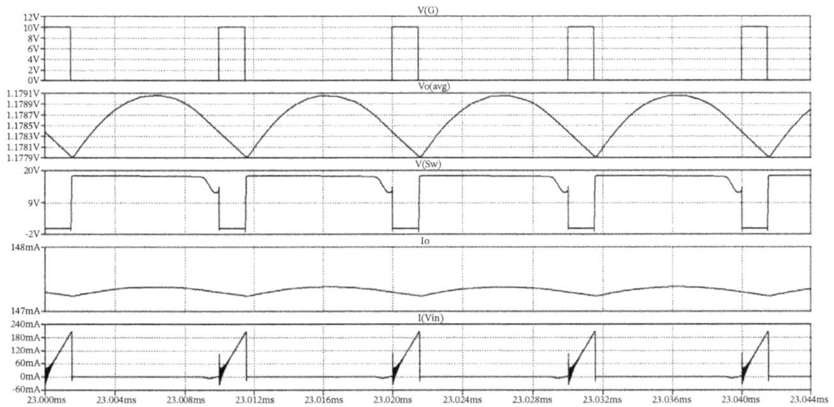

Abb. 8.14 LTspice-Simulationsergebnisse zu Beispiel 8.6.

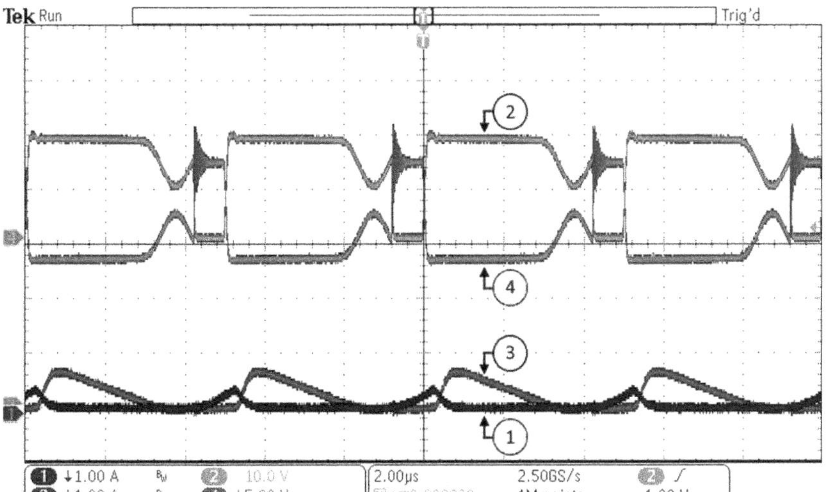

Abb. 8.15 Hardware-Ergebnisse: (1) Eingangsstrom, (2) Schaltknotenspannung, (3) Diodenstrom und (4) Sekundärspannung.

Spannung über dem Schalter am niedrigsten ist. Dadurch werden die Schaltverluste reduziert.

Bisher haben wir nur das Design des Snubbers auf der Primärseite besprochen. Wie in Abb. 8.15 zu sehen ist, gibt es aufgrund der Streuinduktivität und der Sperrschichtkapazität der Diode auch auf der Sekundärseite ein erhebliches Klingeln in der Spannung. Dieses Klingeln ist typischerweise höherfrequent als das Klingeln auf der Primärseite. Es kann aber durch die Verwendung eines einfachen RC-Snubbers über der Diode reduziert werden [3].

8.5 Flusswandler

Der Flusswandler, eine Variante des Abwärtswandlers, wird häufig in Anwendungen mit Leistungsstufen bis zu 1 kW eingesetzt. Ein typischer Abwärtswandler ist in Abb. 8.16a dargestellt. Durch Hinzufügen eines Transformators mit Dreifachwicklung (Abb. 8.16b) entsteht ein Flusswandler Flusswandler. Die dritte Wicklung, in Serie mit Diode D_3 und Diode D_1, ist notwendig, um den Kern in jedem Schaltzyklus zu entmagnetisieren. In Abb. 8.16b stellen die Wicklungsorientierungen sicher, dass der Strom, der an dem gekennzeichneten Punkt in jede Wicklung hineinfließt, den Kernfluss in die gleiche Richtung erzeugt. Wir betrachten den stationären Betrieb des Wandlers im kontinuierlichen Strommodus, bei dem der Ausgangsspulenstrom i_L kontinuierlich fließt. Für diese Analyse nehmen wir ideale Halbleiterbauelemente $v_o(t) = V_o$ und null Streuinduktivitäten an.

Unter der Annahme eines idealen Transformators im Flusswandler von Abb. 8.16b können die dritte Wicklung und Diode D_3 entfernt und D_1 durch einen Kurzschluss ersetzt werden. In diesem idealen Fall arbeitet der Flusswandler, abgesehen vom Transformator-Übersetzungsverhältnis N_2/N_1, wie ein Abwärtswandler. Dies lässt an der Signalform in Abb. 8.17 klar erkennen. Daher gilt im kontinuierlichen Strommodus

$$V_o = \left(\frac{N_2}{N_1}\right) DV_{\text{in}}. \tag{8.17}$$

In einem realen Transformator muss der Kern während des Ausschaltintervalls des Transistors vollständig entmagnetisiert werden, was die dritte Wicklung und

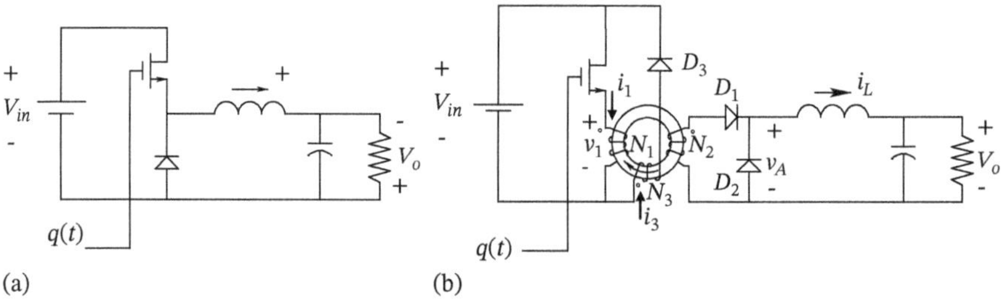

Abb. 8.16 (a) Abwärts- und (b) Flusswandler.

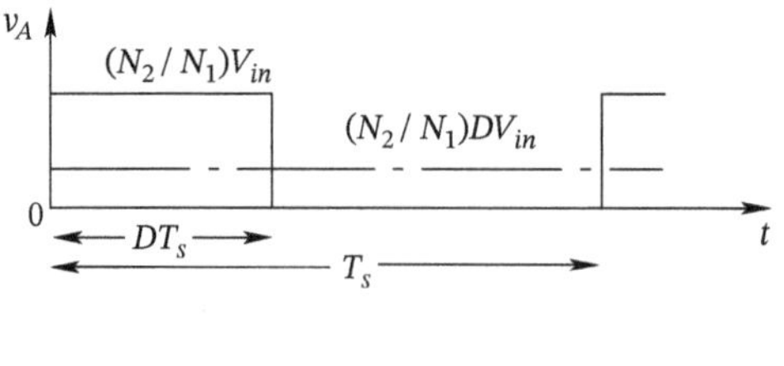

Abb. 8.17 Betrieb des Flusswandlers.

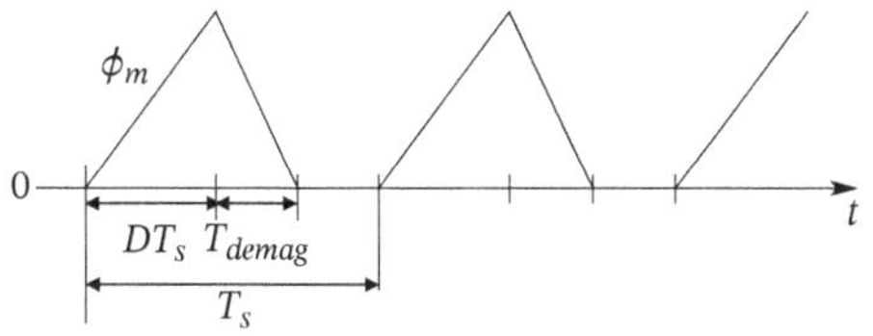

Abb. 8.18 Magnetischer Fluss im Kern des Flusswandlers.

die Dioden D_1 und D_3 erfordert (Abb. 8.4b). Wenn der Transistor eingeschaltet ist, baut sich der magnetische Fluss im Kern auf (Abb. 8.18). Während dieses Einschaltintervalls DT_s ist D_3 in Sperrrichtung gepolt, wodurch verhindert wird, dass Strom durch die dritte Wicklung fließt. Die Diode D_2 ist ebenfalls in Sperrrichtung gepolt, und der Ausgangsspulenstrom fließt durch D_1.

Wenn der Transistor ausschaltet, zwingt die im Transformator gespeicherte magnetische Energie den Strom in das gepunktete Ende der dritten Wicklung, da aufgrund von D_1 kein Strom in das gepunktete Ende der Sekundärwicklung fließen kann. Dies führt dazu, dass V_{in} über die dritte Wicklung negativ angelegt wird, wodurch der magnetische Fluss im Kern abnimmt (Abb. 8.6). Der Ausgangsspulenstrom fließt dabei frei durch die Diode D_2. Nach einem Intervall T_{demag} erreicht der Fluss im Kern null und bleibt dort, bis der nächste Zyklus beginnt. Um eine Kernsättigung zu verhindern, muss T_{demag} kleiner als das Ausschaltintervall des Transistors $(1 - D)T_s$ sein. Typischerweise werden die Wicklungen 1 und 3 für eine enge Kopplung bifilar gewickelt, was zu $N_3 = N_1$ führt. Daher wird während DT_s und T_{demag} eine pro Wicklung gleiche Spannung aber mit entgegengesetzter Polarität an den Kern angelegt. Mit $N_3 = N_1$ gilt $T_{demag} = DT_s$, und im oberen Grenzfall sind DT_s und T_{demag} beide gleich $T_s/2$. Daher beträgt das obere Grenzverhältnis des Tastverhältnisses D_{max} =0.5.

Beispiel 8.7

Im Flusswandler in Abb. 8.16b sind V_{in} = 48 V, V_o = 5 V, N_1/N_2 = 3.5, $N_1/N_3 = 1$ und die Primäre Induktivität L_{m1} = 150 µH. Dieser Wandler arbeitet im äquivalenten kontinuierlichen Strommodus (CCM) mit einer Schaltfrequenz von f_s = 200 kHz und versorgt eine Ausgangslast mit P_o = 60 W. Nehmen Sie an, dass der Spulenstrom i_L im Filter oberwellenfrei ist. Berechnen Sie die zugehörigen Signalformen unter der Annahme, dass dieser Wandler verlustfrei ist.

Lösung

Aus Gleichung (8.17) ergibt sich das Tastverhältnis $D = 0.365$, wobei T_s = 5 µs ist. Die mittleren Ströme sind I_{in} = 1.25 A und I_{out} = 1.25 A, wobei der auf die Primärseite reflektierte Ausgangsstrom $(N_2/N_1)I_{out}$ = 3.43 A beträgt. Die

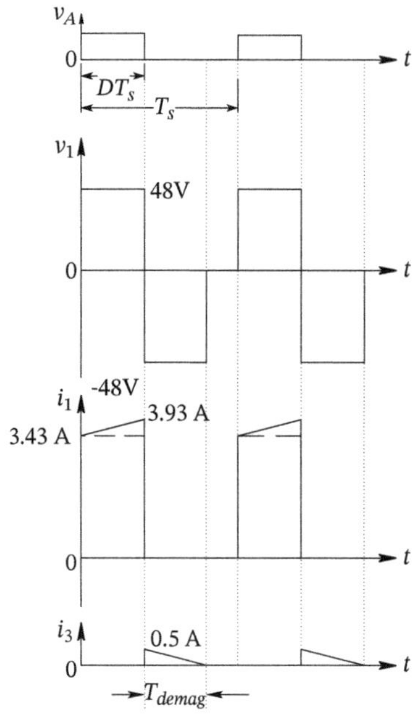

Abb. 8.19 Signalformen im Flusswandler des Beispiels 8.7.

Spannungssignale sind in Abb. 8.19 zu sehen. Der Spitzenmagnetisierungsstrom während des Einschaltintervalls DT_s berechnet sich zu

$$\Delta I_m = \frac{V_{\text{in}}(DT_s)}{L_{m1}} = 0.5\text{ A}.$$

Während des Ausschaltintervalls des Transistors nimmt der Magnetisierungsstrom, der durch die Diode D_3 fließt, ab und erreicht nach $T_{\text{demag}} = DT_s = 1.825\ \mu\text{s}$ den Wert null (Abb. 8.19).

8.5.1 Simulation und Hardware-Prototyping

Die Simulation eines nicht-idealen Flusswandlers wird durch das folgende Beispiel demonstriert.

Beispiel 8.8

In dem in Abb. 8.16c gezeigten Flusswandler sind die Parameter: $C = 490\ \mu\text{F}$, $L = 68\ \mu\text{H}$, $R = 10\ \Omega$, $N_1/N_2 = 1$ und $N_1/N_3 = 1$. Er arbeitet im stationären DC-Zustand unter den folgenden Bedingungen: $V_{\text{in}} = 15$ V, $D = 0.3$ und $f_s = 100$ kHz. Die Primärseite hat eine Induktivität von $L_m = 72.9\ \mu\text{H}$ und eine Streuinduktivität von $L_\ell = 0.12\ \mu\text{H}$. Verwenden Sie die Schalter- und

Diodenparameter aus dem Anhang vom Kapitel 2. Simulieren Sie diesen Wandler mit LTspice.

Lösung

Die Simulationsdatei ist auf der begleitenden Website verfügbar. Das LTspice-Modell ist in der Abb. 8.20 gezeigt, und die Signalformen im Gleichgewichtszustand aus der Simulation sind in der Abb. 8.21 zu finden.

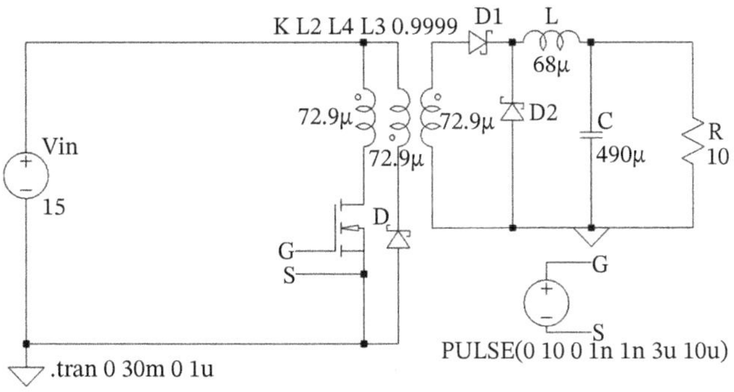

Abb. 8.20 LTspice-Modell für Beispiel 8.8.

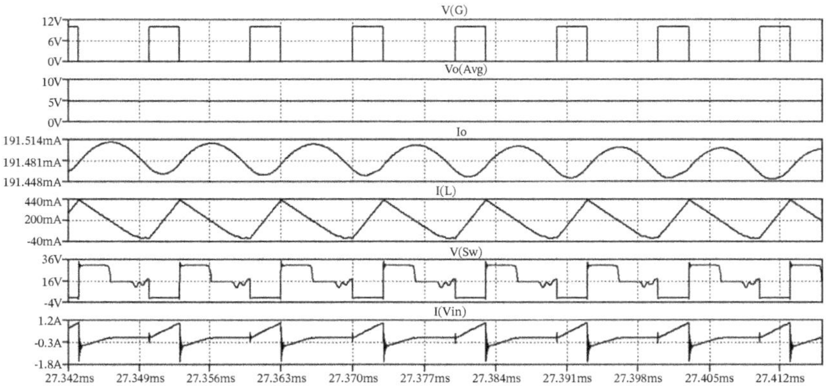

Abb. 8.21 LTspice-Simulationsergebnisse für Beispiel 8.8.

Das Workbench-Modell zur Implementierung vom Beispiel 8.8 in Hardware mit dem Sciamble-Laborkit ist in Abb. 8.22 zu sehen.

Die Signalformen im Betrieb des Flusswandlers im stationären Zustand mit dem Sciamble-Laborkit sind in der Abb. 8.23 zu sehen. Das schrittweise Verfahren zur Nachbildung der Hardware-Implementierung wird in [4] beschrieben.

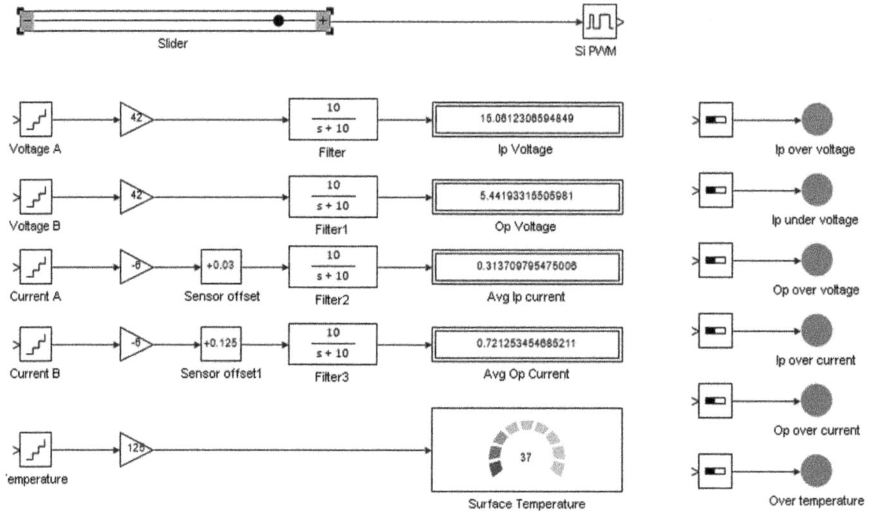

Abb. 8.22 Workbench-Modell für Beispiel 8.8.

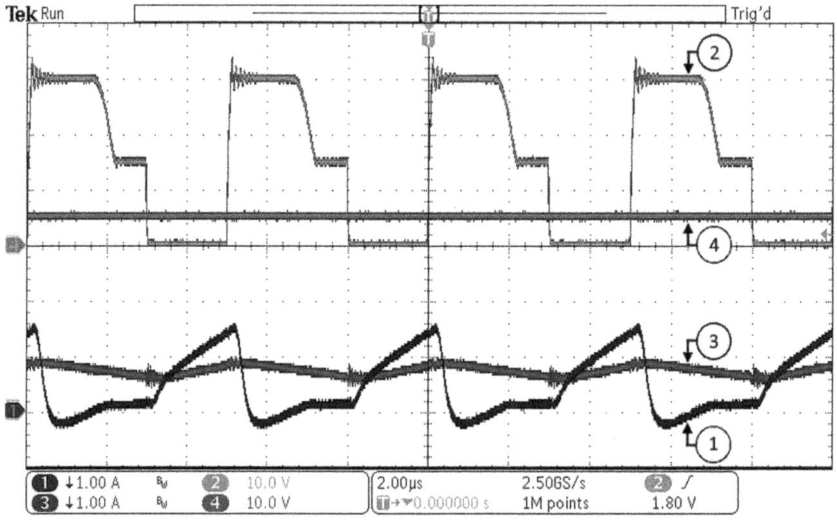

Abb. 8.23 Hardwareergebnisse: (1) Eingangsstrom, (2) Schaltknotenspannung, (3) Diodenstrom und (4) Ausgangsspannung.

Im Gegensatz zur Transistorspannung in einem Sperrwandler ohne Snubber klingelt die Transistorspannung in einem Flusswandler ohne Snubber nicht so stark. Dies hat zwei Gründe:

- Der Flusswandler-Transformator hat typischerweise eine geringere Streuinduktivität aufgrund der engeren Kopplung zwischen der Primär- und Entmagnetisierungswicklung.
- Eine anhaltende Spannung größer als $2V_{\text{in}}$ über dem Transistor wird die Diode der Entmagnetisierungswicklung in Durchlassrichtung vorspannen und die Spannung zwischen $2V_{\text{in}}$ und auf die Dioden-Durchlassspannung begrenzen.

In Fällen, bei denen die Transformatorstreuinduktivität oder parasitäre Induktivität der Leiterbahnen aufgrund schlechter Layouts hoch ist, kann ein zusätzlicher RCD-Snubber verwendet werden, um transiente Spannungsspitzen zu begrenzen.

8.5.2 Flusswandler mit zwei Schaltern

Flusswandler mit einem Leistungsschalter werden typischerweise für Leistungsbereiche bis zu einigen hundert Watt verwendet. Im Gegensatz dazu können Flusswandler mit zwei Schaltern, die keine separate Entmagnetisierungswicklung benötigen, Leistungsbereiche von 1 kW und mehr bewältigen.

Die Topologie des Flusswandler mit zwei Schaltern ist in Abb. 8.24 dargestellt. Beide Transistoren werden gleichzeitig mit einem Tastverhältnis $D \leq 0.5$ ein- und ausgeschaltet. Solange beide Transistoren eingeschaltet sind, sind während des Einschaltintervalls DT_s die Dioden D_1 und D_2 in Sperrrichtung gepolt. Der Ausgangsspulenstrom i_L fließt durch D_0, ähnlich wie bei einem Flusswandler mit einem Leistungsschalter. Wenn beide Transistoren während des Ausschaltintervalls ausgeschaltet sind, fließt der Magnetisierungsstrom für den Transformatorkern durch die beiden primärseitigen Dioden in die Spannungsquelle V_{in} hinein. Damit liegt V_{in} negativ an den Kern an und bewirkt dessen Entmagnetisierung. Die Anwendung von $-V_{\text{in}}$ an der Primärwicklung sperrt D_0, und der Ausgangsspulenstrom i_L fließt im Freilauf durch D_F.

Wie bei der Entmagnetisierung des Kerns in einem Flusswandler mit einem Schalter besprochen, ist das Tastverhältnis D für den Schalter auf 0.5 begrenzt. Das Spannungswandlungsverhältnis bleibt wie in Gl. (8.17) gleich.

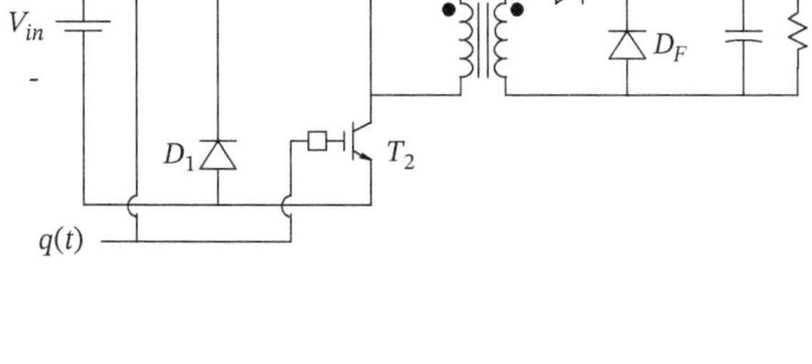

Abb. 8.24 Flusswandler mit zwei Schaltern.

8.6 Vollbrückenwandler

Vollbrückenwandler, die aus vier Transistoren bestehen, sind typischerweise erst ab einigen hundert Watt wirtschaftlich für Hochleistungsanwendungen geeignet. Abgeleitet von Abwärtswandlern nutzen sie den magnetischen Kern in zwei Quadranten, im Gegensatz zu Sperrwandlern und Flusswandlern, die nur in einem Quadranten der B-H-Kurve arbeiten.

Ein Vollbrückenwandler verfügt über zwei Leistungsschalter und eine mit Mittelanzapfung versehene Sekundärwicklung des Transformators. Für die Analyse nehmen wir einen idealen Transformator an, obwohl die Effekte des Magnetisierungsstroms berücksichtigt werden könnten. Wir werden hier nur den stationären Betrieb des Wandlers im kontinuierlichen Strommodus untersuchen, bei dem der Ausgangsspulenstrom i_L kontinuierlich fließt. Wir nehmen wieder ideale Komponenten an, und es gelte $v_o(t) = V_o$.

Im Vollbrückenwandler (Abb. 8.25) wechselt die Spannung v_1 an der Primärwicklung ohne eine Gleichstromkomponente. Wie in der Abb. 8.26 gezeigt, ist $v_1 = V_{in}$, wenn die Transistoren T_1 und T_2 während DT_s eingeschaltet sind, und $v_1 = - V_{in}$, wenn T_3 und T_4 für die gleiche Dauer eingeschaltet sind. Diese Signalform erzeugt einen gleich großen positiven und negativen Fluss (mit der Einheit Weber = V_s) in der Primärwicklung des Transformators (Anmerkung des Übersetzers: Der letzte Satz kann auch in einem altmodischen Jargon formuliert werden, der sich folgendermaßen liest: Diese Signalform legt gleiche positive und negative Voltsekunden

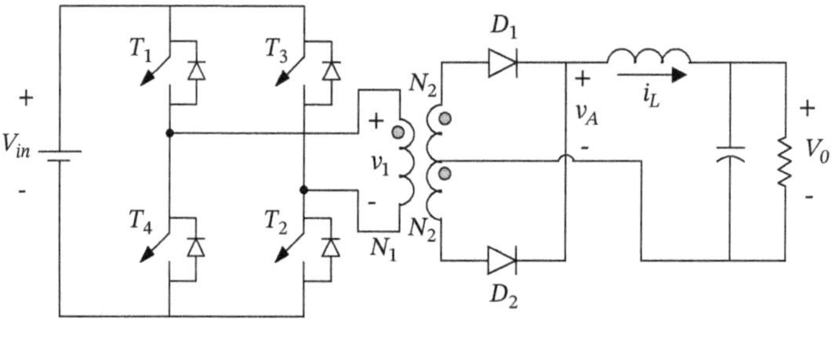

Abb. 8.25 Vollbrückenwandler.

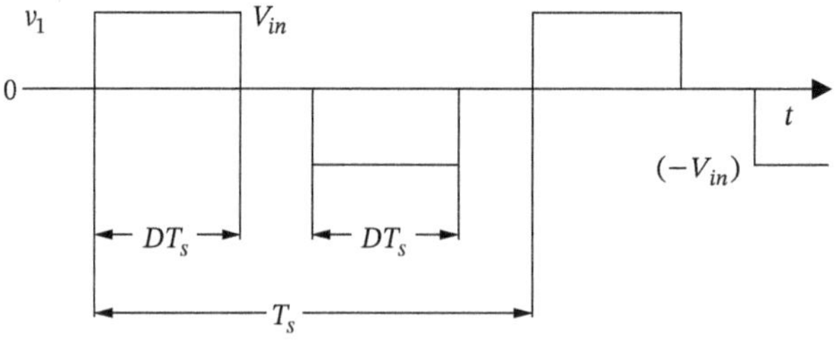

Abb. 8.26 Spannungssignale im Vollbrückenwandler.

an die Primärwicklung des Transformators an. Das Tastverhältnis D (< 0.5) wird gesteuert, um die Ausgangsspannung über einstallbare Nullintervalle zwischen den positiven und negativen Spannungen zu regeln.

Vollbrückenwandler werden über die Art klassifiziert, wie die Spannung an der Primärwicklung auf null gezwungen wird:

1. Pulsweitenmodulation (pulse width modulation, PWM)
2. Phasenmodulation (phase shift modulation, PSM)

8.6.1 PWM-Steuerung

Bei der PWM-Steuerung werden alle vier Transistoren ausgeschaltet, was zu einer Nullspannung über den Transformatorwicklungen führt. Der Ausgangsspulenstrom fließt durch die beiden Sekundärwicklungen im Freilauf, wodurch Leitungsverluste auf der Primärseite des Transformators vermieden werden. Dies führt zu geringeren Leitungsverlusten, weshalb PWM im Fokus dieses Kapitels steht.

8.6.2 PSM-Steuerung

Bei der Phasenmodulation (phase shift modulation, PSM) arbeiten die beiden Transistoren jedes Leistungsschalters mit einem Tastverhältnis von nahezu 50 % ($D \simeq 0.5$). Der Ausgang des Leistungsschalters wechselt zwischen V_{in} und 0. Die Nullintervalle werden durch Phasenverschiebung der beiden Leistungsschalter-Ausgänge relativ zueinander gesteuert. Während der Nullintervalle sind entweder beide oberen oder beide unteren Transistoren eingeschaltet, was zu einem Kurzschluss über der Primärwicklung und $v_1 = 0$ führt. Dieser Zustand reflektiert den Ausgangsspulenstrom in die Primärwicklung, was zusätzliche Leitungsverluste verursacht. Diese Verluste können jedoch durch reduzierte Schaltverluste ausgeglichen werden. Dies wird im Kapitel über Soft-Switching diskutiert. Für die PWM-Steuerung (Abb. 8.27a) liefert der PWM-IC für Vollbrückenwandler während abwechselnder Zyklen der Rampenspannung die passenden Gate-Signale an die Transistorpaare (T_1, T_2 und T_3, T_4) (Abb. 8.27b).

Die resultierenden Teilkreise für einen halben Schaltzyklus sind in der Abb. 8.28 dargestellt. Der andere Halbzyklus ist symmetrisch.

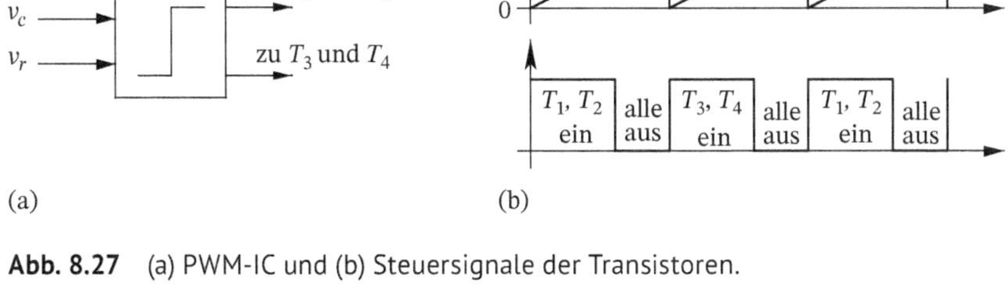

Abb. 8.27 (a) PWM-IC und (b) Steuersignale der Transistoren.

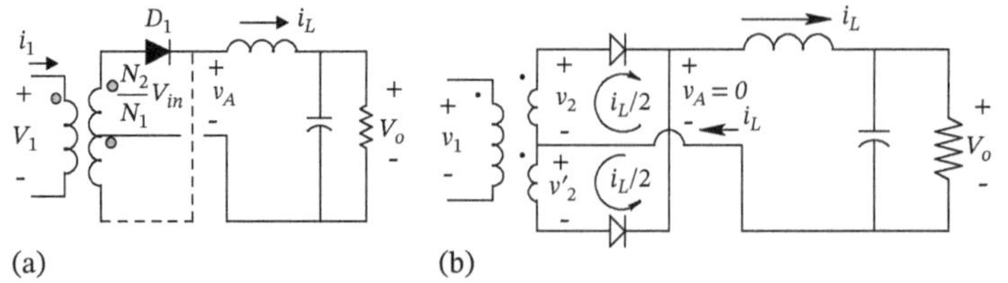

Abb. 8.28 Teilkreise einer Vollbrücke. (a) Stromfluss bei eingeschalteten Transistoren. (b) Stromfluss bei ausgeschalteten Transistoren.

8.6.2.1 Intervall DT_s mit eingeschalteten Transistoren T_1, T_2

Wenn T_1 und T_2 eingeschaltet sind, wird eine positive Spannung V_{in} an die Primärwicklung angelegt, wodurch D_2 in Sperrrichtung geschaltet wird und i_L durch D_1 fließt (Abb. 8.28a). Während dieses Intervalls gilt $v_A = (N_2/N_1)V_{in}$ (Abb. 8.29).

8.6.2.2 Intervall $(1/2 - D)T_s$: Alle Transistoren sind ausgeschaltet

Wenn alle Transistoren ausgeschaltet sind, fließt kein Strom in der Primärwicklung, und der Ausgangsspulenstrom teilt sich gleichmäßig auf die beiden Ausgangsdioden auf (Abb. 8.28b). Dies stellt sicher, dass die gesamte Amperewindungszahl, die auf den Transformator-Kern wirkt, gleich null ist, da der Strom $i_L/2$ aus dem gepunkteten Anschluss herausfließt und $i_L/2$ in den gepunkteten Anschluss hineinfließt. Die Anwendung des Kirchhoffschen Spannungsgesetzes in der Schleife, die aus den beiden Sekundärwicklungen in Abb. 8.27b besteht, zeigt, dass $v_2 + v_2' = 0$. Da $v_2 = v_2'$ ist, müssen beide Spannungen null sein, und daher ist auch die Primärspannung v_1 null:

$$v_1 = v_2 = v_2' = 0. \tag{8.18}$$

Während dieses Intervalls gilt $v_A = 0$ (Abb. 8.29). Damit ist die Diskussion des ersten halben Schaltzyklus abgeschlossen. Während des anderen Halbzyklus sind T_3 und T_4 eingeschaltet und legen eine negative Spannung $(-V_{in})$ für ein Intervall DT_s an die Primärwicklung an. Dies führt dazu, dass D_2 leitet und D_1 in Sperrrichtung geschaltet wird. Während dieses Intervalls gilt wie zuvor $v_A = (N_2/N_1)V_{in}$. Die Signalformen während dieses Halbzyklus sind in der Abb. 8.29 zu sehen. Aus der Abb. 8.29

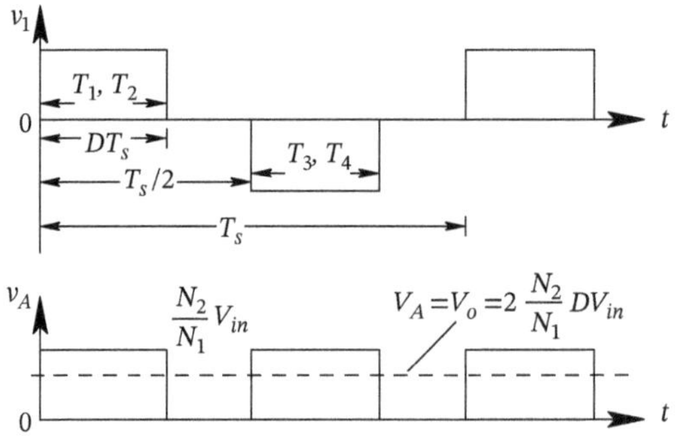

Abb. 8.29 Signalformen des Vollbrückenwandlers.

erhält man unter Berücksichtigung, dass $V_A = V_o$ im stationären DC-Zustand ist, die Beziehung:

$$\frac{V_o}{V_{in}} = 2\left(\frac{N_2}{N_1}\right)D. \tag{8.19}$$

Beispiel 8.9

In dem in Abb. 8.25 gezeigten Vollbrückenwandler sind $V_{in} = 48$ V, $V_o = 5$ V und $N_1/N_2 = 6$. Der Wandler arbeitet im kontinuierlichen Strommodus (CCM) mit einer Schaltfrequenz von $f_s = 200$ kHz und liefert eine Ausgangsleistung von $P_o = 100$ W. Die Filterspule hat eine Induktivität von $L = 0.25$ µH. Berechnen Sie die zugehörigen Signalformen unter der Annahme, dass der Wandler verlustfrei arbeitet.

Lösung

Aus der Gl. (8.19) ergibt sich das Tastverhältnis $D = 0.3125$, wobei $T_s = 5$ µs. Die gemittelten Ströme sind $I_{in} = 2.083$ A und $I_{out} = 20$ A. Die Spannungssignale sind in Abb. 8.30 zu sehen. Die Spitze-Spitze-Welligkeit im Spulenstrom i_L kann aus den Spannungssignalen in Abb. 8.30 berechnet werden:

$$\Delta I_{L,p-p} = \frac{(v_A - V_o)(DT_s)}{L} = 18.75 \text{ A}.$$

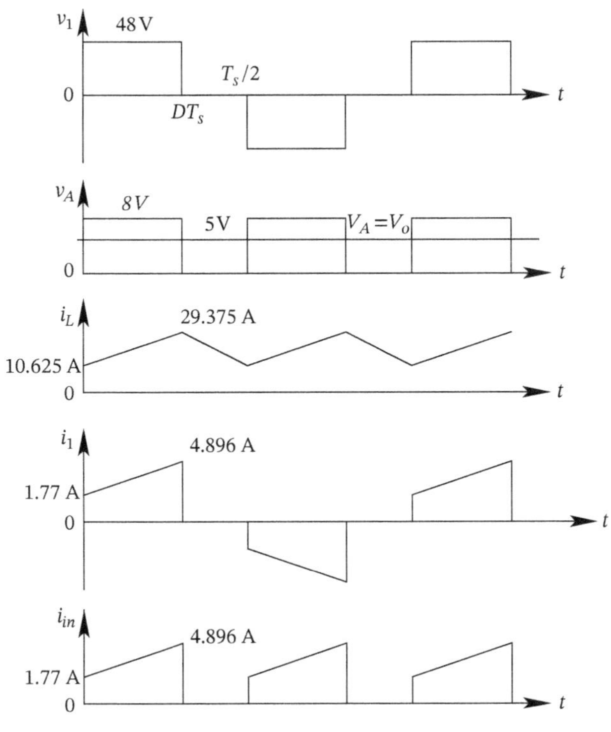

Abb. 8.30 Signale des Vollbrückenwandlers im Beispiel 8.4.

Daher hat das Signal von i_L (Abb. 8.30) ein Minimum von $I_{L,\min} = I_{out} - \frac{\Delta I_{L,p-p}}{2} = 10.625\,\text{A}$ und ein Maximum von $I_{L,\min} = I_{out} + \frac{\Delta I_{L,p-p}}{2} = 10.625\,\text{A}$. Unter Berücksichtigung des Transformator-Übersetzungsverhältnisses steigen der Primärstrom i_1 und der Eingangsstrom i_{in} von 1.77 A auf 4.896 A an. Die Ströme sind dann null, wenn alle Transistoren ausgeschaltet sind.

8.6.3 Simulation und Hardware-Prototyping

Die Simulation eines PWM-Vollbrückenwandlers wird durch das folgende Beispiel demonstriert:

Beispiel 8.10

In dem in Abb. 8.25 gezeigten Vollbrückenwandler sind die Parameter: $C = 490\,\mu\text{F}$, $L = 68\,\mu\text{H}$, $R = 8\,\Omega$ und $N_1/N_2 = 1$. Er arbeitet im stationären DC-Betrieb mit: $V_{in} = 15\,\text{V}$, $D = 0.3$ und $f_s = 100\,\text{kHz}$. Die Primärseite hat eine Induktivität von $L_m = 72.9\,\mu\text{H}$ und eine Streuinduktivität von $L_\ell = 0.14\,\mu\text{H}$. Die Schalter- und Diodenparameter finden sich im Anhang vom Kapitel 2. Verwenden Sie LTspice, um diesen Wandler zu simulieren.

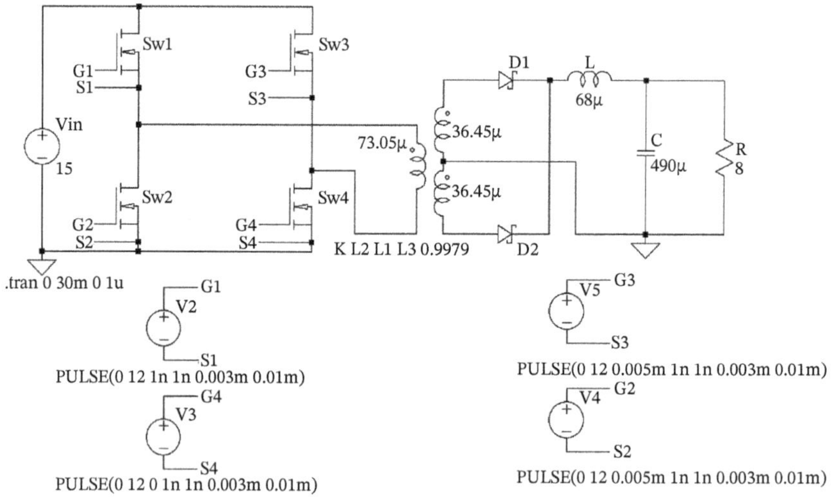

Abb. 8.31 LTspice-Modell zu dem Beispiel 8.10.

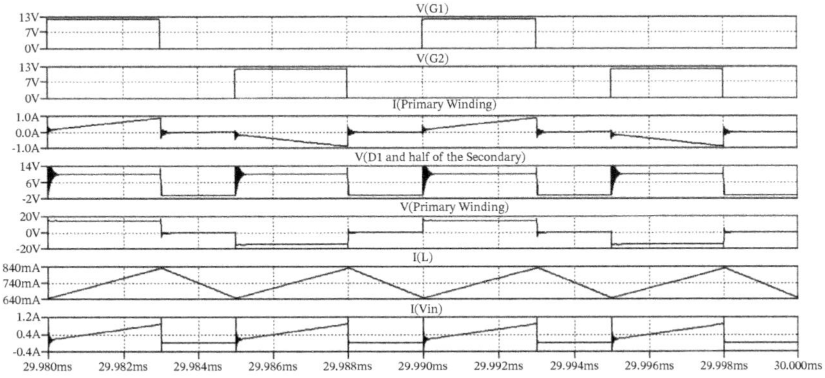

Abb. 8.32 LTspice-Simulationsergebnisse zu dem Beispiel 8.10.

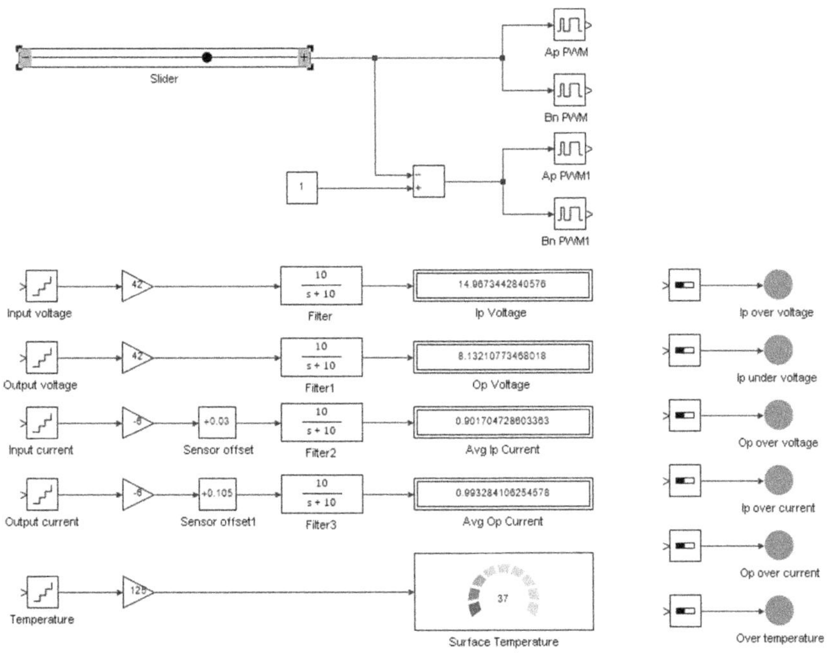

Abb. 8.33 Workbench-Modell zu dem Beispiel 8.10.

Lösung

Die Simulationsdatei für dieses Beispiel ist auf der begleitenden Website verfügbar. Das LTspice-Modell ist in der Abb. 8.31 dargestellt, und die stationären Signalformen aus der Simulation sind in Abb. 8.32 zu sehen.

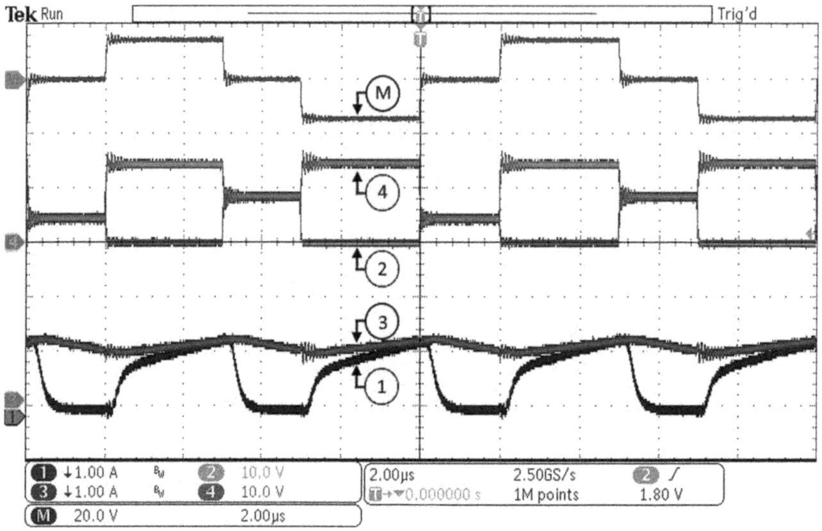

Abb. 8.34 Hardware-Ergebnisse: (1) Eingangsstrom, (2) T1, T4-Schaltknoten-Spannung, (3) Sekundärseitiger Spulenstrom, (4) T2, T3-Schaltknoten-Spannung und (M) Transformator-Primärspannung.

Das Workbench-Modell zur Implementierung dieses Beispiels in Hardware mit dem Sciamble-Laborkit ist in der Abb. 8.33 dargestellt.

Die stationären Signalformen beim Betrieb des Vollbrückenwandlers mit dem Sciamble-Laborkit sind in der Abb. 8.34 dargestellt. Das schrittweise Verfahren zur Nachbildung der Hardware-Implementierung ist in [5] zu finden.

8.7 Halbbrücken- und Gegentaktwandler

Zwei verschiedene Varianten von Brückenwandlern sind in Abb. 8.35 dargestellt. Der Halbbrückenwandler (Abb. 8.35a) verwendet zwei Transistoren und benötigt zwei geteilte Kondensatoren, um einen DC-Eingangsmittelpunkt zu erzeugen. Er wird typischerweise für etwas niedrigere Leistungsstufen im Vergleich zum Vollbrückenwandler verwendet.

Der Gegentaktwandler (push-pull-converter, Abb. 8.35b) hat den Vorteil, dass die Gatespannungen beider Transistoren auf die Niederspannungsseite bezogen werden. Während des Leistungstransfers wird jedoch nur die Hälfte der Primär- und Sekundärwicklungen des Transformators genutzt.

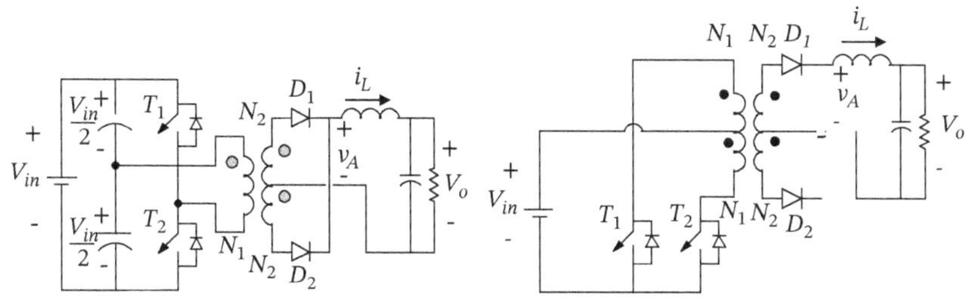

(a) (b)

Abb. 8.35 (a) Halbbrücken- und (b) Gegentaktwandler.

8.8 Praktische Überlegungen

Um eine elektrische Isolation zwischen Eingang und Ausgang zu gewährleisten, muss auch die Rückkopplungsregelungsschleife elektrisch isoliert sein. Verschiedene Methoden zur Erreichung dieser Isolation werden in [6] erörtert.

Literatur

1. „Flyback Converter Lab Manual." https://sciamble.com/resources/pe-drives-lab/basic-pe/flyback-converter.
2. „Flyback Converter Snubber Design Lab Manual." https://sciamble.com/resources/pe-driveslab/basic-pe/flyback-snubber-converter.
3. „Flyback Converter Snubber Design", Ray Ridley. http://www.ridleyengineering.com/images/phocadownload/12_%20flyback_snubber_design.pdf.
4. „Forward Converter Lab Manual." https://sciamble.com/resources/pe-drives-lab/basic-pe/forward-converter.
5. „Full-Bridge Converter Lab Manual." https://sciamble.com/resources/pe-drives-lab/basic-pe/full-bridge-converter.
6. Mohan, N., Undeland, T.M. and Robbins W.P. (2003). *Power Electronics: Converters, Applications and Design*. 3rd Edition. New York: John Wiley & Sons.

Übungsbeispiele

Sperrwandler (flyback converter)

In den Aufgaben 8.1 bis 8.4 sind für einen Sperrwandler die folgenden Parameter gegeben: Eingangsspannung: $V_{in} = 30$ V, Windungszahl der Primärwicklung: $N_1 = 30$, Windungszahl der Sekundärwicklung: $N_2 = 15$, Eigeninduktivität der Wicklung 1:, 50 μH, Schaltfrequenz: $f_s = 200$ kHz und geregelte Ausgangsspannung: $V_o = 9$ V.

8.1 Berechnen und zeichnen Sie die in der Abb. 8.3 gezeigten Signalformen zusammen mit der Welligkeit im Strom des Ausgangskondensators für eine Last von 30 W.

8.2 Verwenden Sie das gleiche Tastverhältnis wie in Aufgabe 8.1 und berechnen Sie die kritische Leistung, die diesen Wandler an die Grenze zwischen den unvollständigen und vollständigen Entmagnetisierungsmodi bringt.

8.3 Zeichnen Sie, ähnlich wie in Aufgabe 8.1, die Signalformen für die Bedingungen in Aufgabe 8.2.

8.4 Nehmen Sie an, dass der Sperrwandler im vollständigen Entmagnetisierungsmodus arbeitet. Leiten Sie das Spannungsübertragungsverhältnis V_o/V_{in} in Abhängigkeit von folgenden Parametern ab: Primäre Induktivität des Transformators L_{m1} (gesehen von der Eingangswicklung), Schaltfrequenz f_s, Tastverhältnis D und Lastwiderstand R.

Flusswandler

In den Aufgaben 8.5 bis 8.7 betrachten wir einen Flusswandler mit den folgenden Parametern: Eingangsspannung: $V_{in} = 30$ V, Übersetzungsverhältnis: $N_1 = 10$, $N_2 = 5$ und $N_3 = 10$, Eigeninduktivität der Wicklung 1: 150 µH, Schaltfrequenz: $f_s = 250$ kHz, geregelte Ausgangsspannung: $V_o = 5$ V, Ausgangsfilterinduktivität: 50 µH und Ausgangslast: 30 W.

8.5 Berechnen und zeichnen Sie die Signalformen für v_A, i_L, i_{in} und i_{D_3} wie in Abb. 8.16b. Hierbei ist i_{in} der aus dem Eingang gezogene Strom und i_{D_3} der Strom durch die Diode D_3.

8.6 Berechnen Sie das Übersetzungsverhältnis N_1/N_3 für den Fall, dass das maximale Tastverhältnis auf 0.7 erhöht werden muss.

8.7 Erklären Sie die Notwendigkeit der Diode D_1 in Abb. 8.16b.

8.8 Betrachten Sie einen Flusswandler, der im diskontinuierlichen Strommodus arbeitet. Leiten Sie das Spannungsübertragungsverhältnis V_o/V_{in} in Abhängigkeit von den Schaltungsparametern her.

Flusswandler mit zwei Schaltern

In den Aufgaben 8.9 und 8.10 hat ein Flusswandler mit zwei Schaltern die folgenden Parameter: Eingangsspannung $V_{in} = 30$ V, Windungsverhältnis $N_1/N_2 = 2$, Schaltfrequenz $f_s = 300$ kHz, geregelte Ausgangsspannung: $V_o = 5$ V, Selbstinduktivität der Wicklung 1 50 µH und Ausgangsfilterinduktivität 50 µH.

8.9 Berechnen und zeichnen Sie die Wellenformen, wenn die Ausgangslast 200 W beträgt.

8.10 Warum ist das Tastverhältnis in diesem Wandler auf 0.5 begrenzt?

Vollbrückenwandler

8.11 In einem Vollbrückenwandler (Abb. 8.25) beträgt die Eingangsspannung $V_{in} = 30$ V, die Schaltfrequenz $f_s = 300$ kHz und das Übersetzungsverhältnis des Transformators sei $N_1/N_2 = 4$. Die Ausgangsspannung wird durch PWM geregelt, um $V_o = 5$ V aufrechtzuerhalten. Die Ausgangsleistung beträgt $P_o = 250$ W, und die Spitzen-Spitzen-Welligkeit im Ausgangsspulenstrom beträgt 10 % des Durchschnittswertes bei Volllast. Berechnen Sie die Induktiviät der Filterspule L. Berechnen und zeichnen Sie außerdem alle Signalformen für diesen Wandler. Nehmen Sie an, dass der Transformator ideal ist und dass die Flusswellenform symmetrisch mit gleichen positiven und negativen Spitzenamplituden ist.

Halbbrückenwandler

8.12 Eine geregelte Gleichstromversorgung, ähnlich wie im Beispiel 8.11, verwendet eine Halbbrücken-Topologie (Abb. 8.35a) mit einem Transformator-Windungsverhältnis von $N_1/N_2 = 2$. Berechnen Sie alle mit diesem Wandler verbundenen Signalformen.

Vergleich von MOSFETs in Vollbrücken- und Halbbrückenwandlern

8.13 Vergleichen Sie die Spannungs- und Strombelastbarkeiten von MOSFETs in Vollbrücken- und Halbbrückenwandlern, die in den Aufgaben 8.11 und 8.12 besprochen wurden.

Gegentaktwandler

8.14 Ein geregeltes Gleichstromnetzteil, ähnlich wie in Problem 8.11, verwendet eine Gegentakt (Push-Pull)-Topologie (Abb. 8.35b) mit einem Windungsverhältnis von $N_1/N_2 = 5$. Berechnen Sie alle Signalformen für diesen Wandler.

Simulationsprobleme

Simulation eines Sperrwandlers

8.15 Simulieren Sie einen Sperrwandler mit folgenden Parametern: $V_{in} = 20$ V, $V_o = 5$ V, $N_1/N_2 = 2$, $L_{m1} = 280$ µH, Ausgangskapazität $C = 100$ µF, Schaltfrequenz $f_s = 100$ kHz und $R_{Load} = 6\ \Omega$.

Simulieren Sie die Signalformen für i_{in}, i_{out} und v_o. Bestimmen Sie die Beziehung zwischen i_{in} und i_{out} während des Übergangs vom Schalter zur Diode und umgekehrt.

Berechnen Sie den kritischen Widerstand R_{crit} für diesen Wandler. Für $R = 100\ \Omega$ erhalten Sie die Wellenformen für i_{in}, i_{out} und v_o.

Simulation eines Flusswandlers

8.16 Simulieren Sie einen Flusswandler mit folgenden Parametern: $V_{\text{in}} = 20$ V, $V_o = 7.5$ V, $N_1{:}N_2{:}N_3 = 1$, $L_{m1} = 144\ \mu$H, Filterinduktivität $L = 100\ \mu$H, Ausgangskapazität $C = 100\ \mu$F, Schaltfrequenz $f_s = 100$ kHz und $R_{\text{Load}} = 0.5\ \Omega$.

Simulieren Sie die Signalformen für i_1, i_3, i_{D1}, i_L und v_o. Analysieren Sie die Beziehung zwischen i_1, i_3 und i_{D1} während der Schaltübergänge und der Entmagnetisierung des Kerns.

Bestimmen Sie die Spannung über dem Schalter und berechnen Sie den kritischen Widerstand R_{crit}. Für $R = 50\ \Omega$ erhalten Sie die Wellenformen für i_1, i_3, i_{D1}, i_L und v_o.

Simulation eines Vollbrückenwandlers

8.17 Simulieren Sie einen Vollbrückenwandler mit einem Mittenabgriff-Gleichrichter (Abb. 8.25) mit folgenden Parametern: $V_{\text{in}} = 175$ V, $V_o = 4.5$ V, $N_1/N_2 = 25$, $L_{m1} = 10$ mH, Filterinduktivität $L = 7.5\ \mu$H, Ausgangskapazität $C = 100\ \mu$F, Schaltfrequenz $f_s = 100$ kHz und $R_{\text{Load}} = 0.5\ \Omega$.

Simulieren Sie die Signalformen für v_1, v_2, v_2', v_A und v_o.

Bestimmen Sie deren Werte, wenn alle Schalter ausgeschaltet sind. Zeichnen Sie die Signalformen von i_1, i_{D1}, i_{D2} und i_L wie in der Abb. 8.28 definiert.

Bestimmen Sie deren Werte, wenn alle Schalter ausgeschaltet sind. Berechnen Sie die Spitze- Spitze Welligkeit in i_L und überprüfen Sie dies mit den Simulationsergebnissen.

9

Design von Hochfrequenzinduktivitäten und Transformatoren

9.1 Einführung

In Schaltnetzteilen für Gleichstrom sind Induktivitäten und Transformatoren unerlässlich, insbesondere wenn die Schaltfrequenzen Werte von 100 kHz überschreiten. Diese Hochfrequenz-Induktivitäten und -Transformatoren sind typischerweise nicht als Standardprodukte erhältlich und müssen speziell für die jeweiligen Anwendungsanforderungen entworfen werden. Eine detaillierte Entwurfsdiskussion findet sich in [1].

Dieses Kapitel führt einen einfachen und häufig verwendeten Ansatz, die sogenannte Flächenprodukt-Methode, ein der den Entwurfsprozess vereinfacht, indem thermische Überlegungen außer Acht gelassen werden. Es ist aber wichtig, anschließend die so entworfene magnetische Komponente hinsichtlich Temperaturbelastung und Effizienz zu bewerten und die Größen von Kern und Leiter entsprechend anzupassen.

9.2 Grundlagen des magnetischen Designs

Beim Entwurf von Hochfrequenzinduktivitäten und -Transformatoren steht der Designer vor zahlreichen Entscheidungen. Dazu gehören die Auswahl von Kernmaterialien und die Formen der Kerne. Einige bieten eine bessere Wärmeleitung, andere eine bessere Abschirmung gegen Streufelder. Die Wahl der Kühlmethoden, z. B. natürliche Konvektion oder erzwungene Kühlung, und das Abwägen von Verlusten ist ebenfalls wichtig, denn geringere Verluste bedeuten höhere Effizienz, aber größeres Volumen und Gewicht. Trotz dieser Variablen berechnen alle Programme zur Optimierung des magnetischen Designs aus den vorgegebenen elektrischen Spezifikationen immer zwei grundlegende Parameter:

- Die maximale Flussdichte B_{max} im Magnetkern zur Begrenzung der Kernverluste
- Die maximale Stromdichte J_{max} in der Wicklung zur Begrenzung der Leitungsverluste.

Leistungselektronik: Eine Einführung, Ned Mohan and Siddharth Raju.
© 2025 Wiley-VCH GmbH. Published 2025 by Wiley-VCH GmbH.

Das in diesem Kapitel beschriebene Entwurfsverfahren geht von Werten für diese beiden Größen aus, die auf den jeweils geplanten Anwendungen der Induktivitäten und Transformatoren basieren. Diese Werte sind jedoch möglicherweise nicht in allen Situationen optimal.

9.3 Aufbau von Induktivitäten und Transformatoren

Die Abbildungen 9.1a und 9.1b zeigen den Querschnitt einer Induktivität (Spule) und eines Transformators mit toroidalem Kern. In Abb. 9.1a fließt derselbe Strom i durch alle N Windungen einer einzigen Spulenwicklung. In Abb. 9.1b hat der Transformator zwei Wicklungen: der Strom i_1 fließt durch Wicklung 1 mit N_1 Windungen, und der Strom i_2 fließt durch Wicklung 2 mit N_2 Windungen. Der Strom in Wicklung 1 ist entgegengesetzt zur Richtung des Stroms in Wicklung 2. Der Querschnitt des Leiters jeder Wicklung wird so ausgewählt, dass die maximale Stromdichte J_{max} bei maximalem Strom nicht überschritten wird. Die Kernfläche A_{core} in beiden Abbildungen ist so gewählt, dass die maximale Flussdichte B_{max} im Kern nicht überschritten (und eine Sättigung des Magnetfeldes vermieden) wird.

9.4 Flächenprodukt-Methode

Die Flächenprodukt-Methode hilft dabei, eine geeignete Kerngröße auszuwählen, indem vorgewählte Werte der maximalen Flussdichte B_{max} im Kern und der Maximalstromdichte J_{max} in den Leitern verwendet werden.

9.4.1 Kernfensterfläche

In den Abbn. 9.1a und 9.1b sieht man die Lage der Windungen in den Fenstern der toroidalen Kerne. Die Querschnittsfläche des Leiters A_{cond} hängt vom maximalen Effektivwert des Stroms ab, für den die Wicklung ausgelegt ist. Der Fensterfüllfaktor k_{w}, der zwischen 0.3 und 0.6 liegt, berücksichtigt, dass nicht die gesamte

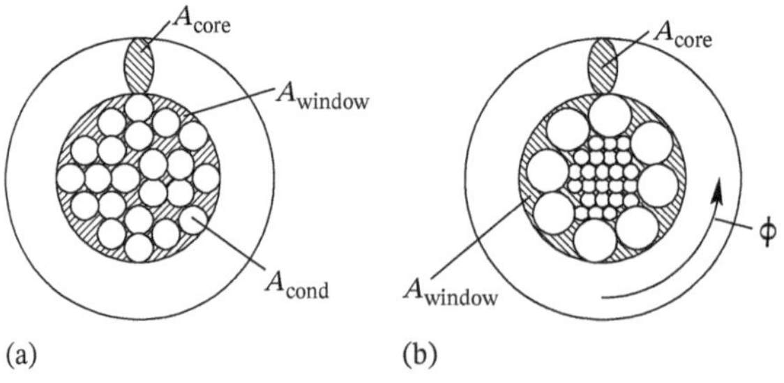

Abb. 9.1 Querschnitte durch eine Spule (a) und einen Transformator (b) mit toroidalem Kern.

Kernfensterfläche gefüllt werden kann. Der Index y bezeichnet die Nummer der Wicklung, die in einem Transformator größer gleich zwei sein kann:

$$A_{\text{window}} = \frac{1}{k_{\text{w}}} \sum_{y} N_y A_{\text{cond},y}. \tag{9.1}$$

Die Querschnittsfläche des Leiters in der Wicklung y hängt vom Effektivstrom und der maximal zulässigen Stromdichte J_{max} ab, die in der Regel für alle Wicklungen gleich ist:

$$A_{\text{cond},y} = \frac{I_{\text{rms},y}}{J_{\text{max}}}. \tag{9.2}$$

Eingesetzt in die Gleichung 9.2 ergibt sich für die Fensterfläche zu

$$A_{\text{window}} = \frac{\sum_y \left(N_y I_{\text{rms},y}\right)}{k_{\text{w}} J_{\text{max}}}. \tag{9.3}$$

Man sieht, dass die Fensterfläche linear proportional zur Anzahl der gewählten Windungen ist.

9.4.2 Kernquerschnittsfläche

Die Kernquerschnittsfläche (Abb. 9.1a und 9.1b) wird durch den maximalen Fluss (Spitzenwert) $\hat{\phi}$ und die maximal zulässige Flussdichte B_{max} bestimmt:

$$A_{\text{core}} = \frac{\hat{\phi}}{B_{\text{max}}}. \tag{9.4}$$

Die Erzeugung des Flusses in Induktivitäten und Transformatoren ist unterschiedlich. In einer Induktivität steht $\hat{\phi}$ im Zusammenhang mit dem Maximalstrom und Anzahl der Windungen $N\hat{\phi}$. Somit gilt für eine Induktivität (Spule):

$$\hat{\phi} = \frac{L\hat{I}}{N} \quad \text{(Induktivität)}. \tag{9.5}$$

In einem Transformator ist gemäß Faradays Gesetz der Fluss linear abhängig von den angelegten Volt-Sekunden (Altmodische Bezeichnung, gemeint ist das Integral der Spannung über die Zeit; die Einheit entspricht dem Fluss.) und umgekehrt proportional zur Anzahl der Windungen. Für einen Transformator in einem Vorwärtswandler (Abb. 9.2) mit $N_1 = N_3$ und einem Tastverhältnis D, das auf 0.5 begrenzt ist, ist der Spitzenfluss durch folgende Formel gegeben:

$$\hat{\phi} = \frac{k_{\text{conv}} V_{\text{in}}}{N_1 f_{\text{s}}} \quad \text{(Transformator)}. \tag{9.6}$$

Hierbei entspricht k_{conv} dem Tastverhältnis D in einem Vorwärtswandler, typischerweise mit einem maximalen Wert von 0.5. Für andere Wandler-Topologien

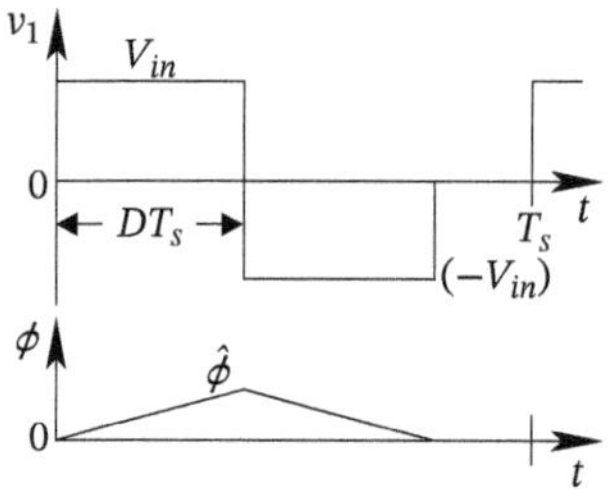

Abb. 9.2 Signalformen in einem Transformator für einen Vorwärtswandler.

kann k_{conv} basierend auf den Betriebsbedingungen abgeleitet werden, wie z. B. $D/2$ in einem Vollbrückenwandler. Allgemein gilt für den maximalen Fluss jeder Wicklung y:

$$\hat{\phi} = \frac{k_{\text{conv}} V_y}{N_y f_s} \quad \text{(Transformator)}. \tag{9.7}$$

Durch Einsetzen von $\hat{\phi}$ aus den obigen Gleichungen in die Kernflächen-Gleichung erhalten wir:

$$A_{\text{core}} = \frac{L\hat{I}}{N B_{\max}} \quad \text{(Induktivität)} \tag{9.8}$$

und

$$A_{\text{core}} = \frac{k_{\text{conv}} V_y}{N_y f_s B_{\max}} \quad \text{(Transformator)}. \tag{9.9}$$

Diese Gleichungen zeigen, dass die Kernquerschnittsfläche in beiden Fällen umgekehrt proportional zur Anzahl der vom Designer gewählten Windungen ist.

9.4.3 Kernflächenprodukt

Das Kernflächenprodukt (core area product A_p) wird berechnet, indem die Kernquerschnittsfläche A_{core} mit der Fensterfläche A_{window} multipliziert wird:

$$A_p = A_{\text{core}} \cdot A_{\text{window}}. \tag{9.10}$$

Durch Ersetzen von A_{window} und A_{corer} durch die Ausdrücke in den vorherigen Gleichungen bekommt man für eine Induktivität:

$$A_p = \frac{L\hat{I} I_{\text{rms}}}{k_w \cdot J_{\max} \cdot B_{\max}} \tag{9.11}$$

und für einen Transformator:

$$A_\mathrm{p} = \frac{k_\mathrm{conv} \sum \left(V_y \cdot I_{y,\mathrm{rms}}\right)}{k_\mathrm{w} \cdot B_\mathrm{max} \cdot J_\mathrm{max} \cdot f_\mathrm{s}}. \quad (9.12)$$

Diese Gleichungen zeigen, dass das Flächenprodukt, das die Gesamtgröße des Bauteils repräsentiert, unabhängig von der Anzahl der Windungen ist. Die Kern- und Gesamtbauteilgröße hängen von den elektrischen Spezifikationen und den angenommenen Werten von B_max und J_max ab, nicht von der Anzahl der Windungen, welche eine interne Entwurfsvariable ist.

9.4.4 Entwurfsverfahren basierend auf dem Flächenprodukt A_p

Nach der Auswahl des geeigneten Materials und der Form für einen Kern katalogisieren Hersteller die Kerne basierend auf dem Flächenprodukt A_p. Sobald der Wert von A_p berechnet ist, kann der passende Kern ausgewählt werden. Es gibt viele mögliche Kombinationen von Kernquerschnittsfläche A_core und Fensterfläche A_window, die das gewünschte Flächenprodukt A_p ergeben. Hersteller optimieren jedoch A_core und A_window für die gewünschte Leistungsdichte beim gewählten A_p. Nach der Auswahl eines Kerns sind A_core und A_window festgelegt, wodurch die Anzahl der Windungen wie folgt berechnet werden kann:

$$N = \frac{L\hat{I}}{B_\mathrm{max} A_\mathrm{core}} \quad \text{(Spule; aus Gleichung 9.8)} \quad (9.13)$$

und

$$N_y = \frac{k_\mathrm{conv} V_y}{A_\mathrm{core} f_\mathrm{s} B_\mathrm{max}} \quad \text{(Spule; aus Gleichung 9.9).} \quad (9.14)$$

Um die spezifizierte Induktivität einer Spule zu erreichen, wird ein Luftspalt von geeigneter Länge ℓ_g (g steht für Englisch: gap) in den Flussweg eingeführt. Unter der Annahme einer hohen Permeabilität des Kernmaterials wird die Kerninduktivität hauptsächlich durch den Luftspaltwiderstand $\mathfrak{R}_g$ bestimmt, sodass:

$$L \simeq \frac{N^2}{\mathfrak{R}_g}, \quad (9.15)$$

wobei

$$\mathfrak{R}_g \simeq \frac{\ell_g}{\mu_0 A_\mathrm{core}}. \quad (9.16)$$

Unter Verwendung dieser Gleichungen kann die Länge des Luftspalts ℓ_g wie folgt berechnet werden:

$$\ell_g = \frac{N^2 \mu_0 A_\mathrm{core}}{L} \quad (9.17)$$

.

Diese Gleichungen sind Näherungen, da sie die Auswirkungen der endlichen Kernpermeabilität und des Randflusses ignorieren, die aber erheblich sein können. Kernhersteller geben typischerweise die gemessene Induktivität in Abhängigkeit von der Anzahl der Windungen für verschiedene Luftspaltlängen an.

Im nächsten Abschnitt wird ein toroidaler Kern zur Veranschaulichung verwendet, obwohl die Einführung eines Luftspalts in einem toroidalen Kern schwierig sein kann. Wenn ein toroidaler Kern erforderlich ist, sollte er mit einem verteilten Luftspalt ausgewählt werden, der der berechneten effektiven Luftspaltlänge entspricht. Dieses Verfahren ist auch auf andere Kernarten anwendbar. Im nächsten Abschnitt wird als Beispiel die Einführung eines Luftspalts in einem Topfkern behandelt.

9.5 Entwurfsbeispiel für eine Spule

In diesem Beispiel wird eine Spule mit einer Induktivität von $L = 100\ \mu\text{H}$ entworfen. Der ungünstigste Fall für den Spulenstrom ist in Abb. 9.3 dargestellt. Der mittlere Strom beträgt $I = 5.0$ A und die Spitze-Spitze-Welligkeit beträgt $\Delta I = 0.75$ A bei einer Schaltfrequenz von $f_s = 100$ kHz. Wir nehmen die folgenden Maximalwerte an: Flussdichte $B_{max} = 0.25$ T und Stromdichte $J_{max} = 6.0\ \text{A/mm}^2$ (typischerweise 3 bis 4 A/mm^2 für größere Kerne). Der Fensterfüllfaktor beträgt $k_w = 0.5$.

Der Spitzenstrom des Induktors wird zu $\hat{I} = I + \frac{\Delta I}{2} = 5.375\text{A}$ berechnet. Der Effektivwert des Stroms ist: $I_{rms} = \sqrt{I^2 + \frac{1}{12}\Delta I^2} \simeq 5.0\text{A}$. Unter Verwendung von Gl. (9.11) bekommen wir:

$$A_p = \frac{100 \times 10^{-6} \times 5.375 \times 5}{0.5 \times 0.25 \times 6 \times 10^6} \times 10^{12} = 3587\ \text{mm}^4.$$

Wir wählen ein Material aus dem Katalog von Magnetics, Inc. [2] mit einer Sättigungsflussdichte von 0.5 T, geeignet für eine Schaltfrequenz von 100 kHz. Wir wählen einen Topfkern 26 × 16 (Abb. 9.4), mit einer Kernfläche $A_{core} = 93.1\ \text{mm}^2$ und einer Fensterfläche $A_{window} = 39\ \text{mm}^2$. Dieser Kern hat ein Flächenprodukt von $A_p = 93.1\ \text{mm}^2 \times 39\ \text{mm}^2 = 3631\ \text{mm}^4$. Die erforderliche Windungszahl (Gl. [9.13]) ist:

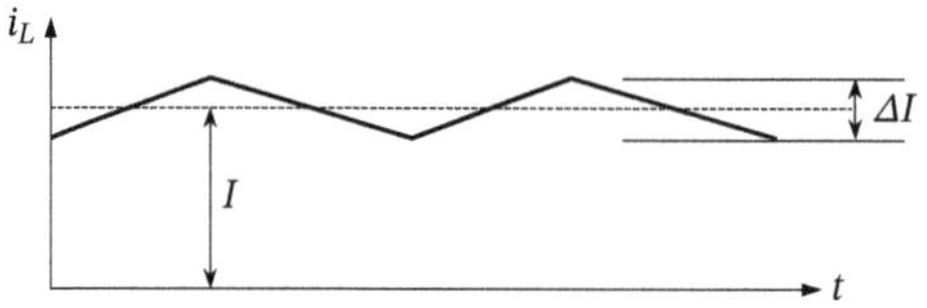

Abb. 9.3 Stromsignal der Spule.

Abb. 9.4 Topfkern, montiert auf einer Steckplatine.

$$N = \frac{100\mu \times 5.375}{0.25 \times 93.1 \times 10^{-6}} \simeq 23\ \text{Windungen}.$$

Der Querschnittsbereich des Wicklungsdrahts ist $A_{cond} = I_{rms}/J_{max} = 5.0/6.0 = 0.83\ mm^2$. Wir verwenden fünf Stränge von AWG 25 Drähten [3], wobei in jedem Strang Drähte mit einer Querschnittsfläche von 0.16 mm^2 verwendet werden. Die Stränge seien parallel geschaltet. Die Luftspaltlänge berechnet sich zu:

$$\ell_g = \frac{23^2 \times 4\pi \times 10^{-7} \times 93.1 \times 10^{-6}}{100\mu} \simeq 0.62\ \text{mm}.$$

9.6 Entwurfsbeispiel eines Transformators für einen Vorwärtswandler

Die erforderlichen elektrischen Spezifikationen für den Transformator in einem Vorwärtswandler sind: Schaltfrequenz $f_s = 100$ kHz, Spannungen $V_1 = V_2 = V_3 = 30$ V und Effektivstrom in jeder Wicklung 2.5 A. Wir verwenden die folgenden Entwurfswerte: Maximale Flussdichte $B_{max} = 0.25$ T und maximale Stromdichte $J_{max} = 5$ A/mm^2. Unter Verwendung der Gl. (9.12) mit $k_w = 0.5$ und $k_{conv} = 0.5$ bekommen wir

$$A_p = \frac{k_{\text{conv}}}{k_{\text{w}} f_{\text{s}} B_{\max} J_{\max}} \sum_y \hat{V}_y I_{\text{rms},y} = 1800\ \text{mm}^4.$$

Für den Topfkern 22 × 13 beträgt die Kernfläche $A_{core} = 63.9\ mm^2$ und die Fensterfläche $A_{window} = 29.2\ mm^2$, was ein Flächenprodukt $A_p = 1866\ mm^4$ ergibt. Die Querschnittsfläche des Wicklungsdrahtes ist:

$$A_{\text{cond},1} = \frac{I_{1,\text{rms}}}{J_{\max}} = \frac{2.5}{5} = 0.5\ \text{mm}^2.$$

Wir verwenden drei Stränge von AWG 25 Drähten, jeder mit einer Querschnittsfläche von 0.16 mm^2, parallel für jede Wicklung. Unter Verwendung der Gl. (9.14) erhält man

$$N_1 = \frac{0.5 \times 30}{\left(63.9 \times 10^{-6}\right) \times \left(100 \times 10^{3}\right) \times 0.25} \simeq 10.$$

Daher erhalten wir am Ende $N_1 = N_2 = N_3 = 10$.

9.7 Thermische Überlegungen

Die hier diskutierten Entwürfe berücksichtigen keine Wirbelstromverluste in den Wicklungen, die aufgrund von Wechselwirkungseffekten (Näheeffekten, Englisch: proximity effects) erheblich sein können. Diese Verluste treten aufgrund der hochfrequenten Magnetfelder auf, die von benachbarten Leitern erzeugt werden. Um diese Wechselwirkungsverluste zu minimieren, können Induktivitäten mit einer einlagigen Konstruktion entworfen werden. In Transformatoren können verschachtelte Wicklungen helfen, diese Verluste zu reduzieren [1].

Während die in diesem Kapitel behandelte Flächenproduktmethode ein guter Ausgangspunkt ist, ist es wichtig, die Entwürfe hinsichtlich des Temperaturanstiegs aufgrund dieser zusätzlichen Verluste zu bewerten. Eine detailliertere Analyse ist in [4] zu finden.

Literatur

1. Mohan, N., Undeland, T.M. and Robbins W.P. (2003). *Power Electronics: Converters, Applications and Design*. 3e. New York: John Wiley & Sons.
2. Magnetics, Inc. Ferrite Cores: www.mag-inc.com.
3. Wire Gauge Comparison Chart: http://www.engineeringtoolbox.com/wire-gauges-d_419.html.
4. Mohan, N., Robins, W., Undeland T. et al. (2023). *Power Electronics for Grid-Integration of Renewables: Analysis, Simulations and Hardware Lab*. New York: John Wiley & Sons.

Übungsbeispiele

Spulendesign

9.1 Leiten Sie den Ausdruck für den Effektivwert des Stroms für das Stromsignal in Abb. 9.3 her.

9.2 Im Designbeispiel für die Spule im Abschnitt 9.5 dieses Kapitels hat der Kern eine Fläche von $A_{core} = 93.1\ \text{mm}^2$ und eine mittlere magnetische Weglänge von $\ell = 37.6$ mm. Die relative Permeabilität des Kernmaterials beträgt $\mu_r = \mu_m/\mu_o = 5000$. Berechnen Sie die Induktivität mit 23 Windungen, wenn der Luftspalt in diesem Kern im Flussweg nicht eingeführt wird.

9.3 Betrachten Sie das Spulendesign aus Abschnitt 9.5 dieses Kapitels. Wie groß ist der magnetische Widerstand des Kerns im Vergleich zu dem des Luftspalts, wenn die mittlere magnetische Weglänge des Kerns $\ell = 37.6$ mm beträgt?

9.4 Wie groß ist im Übungsbeispiel 9.2 der maximale Strom, der die maximale Flussdichte auf 0.25 T ansteigen lässt?

9.5 Betrachten Sie die Spule, die im Abschnitt 9.5 dieses Kapitels entworfen wurde. Wie groß werden die Induktivität und der maximale Strom sein, der ohne Überschreitung des angegebenen B_{max} verwendet werden kann, wenn der eingeführte Luftspalt versehentlich nur die Hälfte des erforderlichen Wertes beträgt?

Transformator-Design

9.6 Im Transformator-Designbeispiel aus Abschnitt 9 hat der Kern eine Fläche von $A_{core} = 63.9\ mm^2$, eine magnetische Pfadlänge von $\ell = 31.2$ mm und eine relative Permeabilität des Kernmaterials von $\mu_r = \mu_m/\mu_o = 5000$. Berechnen Sie den maximalen Magnetisierungsstrom bei einem Tastverhältnis von 0.5.

9.7 Bestimmen Sie den Durchmesser des Leiters der Tertiärwicklung, der für den in Problem 9.6 berechneten Magnetisierungsstrom erforderlich ist.

9.8 Leiten Sie k_{conv} für Transformatoren ab, die in Vorwärts-, Halbbrücken- und Gegentaktwandlern mit zwei Schaltern verwendet werden.

10

Soft switching in DC-DC-Wandlern und Halbbrücken-Resonanzwandlern

10.1 Einführung

Alle reden auch im Deutschen von soft und hard switching, aber was ist das? Hard switching (hartes Schalten) bedeutet Schalten ohne Rücksicht auf irgendwelche Schäden, egal, ob gerade Strom fließt oder nicht. Beim soft switching (weiches Schalten) wird nur beim Nulldurchgang des Stroms geschaltet. Diese Vorgangsweise verlängert die Lebensdauer der beteiligten Bauteile erheblich.

In den bisherigen Diskussionen über Wandler wurden im Leitungszweig nur harte Schaltvorgänge untersucht (Kapitel 2). Die folgenden Abschnitte behandeln die Probleme im Zusammenhang mit harten Schaltvorgängen und stellen Schaltkreise vor, die diese Probleme durch weiche Schaltvorgänge reduzieren können

10.2 Harte Schaltvorgänge in Leistungsschaltern

Abbildung 10.1b illustriert die im Kapitel 10 besprochenen Signalformen für harte Schaltvorgänge und Abb. 10.1a zeigt den zugehörigen Leistungsschalter. Während des Schaltvorgangs erfährt der Transistor gleichzeitig hohe Spannungen und hohe Ströme, was zu erhöhten Schaltverlusten führt. Diese Verluste sind linear proportional zur Schaltfrequenz und der Summe der Zeiten $t_{c(on)}$ und $t_{c(off)}$ (Abb. 10.1b). Unter der Annahme einer idealen Diode gilt:

$$P_{sw} \propto f_s(t_{c(on)} + t_{c(off)}). \tag{10.1}$$

In Wandlern mit harten Schaltvorgängen reduzieren Schaltverluste die Energieeffizienz und verursachen Belastungen der Bauteile. Dies macht Probleme beim Wärmemanagement und verursacht elektromagnetische Interferenzen aufgrund hoher di/dt und dv/dt Werte durch schnelle Änderungen der Spannungen und Ströme. Diese Probleme werden durch parasitäre Kapazitäten und Streuinduktivitäten im Wandlerlayout und in den einzelnen Komponenten verschärft.

Leistungselektronik: Eine Einführung, Ned Mohan and Siddharth Raju.
© 2025 Wiley-VCH GmbH. Published 2025 by Wiley-VCH GmbH.

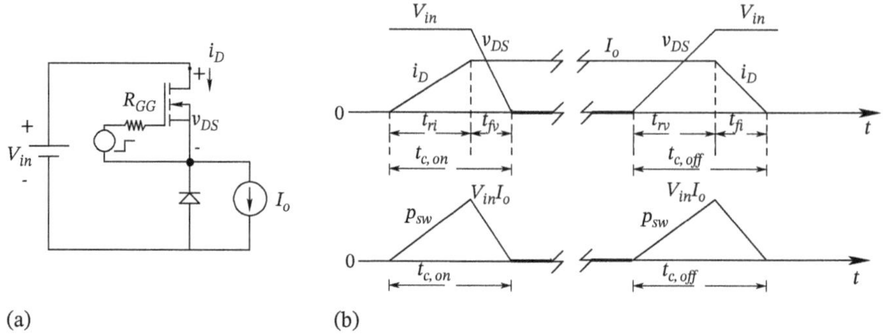

Abb. 10.1 (a) Leistungsschalter. (b) Signalverläufe bei harten Schaltvorgängen.

Um eine hohe Energieeffizienz zu gewährleisten und gleichzeitig die Größe des Wandlers zu reduzieren, werden DC-DC-Wandler so ausgelegt, dass sie bei hohen Schaltfrequenzen (typischerweise 100–200 kHz für kleine Leistungsbereiche) mit schnell schaltenden MOSFETs betrieben werden. Bei diesen Frequenzen werden Schaltverluste bei harten Schaltvorgängen jedoch inakzeptabel, was den Einsatz von Techniken für weiche Schaltvorgänge erforderlich macht. Um Probleme bei harten Schaltvorgängen zu minimieren, sollten folgende Strategien in Betracht gezogen werden:

- Optimierung des Schaltungslayouts zur Reduzierung parasitärer Kapazitäten und Induktivitäten
- Verwendung von Snubbern zur Begrenzung von $\mathrm{d}i/\mathrm{d}t$ und $\mathrm{d}v/\mathrm{d}t$
- Implementierung von Gate-Driver-Steuerungen zur Kontrolle von $\mathrm{d}i/\mathrm{d}t$ und $\mathrm{d}v/\mathrm{d}t$.
- Einsatz weicher Schaltvorgänge.

Ein gut gestaltetes Layout kann parasitäre Kapazitäten und Induktivitäten reduzieren. Snubber (Dämpfungsglieder) bestehend aus passiven Elementen (R, C und möglicherweise einer Diode) formen die Schalttrajektorie, um $\mathrm{d}i/\mathrm{d}t$ und $\mathrm{d}v/dt$ während Transienten zu reduzieren. Snubber werden hauptsächlich in transformatorisolierten DC-DC-Wandlern eingesetzt, wo trotz eines guten Layouts eine signifikante Streuinduktivität vorhanden ist. Sie reduzieren nicht die Gesamtverluste, sondern verschieben einige Schaltverluste auf den Snubber-Widerstand. Für detailliertere Informationen zu Snubbern wird auf spezialisierte Literatur verwiesen.

Durch die Steuerung der Gate-Spannung von MOSFETs und IGBTs können die Ein- und Ausschaltgeschwindigkeiten verlangsamt werden, wodurch $\mathrm{d}i/\mathrm{d}t$ und $\mathrm{d}v/\mathrm{d}t$ reduziert werden, allerdings auf Kosten höherer Schaltverluste im Transistor. Diese Techniken bieten eine teilweise Lösung für die Probleme bei harten Schaltvorgängen.

Bestimmte Topologien und Steuerungsmethoden, die im nächsten Abschnitt besprochen werden, ermöglichen weiche Schaltvorgänge (soft-switching), wodurch die Nachteile des Hard-Switching effektiv eliminiert werden, ohne neue Probleme zu verursachen.

10.3 Weiche Schaltvorgänge in Leistungsschaltern

Zur Realisierung weicher Schaltvorgänge finden sich in der Literatur verschiedenste Lösungen, aber die meisten dieser Soft-Switching-Lösungen verschlechtern nur die EMI und erhöhen die Gesamtverluste aufgrund hoher Leitungsverluste in den Schaltern und den anderen passiven Komponenten. Nur wenige Soft-Switching-Schaltungen sind wirklich hilfreich.

Das Ziel des weichen Schaltens ist, es sicherzustellen, dass der Schaltvorgang im Leistungsschalter unter günstigen Bedingungen erfolgt, d. h. am Schalttransistor sollte null Spannung und/oder null Strom anliegen. Basierend auf diesen Bedingungen werden Schaltungen für weiche Schaltvorgänge klassifiziert als:

- Nullspannungsschaltung (Zero Voltage Switch, ZVS)
- Nullstromschaltung (Zero Current Switch, ZCS)

Wir werden uns hier auf Wandler-Schaltungen konzentrieren, die MOSFETs verwenden und zu einer Nullspannungsschaltung (ZVS) führen. Der Grund dafür ist (siehe Gl. [10.1]), dass bei hohen Schaltfrequenzen weiches Schalten den Schaltverlust in MOSFETs erheblich reduziert, indem die Ladungsverluste, die mit der Sperrschichtkapazität im MOSFET zusammenhängen, bei jedem Einschalten verhindert werden. Daher müssen MOSFETs für effektive weiche Schaltvorgänge unter ZVS- und nicht unter ZCS-Bedingungen betrieben werden. Wie wir sehen werden, erfolgt auch das Ausschalten durch ZVS.

10.3.1 Zero-Voltage Switching (ZVS)

Das Prinzip des Zero-Voltage Switching, ZVS, (Schalten bei Spannung null) kann durch die Untersuchung der intrinsischen antiparallelen Diode des MOSFETs verstanden werden, die separat in den Abbn. 10.2a und 10.2b zu sehen ist. In diesen Abbildungen ist auch ein Kondensator parallel zum MOSFET geschaltet. In der Schaltungskonfiguration wird, bevor der MOSFET durch Anlegen einer Gate-Spannung eingeschaltet wird, die Schaltspannung auf null reduziert, wodurch die antiparallele Diode leitet (Abb. 10.2a). Dies gewährleistet ein verlustfreies Einschalten beim ZVS. Beim Ausschalten (Abb. 10.2b) ermöglicht der Parallelkondensator ein im Wesentlichen verlustfreies Ausschalten bei ZVS. Hier wird der Strom durch den MOSFET-Kanal durch den Kondensator eliminiert, während die Spannung über dem Bauelement aufgrund des Kondensators nahezu auf null bleibt. Diese ZVS-Technik wird angewendet, um den synchrongleichgerichteten DC-DC-Abwärtswandler zu modifizieren, der weiter unten erläutert wird.

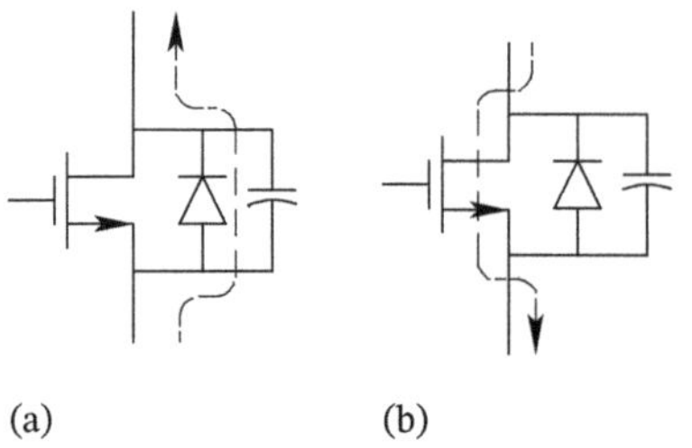

Abb. 10.2 ZVS in einem MOSFET mit intrinsischer antiparalleler Diode. (a) Einschaltvorgang, (b) Ausschaltvorgang.

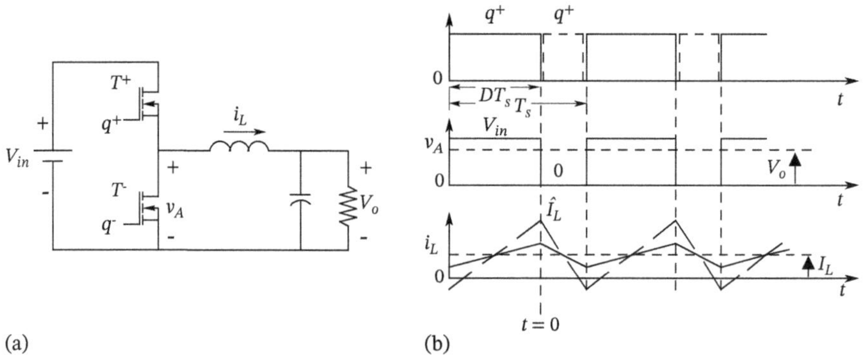

Abb. 10.3 Synchron gleichgerichteter Abwärtswandler. (a) Schaltbild. (b) Zugehörige Signalverläufe.

10.3.2 Synchroner Abwärtswandler mit ZVS

Synchron-gleichgerichtete DC-DC-Abwärtswandler werden in Anwendungen mit sehr niedriger Ausgangsspannung verwendet. In diesen Wandlern wird die Diode durch einen weiteren MOSFET ersetzt, der durch komplementäre Gate-Signale q^+ und q^- gesteuert wird. Abbildung 10.3 zeigt einen synchron gleichgerichteten DC-DC-Wandler, bei dem eine große Induktivität sicherstellt, dass die Stromwelligkeit der Induktivität gering ist und der Strom im kontinuierlichen Strommodus positiv bleibt.

Um das Zero-Voltage Switching (ZVS) zu erreichen, muss die Schaltung in Abb. 10.3a modifiziert werden. Das Resultat sieht man in Abb. 10.4a. Man erkennt die explizit eingezeichnete interne Diode des MOSFETs und das Hinzufügen kleiner externer Kapazitäten. Der Wert der Induktivität wird viel kleiner als früher gewählt, was zu einer großen Stromwelligkeit führt, wobei der Strom i_L während jedes Schaltzyklus sowohl positiv als auch negativ ist.

Betrachten wir in den Abbn. 10.3b und 10.4b den Übergang zum Zeitpunkt $t = 0$, wenn der Spulenstrom seinen Spitzenwert $\hat{I}_L$ erreicht. Das Gate-Signal q^+ des Transistors T^+, der zunächst $\hat{I}_L$ leitet, geht auf null, während q^- null bleibt. Die Übergangszeit für die Stromübertragung von T^+ zu T^- ist sehr kurz, daher nehmen wir an, dass der Spulenstrom konstant bei $\hat{I}_L$ bleibt.

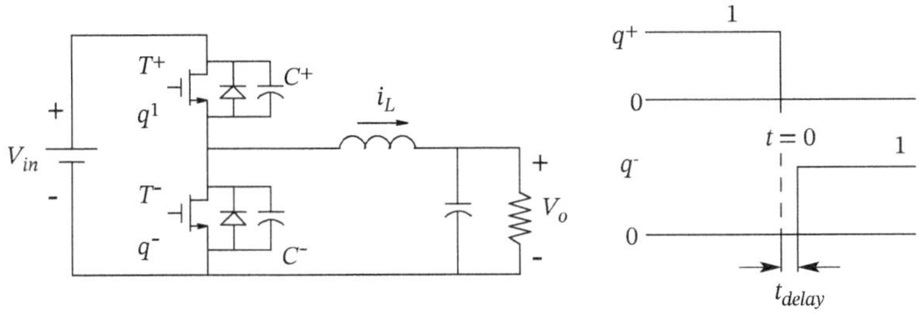

(a) (b)

Abb. 10.4 Synchron-gleichgerichteter Abwärtswandler mit ZVS. (a) Schaltbild. (b) Schaltsignale..

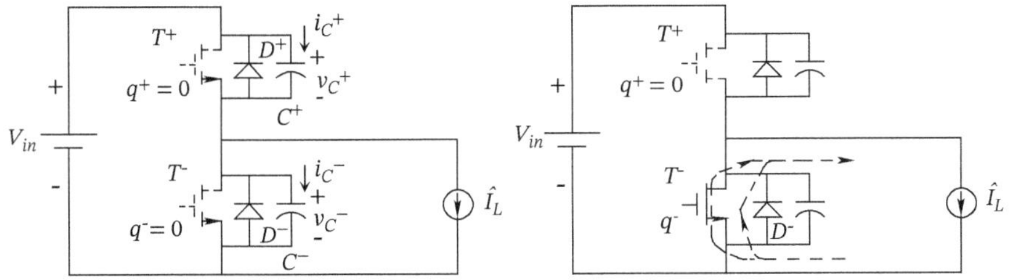

(a) (b)

Abb. 10.5 Schaltübergang im synchron-gleichgerichteten Abwärtswandler mit ZVS. (a) Schaltbild. (b) Stromfluss..

In der Schaltung von Abb. 10.5a, bei der sowohl q^+ als auch q^- null sind, gilt zunächst $v_{C^+}(0) = 0$ und $v_{C^-}(0) = V_{\mathrm{in}}$. Nach Kirchhoffs Gesetz müssen sich diese Spannungen zur Eingangsspannung addieren:

$$v_{C^+} + v_{C^-} = V_{\mathrm{in}}. \tag{10.2}$$

Während der Strom durch T^+ abnimmt, fließen gleiche und entgegengesetzte Ströme durch die beiden Kondensatoren in Abb. 10.5a. Dies kann man aus Gl. (10.2) herleiten, vorausgesetzt, beide Kapazitäten sind gleich C:

$$C\frac{\mathrm{d}}{\mathrm{d}t}v_{C^+} + C\frac{\mathrm{d}}{\mathrm{d}t}v_{C^-} = 0 \tag{10.3}$$

$$i_{C^+} + i_{C^-} = 0 \Rightarrow i_{C^+} = -i_{C^-}. \tag{10.4}$$

Während der Strom durch T^+ abnimmt, verursacht ein positiver Strom i_{C^+}, dass v_{C^+} von 0 aus ansteigt, und ein negativer i_{C^-}, dass v_{C^-} von V_{in} abfällt. Wenn dieser Spannungsübergang langsamer ist als die Stromabfallzeit von T^+, schaltet T^+ im Wesentlichen bei null Spannung ab (ZVS). Nachdem der Strom durch T^+ null erreicht hat, ergibt Kirchhoffs Stromgesetz:

$$i_{C^+} = -i_{C^-} = \frac{\hat{I}_L}{2}. \tag{10.5}$$

Während des Abschaltens von T^+ steigt v_{C^+} auf V_{in} an und v_{C^-} fällt auf 0 ab (Abb. 10.5a), v_{C^-} kann nicht negativ werden, da die Diode D^- zu leiten beginnt und den gesamten Strom i_L übernimmt (Abb. 10.5b), was den ZVS-Abschaltpunkt von T^+ markiert.

Sobald D^- leitet, ist die Spannung über T^- null, und das Gate-Signal q^- schaltet den Transistor ein, was das ZVS-Einschalten von T^- zur Folge hat. Der gesamte Spulenstrom fließt dann durch T^-. Das Gate-Signal zu T^- wird um T_{delay} verzögert, um sicherzustellen, dass q^- angewendet wird, nachdem D^- leitet. Der nächste Halbzyklus beinhaltet das ZVS-Abschalten von T^-, gefolgt vom ZVS-Einschaltvorgang von T^+, was durch den negativen Spitzenwert des Spulenstroms erleichtert wird.

Obwohl dieser Abwärtswandler ein ZVS-Ein- und Ausschaltverhalten beider Transistoren erreicht, erfordert die große Stromwelligkeit der Induktivität einen großen Filterkondensator. Um die Schaltung praktikabel zu machen, kann die Gesamtwelligkeit durch das Verschachteln von zwei oder mehr solcher Wandler reduziert werden (siehe Abschnitt 3.11). Als weiterer Vorteil reagiert dieser Wandler auch schnell auf Laständerungen.

10.3.3 Phasenmodulierte DC-DC-Wandler

Phasenmodulierte (Phase Shift Modulation, PSM) DC-DC-Wandler (Abb. 10.6) sind eine weitere Art der Soft-Switching-Technologie. Sie sind eine Variation der PWM DC-DC-Wandler, die schon im Kapitel 8 besprochen wurden.

In PSM-Wandlern arbeiten die Schalter in jedem Leistungsschalter mit einem Tastverhältnis von nahezu 50 %. Die Ausgangsspannung wird geregelt, indem die Ausgangsphase des einen Leistungsschalters relativ zum anderen verschoben wird (Abb. 10.6b). Dies steuert die Nullspannungsintervalle in der Primärspannung des Transformators v_{AB}. Um ZVS-Bedingungen während des Ein- und Ausschaltens zu erreichen, wird ein Kondensator über jeden Schalter gelegt. Dieses Design nutzt die Streuinduktivität des Transformators und den Magnetisierungsstrom.

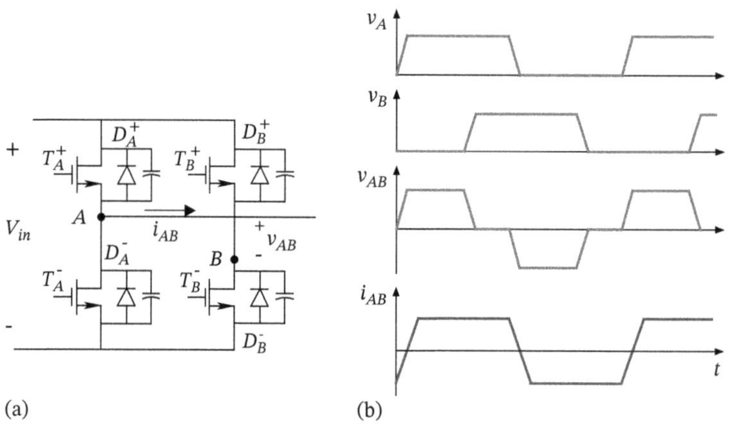

Abb. 10.6 Phasenmodulierter DC-DC-Wamder. (a) Schaltbild. (b) Signalverläufe.

10.4 Halbbrücken-Resonanzwandler

Mit einem Halbbrückenwandler kann weiches Schalten für Induktionsheizungen und Kompaktleuchtstofflampen erreicht werden (Abb. 10.7).

Dieser Wandler enthält zwei Gleichstromkondensatoren, die einen Spannungsmittelpunkt erzeugen, wobei an jedem Kondensator die Spannung $V_{in}/2$ anliegt. Die Last in diesem Schaltkreis wird durch einen Widerstand R in Serie mit den Resonanzelementen L und C dargestellt. Die Resonanzfrequenz wird durch folgende Gleichung gegeben:

$$f_o = \frac{1}{2\pi}\frac{1}{\sqrt{LC}}. \tag{10.6}$$

Die Schaltfrequenz f_s wird höher als die Resonanzfrequenz eingestellt:

$$f_s > f_o. \tag{10.7}$$

In Abb. 10.7 arbeiten zwei Schalter mit einem Tastverhältnis von 50 %, was zu einer Rechteckwellenform für v_A führt (Abb. 10.8). Da die Schaltfrequenz höher als die Resonanzfrequenz ist, erscheint der Schaltkreis bei der Schaltfrequenz induktiv. Somit hinkt der Strom i der Spannungswellenform hinterher (Abb. 10.8). Die

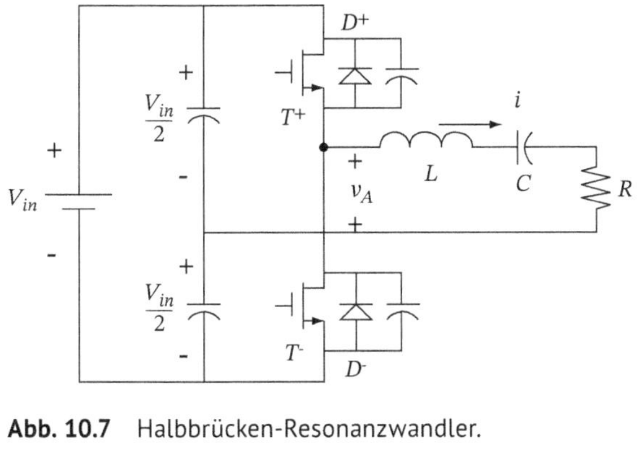

Abb. 10.7 Halbbrücken-Resonanzwandler.

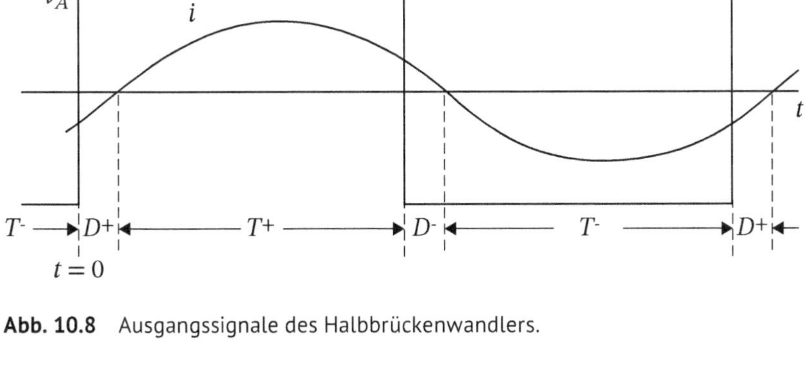

Abb. 10.8 Ausgangssignale des Halbbrückenwandlers.

Impedanz des Resonanzkreises ist bei der harmonischen Frequenz der Eingangsspannung viel höher, sodass der Strom eine sinusförmige Signalform hat (Abb. 10.8).

Unter ZVS-Bedingungen schaltet bei $t = 0$ der Transistor T^- aufgrund verlustloser Kondensatoren ab. Nach einer kurzen Periode der Kondensatorspannungsänderung fließt der Strom durch D^+. Sobald D^+ leitet, wird T^+ eingeschaltet, wodurch der Strom fließen kann, sobald er positiv wird. Bei $T_s/2$ schaltet T^+ bei ZVS-Bedingungen ab, und der nächste Halbschwingungszyklus beginnt. Detaillierte Beschreibungen solcher Resonanzkreise sind in [1, 2] zu finden.

Literatur

1. Mohan, N., Undeland, T.M. and Robbins W.P. (2003). *Power Electronics: Converters, Applications and Design.* 3rd Edition. New York: John Wiley & Sons.
2. Mohan, N., Robins, W., Undeland T. et al. (2023). *Power Electronics for Grid-Integration of Renewables: Analysis, Simulations and Hardware Lab.* New York: John Wiley & Sons.

Übungsbeispiele

10.1 In einem synchron-gleichgerichteten Abwärtswandler mit ZVS (Abb. 10.4a) sind folgende Werte gegeben: $V_{in} = 12$ V, $V_o = 5$ V und $f_s = 100$ kHz und Maximale Last: 25 W. Berechnen Sie die Filterinduktivität so, dass der negative Spitzenstrom durch die Induktivität mindestens 1.5 A beträgt.

10.2 Berechnen Sie die Kapazitäten über den MOSFETs im Übungsbeispiel 10.1, wenn die Lade-/Entladezeit nicht mehr als 0.5 μs betragen soll.

Simulationsbeispiele

10.3 Synchroner Abwärtswandler: In einem synchronen Abwärtswandler (Abb. 10.4a): Eingangsspannung $V_{in} = 21$ V, Ausgangsspannung $V_o = 10$ V, Filterinduktivität $L = 20$ μH, Ausgangskapazität $C = 1000$ μF, Schaltfrequenz $f_s = 100$ kHz und Lastwiderstand $R_{Load} = 10.0$ Ω. Die Gate-Spannungen sind in Abb. 10.9 zu sehen.

(a) Simulieren Sie die Signalformen für v_A und i_L.

(b) Bestimmen Sie die Spannung über und den Strom durch einen der Schalter.

(c) Kommentieren Sie die Nullspannungs-/Nullstromschaltungen. Erfassen Sie die Ströme durch einen der Schalter während der Totzeit, durch die zugehörige Diode und durch die Snubber-Kondensatoren.

10.4 In einem Resonanzwandler (Abb. 10.7) gelten folgende Bedingungen: Eingangsspannung $V_{in} = 155$ V, Induktivität $L = 100$ μH, Kapazität $C = 17.4$ nF, Widerstand $R = 15.0$ Ω, Snubber-Kondensatoren über den MOSFETs 1.0 nF und Schaltfrequenz $f_s = 125$ kHz.

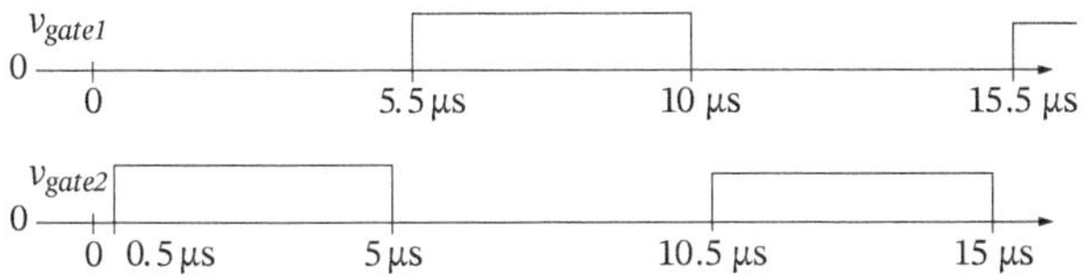

Abb. 10.9 Zeitabhängige Gate-Spannungen für Übungsbeispiel 10.3.

(a) Simulieren Sie die Signalformen für v_A und i_L. Verwenden Sie die Fourier-Analyse, um die Wellenformen von v_{A1} und i_{L1} zu erhalten und zu plotten, wobei der Index 1 die Grundfrequenzkomponente bezeichnet.
(b) Erklären Sie, warum der Strom der Spannung nachläuft.
(c) Plotten Sie die Spannung über dem Kondensator und den zugehörigen Strom.

11

Schaltnetzteile in Motorantrieben, unterbrechungsfreien Stromversorgungen und Energiesystemen

11.1 Einführung

Elektrische Antriebe (AC und DC), unterbrechungsfreie Stromversorgungen (USV) und Energiesysteme sind zentrale Anwendungen für Schaltnetzteile. Die Wandler in diesen Anwendungen erzeugen Spannungen mit spezifischer Amplitude, Frequenz, Phase und Anzahl der Phasen und ermöglichen oft einen bidirektionalen Leistungsfluss. Der Syntheseprozess dieser Spannungen wird im nächsten Kapitel ausführlich beschrieben.

11.2 Elektrische Antriebe

Motorantriebe sind eine wesentliche Anwendung der Leistungselektronik mit einem Marktwert, der jährlich Milliarden von Dollar erreicht. Das Blockdiagramm einer elektrischen Motorsteuerung ist in Abb. 11.1 dargestellt.

Elektrische Antriebe steuern effizient die Geschwindigkeit und Position mechanischer Lasten in Reaktion auf Eingabebefehle. Der Regler vergleicht den Eingabebefehl für Geschwindigkeit und Position mit den tatsächlichen Werten, die von Sensoren gemessen werden. Anschließend liefert er entsprechende Steuersignale an die Leistungssteuerung (power processing unit, PPU), die aus Leistungshalbleitern besteht.

Die Leistungssteuerung erhält Energie vom Netz in Form von einphasigen oder dreiphasigen sinusförmigen Spannungen mit fester Frequenz und konstanter Amplitude. In Reaktion auf Steuerbefehle wandelt die PPU (power processing unit) diese festgelegten Eingangsspannungen in eine Ausgangsspannung mit geeigneter Frequenz, Amplitude und Phasenzahl um, die für den Betrieb des Motors geeignet ist. Der Eingangsbefehl an den elektrischen Antrieb kommt im Idealfall von einem Prozessrechner, der die Gesamtprozessziele berücksichtigt und einen Befehl zur Steuerung der mechanischen Last ausgibt. In allgemeinen Anwendungen arbeiten elektrische Antriebe jedoch oft nur im offenen Regelkreis ohne jede Rückkopplung.

Leistungselektronik: Eine Einführung, Ned Mohan and Siddharth Raju.
© 2025 Wiley-VCH GmbH. Published 2025 by Wiley-VCH GmbH.

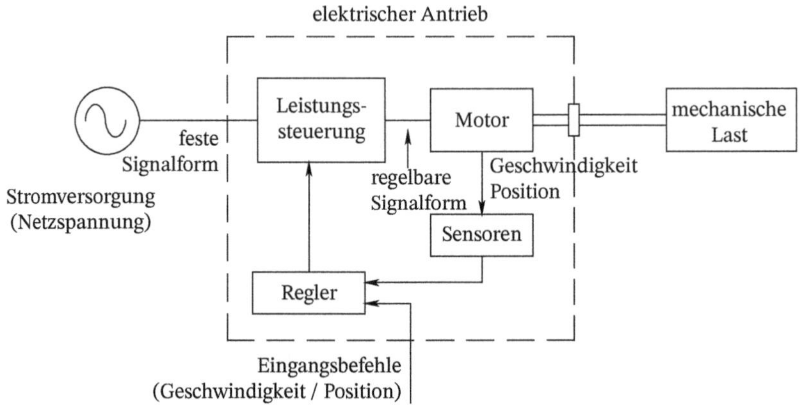

Abb. 11.1 Blockdiagramm eines elektrischen Antriebssystems [1].

Im Folgenden werden kurz verschiedene Arten von elektrischen Maschinen in Bezug auf ihre Anschlusscharakteristiken im stationären Zustand untersucht, um so die Spannungs- und Stromwerte zu bestimmen, die für die Auslegung der Leistungselektronik erforderlich sind.

11.2.1 Gleichstrommotoren

Gleichstrommotoren werden weit verbreitet für verschiedene Antriebsanwendungen genutzt und sind für die Steuerung von Geschwindigkeit und Position relevant. Es gibt zwei Arten von Gleichstrommaschinen: solche mit Statoren aus Permanentmagneten und solche mit einer Feldwicklung. Die Leistungsregelungseinheiten für diese Motoren fallen in zwei Kategorien: Leistungswandler im Schaltmodus (im nächsten Kapitel besprochen) und netzkommutierte Thyristorwandler (Kapitel 14). Dieses Kapitel konzentriert sich auf Permanentmagnet-Gleichstrommotoren, die typischerweise von Schaltmodus-Leistungselektronik-Wandlern angetrieben werden.

Abbildung 11.2 zeigt eine Explosionszeichnung eines Gleichstrommotors mit Permanentmagnet-Stator, Rotor mit Wicklung, Kommutator und Bürsten. Der Stator erzeugt einen gleichmäßigen Fluss ϕ_f im Luftspalt (das f steht für Feld). Bei Permanentmagneten bleibt die Flussdichte im Luftspalt konstant. Eine Feldwicklung mit variablem Strom kann eine zusätzliche Kontrolle über die Flussdichte im Luftspalt bieten.

Die Nuten im Rotor beherbergen die Ankerwicklung, welche elektrische Energie in mechanische Energie an der Rotorwelle umwandelt. Der am Rotor befestigte Kommutator verfügt über Kupfersegmente, die durch Glimmer oder Kunststoff isoliert sind. Die Spulen der Ankerwicklung sind mit diesen Segmenten verbunden, wodurch eine stationäre Gleichstromquelle Spannung und Strom über stationäre Kohlebürsten liefern kann. Der Hauptnachteil von Gleichstrommaschinen ist die

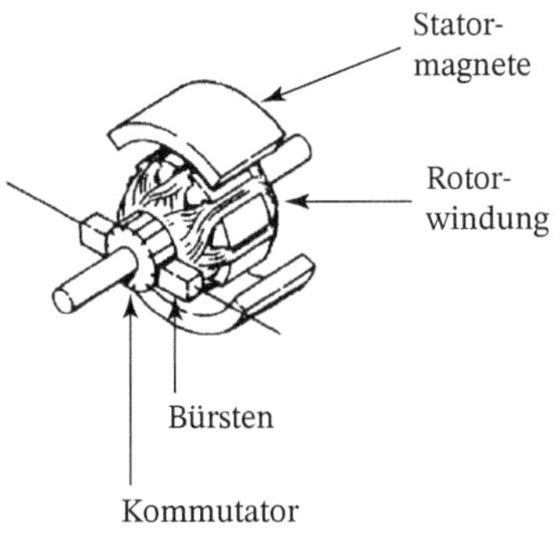

Abb. 11.2 Explosionszeichnung eines Gleichstrommotors. Quelle: Electro-Craft Corporation.

Notwendigkeit regelmäßiger Wartung aufgrund des Verschleißes am Kontakt zwischen Kommutator und den Bürsten.

In einer Gleichstrommaschine hängen die Größe und Richtung des elektromagnetischen Drehmoments vom Ankerstrom i_a ab. Aus diesem Grund besteht in einer Gleichstrommaschine mit Permanentmagneten zwischen dem Drehmoment T_{em} (T steht für torque) und dem Ankerstrom eine lineare Beziehung:

$$T_{em} = k_T i_a. \tag{11.1}$$

k_T ist hier über eine maschinenspezifische Drehmomentkonstante. Ebenso hängt die induzierte Spannung e_a (Zur Erinnerung: Die Bezeichnung „e" kommt vom Begriff „elektromotorischer Kraft") über die Spannungskonstante k_E von der Drehzahl ω_m ab:

$$e_a = k_E \omega_m. \tag{11.2}$$

Durch Gleichsetzen der mechanischen Leistung $\omega_m T_{em}$ mit der elektrischen Leistung $e_a i_a$ sind die Drehmomentkonstante k_T und die Spannungskonstante k_E in SI-Einheiten numerisch identisch:

$$k_T = k_E. \tag{11.3}$$

Die Richtung des Ankerstroms i_a bestimmt die Stromrichtung durch den Leiter und beeinflusst somit die Richtung des elektromagnetischen Drehmoments. Eine Gleichstrommaschine kann vom Motorbetrieb (Geschwindigkeit und Drehmoment in gleicher Richtung) in den Generatorbetrieb (Geschwindigkeit und Drehmoment in entgegengesetzter Richtung) wechseln, indem die Richtung von i_a umgekehrt wird. Durch eine an die Ankerklemmen angelegte Gleichspannung mit umgekehrter Polarität wird auch die Richtung des Ankerstroms umgekehrt, wodurch das elektromagnetische Drehmoment, die Drehrichtung und die Polarität der induzierten Spannungen umgekehrt werden.

Wie oben erwähnt, kann eine Gleichstrommaschine sowohl als Motor als auch als Generator in Vorwärts- und Rückwärtsrichtung arbeiten. Das zugehörige

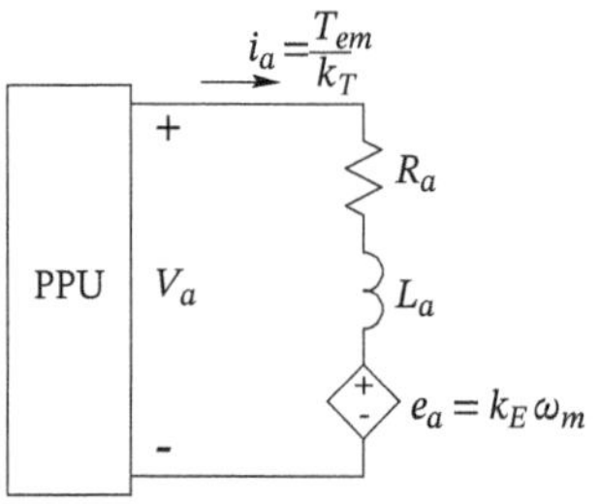

Abb. 11.3 Ersatzschaltbild eines Gleichstrommotors.

Ersatzschaltbild (Abb. 11.3) demonstriert die Umwandlung zwischen elektrischer und mechanischer Leistung. Der Ankerstrom i_a erzeugt das elektromagnetische Drehmoment T_{em} (= $k_T i_a$), um die mechanische Last zu drehen. Die Drehung bei Geschwindigkeit ω_m induziert eine Gegenspannung e_a (= $k_E \omega_m$), die durch eine abhängige Spannungsquelle dargestellt wird.

Die von der PPU angelegte Spannung v_a überwindet die Gegenspannung e_a und verursacht den Stromfluss i_a. Unter Berücksichtigung des Spannungsabfalls über den Ankerwicklungswiderstand R_a und die Induktivität L_a lautet die Gleichung auf der elektrischen Seite:

$$v_a = e_a + R_a i_a + L_a \frac{di_a}{dt}. \tag{11.4}$$

Auf der mechanischen Seite überwindet das elektromagnetische Drehmoment das mechanische Lastdrehmoment T_L, um eine Beschleunigung zu erzeugen:

$$\frac{d\omega_m}{dt} = \frac{1}{J_{eq}} (T_{em} - T_L), \tag{11.5}$$

wobei J_{eq} (= $J_m + J_L$) das kombinierte Trägheitsmoment der Gleichstrommaschine und der mechanischen Last ist. Die elektrischen und mechanischen Systeme sind hier gekoppelt. Das Drehmoment T_{em} im mechanischen System hängt vom elektrischen Strom i_a ab, und die Gegenspannung e_a im elektrischen System hängt von der mechanischen Geschwindigkeit ω_m ab. Elektrische Leistung, die vom Motor aufgenommen wird, wird in mechanische Leistung umgewandelt und umgekehrt. Im DC-Betriebszustand, mit angelegter Spannung V_a, den Ankerklemmen und einem Lastdrehmoment T_L (= T_{em}), das an die Last geliefert wird, spielt die Induktivität L_a keine Rolle:

$$I_a = \frac{T_{em} (= T_L)}{k_T} \tag{11.6}$$

$$\omega_m = \frac{E_a}{k_E} = \frac{V_a - R_a I_a}{k_E} = \frac{V_a - R_a (T_{em}/k_T)}{k_E}. \tag{11.7}$$

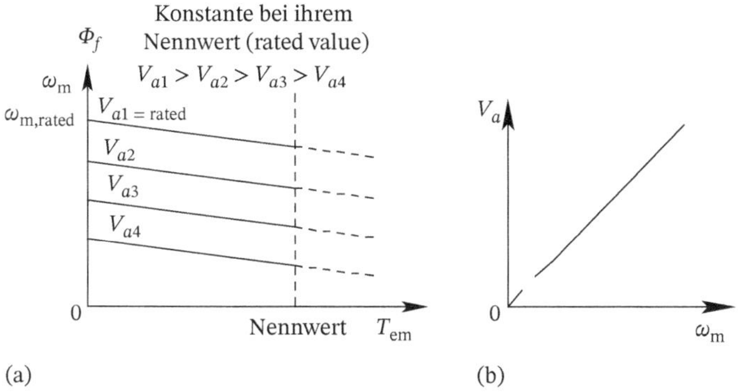

Abb. 11.4 (a) Drehmoment-Drehzahl-Kennlinien und (b) V_a in Abhängigkeit von ω_m.

11.2.1.1 Anforderungen von Gleichstrommaschinen an die Leistungsaufbereitungseinheit

Basierend auf den Gln. 11.6 und 11.7 sind die stationären Drehmoment-Drehzahl-Kennlinien in Abb. 11.4a für verschiedene Werte von V_a dargestellt. Unter Vernachlässigung des Spannungsabfalls über dem Ankerwiderstand variiert die Klemmenspannung V_a linear mit der Drehzahl ω_m (Abb. 11.4). Bei niedrigen Drehzahlen wird der Spannungsabfall über dem Ankerwiderstand signifikant, weshalb die Beziehung in diesem Bereich durch die gestrichelte Linie in Abb. 11.4a gekennzeichnet ist.

Zusammenfassend lässt sich also sagen, dass bei Gleichstromantrieben die Spannungsbewertung der Leistungselektronik durch die maximale Drehzahl bestimmt wird, während die Strombewertung durch das maximale Lastdrehmoment bestimmt wird.

11.2.2 AC-Antriebe mit Permanentmagneten

AC-Antriebe mit Permanentmagneten (Permanent Magnet AC-drives, PMAC-drives) sind unerlässlich in Anwendungen, die hohe Effizienz und Leistungsdichte für Geschwindigkeits- und Positionsregelung erfordern. In der Fachliteratur werden sie auch als bürstenlose DC-Antriebe bezeichnet. Wir werden diese Maschinen für Anwendungen zur Geschwindigkeits- und Positionsregelung untersuchen, typischerweise in kleinen Leistungsbereichen (< 10 kW). Diese Antriebe verfügen über dreiphasige AC-Statorwicklungen und einen Rotor mit Permanentmagneten, die eine DC-Erregung bereitstellen. Gesteuerte Ströme versorgen die Statorwicklungen über einen geschlossenen Regelkreis.

Im Folgenden konzentrieren wir uns auf 2-polige Maschinen, wie sie in Abb. 11.5a dargestellt sind. Diese Analyse kann auf p-polige Maschinen ausgeweitet werden, wobei $p > 2$ gilt. Der Stator hat dreiphasige, sternförmig verbundene Wicklungen, die bei Stromzufuhr eine sinusförmige Flussdichteverteilung im Luftspalt erzeugen.

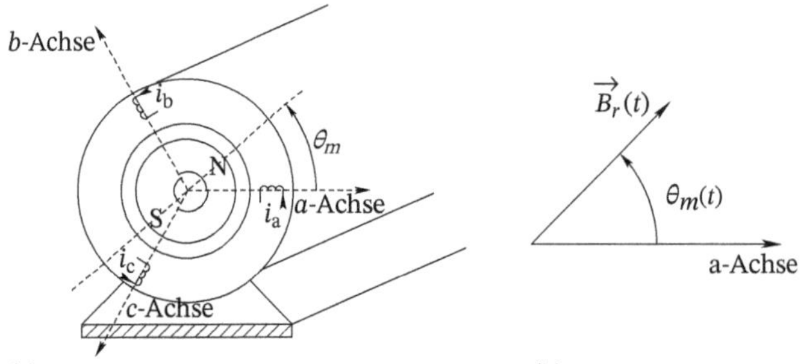

(a) (b)

Abb. 11.5 (a) Zweipolige PMAC-Maschine. (b) Zugehöriges Zeigerdiagramm.

Die Permanentmagnetpole des Rotors sind ebenfalls so geformt, dass sie eine sinusförmige Flussdichte im Luftspalt erzeugen. Die Flussdichteverteilung des Rotors, repräsentiert durch den Vektor $\vec{B}_r V_a(t)$, erreicht ihren Höchstwert bei einem Winkel $\theta_m(t)$ in Bezug auf die a-Achse, das ist die Achse der Wicklung der Phase a in Abb. 11.5b. Während sich der Rotor dreht, rotiert die Flussdichteverteilung und schneidet die Leiter der Statorwicklungen, wodurch eine sinusförmige EMK in den Phasenwicklungen erzeugt wird. Im AC-Gleichgewichtszustand werden diese Spannungen durch Zeiger dargestellt. Mit Phase a als Referenzphase (Abb. 11.5b) kann die induzierte Spannung so ausgedrückt werden:

$$\bar{E}_{\mathrm{ma}} = E_{\mathrm{rms}} \angle 0°. \tag{11.8}$$

Nach dem Faradayschen Gesetz $e = \mathrm{d}\lambda/\mathrm{d}t$, wobei λ der Gesamtfluss der Spule und e die Spannung ist (e bezeichnet hier die elektromotorische Kraft und nicht die Elementarladung), erreicht die induzierte Spannung in Phase a ihren Höchstwert, wenn der Maximalfluss des Rotors in Abb. 11.5a nach unten zeigt, also in einer 90° Position ist, bevor er die magnetische Achse der Phase a erreicht. Da die Permanentmagnete des Rotors einen konstanten Fluss erzeugen, ist der rms-Wert der induzierten Spannung in jeder Statorphase linear proportional zur Drehzahl ω_m durch eine phasenbezogene Spannungskonstante $k_{E,\mathrm{phase}}$, gegeben

$$E_{\mathrm{rms}} = k_{E,\mathrm{phase}}\, \omega_m. \tag{11.9}$$

Diese Maschinen werden durch eine stromgeregelte Leistungselektronik versorgt, welche die Ströme $\underline{i}_a$, i_b und i_c an den Stator liefert. Um das Drehmoment pro Ampere zu optimieren, wird der Strom in jeder Phase im AC-Gleichgewichtszustand so geregelt, dass er in Phase mit der induzierten Spannung ist. Somit ist der Strom im AC-Gleichgewichtszustand:

$$\bar{I}_{\mathrm{a}} = I_{\mathrm{rms}} \angle 0°. \tag{11.10}$$

Im AC-Gleichgewichtszustand aller Phasen entspricht die durch den Strom in zugeführte elektrische Eingangsleistung der mechanischen Ausgangsleistung. Unter Verwendung der Gln. (11.8–11.10) bekommen wir:

$$T_{\text{em}}\omega_m = 3\Big(\underbrace{k_{E,\text{phase}}\omega_m}_{E_{\text{rms}}}\Big)I_{\text{rms}}, \tag{11.11}$$

wobei $E_{\text{rms}} = k_{E,\text{phase}}\,\omega_m$. Der Drehmomentbeitrag jeder Phase ist $T_{\text{em}}/3$, also ist:

$$T_{\text{em,phase}} = \frac{T_{\text{em}}}{3} = k_{E,\text{phase}}I_{\text{rms}}, \tag{11.12}$$

wobei die Konstante, die den rms-Strom mit dem phasenbezogenen Drehmoment verbindet, die phasenbezogene Drehmomentkonstante $k_{T,\text{phase}}$ ist. Auch hier gilt, ähnlich wie bei Gleichstrommaschinen,

$$k_{T,\text{phase}} = k_{E,\text{phase}}. \tag{11.13}$$

PMAC-Antriebe (PMAC bedeutet Permanent Magnet AC) sind eine Klasse von *selbstsynchronen* Motorantrieben. Diese Bezeichnung wurde gewählt, um auf den Unterschied zu normalen Synchronmaschinen hinzuweisen. In diesen Antrieben sind die Statorströme der einzelnen Phasen mit der mechanischen Position des Rotors synchronisiert, was aber einen Rotorpositionssensor erfordert (Abb. 11.6).

Der Regler ermöglicht der Leistungselektronik, die gewünschten Ströme an die PMAC-Motoren zu liefern. Das Referenzdrehmomentsignal wird aus den äußeren Geschwindigkeits- und Positionsregelkreisen erzeugt. Die Rotorposition θ_m wird von einem Positionssensor gemessen. Das Wissen um die Drehmomentkonstante $k_{T,\text{phase}}$ ermöglicht die Berechnung des rms-Wertes des Referenzstroms. Dies, zusammen mit θ_m, ermöglicht dann die Berechnung der Referenzströme i_a, i_b und i_c, die die PPU zu jedem Zeitpunkt liefert.

Das elektromagnetische Drehmoment wirkt auf das mit dem Rotor verbundene mechanische System, und die resultierende Geschwindigkeit ω_m kann aus der Beziehung

$$\frac{d\omega_m}{dt} = \frac{T_{\text{em}} - T_L}{J_{\text{eq}}} \Rightarrow \omega_m(t) = \omega_m(0) + \frac{1}{J_{\text{eq}}}\int_0^t (T_{\text{em}} - T_L)\cdot d\tau \tag{11.14}$$

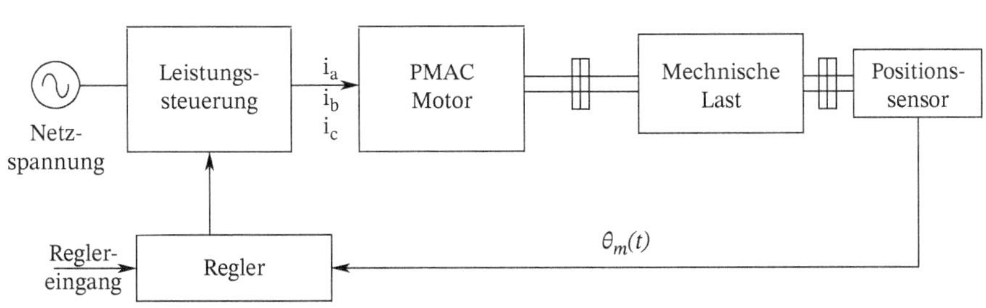

Abb. 11.6 Blockdiagramm einer PMAC-Maschine.

berechnet werden. J_{eq} ist hierbei die kombinierte Motor-Last-Trägheit und T_L das Lastdrehmoment einschließlich Reibung. Die Rotorposition $\theta_m(t)$ ist

$$\theta_m(t) = \theta_m(0) + \int_0^t \omega_m(\tau) \cdot d\tau, \tag{11.15}$$

wobei $\theta_m(0)$ die Rotorposition zum Zeitpunkt $t = 0$ ist. Ähnlich wie bei einer Gleichstrommaschine ist es bequem, eine PMAC-Maschine über ihr Ersatzschaltbild zu diskutieren (Abb. 11.7).

Im AC-Gleichgewichtszustand wird durch die Rückkopplung sichergestellt, dass der Strom $\bar{I}_a$ in Phase mit der induzierten Spannung $\bar{E}_{ma}$ der Phase a ist. Die Ströme der einzelnen Phasen erzeugen das gesamte elektromagnetische Drehmoment, das benötigt wird, um die mechanische Last mit der Geschwindigkeit ω_m zu drehen. Die induzierte Gegen-EMK $\bar{E}_{ma} = E_{rms}\angle 0°$, deren rms-Wert linear proportional zur Drehzahl ω_m ist, wird durch eine abhängige Spannungsquelle dargestellt. Die angelegte Spannung $\bar{V}_a$ in Abb. 11.7a überwindet die Gegen-EMK $\bar{E}_{ma}$ und verursacht den Stromfluss $\bar{I}_a$. Die Frequenz der Zeiger in einer 2-poligen PMAC-Maschine entspricht $\omega_m/(2\pi)$. In dieser Konfiguration gibt es einen Spannungsabfall über den Widerstand der phasenbezogenen Statorwicklung R_s (hier vernachlässigt), der durch die Ströme der einzelnen Phasen am Stator erzeugt wird. Weiters gibt es eine phasenbezogene Induktivität L_s, die aufgrund des kombinierten Flusses gleich der Summe der Streuinduktivität $L_{\ell s}$ und L_m ist. Das zugehörige Zeigerdiagramm ist in Abb. 11.7b dargestellt. R_s wurde hier vernachlässigt.

11.2.2.1 Anforderungen von PMAC-Maschinen an die PPU

In PMAC-Maschinen ist die Geschwindigkeit unabhängig vom elektromagnetischen Drehmoment, das von der Maschine entwickelt wird. Stattdessen hängt sie von der Frequenz der an die Statorphasen angelegten Spannungen und Ströme ab (Abb. 11.8).

Im Ersatzschaltbild für die jeweilige Phase (Abb. 11.7a) und im Zeigerdiagramm (Abb. 11.7b) ist die Gegen-EMK proportional zur Geschwindigkeit ω_m. Da die elektrische Frequenz linear mit ω_m zusammenhängt, ist der Spannungsabfall über L_s

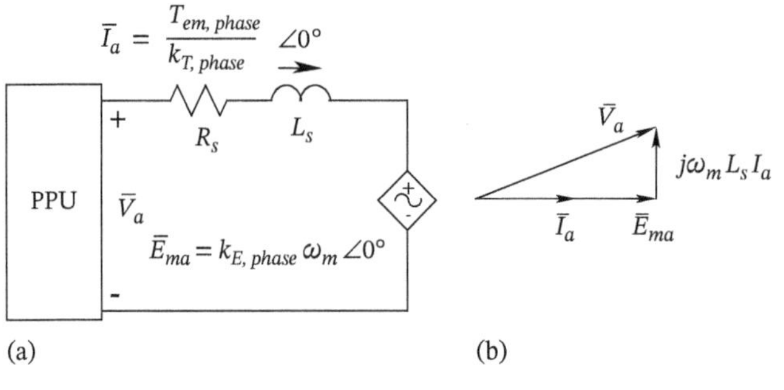

Abb. 11.7 Ersatzschaltbild (a) und Zeigerdiagramm (b) einer 2-poligen PMAC-Maschine.

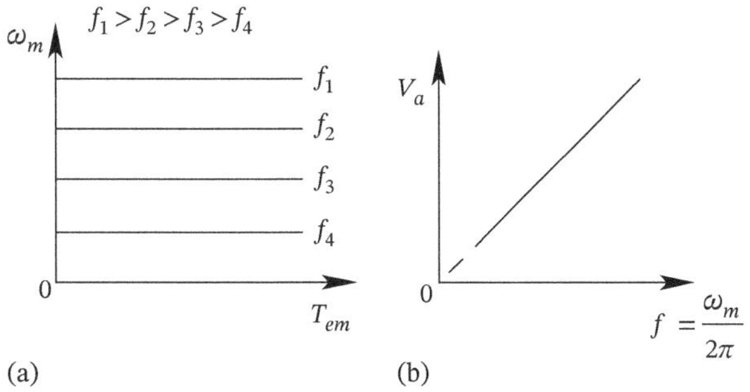

Abb. 11.8 Drehmoment-Geschwindigkeits-Kennlinien (a) und Spannung (b) als Funktion der Frequenz in einer PMAC-Maschine.

ebenfalls proportional zu ω_m. Unter Vernachlässigung des Widerstands der Statorwicklung R_s (für die jeweilige Phase) sind die Spannungszeiger im Zeigerdiagramm (Abb. 11.7b) alle proportional zu ω_m. Dies bedeutet, dass die Größe der Spannung für die jeweilige Phase, die die Leistungselektronikeinheit liefern muss, proportional zur Geschwindigkeit ω_m ist (Abb. 11.8b).

Bei sehr niedrigen Geschwindigkeiten gilt diese Spannungs-Geschwindigkeits-Beziehung (in Abb. 11.8b als gestrichelte Linie dargestellt) nur näherungsweise und es ist eine höhere Spannung, der sogenannte voltage boost, erforderlich, um den Spannungsabfall am Widerstand der Statorwicklung R_s zu überwinden. Dieser Spannungsabfall wird bei höherer Drehmomentbelastung signifikant und kann nicht vernachlässigt werden.

Zusammenfassend lässt sich sagen, dass in PMAC-Motoren, ähnlich wie bei Gleichstromantrieben, die Spannungsbewertung der Leistungselektronik durch die maximale Geschwindigkeit bestimmt wird, während die Strombewertung vom maximalen Lastdrehmoment abhängt.

11.2.3 Induktionsmaschinen

Induktionsmotoren mit Käfigläufer sind in der Industrie aufgrund ihrer geringen Kosten und robusten Bauweise unverzichtbar. Wenn sie direkt mit Netzspannungen (50- oder 60-Hz-Netzeingang bei konstanter Spannung) betrieben werden, arbeiten sie mit nahezu konstanter Drehzahl. Mit elektronischen Wandlern kann ihre Drehzahl jedoch effizient variiert werden.

Ähnlich wie bei PMAC-Motoren hat der Stator eines Induktionsmotors dreiphasige Wicklungen, die in den Statornuten verteilt sind. Diese Wicklungen sind in gegenseitigen Winkeln von 120° angeordnet (Abb. 11.9a).

Der Rotor, der aus isolierten Blechpaketen besteht, enthält Kupfer- oder Aluminiumstäbe, die axial in der Nähe des Umfangs eingesetzt sind. Diese Stäbe sind an jedem Ende durch leitende Endringe kurzgeschlossen, wodurch eine käfigartige Struktur entsteht (Abb. 11.9). Dieser Käfigläufer ist sowohl kostengünstig als auch langlebig.

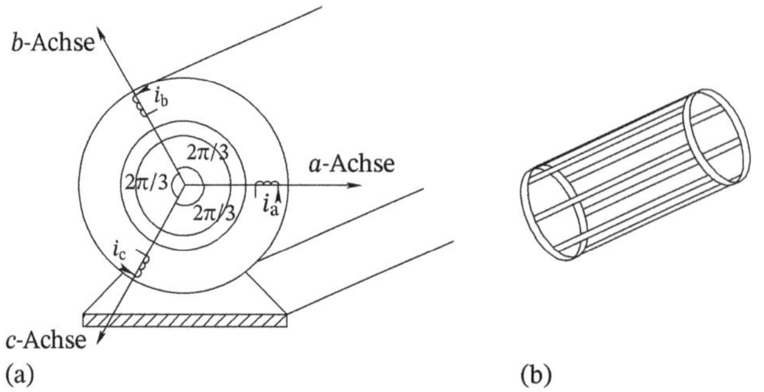

Abb. 11.9 (a) Dreiphasen-Stator; (b) Käfigläufer.

Abbildung 11.10a zeigt die Statorwicklungen mit ihren zugehörigen Spannungen. Das zugehörige Zeigerdiagramm ist in Abb. 11.10b dargestellt. Hier ist die Frequenz der angelegten Netzspannungen am Motor f und V_{rms} ist der Effektivwert.

$$\bar{V}_a = V_{rms} \angle 0°, \ \bar{V}_b = V_{rms} \angle -120°, \ \bar{V}_c = V_{rms} \angle -240°. \tag{11.16}$$

Nach dem Faradayschen Gesetz erzeugen diese Statorspannungen eine rotierende Flussdichteverteilung im Luftspalt, welche Magnetisierungsströme mit einem Effektivwert von I_m (Abb. 11.10b) erzeugt. Es gilt:

$$\bar{I}_{ma} = I_m \angle -90°, \ \bar{I}_{mb} = I_m \angle -210°, \ \bar{I}_{mc} = I_m \angle -330°. \tag{11.17}$$

Diese sinusförmigen Ströme erzeugen eine rotierende Flussdichteverteilung mit konstanter Amplitude bei synchroner Drehzahl ω_{syn}, wobei

$$\omega_{syn} = 2\pi f \left(\omega_{syn} = \frac{2\pi f}{p/2} \text{für eine } p\text{-polige Maschine}\right). \tag{11.18}$$

Der Rotor dreht sich mit einer Geschwindigkeit ω_m in die gleiche Richtung wie die rotierende Flussdichteverteilung, aber mit $\omega_m < \omega_{syn}$. Dieser Geschwindigkeitsunterschied, bekannt als Schlupfgeschwindigkeit, ist:

$$\omega_{slip} = \omega_{syn} - \omega_m. \tag{11.19}$$

Nach dem Faradayschen Gesetz werden Spannungen in den Rotorstäben aufgrund der relativen Bewegung zwischen der Flussdichteverteilung und dem Rotor bei der Schlupffrequenz induziert. Die Schlupffrequenz f_{slip} berechnet sich zu:

$$f_{slip} = \frac{\omega_{slip}}{\omega_{syn}} f. \tag{11.20}$$

Die kurzgeschlossenen Rotorstäbe verursachen Schlupffrequenzströme, die mit der Stator-Flussdichteverteilung interagieren, um ein Nettodrehmoment T_{em} (T steht für torque) in der Rotationsrichtung des Rotors zu erzeugen.

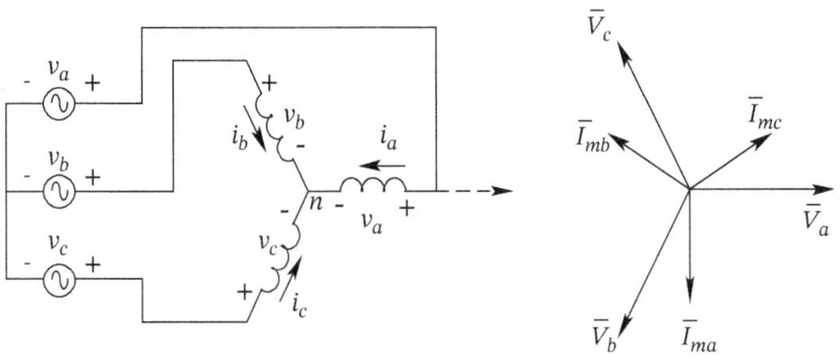

(a) (b)

Abb. 11.10 Induktionsmaschine: Angelegte Spannungen (a) und (b) Magnetisierungsströme im Zeigerdiagramm.

In einer Induktionsmaschine läuft die Sequenz zur Erfüllung des Lastmomentbedarfs dann folgendermaßen ab: Bei Leerlauf arbeitet die Maschine, abhängig von der Frequenz der Statorspannung, nahe der synchronen Geschwindigkeit. Erhöhtes Lastmoment verlangsamt den Motor erhöht die Schlupfgeschwindigkeit, was höhere Rotorspannungen und Rotorströme induziert. Dadurch wird ein größeres elektromagnetisches Drehmoment erzeugt, welches den Lastmomentbedarf erfüllt.

Unter Vernachlässigung von Effekten zweiter Ordnung wird der Fluss im Luftspalt durch die Statorspannungen bestimmt. Der Fluss der Rotorströme wird, abgesehen von den Magnetisierungsströmen, durch zusätzliche Statorströme kompensiert.

In der dreiphasigen stationären Analyse für sinusförmige Signale im stationären Zustand ignorieren wir Effekte zweiter Ordnung, wie Widerstand der Statorwicklung und parasitäre Induktivitäten. Abbildung 11.11a zeigt beispielhaft die Schaltung für die Phase a.

Die Spannungen $\bar{V}_\mathrm{a}$ und $\bar{V}_\mathrm{b,c}$, die für die anderen Phasen bei Frequenz f angelegt werden, führen am Ende zu Magnetisierungsströmen durch die Induktivität L_m. Diese Magnetisierungsströme erzeugen die Flussdichteverteilung im Luftspalt und induzieren eine Gegenspannung in den Statorwicklungen:

$$\bar{V}_\mathrm{a} = \bar{E}_\mathrm{ma} = k_{E,\mathrm{phase}}\omega_\mathrm{syn}\angle 0°, \tag{11.21}$$

wobei $k_{E,\mathrm{phase}}$ die Maschinenkonstante der jeweiligen Phase ist. Rotorstabströme verursachen zusätzliche Statorströme, die durch I'_ra in Phase mit der angelegten Spannung in Abb. 11.11a dargestellt sind:

$$\bar{I}'_\mathrm{ra} = I'_\mathrm{ra}\angle 0°. \tag{11.22}$$

Das Statordrehmoment ist gleich dem Rotordrehmoment, jedoch in entgegengesetzter Richtung. Die Flussdichteverteilung interagiert mit diesen Statorströmen,

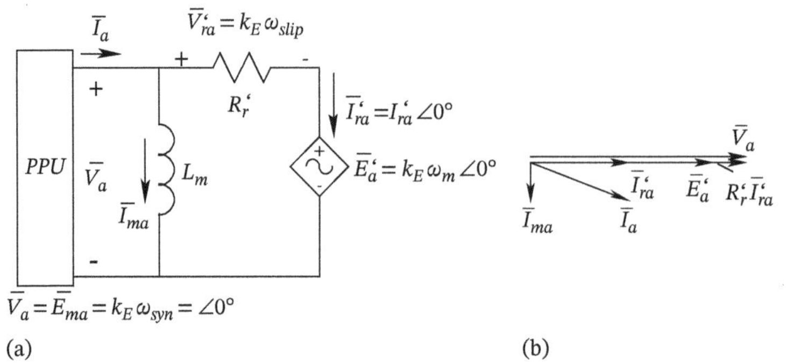

Abb. 11.11 (a) Ersatzschltbild und (b) Zeigerdiagramm eines Induktionsmotors.

und Drehmomentkonstante für jede Phase ist gleich der jeweiligen Spannungskonstanten:

$$k_{T,\text{phase}} = k_{E,\text{phase}}. \tag{11.23}$$

Das Drehmoment pro Phase ist:

$$T_{em,\text{phase}} = k_{T,\text{phase}} I'_{\text{ra}}. \tag{11.24}$$

Dieses Drehmoment bei der mechanischen Geschwindigkeit ω_m führt zu einer elektromagnetischen Leistung für jede Phase, die in mechanische Leistung umgewandelt wird:

$$P_{\text{em,phase}} = \omega_m T_{em,\text{phase}} = \omega_m k_{E,\text{phase}} I'_{\text{ra}}. \tag{11.25}$$

In der Gleichung (11.26) kann das Produkt $\omega_m k_{E,\text{phase}}$ als die Gegenspannung $\bar{E}'_{\text{a}}$ betrachtet werden, ähnlich wie bei Gleichstrom- und PMAC-Maschinen:

$$\bar{E}'_{\text{a}} = \omega_m k_{E,\text{phase}} \angle 0°. \tag{11.26}$$

Im Rotorstromkreis hängen die induzierten Spannungen von der Schlupfgeschwindigkeit ω_{slip} ab und überwinden den (IR-) Spannungsabfall an den Rotorstabwiderständen. Dies wird durch einen Spannungsabfall über einen äquivalenten Widerstand R'_{r} dargestellt. Unter Verwendung des Kirchhoffschen Spannungsgesetzes bekommen wir:

$$\bar{V}'_{\text{ra}} = k_{E,\text{phase}} \omega_{\text{syn}} \angle 0° - \bar{E}'_{\text{a}} = k_{E,\text{phase}} \omega_{\text{slip}} \angle 0°. \tag{11.27}$$

Daraus folgt:

$$I'_{\text{ra}} = \left(\frac{k_{E,\text{phase}}}{R'_{\text{r}}}\right) \omega_{\text{slip}}. \tag{11.28}$$

Unter Verwendung des kombinierten Drehmoments aller drei Phasen erhält man:

$$T_{\mathrm{em}} = \frac{P_{\mathrm{em}}}{\omega_m} = \left(3\frac{k_{T,\mathrm{phase}}^2}{R_{\mathrm{r}}'}\right)\omega_{\mathrm{slip}}, \tag{11.29}$$

wobei $k_{T,\omega_{\mathrm{slip}}} = \frac{k_{T,\mathrm{phase}}^2}{R_{\mathrm{r}}'}$ eine Maschinenkonstante ist, die zeigt, dass das Drehmoment linear proportional zur Schlupfgeschwindigkeit ist. Mit den Gln. (11.19) und (11.20) erhält man schließlich:

$$\omega_m = \omega_{\mathrm{syn}} - \frac{T_{\mathrm{em}}}{k_{T,\omega_{\mathrm{slip}}}}. \tag{11.30}$$

11.2.3.1 Anforderungen, die von Induktionsmaschinen an die PPU gestellt werden

Die Drehmoment-Drehzahl-Kennlinien (Gl. [11.30]) für verschiedene an den Stator angelegte Frequenzen sind in der Abb. 11.12 dargestellt. Die Statorspannung als Funktion der Frequenz, die notwendig ist, um den Spitzenwert der Flussdichteverteilung auf ihrem Nennwert zu halten, ist in Abb. 11.13 dargestellt. Die Beziehung zwischen der Spannung und der Synchronlaufdrehzahl oder der Frequenz f (Abb. 11.13) gilt nur näherungsweise. Eine höhere Spannung als angegeben (gestrichelt dargestellt) wird bei sehr niedrigen Frequenzen und bei höheren Drehmomentbelastungen benötigt, bei denen der Spannungsabfall über den Statorwicklungswiderstand R_s signifikant wird und nicht vernachlässigt werden kann.

Zusammenfassend lässt sich sagen, dass bei Antrieben mit Induktionsmotoren, ähnlich wie bei Gleichstrom- und PMAC-Antrieben, die Spannungsbewertung der Leistungselektronik durch die maximale Drehzahl und die Strombewertung durch das maximale Lastdrehmoment bestimmt wird.

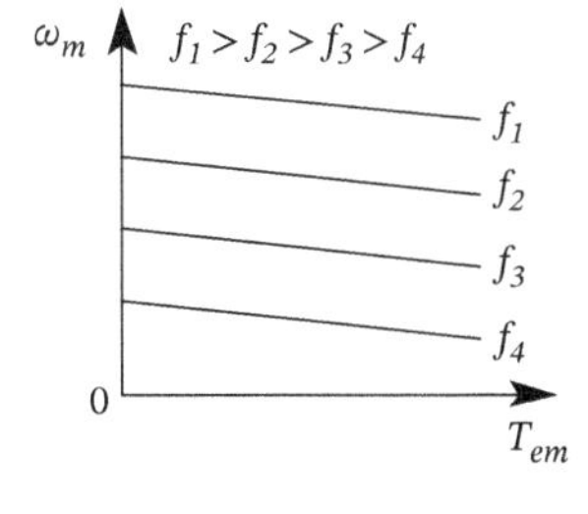

Abb. 11.12 Drehmoment-Drehzahl-Kennlinien eines Induktionsmotors.

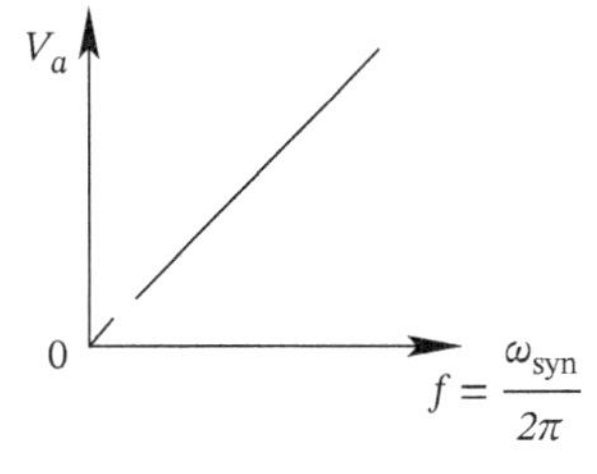

Abb. 11.13 Spannung vs. Frequenzkennlinie eines Induktionsmotors.

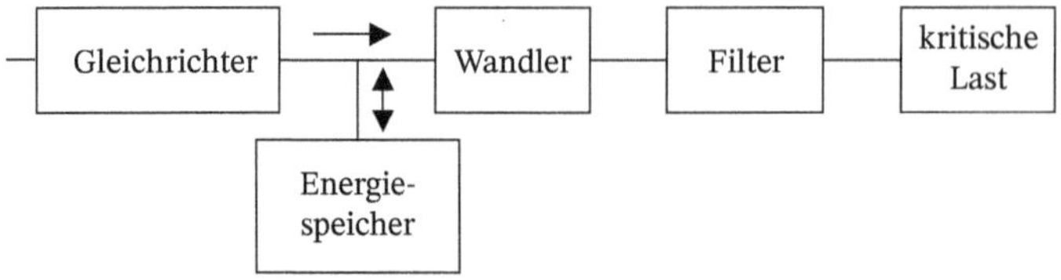

Abb. 11.14 Blockdiagramm einer USV.

11.3 Unterbrechungsfreie Stromversorgungen (USV)

Unterbrechungsfreie Stromversorgungen (USV) bieten kontinuierliche Stromversorgung für kritische Lasten in Industrien, Unternehmen und medizinischen Einrichtungen, selbst bei kurzen Stromausfällen. Die Computer Business Equipment Manufacturers Association (CBEMA) spezifiziert die Spannungstoleranz über die Zeit. Die ITI-CBEMA-Kurve zeigt, dass eine USV nicht nur bei vollständigen Stromausfällen notwendig ist, sondern auch bei Spannungsspitzen und -einbrüchen, die durch Störungen im Versorgungsnetz verursacht werden. USV können als ein Sonderfall von Wechselstromantrieben betrachtet werden, wenn niederfrequenter Wechselstrom aus Gleichspannung synthetisiert wird.

Eine USV verwendet typischerweise eine Batteriebank, um kritische Lasten vor Spannungsstörungen zu schützen (Abb. 11.14). Dazu enthält die USV einen DC-Zwischenkreis. Normalerweise wird die Last über zwei Wandler mit Strom versorgt, wobei der Wandler auf der Versorgungsseite auch die Batterien auflädt. Bei Stromausfällen stellt die in den Batterien gespeicherte Energie die kontinuierliche Stromversorgung der Last sicher. Der Wechselrichter auf der Lastseite erzeugt Wechselspannung aus der Gleichstromquelle, ähnlich wie bei Wechselstromantrieben, jedoch mit einer konstanten, spezifizierten Größe und Frequenz (z. B. 115 V rms und 60 Hz). Die Last kann einphasig oder dreiphasig sein. Die Spannungs- und Strombewertungen der USV-Wandler hängen von der zu versorgenden Last ab.

11.4 Schaltwandler in Versorgungsnetzen

Thyristorbasierte Leistungselektronik ist in Energieversorgungssystemen gut etabliert, einschließlich der Hochspannungs-DC-Übertragung, der Erregungssteuerung von Generatoren und der geschalteten Kondensatoren zur statischen Blindleistungsregelung.

Darüber hinaus gibt es zunehmende Anwendungen von Schaltnetzteil-Leistungselektronik, wie Spannungszwischenkreis-Systeme bei der Hochspannungs-DC-Übertragung und statische Kompensatoren (STATCOM) zur Blindleistungsregelung. Weitere Anwendungen umfassen die serielle Spannungseinspeisung zur Steuerung des Leistungsflusses und zur Kompensation von Spannungseinbrüchen und

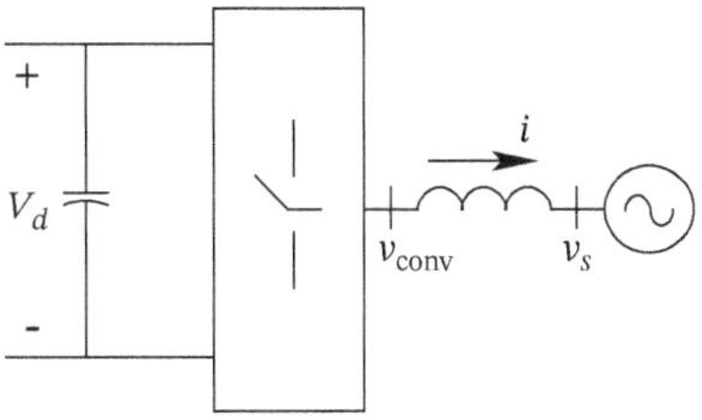

Abb. 11.15 Wechselwirkung eines Schaltwandlers mit dem Wechselstromnetz.

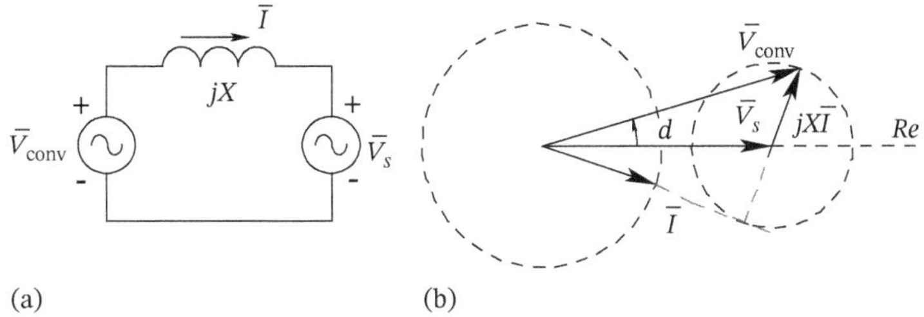

Abb. 11.16 Einphasen-Ersatzschaltbild (a) und das zugehörige (b) Zeigerdiagramm.

-überschreitungen außerhalb der von der CBEMA (Computer Business Equipment Manufacturers Association) vorgegebenen Grenzen.

Schaltwandler (Abb. 11.15) können eine AC-Spannung mit geeigneter Amplitude, Frequenz und Phase am Stromanschluss aus einer Gleichspannung am Spannungsanschluss synthetisieren. Diese Wandler können Ein- oder Dreiphasenausgänge haben, und der Leistungsfluss kann bidirektional sein. Das Energieversorgungssystem mit der Spannung v_s is rechts dargestellt.

Die einphasige Wechselstromseite ist in Abb. 11.16a unter Verwendung von Grundfrequenzgrößen dargestellt, wobei $\bar{V}_{conv}$ die vom Wandler synthetisierte Spannung und $\bar{V}_s$ die Netzspannung ist. Diese beiden Wechselspannungsquellen derselben Frequenz sind durch eine Serienreaktanz X verbunden. Das Zeigerdiagramm für diese Variablen ist in Abb. 11.16b dargestellt.

Die Diskussion zeigt, dass die Wirkleistung P in Abhängigkeit von den Phasenwinkeln der Spannungen fließt, während die Blindleistung Q von den Amplituden der beiden Spannungen abhängt. Im Schaltkreis von Abb. 11.16a ist

$$\bar{I} = \frac{\bar{V}_{conv} - \bar{V}_s}{jX}. \tag{11.31}$$

Und am Netzende kann die komplexe Leistung geschrieben werden als

$$S_s = P_s + jQ_s = V_s\bar{I}^*. \tag{11.32}$$

Unter Verwendung der komplexen Konjugierten und Auswahl der Netzspannung als Referenzzeiger bekommen wir: $\bar{V}_s = V_s\angle 0$, wobei $\bar{V}_{conv} = V_{conv}\angle\delta$,

$$P_s + jQ_s = V_s\left(\frac{V_{conv}\angle(-\delta) - V_s}{-jX}\right) = \frac{V_{conv}V_s\sin\delta}{X} + j\left(\frac{V_{conv}V_s\cos\delta - V_s^2}{X}\right). \tag{11.33}$$

$$P_s = \frac{V_{conv}\,V_s}{X}\sin\delta, \tag{11.34}$$

was, unter der Annahme, dass es keine Übertragungsverluste gibt, der Einspeiseleistung P_{conv} entspricht. Weiters gilt:

$$Q_s = \frac{V_{conv}V_s\cos\delta}{X} - \frac{V_s^2}{X}. \tag{11.35}$$

Wenn die Leistungsübertragung vom Wandler zum Netz null ist, dann ist gemäß Gl. (11.34) sin (δ)null und somit ist auch der Winkel δ gleich null. Unter dieser Bedingung, liefert Gl. (11.35) für $P_s = 0$:

$$Q_s = \frac{V_{conv}V_s}{X} - \frac{V_s^2}{X} = \frac{V_s}{X}\left(V_{conv} - V_s\right), \tag{11.36}$$

wobei die Blindleistung vom Wandler, ganz als ob der Wandler ein Kondensator wäre, an das Netz geliefert wird.

Die obigen Gleichungen zeigen, dass es durch Steuerung von $\bar{V}_{conv}$ in Amplitude und Phase möglich ist, sowohl Wirk- als auch Blindleistungen zu steuern, wie durch die Kreisbahnen der Spannungs- und Stromzeiger in Abb. 11.16b gezeigt. Dies wird in Hochspannungs-Übertragungssystemen gemacht. Die Gleichung zeigt dass wenn der Wirkstromtransfer null ist ($\delta = 0$), es durch Steuerung der Amplitude V_{conv} im Vergleich zur Netzspannungsamplitude möglich ist, Q in Magnitude und Polarität zu steuern. Dies ermöglicht es dem System, Blindleistung an das Netz wie ein parallelgeschalteter Kondensator zu liefern oder Blindleistung wie ein parallelgeschalteter Induktor zu absorbieren. Dies wird in statischen Blindleistungskompensatoren (STATCOM) gemacht. Weitere Details finden sich im Kapitel 14.

Literatur

1. Mohan, N. (2011). *Electric Drives: An Integrative Approach*. New York: John Wiley & Sons.

Übungsbeispiele

Mechanische Systeme

11.1 An einen unbelasteten Motor im Ruhezustand wird zum Zeitpunkt $t = 0$ ein konstantes Drehmoment von 5 Nm angelegt. Der Motor erreicht eine Geschwindigkeit von 1800 U/min in 5 Sekunden. Berechnen Sie das Trägheitsmoment des Motors unter der Annahme vernachlässigbarer Dämpfung.

11.2 In einem elektrischen Motorantrieb beträgt das kombinierte Motor-Last-Trägheitsmoment $J_{eq} = 5 \cdot 10^{-3}$ kgm². Das Lastdrehmoment beträgt $T_L = 0.05$. Zeichnen Sie das erforderliche elektromagnetische Drehmoment des Motors, um das System linear von Ruhe auf eine Geschwindigkeit von 100 rad/s in 5 Sekunden zu bringen und diese Geschwindigkeit dann beizubehalten.

11.3 Berechnen Sie die im Beispiel 11.2 erforderliche Leistung.

Gleichstrommotoren

11.4 Ein Gleichstrommotor mit Permanentmagnet hat die folgenden Parameter: $R_a = 0.3\ \Omega$ und $k_E = k_T = 0.5$ in SI-Einheiten. Zeichnen Sie die stationären Drehmoment-Drehzahl-Kennlinien für ein Drehmoment von bis zu 10 Nm für die folgenden Werte von V_a: 100 V, 75 V und 50 V.

11.5 Betrachten Sie den Gleichstrommotor aus Aufgabe 11.4, der ein Trägheitsmoment von $J_m = 0.02$ kg·m² und $R_a = 0.3\ \Omega$ hat. Die Ankerinduktivität L_a kann für langsame Änderungen vernachlässigt werden. Der Motor treibt eine Last mit einer Trägheit von $J_L = 0.04$ kg·m² an. Die stationäre Betriebsgeschwindigkeit beträgt 400 rad/s. Berechnen und zeichnen Sie die Klemmen-Spannung $v_a(t)$, die erforderlich ist, um den Motor so schnell wie möglich zu stoppen, ohne einen Ankerstrom von 12 A zu überschreiten.

Permanentmagnet-Wechselstrommotoren

11.6 In einem dreiphasigen, zweipoligen PMAC-Motor beträgt die Drehmomentkonstante $k_T = 0.5$. Berechnen Sie die Ströme der einzelnen Phasen, die erforderlich sind, damit der Motor ein gegen den Uhrzeigersinn gerichtetes Drehmoment von 5 Nm erzeugt.

11.7 In einem zweipoligen, dreiphasigen PMAC-Motorantrieb sind die Drehmomentkonstante $k_{T,\text{phase}}$ und die Spannungskonstante $k_{E,1\text{-phase}}$ beide 0.5 in SI-Einheiten. Die synchronisierte Induktivität beträgt 20 mH (unter Vernachlässigung des Wicklungswiderstands). Der Motor liefert ein Drehmoment von 3 Nm bei einer Drehzahl von 3000 U/min im ausgeglichenen sinusförmigen stationären Zustand. Berechnen Sie die Spannung der einzelnen Phasen der Leistungselektronik, während sie kontrollierte Ströme an diesen Motor liefert.

Induktionsmotoren

11.8 Betrachten Sie eine zwei-polige Induktionsmaschine, die mit einer Nennspannung von 208 V (Leiter-zu-Leiter, rms) bei 60 Hz versorgt wird. Sie arbeitet im stationären Zustand und ist mit ihrem Nenndrehmoment belastet. Vernachlässigen Sie die Statorleckimpedanz und den Rotorleckfluss. Der magnetisierende Strom pro Phase beträgt 4.0 A (rms). Der pro Phase gezogene Strom beträgt 10 A (rms) bei einem Phasenverschiebungswinkel von 23.56 Grad. Berechnen Sie den gezogenen Strom pro Phase, wenn die mechanische Last abnimmt und die Schlupfgeschwindigkeit die Hälfte der Nennschlupfgeschwindigkeit beträgt.

11.9 Im Übungsbeispiel 11.8 beträgt die Nenndrehzahl (wenn der Motor sein Nenndrehmoment liefert) 3480 U/min. Berechnen Sie die Schlupfgeschwindigkeit ω_{slip} und die Schlupffrequenz f_{slip} der Ströme und Spannungen im Rotorstromkreis.

11.10 In Problem 11.9 liefert der Motor ein Nenndrehmoment von 8 Nm. Berechnen Sie die Drehmomentkonstante, die das vom Motor entwickelte Drehmoment linear mit der Schlupfgeschwindigkeit in Beziehung setzt.

11.11 Ein dreiphasiger, 60 Hz, 4-poliger, 440 V (rms, Leiter-zu-Leiter) Induktionsmotorantrieb hat eine Volllast- (Nenn-) Geschwindigkeit von 1750 U/min. Das Nenndrehmoment beträgt 40 Nm. Der Spitzenwert der Flussdichte im Luftspalt sei auf seinem Nennwert:

(a) Zeichnen Sie die Drehmoment-Drehzahl-Kennlinien (den linearen Teil) für die folgenden Frequenzen: 60 Hz, 45 Hz, 30 Hz und 15 Hz.

(b) Dieser Motor treibt eine Last an, deren Drehmomentbedarf linear mit der Drehzahl zunimmt und bei der Nenndrehzahl des Motors dem Nenndrehmoment entspricht. Berechnen Sie die Betriebsgeschwindigkeiten bei den vier in Teil (a) genannten Frequenzen.

11.12 Im Motorantrieb vom Übungsbeispiel 11.11 zieht der Motor 10.39 A (rms) pro Phase bei einem Leistungsfaktor von 0.866 (nacheilend), wenn die Nennspannung angelegt wird und er mit dem Nenndrehmoment belastet ist. Gegeben $R_s = 1.75\ \Omega$, berechnen Sie die Spannungen, die den vier Frequenzen entsprechen, um $\hat{B}_{ms} = \hat{B}_{ms,rated}$ aufrecht zu erhalten.

12

Synthese von Gleichspannungen und niederfrequenten Wechselspannungen für Motoren, USV- und Energiesysteme

12.1 Einführung

Wie im Kapitel 11 erwähnt, spielt die Leistungselektronik bei Motorantrieben (sowohl AC als auch DC), USV- und Energiesystemen eine entscheidende Rolle. Viele Anwendungen nutzen die in Abb. 12.1 dargestellte DC-Zwischenkreisstruktur. Dieses Kapitel konzentriert sich darauf, wie der lastseitige Umrichter aus einer Gleichspannung auf der Eingangsseite entweder umgerichtete Gleichspannungen oder niederfrequente sinusförmige Ausgangsspannungen erzeugt. Funktional wirkt dieser Wandler (Umrichter) als linearer Verstärker, der ein Steuersignal verstärkt: Wichtig ist dabei, dass der Leistungsfluss durch diesen Umrichter reversibel sein muss.

Zu diesem Zweck beinhalten diese Umrichter bidirektionale Leistungsschalter. Für Gleichstrommotorantriebe und einphasige Wechselstromanwendungen werden zwei Leistungsschalter verwendet, während für Wechselstrommotoren und andere dreiphasige Anwendungen drei Leistungsschalter verwendet werden. Die Abbildungen 12.2a und 12.2b zeigen diese Konfigurationen für Gleichstrom- und Wechselstrommotorantriebe.

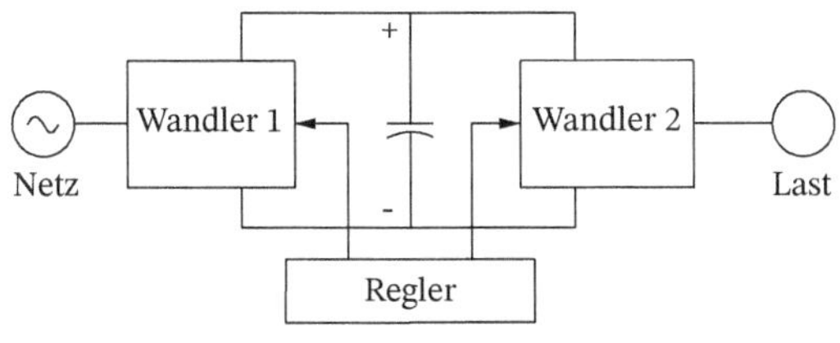

Abb. 12.1
DC-Zwischenkreisstruktur.

Leistungselektronik: Eine Einführung, Ned Mohan and Siddharth Raju.
© 2025 Wiley-VCH GmbH. Published 2025 by Wiley-VCH GmbH.

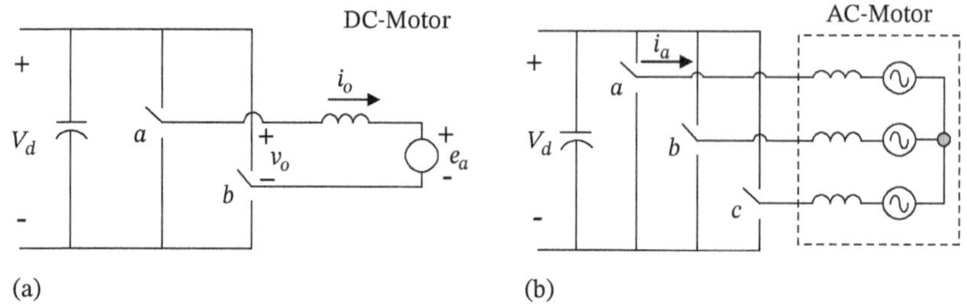

Abb. 12.2 Umrichter für (a) Gleichstrom- und (b) Wechselstromantriebe.

12.2 Bidirektionale Leistungsschalter

In Abwärts- und Aufwärts-DC-DC-Wandlern beschränkt die Verwendung eines einzelnen Transistors und einer Diode den Stromfluss auf eine Richtung. Die Kombination von Abwärts- und Aufwärtswandlern, bei denen zwei Transistoren in den Leistungsschaltern durch komplementäre Signale geschaltet werden, ermöglicht jedoch einen kontinuierlichen bidirektionalen Strom- und Leistungsfluss (Abb. 12.3a).

Der positive Spulenstrom i_L in Abb. 12.3b repräsentiert den Abwärtsmodus. Hierbei leitet der zugehörige Transistor, während $q = 1$, und die Diode, während $q = 0$ ist. Der negative Spulenstrom in Abb. 12.3c repräsentiert den Aufwärtsmodus. Hierbei leitet der zugehörige Transistor, während $q = 0$ ($q^- = 1$), und die Diode, während $q = 1$ ($q^- = 0$) ist.

Die Abbildungen 12.3b und 12.3c veranschaulichen, wie die Kombination der Wandler in Abb. 12.3a dem Leistungsschalter ermöglicht, den Strom i_L in beide Richtungen zu tragen.

Abbildung 12.4a zeigt einen äquivalenten Schalter, der sich, unabhängig von der Richtung von i_L, in der „oberen" Position befindet, wenn $q = 1$ (Abb. 12.4b), und in der „unteren" Position, wenn $q = 0$ (Abb. 12.4c) ist.

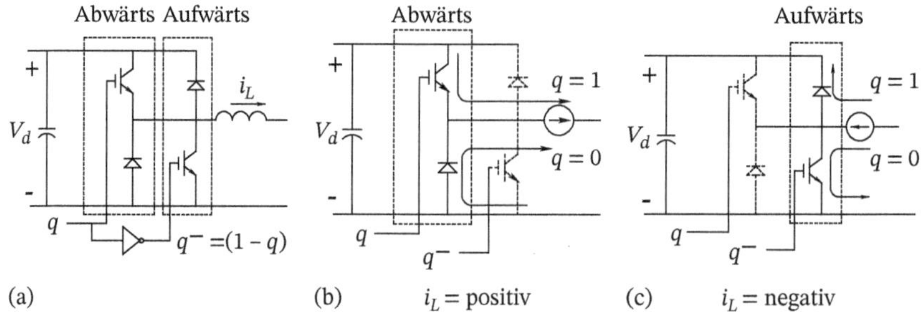

Abb. 12.3 Bidirektionaler Leistungsfluss durch einen Leistungsschalter.

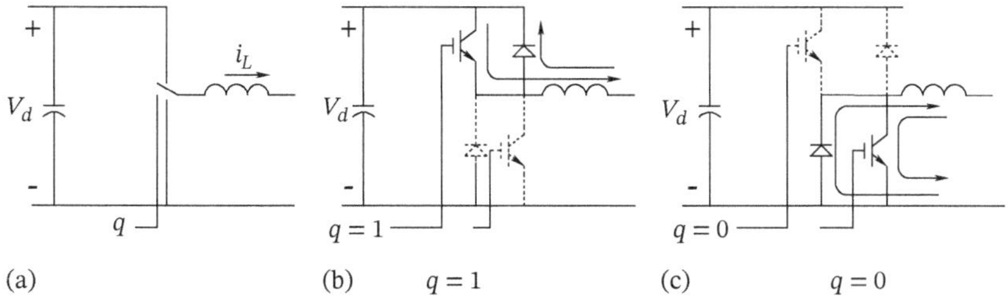

Abb. 12.4 (a) Bidirektionales Schaltermodul. und (b), (c) Strompfade für $q = 1$ und $q = 0$.

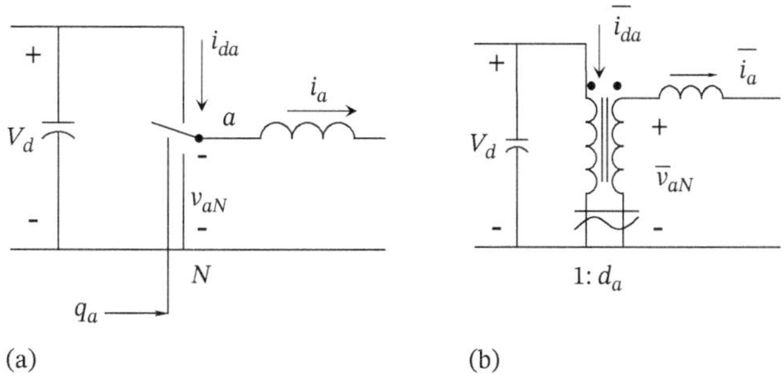

Abb. 12.5 (a) Bidirektionales Schaltermodul. (b) Mittelwertdarstellung (Mittelung üner einen Schaltzyklus).

Der bidirektionale Leistungsschalter in Abb. 12.4a ist nochmals in Abb. 12.5a für den Anschluss a zu sehen, wobei das zugehörige Schaltsignal als q_a bezeichnet wird. Es verhält sich ähnlich wie das zuvor besprochene Schaltermodul: „oben" bedeutet, wenn $q_a = 1$ und „unten" sonst. Die Mittelwertdarstellung (über einen Schaltzyklus) ist ein idealer Transformator (Abb. 12.5b) mit einem Übersetzungsverhältnis von $1{:}d_a(t)$.

Die schaltzyklusgemittelten Werte der Signale am Spannungseingang und am Stromeingang in Abb. 12.5b stehen mit $d_a(t)$ in folgender Beziehung:

$$\bar{v}_{\mathrm{aN}} = d_{\mathrm{a}} V_{\mathrm{d}} \tag{12.1}$$

$$\bar{i}_{\mathrm{da}} = d_{\mathrm{a}} \bar{i}_{\mathrm{a}}. \tag{12.2}$$

Bemerkenswert ist, dass der bidirektionale Leistungsschalter in Abb. 12.5a, im Gegensatz zu Leistungsschaltern mit einem einzelnen Transistor, keinen diskontinuierlichen Strommodus aufweist.

12.2.1 Pulsweitenmodulation (PWM) mit einem bidirektionalen Schaltermodul

Die Spannung am Stromanschluss eines Leistungsschalters ist immer positiv. Für Motorantriebe und andere Wechselstromanwendungen müssen jedoch die

Ausgangsspannungen in ihrer Polarität umkehrbar sein. Dies wird erreicht, indem jeder Leistungsschalter mit einer Gleichtaktspannung versorgt und dann der differentielle Ausgang zwischen den Leistungsschaltern verwendet wird. Um die gewünschte mittlere Spannung $\bar{v}_{\mathrm{aN}}$ zu erhalten, welche auch die Gleichtaktspannung einschließt, wird das Tastverhältnis des Leistungsmoduls so gewählt:

$$d_{\mathrm{a}} = \frac{\bar{v}_{\mathrm{aN}}}{V_{\mathrm{d}}}, \tag{12.3}$$

wobei V_{d} die DC-Busspannung ist. Das Schaltsignal q_{a} wird erzeugt, indem eine Steuerspannung $v_{\mathrm{cntrl,a}}$ mit einer dreiecksförmigen Trägerwelle der Schaltfrequenz f_{s} und Amplitude $\hat{V}_{\mathrm{tri}}$ verglichen wird (Abb. 12.6).

Aufgrund der Symmetrie muss nur die Hälfte der Schaltzeitperiode $T_{\mathrm{s}}/2$ betrachtet werden. Das Schaltsignal $q_{\mathrm{a}} = 1$, wenn $v_{\mathrm{cntrl,a}} > v_{\mathrm{tri}}$, andernfalls ist es null. Daher gilt:

$$v_{\mathrm{cntrl,a}} = d_{\mathrm{a}}\,\hat{V}_{\mathrm{tri}} \tag{12.4}$$

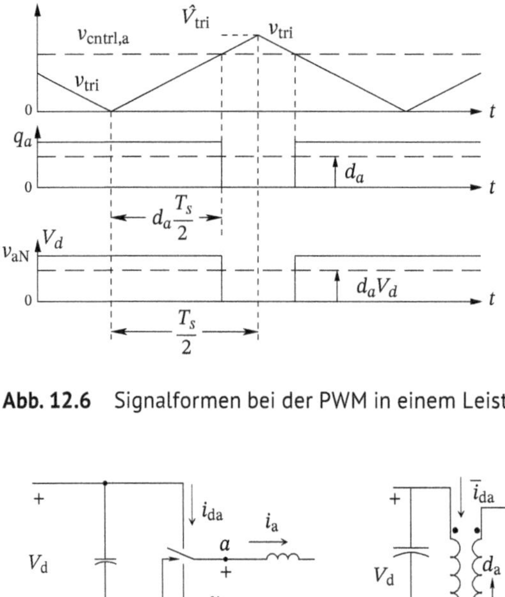

Abb. 12.6 Signalformen bei der PWM in einem Leistungsschalter.

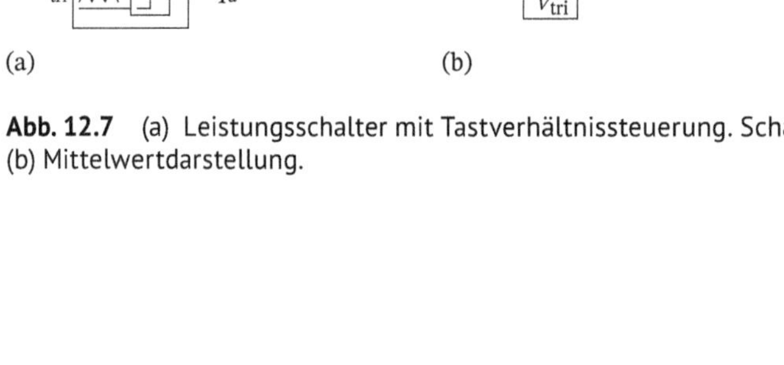

Abb. 12.7 (a) Leistungsschalter mit Tastverhältnissteuerung. Schaltbild, (b) Mittelwertdarstellung.

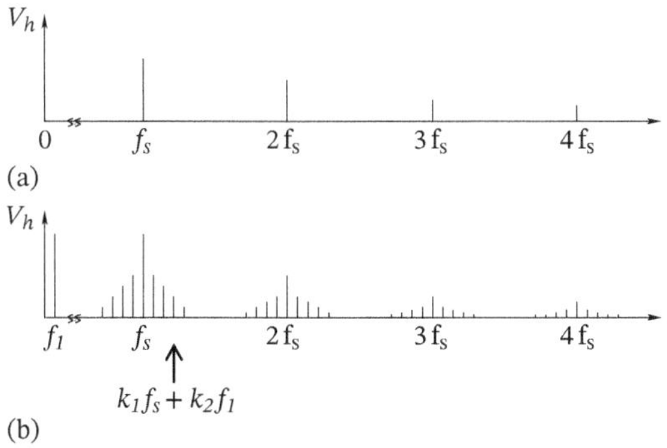

Abb. 12.8 Oberwellen im Ausgang eines Leistungsschalters. (a) Mit DC-Steuerspannung. (b) Mit AC- Steuerspannung.

Die Mittelwertdarstellung des Leistungsschalters erfolgt durch einen steuerbaren Transformator mit idealisiertem Übersetzungsverhältnis (Abb. 12.7b), wobei die Tastverhältnissteuerung aus Gl. (12.4) folgt.

Eine dreiecksförmige Trägerwelle wird gegenüber einem Rampensignal bevorzugt, da sie Anteil der Oberwellen in der Ausgangsspannung für eine gegebene Schaltfrequenz minimiert. Das Fourier-Spektrum des Schaltsignals (Abb. 12.8) v_{aN} hängt vom Steuersignal ab. Bei einer DC-Steuerspannung weist die Ausgangsspannung Oberwellen bei Vielfachen der Schaltfrequenz f_s, $2f_s$ usw. auf. Wenn die Steuerspannung mit einer niedrigen Frequenz f_1 variiert, erscheinen signifikante Oberwellen in den Seitenbändern der Schaltfrequenz und ihrer Vielfachen:

$$f_\mathrm{h} = k_1 f_\mathrm{s} + \underbrace{k_2 f_1}_{\text{Seitenbänder}}, \tag{12.5}$$

wobei k_1 und k_2 Konstanten sind (1, 2, 3 usw.). Einige harmonische Anteile löschen sich in den Ausgangsspannungen des Wandlers aus, wenn mehrere Leistungsschalter gleichzeitig verwendet werden.

Im Leistungsschalter variiert sowohl die Ausgangsspannung v_{aN} als auch ihr Mittelwert $\bar{v}_{aN}$ zwischen 0 und V_d. Um eine Ausgangsspannung $\bar{v}_{an}$ zu erreichen, die sowohl positiv als auch negativ sein kann, wird eine Gleichtaktverschiebung $\bar{v}_{com}$ eingeführt:

$$\bar{v}_{aN} = \bar{v}_{com} + \bar{v}_{an}. \tag{12.6}$$

Dies ermöglicht es, dass $\bar{v}_{an}$ um die Gleichtaktspannung $\bar{v}_{com}$ variiert. Im differentiellen Ausgang wird die Gleichtaktspannung bei Verwendung mehrerer Leistungsschalter eliminiert.

12.3 Wandler für Gleichstrommotoren

Wandler für Gleichstrommotoren haben zwei Leistungsschalter (Abb. 12.9a). Die Ausgangsspannung ist durch folgende Gleichung gegeben:

$$\bar{v}_o = \bar{v}_{aN} - \bar{v}_{bN}. \tag{12.7}$$

Die Ausgangsspannung $\bar{v}_o$ kann sowohl positiv als auch negativ sein und reicht von $-V_d$ bis $+V_d$. Anschluss *a* erzeugt $+\ \bar{v}_o/2$ und Anschluss *b* erzeugt $\bar{v}_o/2$ in Richtung Ausgang:

$$\bar{v}_{an} = +\frac{\bar{v}_o}{2} \text{ und } \bar{v}_{an} = -\frac{\bar{v}_o}{2}. \tag{12.8}$$

Hier ist „*n*" ein fiktiver Knoten (Abb. 12.9), der verwendet wird, um den Beitrag jedes Anschlusses (Pols) zu $\bar{v}_o$ zu definieren.

Um gleiche positive und negative Amplituden der schaltzyklusgemittelten Ausgangsspannung zu erreichen, wird die Gleichtaktspannung in jedem Pol auf die Hälfte der Gleichstrom-Versorgungsspannung gesetzt:

$$v_{com} = \frac{V_d}{2}. \tag{12.9}$$

Daher gilt mit Gl. (12.6):

$$\bar{v}_{aN} = \frac{V_d}{2} + \frac{\bar{v}_o}{2} \text{ und } \bar{v}_{bN} = \frac{V_d}{2} - \frac{\bar{v}_o}{2}. \tag{12.10}$$

Die schaltzyklusgemittelten Ausgangsspannungen der Leistungsschalter und des Wandlers sind in Abb. 12.9b dargestellt. Aus den Gleichungen (12.3) und (12.10) ergibt sich:

$$d_a = \frac{1}{2} + \frac{1}{2}\frac{\bar{v}_o}{V_d} \text{ und } d_b = \frac{1}{2} - \frac{1}{2}\frac{\bar{v}_o}{V_d}. \tag{12.11}$$

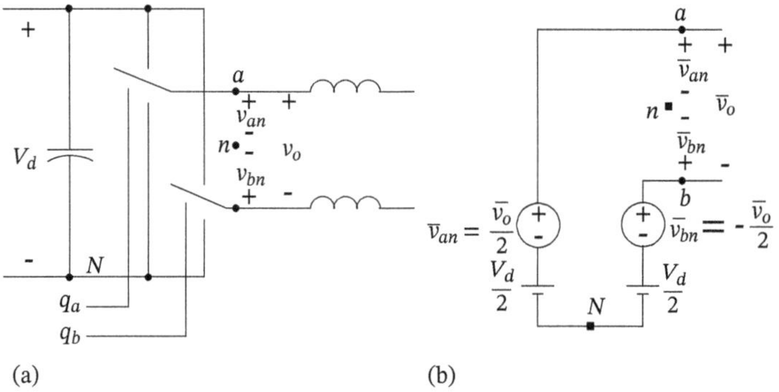

Abb. 12.9 (a) Wandler für Gleichstrommotoren. (b) Schaltzyklusgemittelte Ausgangsspannungen.

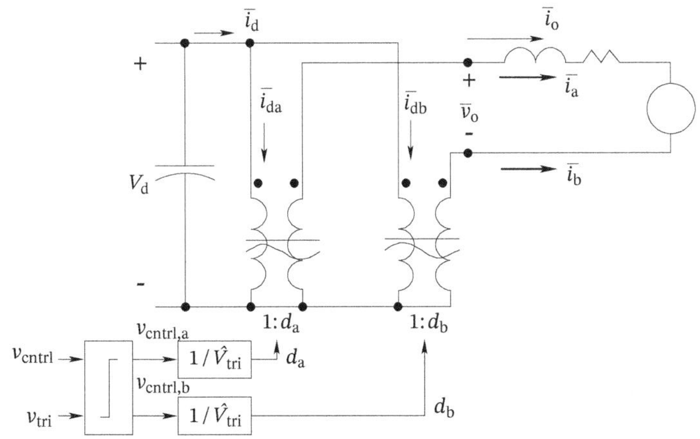

Abb. 12.10 Schaltzyklusgemittelte Darstellung des Wandlers für Gleichstromantriebe.

Schließlich erhält man:

$$\bar{v}_o = (d_a - d_b)\, V_d. \tag{12.12}$$

Beispiel 12.1

In einem Gleichstrommotorantrieb beträgt die DC-Busspannung $V_d = 350$ V. Bestimmen Sie $\bar{v}_{com}$, $\bar{v}_{aN}$ und d_a für Pol a und entsprechend für Pol b, wenn die erforderliche Ausgangsspannung am Pol (a) $\bar{v}_o = 300$ V und (b) $\bar{v}_o = 300$ V beträgt.

Lösung

Pol (a): Aus der Gl. (12.8) ergibt sich für $\bar{v}_o = 300$ V ein Wert von $\bar{v}_{an} = \bar{v}_o/2 = 150$ V und $\bar{v}_{bn} = \bar{v}_o/2 = 150$ V. Aus Gleichung (12.10) bekommt man von $\bar{v}_{aN} = 325$ V und $\bar{v}_{bN} = 25$ V. Gleichung (12.11) liefert $d_a = 0.93$ und $d_b = 0.07$.

Pol (b): $\bar{v}_o = 300$ V, $\bar{v}_{an} = \bar{v}_o/2 = 150$ V und $\bar{v}_{bn} = -\bar{v}_o/2 = 150$ V. Aus Gleichung (12.10) bekommt man von $\bar{v}_{aN} = 25$ V und $\bar{v}_{bN} = 325$ V. Gleichung (12.11) liefert $d_a = 0.07$ und $d_b = 0.93$.

Abbildung 12.10 zeigt die schaltzyklusgemittelte Darstellung der beiden Leistungsschalter und des Pulsweitenmodulators in Form eines Blockdiagramms. In jedem Leistungsschalter hängt der DC-seitige schaltzyklusgemittelte Strom über das Tastverhältnis der Pole von seinem Ausgangsstrom ab und es gilt:

$$\bar{i}_{da} = d_a \bar{i}_a \text{ und } \bar{i}_{db} = d_b \bar{i}_b. \tag{12.13}$$

Nach dem Kirchhoffschen Stromgesetz ist damit der gesamte schaltzyklusgemittelte DC-seitige Strom:

$$\bar{i}_d = \bar{i}_{da} + \bar{i}_{db} = d_a \bar{i}_a + d_b \bar{i}_b. \tag{12.14}$$

Unter Berücksichtigung der Richtungen der Ströme i_a und i_b bekommt man:

$$\bar{i}_a(t) = -\bar{i}_b(t) = -\bar{i}_o(t). \tag{12.15}$$

Daher gilt:

$$\bar{i}_d = (d_a - d_b)\,\bar{i}_o \tag{12.16}$$

Beispiel 12.2

Im DC-Motorantrieb des Beispiels 12.1 beträgt der Ausgangsstrom für den Motor $\bar{i}_o = 15$ A. Berechnen Sie die von der Gleichstromversorgung gelieferte Leistung und zeigen Sie, dass diese Leistung für $\bar{v}_o = 300$ V (unter der Annahme, dass der Umrichter verlustfrei ist) der an den Motor gelieferten Leistung entspricht.

Lösung

Unter Verwendung der Werte für d_a und d_b aus Teil (a) des vorherigen Beispiels und $\bar{i}_o = 15$ A bekommt man mit Gl. (12.16) einen Wert von $\bar{i}_d(t) = 12.99$ A. Damit ist die gelieferte Leistung $P_d = 4.515$ kW und $P_o = \bar{v}_o\bar{i}_o = 4.5$ kW. Dies zeigt, dass die von der Gleichstromversorgung gelieferte Leistung, abgesehen von Rundungsfehlern, der an den Motor gelieferten Leistung entspricht.

Unter Verwendung der Gln. (12.4) und (12.11) sind die Steuerspannungen für die beiden Pole:

$$v_{\text{cntrl,a}} = \frac{\hat{V}_{\text{tri}}}{2} + \frac{\hat{V}_{\text{tri}}}{2}\left(\frac{\bar{v}_o}{V_d}\right) \text{ und } v_{\text{cntrl,b}} = \frac{\hat{V}_{\text{tri}}}{2} - \frac{\hat{V}_{\text{tri}}}{2}\left(\frac{\bar{v}_o}{V_d}\right) \tag{12.17}$$

Zur Vereinfachung definieren wir die halbe Kontrollspannung zu

$$\frac{v_{\text{cntrl}}}{2} = \frac{\hat{V}_{\text{tri}}}{2}\left(\frac{\bar{v}_o}{V_d}\right) \tag{12.18}$$

Gleichung 12.18 vereinfacht sich damit zu:

$$\bar{v}_o = \frac{V_d}{\hat{V}_{\text{tri}}} v_{\text{cntrl}} = k_{\text{PWM}} v_{\text{cntrl}}, \tag{12.19}$$

wobei k_{PWM} der Umrichterverstärkungsfaktor zwischen Rückkopplungssteuersignal und der schaltzyklusgemittelten Ausgangsspannung ist (Abb. 12.11).

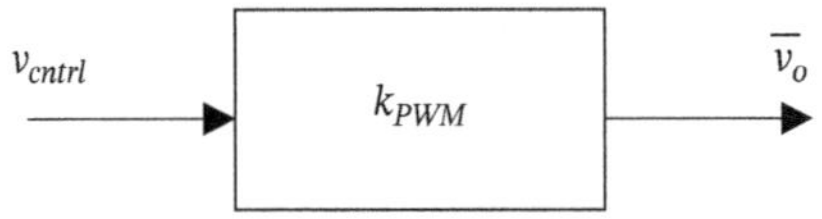

Abb. 12.11 Verstärkung des Wandlers für Gleichstromantriebe.

12.3.1 Schaltspannungssignale in einem Wandler für Gleichstromantriebe

Untersuchen wir die Schaltvorgänge des Wandlers in Abb. 12.9a. Die benötigten Steuerspannungen für eine positive Ausgangsspannung sind in Abb. 12.12 dargestellt. Aufgrund der Symmetrie müssen wir nur die Hälfte der Schaltperiode $T_s/2$, betrachten.

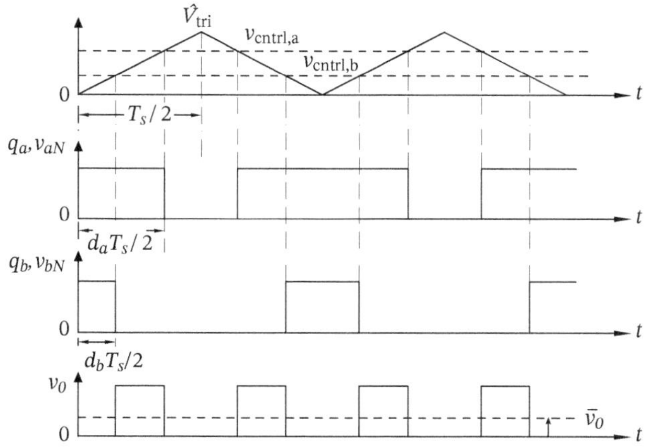

Abb. 12.12 Schaltspannungen in einem Umrichter für Gleichstromantriebe.

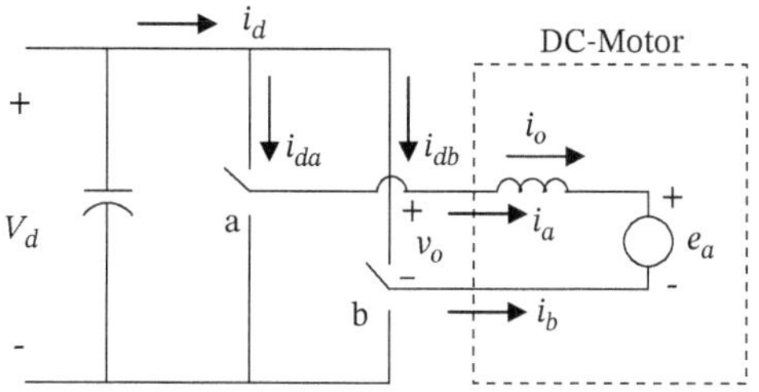

Abb. 12.13 Wandlerströme bei Gleichstrommotoren.

Die Ausgangsspannungen v_{aN} und v_{bN} haben die gleiche Signalform wie die Schaltsignale und unterscheiden sich nur in der Amplitude. Das Ausgangssignal v_o zeigt, dass die effektive Schaltfrequenz am Ausgang doppelt so hoch ist wie die ursprüngliche. Innerhalb der Schaltfrequenzperiode f_s gibt es zwei vollständige Zyklen. Daher befinden sich die Oberwellenanteile am Ausgang bei $(2f_s)$ und deren Vielfachen. Wenn die Schaltfrequenz hoch genug ist, kann die Motorinduktivität die Welligkeit im Ausgangsstrom begrenzen, sodass eine externe Serieninduktivität unnötig wird. Als Nächstes untersuchen wir die mit diesem Wandler verbundenen Ströme (Abb. 12.13). Die Ausgangsströme sind $i_a = i_o$ und $i_b = i_o$. Der DC-seitige Strom ist $i_d = i_{da} + i_{db}$. Das nächste Beispiel illustriert diese Stromsignale.

Beispiel 12.3
Für den Gleichstrommotor in Abb. 12.13 nehmen wir folgende Betriebsbedingungen an: $V_d = 350$ V, $e_a = 236$ V (DC) und $\bar{i}_o = 4$A. Die Schaltfrequenz f_s beträgt 20 kHz. Nehmen wir an, dass der Serienwiderstand des Motors $R_a = 0.5\,\Omega$ beträgt. Berechnen Sie die Serieninduktivität L_a, die erforderlich ist, um die Spitzenspannung-Welligkeit im Ausgangsstrom bei 1.0 A zu halten. Nehmen Sie an, $\hat{V}_{tri} = 1$ V. Zeichnen Sie v_o, $\bar{v}_o$, i_o und i_d.

Lösung

Wie in Abb. 12.12 zu sehen ist, hat die Ausgangsspannung v_o eine pulsierende Signalform, die aus einem DC-Mittelwert $\bar{v}_o$ plus einer hochfrequenten Welligkeitskomponente $v_{o,ripple}$ besteht:

$$v_o = \bar{v}_o + v_{o,ripple}. \tag{12.20}$$

Daher enthält der resultierende Strom i_o eine DC-Komponente $\bar{i}_o$ und eine Welligkeitskomponente $i_{o,ripple}$:

$$i_o = \bar{i}_o + i_{o,ripple}. \tag{12.21}$$

Für ein gegebenes v_o können wir den Ausgangsstrom durch Superposition berechnen, indem wir die Schaltung bei Gleichstrom und der Welligkeitsfrequenz (Vielfache von $2f_s$) betrachten (Abbn. 12.14a und 12.14b). In der DC-Schaltung hat die Serieninduktivität keine Wirkung und wurde in Abb. 12.14a weggelassen. In der Schaltung in Abb. 12.14b werden die DC-Gegen-EMK e_a und der Serienwiderstand R_a unterdrückt, da sie im Vergleich zur induktiven Reaktanz von L_a bei hohen Frequenzen vernachlässigbar sind. Aus Abb. 12.14a folgt damit

$$\bar{v}_o = e_a + R_a \bar{i}_o = 238\text{V}. \tag{12.22}$$

Die Schaltsignale, basierend auf Abb. 12.12, sind in Abb. 12.15 dargestellt, die den ersten Halbzyklus beschreibt. Die Ausgangsspannung v_o schwankt zwischen 0 und V_d = 350 V. Unter Verwendung der Gl. (12.11) ist d_a = 0.84 und d_b = 0.16. Bei f_s = 20 kHz ist T_s = 50 μs. Unter Verwendung der Gln. (12.20) und (12.22) wird die Welligkeit der Spannung in Abb. 12.14b gezeigt, wobei während $\frac{d_a - d_b}{2} T_s$ (= 17.0 μs) die Welligkeit in Abb. 12.14b den Wert von 112 V hat. Daher kann der Spitzenwert der Welligkeit im Induktivitätsstrom ΔI_{p-p} in Beziehung zur Welligkeit in der Spannung gesetzt werden:

$$L_a \frac{\Delta I_{p-p}}{(d_a - d_b)\, T_s/2} = 112\text{V}. \tag{12.23}$$

Durch Einsetzen der Werte mit ΔI_{p-p} = 1 A ergibt sich L_a = 1.9 mH. Wie man in Abbildung 12.15 sieht, steigt der Ausgangsstrom während der Zeit $(d_a - d_b)T_s/2$ linear an, und die zugehörige Signalform um den gemittelten Schaltzykluswert ist symmetrisch. Die Welligkeit in anderen Intervallen kann durch Symmetrie

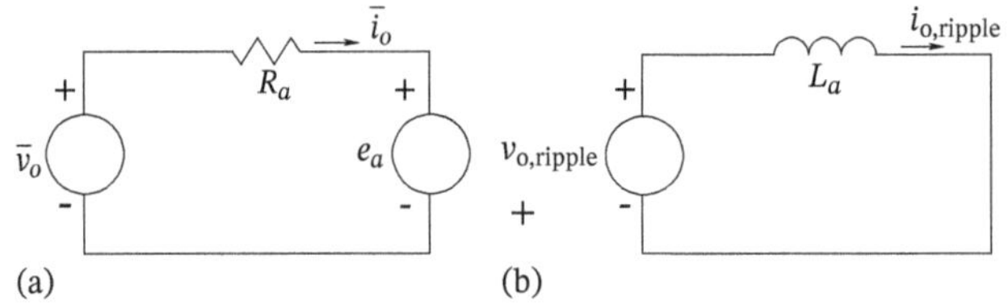

Abb. 12.14 Überlagerung von (a) DC- und (b) Welligkeitskomponenten.

gefunden werden. Der gleichstromseitige Strom i_d fließt nur während des Intervalls $(d_a - d_b)T_s/2$; ansonsten ist er null (Abb. 12.15). Gemittelt über $T_s/2$ beträgt der gemittelte gleichstromseitige Strom $\bar{i}_d = 2.72$A.

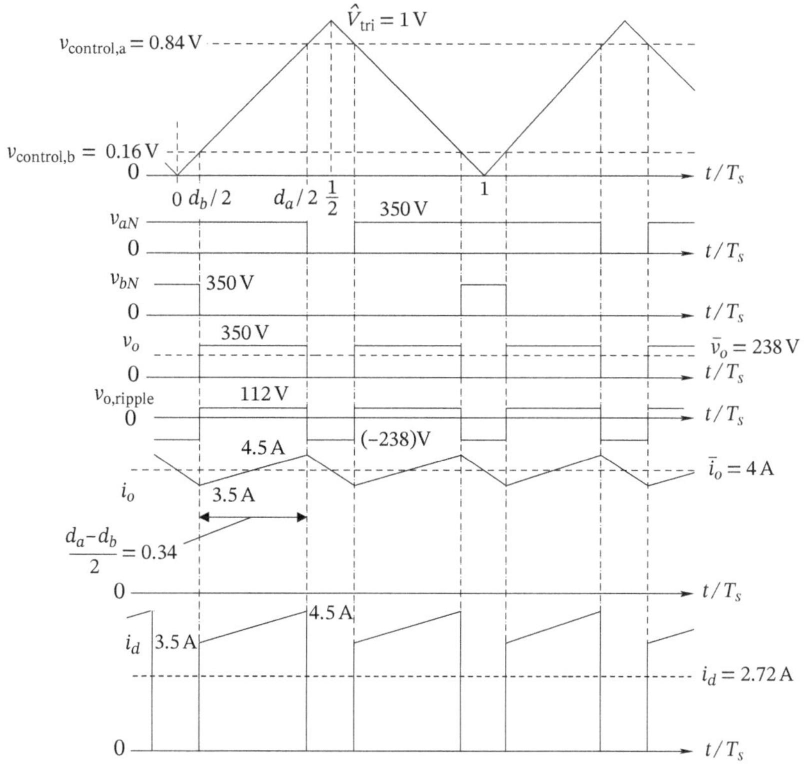

Abb. 12.15 Stromsignale aus Beispiel 12.3.

12.4 Synthese von Niederfrequenz-Wechselstrom

Die Technik der Synthese von Gleichspannung für DC-Motoren kann modifiziert werden, um auch Niederfrequenz-Wechselspannungen zu erzeugen. Dies ist effektiv, wenn die Wechselstromfrequenz f_1 deutlich niedriger als die Schaltfrequenz f_s ist. Typischerweise liegt f_1 in Anwendungen für Wechselstrommotorantriebe und USV-Systeme bei etwa 60 Hz, während f_s mehrere zehn Kilohertz beträgt. Die Steuerspannung, die mit einer Dreieckswelle verglichen wird, um Schaltsignale zu erzeugen, ändert sich langsam mit der Frequenz f_1. Mit $f_1 \ll f_s$ kann die Steuerspannung während einer Schaltperiode $T_s(= 1/f_s)$ als quasi-Gleichspannung betrachtet werden. Somit sind die Analyse- und Synthesemethoden für Gleichstromantriebe anwendbar. Abbildung 12.16 zeigt, wie die Ausgangsspannung des Leistungsschalters so synthetisiert werden kann, dass sie im Mittel mit der niedrigen Frequenz f_1

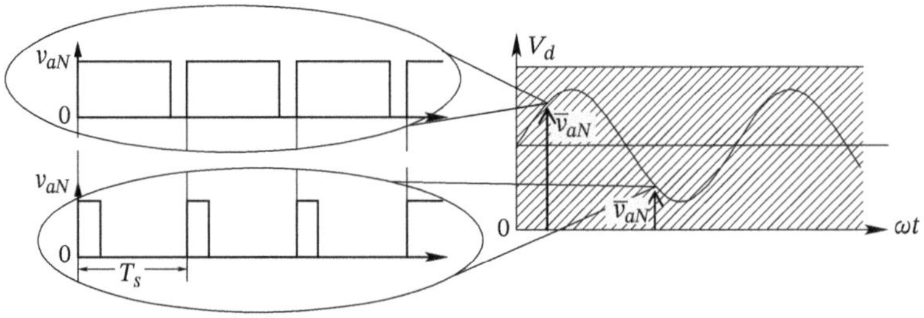

Abb. 12.16 Signale im Leistungsschalter zur Synthese von Niederfrequenz-Wechselspannungen.

variiert. Zu jedem Zeitpunkt hängt die Schaltsignalsignalform vom Tastverhältnis ab, das durch den zu synthetisierenden Spannungsmittelwert bestimmt wird. Die über den Schaltzyklus gemittelte Spannung des Leistungsschalters reicht, ähnlich wie bei Wandlern für Gleichstromantriebe, von 0 bis V_d.

Die gemittelte Darstellung des Leistungsschalters kann, wie schon früher, durch einen idealen Transformator mit einem steuerbaren Übersetzungsverhältnis modelliert werden. Die Oberwellen im Ausgang des Leistungsschalters wurden ebenfalls schon früher betrachtet. In den folgenden Abschnitten werden zwei Leistungsschalter verwendet, um eine einphasige Wechselspannung für USV-Anwendungen und einphasige Versorgungen zu synthetisieren. Um dreiphasigen Wechselstrom für Motorantriebe, USV- und dreiphasige Versorgungsanwendungen zu erzeugen, werden drei Leistungsschalter verwendet.

12.5 Einphasige Wechselrichter

Der lastseitige Wandler einer einphasigen USV oder zur Schnittstelle mit dem einphasigen Versorgungsnetz hat eine Leistungstopologie, ähnlich wie bei Gleichstromantrieben (Abb. 12.17a). Die Mittelwertdarstellung (über den Schaltzyklus) findet man in Abb. 12.17b. Sie besteht aus zwei Leistungsschaltern, wobei die Induktivität des Tiefpassfilters die Stromanschlüsse der beiden Leistungsschalter bildet.

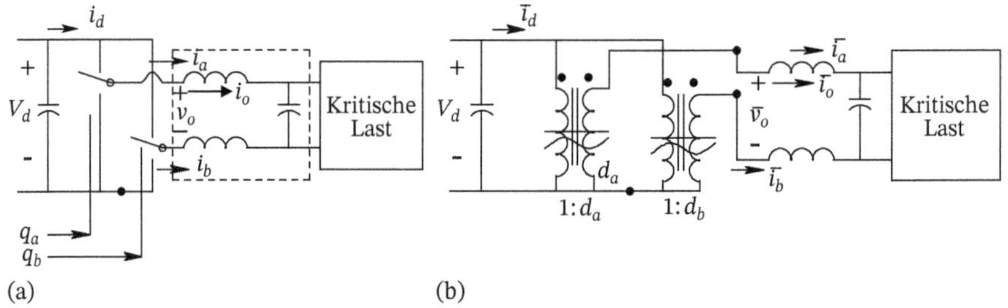

Abb. 12.17 (a) Einphasige unterbrechungsfreie Stromversorgung. (b) Mittelwertdarstellung über einen Schaltzyklus.

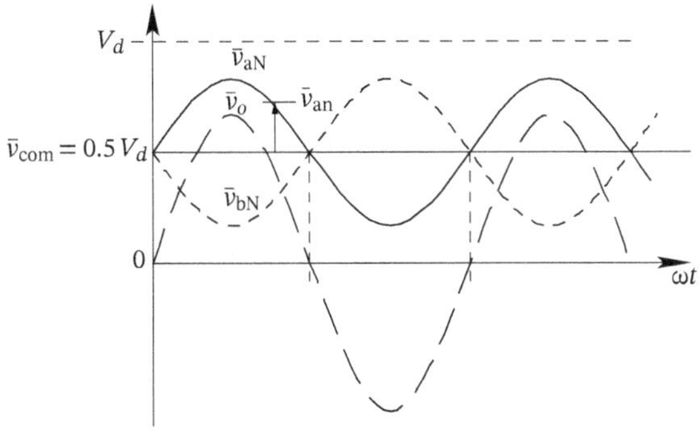

Abb. 12.18 Über den Schaltzyklus gemittelte Spannungen in einer einphasigen USV.

Die über den Schaltzyklus gemittelten Spannungen (Abb. 12.18) folgen sinusförmig der Netzfrequenz f_1,

$$\bar{v}_o = \hat{V}_o \sin(\omega_1 t). \tag{12.24}$$

Ähnlich wie bei Gleichstromantrieben ist die Gleichtaktspannung

$$\bar{v}_{com} = \frac{V_d}{2} \tag{12.25}$$

und die Polausgangsspannungen in Bezug auf einen hypothetischen Neutralpunkt „n" bezogen:

$$\bar{v}_{an} = \frac{\bar{v}_o}{2} \text{ und } \bar{v}_{bn} = -\frac{\bar{v}_o}{2}. \tag{12.26}$$

Daher erhält man für die über den Schaltzyklus gemittelten Spannungen

$$\bar{v}_{aN} = \frac{V_d}{2} + \frac{\bar{v}_o}{2} \text{ und } \bar{v}_{bN} = \frac{V_d}{2} - \frac{\bar{v}_o}{2}. \tag{12.27}$$

Um den mittleren Strom, der von der Gleichstromquelle auf der DC-Seite gezogen wird, zu berechnen, nehmen wir an, dass der mittlere Wechselstrom über den Schaltzyklus sinusförmig ist und der Ausgangsspannung $\bar{v}_o(t) = \hat{V}_{trio} \sin(\omega_1 t)$ um einen Winkel ϕ_1 hinterherhinkt (Abb. 12.19).

Es gelte also die Beziehung:

$$\bar{i}_o(t) = \hat{I}_{trio} \sin(\omega_1 t - \phi_1). \tag{12.28}$$

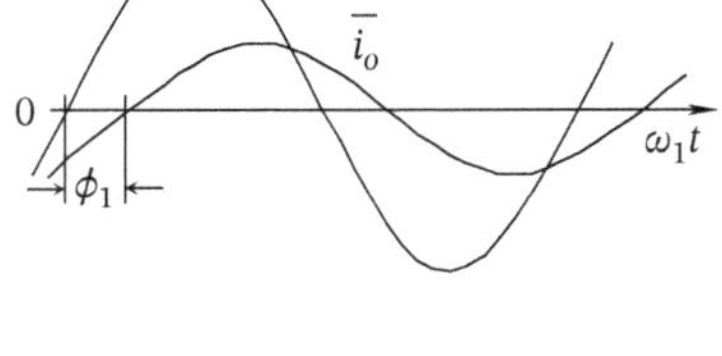

Abb. 12.19 Ausgangsspannung und Strom.

Wenn die Welligkeit im Ausgangsstrom vernachlässigbar ist, entspricht die mittlere Ausgangsleistung dem Produkt der mittleren Ausgangsspannung $\bar{v}_o$ und dem mittleren Ausgangsstrom über den Schaltzyklus

$$\bar{i}_o, P_o = \bar{v}_o \bar{i}_o. \tag{12.29}$$

Ist der Umrichter verlustfrei, kann der mittlere Eingangsstrom (über den Schaltzyklus) berechnet werden, indem die Eingangsleistung der mittleren Leistung gleichgesetzt wird:

$$\begin{aligned} \bar{i}_d &= \frac{\bar{v}_o \bar{i}_o}{V_d} = \frac{\hat{V}_o \hat{I}_o}{V_d} \sin(\omega_1 t') \sin(\omega_1 t - f_1) = \\ &= 0.5 \frac{\hat{V}_o}{V_d} \hat{I}_o \cos(f_1) - 0.5 \frac{\hat{V}_o}{V_d} \hat{I}_o \cos(2\omega_1 t - f_1). \end{aligned} \tag{12.30}$$

Dies zeigt, dass der über den Schaltzyklus gemittelte Strom, der von der Gleichstromversorgung gezogen wird, eine Gleichstromkomponente I_d hat, die für die mittlere Leistungsübertragung auf die AC-Seite des Umrichters verantwortlich ist, und eine zweite Harmonische Komponente i_{d2} (mit der doppelten Frequenz des Wechselstromausgangs), die unerwünscht ist. Der DC-Zwischenspeicher in einem einphasigen Wechselrichter muss so dimensioniert sein, dass der Fluss der Wechselstromkomponente mit der doppelten Ausgangsfrequenz aufgenommen werden kann, ähnlich wie bei PFCs, die im Kapitel 6 besprochen wurden. Zusätzlich muss der DC-Zwischenkondensator auch den Stromfluss der Schaltfrequenzwelligkeit in i_d aufnehmen. Die pulsierende Stromwelligkeit in $i_d(t)$ kann davon abgehalten werden, von den Batterien geliefert zu werden, indem ein Hochleistungskondensator mit sehr niedriger äquivalenter Serieninduktivität in der Nähe der Leistungsschalter im Wechselrichter platziert wird.

12.5.1 Schaltsignalformen in einem einphasigen Wechselrichter

Wir untersuchen nun die Schaltsignalformen in einem Einphasen-Wechselrichter anhand eines konkreten Beispiels.

Beispiel 12.4

Betrachten wir nun eine einphasige USV, wie sie in Abb. 12.17a dargestellt ist. Die Parameter und Betriebsbedingungen sind: $V_d = 200$ V, $f_1 = 60$ Hz, $\bar{v}_o = 160 \sin(\omega_1 t)$ Volt und Schaltfrequenz $f_s = 40$ kHz. Am positiven Scheitelpunkt des zu synthetisierenden Spannungssignals berechnen und zeichnen wir die Schaltsignale für einen Zyklus der Schaltfrequenz.

Am positiven Scheitelpunkt beträgt die zu synthetisierende Durchschnittsspannung $\bar{v}_o = 160$ V. Unter Verwendung der Gleichungen des Gleichstromantriebswandlers: $d_a = 0.9$, $d_b = 0.1$ und $T_s = 2\ 5\ \mu$s. Unter der Annahme, dass

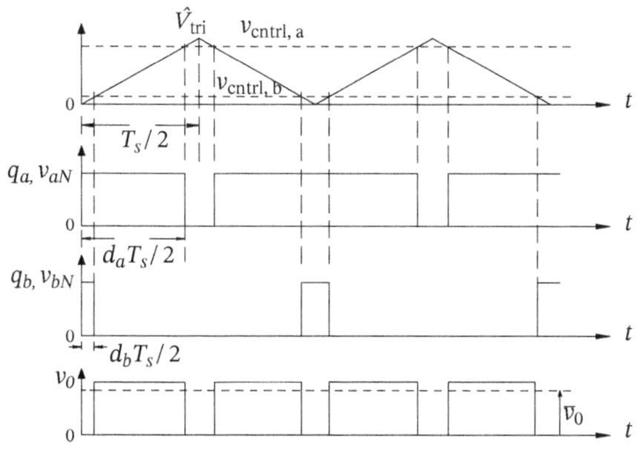

Abb. 12.20 Signalformen in der USV des Beispiels 12.4.

$\hat{V}_{tri} = 1$ V ist, erhalten wir: $V_{cntrl,a} = 0.9$ V und $V_{cntrl,b} = 0.1$ V. Die resultierenden Spannungssignale sind in der Abb. 12.20 dargestellt.

Wie gezeigt, pulsiert die Ausgangsspannung mit der Schaltfrequenz. Daher ist ein zusätzlicher Tiefpassfilter notwendig, um die Oberwellen in der Ausgangsspannung zu entfernen (Gl. [12.5]).

12.5.2 Simulation und Hardware-Prototyping

Die Simulation eines einphasigen Wechselrichters wird durch das folgende Beispiel demonstriert.

Beispiel 12.5

Ein einphasiger Wechselrichter ist an eine RL-Last mit $R = 8\ \Omega$ und $L = 1$ mH angeschlossen. Die Gleichspannung beträgt $V_{dc} = 200$ V. Die gewünschte Ausgangsspannung ist 120 V rms bei 60 Hz. Simulieren Sie diesen Wandler mit LTspice.

Lösung

Die Simulationsdatei für dieses Beispiel ist auf der begleitenden Website verfügbar. Das LTspice-Modell, und die stationären Signalformen aus der Simulation sind in Abb. 12.21 und Abb. 12.22 dargestellt.

Der gleiche Regelalgorithmus wie im Beispiel 12.5 wurde in Workbench implementiert (Abb. 12.23), um mit dem Sciamble-Laborkit eine sinusförmige Spannung aus einer Gleichspannung zu erzeugen.

In der Hardware beträgt die verfügbare DC-Versorgungsspannung $V_{dc} = 15$ V. Diese wird verwendet, um eine 10.6 V rms, 60 Hz Ausgangsspannung zu erzeugen (Abb. 12.24). Die Schaltfrequenz beträgt $f_s = 20$ kHz. Das schrittweise Verfahren zur Nachbildung dieser Hardware-Implementierung wird in [1] erläutert.

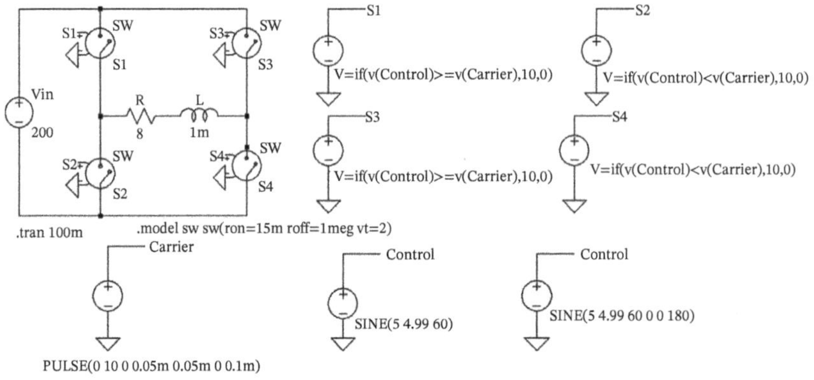

Abb. 12.21 LTspice-Modell.

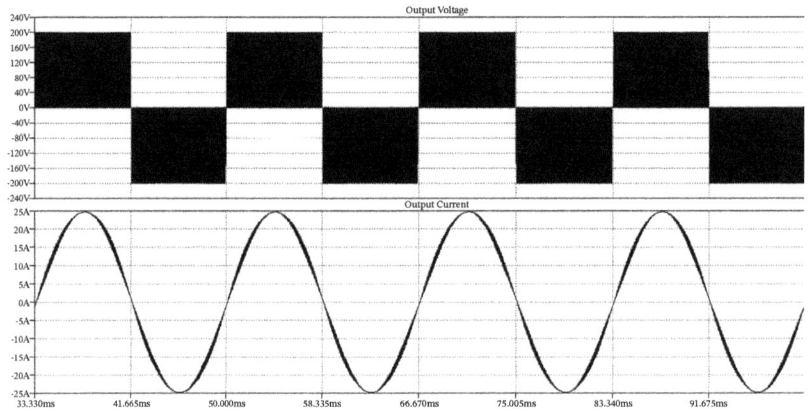

Abb. 12.22 LTspice-Simulationsergebnisse zu dem Beispiel 12.5.

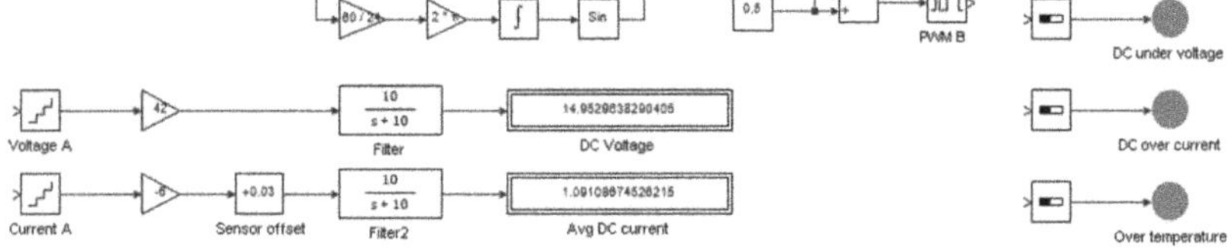

Abb. 12.23 Workbench-Modell zu dem Beispiel 12.5.

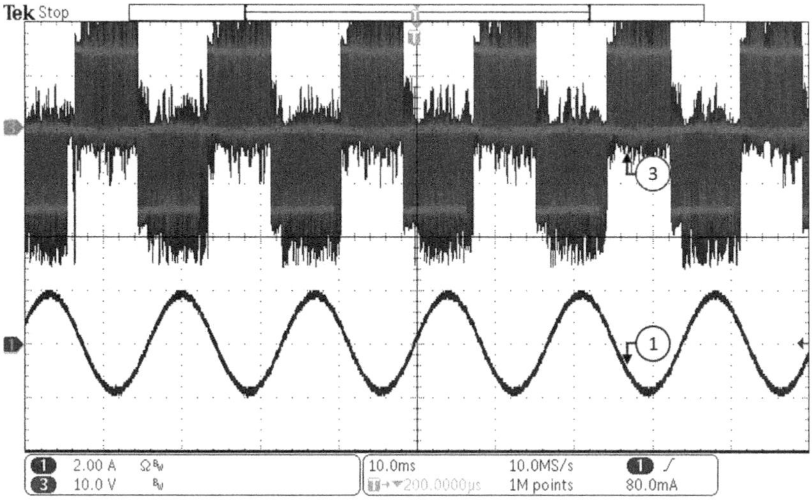

Abb. 12.24 Workbench-Hardware-Ergebnisse: (1) Ausgangsstrom und (3) Ausgangsspannung.

12.6 Dreiphasige Wechselrichter

Dreiphasige Wechselrichter bestehen aus drei Leistungsschaltern (Abb. 12.25a). Sie werden in Motorantrieben, dreiphasigen USV-Systemen oder dreiphasigen Versorgungssystemen verwendet. Die Darstellung der über den Schaltzyklus gemittelten Größen findet sich in Abb. 12.25b.

In Abb. 12.25b sind $\bar{v}_{\mathrm{an}}$, $\bar{v}_{\mathrm{bn}}$ und $\bar{v}_{\mathrm{cn}}$ die über den Schaltzyklus gemittelten Spannungen der symmetrischen dreiphasigen Wechselspannungen: $\bar{v}_{\mathrm{an}} = \hat{V}_{\mathrm{ph}} \sin(\omega_1 t)$, $\bar{v}_{\mathrm{bn}} = \hat{V}_{\mathrm{ph}} \sin(\omega_1 t - 120°)$ und $\bar{v}_{\mathrm{cn}} = \hat{V}_{\mathrm{ph}} \sin(\omega_1 t - 240°)$. Wir fügen nun Gleichtaktspannungen in Serie hinzu:

$$\bar{v}_{\mathrm{aN}} = \bar{v}_{\mathrm{com}} + \bar{v}_{\mathrm{an}} \bar{v}_{\mathrm{bN}} = \bar{v}_{\mathrm{com}} + \bar{v}_{\mathrm{bn}} \bar{v}_{\mathrm{cN}} = \bar{v}_{\mathrm{com}} + \bar{v}_{\mathrm{cn}}. \tag{12.31}$$

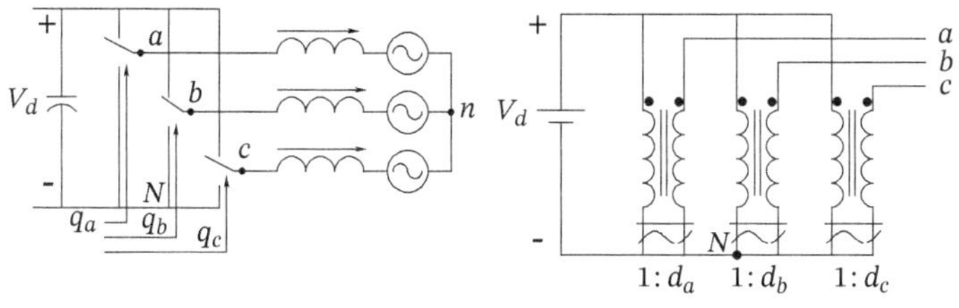

(a) (b)

Abb. 12.25 (a) Dreiphasiger Wandler. (b) Mittelwertdarstellung.

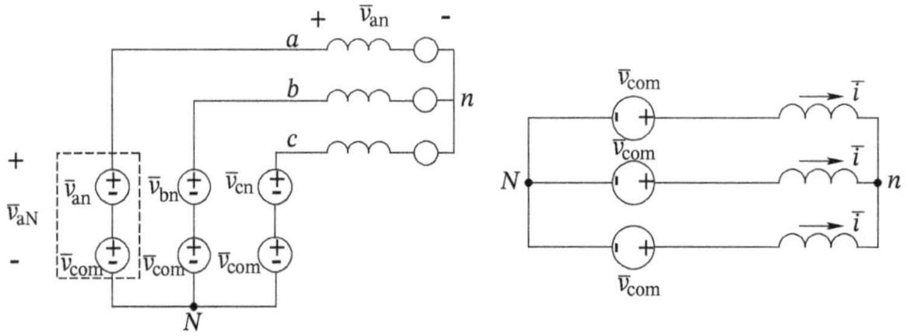

(a) (b)

Abb. 12.26 (a) Dreiphasiger Wechselrichter. (b) Über einen Schaltzyklus gemittelte Ausgangsspannungen.

Diese Spannungen sind in Abb. 12.26a dargestellt. Die Gleichtaktspannungen treten nicht über der Last auf; nur $\bar{v}_{an}$, $\bar{v}_{bn}$ und $\bar{v}_{cn}$ treten über der Last in Bezug auf den Lastneutralleiter auf. Dies kann durch Anwendung des Superpositionsprinzips auf die Schaltung in Abb. 12.26a veranschaulicht werden.

Durch das Unterdrücken von $\bar{v}_{an}$, $\bar{v}_{bn}$ und $\bar{v}_{cn}$ sind nur identische Gleichtaktspannungen in jeder Phase vorhanden (Abb. 12.26b). Wenn i der Strom in einer Phase ist, dann wird er in den anderen beiden Phasen derselbe sein. Nach dem Kirchhoffschen Stromgesetz am Lastneutralleiter gilt $3i = 0$ und daher gilt $i = 0$. Somit treten die Gleichtaktspannungen nicht über den Lastphasen auf. Um die über den Schaltzyklus gemittelten Ströme zu erhalten, die vom Spannungsanschluss jedes Schaltermoduls gezogen werden, nehmen wir an, dass die von der Motorlast in Abb. 12.25b gezogenen Ströme sinusförmig sind, jedoch mit einem Winkel ϕ_1 gegenüber den über den Schaltzyklus gemittelten Spannungen in jeder Phase nachlaufen. Hierbei gilt $\bar{v}_{an}(t) = \hat{V}_{ph}\sin\omega_1 t$ und so weiter:

$$\bar{i}_{a(t)} = \hat{I}\sin(\omega_1 t - \phi_1),\ \bar{i}_{b(t)} = \hat{I}\sin(\omega_1 t - \phi_1 - 120°),$$
$$\bar{i}_{b(t)} = \hat{I}sin(\omega_1 t - \phi_1 - 240°). \quad (12.32)$$

Unter der Annahme, dass die Welligkeit in den Ausgangsströmen vernachlässigbar gering ist, bekommt man die durchschnittliche Ausgangsleistung des Umrichters zu:

$$P_o = \bar{v}_{aN}\bar{i}_a + \bar{v}_{bN}\bar{i}_b + \bar{v}_{cN}\bar{i}_c. \quad (12.33)$$

Setzen wir die durchschnittliche Ausgangsleistung gleich der Eingangsleistung der DC-Versorgung und nehmen wir an, dass der Wandler verlustfrei ist, so bekommen wir:

$$\bar{i}_d(t)\,V_d = \bar{v}_{aN}\bar{i}_a + \bar{v}_{bN}\bar{i}_b + \bar{v}_{cN}\bar{i}_c. \quad (12.34)$$

Unter Verwendung von Gl. (12.31) und Gl. (12.34) erhält man

$$\bar{i}_d(t)\,V_d = \bar{v}_{com}\left(\bar{i}_a + \bar{i}_b + \bar{i}_c\right) + \bar{v}_{an}\bar{i}_a + \bar{v}_{bn}\bar{i}_b + \bar{v}_{cn}\bar{i}_c. \quad (12.35)$$

Nach dem Kirchhoffschen Stromgesetz am Lastneutralleiter ist die Summe aller Dreiphasenströme innerhalb der Klammern null,

$$\bar{i}_\mathrm{a} + \bar{i}_\mathrm{b} + \bar{i}_\mathrm{c} = 0. \tag{12.36}$$

Daher gilt:

$$\bar{i}_\mathrm{d}(t) = \frac{1}{V_\mathrm{d}}\left(\bar{v}_\mathrm{an}\bar{i}_\mathrm{a} + \bar{v}_\mathrm{bn}\bar{i}_\mathrm{b} + \bar{v}_\mathrm{cn}\bar{i}_\mathrm{c}\right). \tag{12.37}$$

In dieser Gleichung ist die Summe der Produkte aus den Spannungen und Strömen der einzelnen Phasen die Dreiphasenleistung, die dem Motor zugeführt wird. Ersetzen wir die Phasenspannungen und Ströme, bekommen wir den Ausdruck

$$\begin{aligned}\bar{i}_\mathrm{d}(t) = \frac{\hat{V}_\mathrm{ph}\hat{I}}{V_\mathrm{d}}&(\sin(\omega_1 t)\sin(\omega_1 t - \phi_1) + \sin\left(\omega_1 t - 120^\circ\right)\sin\left(\omega_1 t - \phi_1 - 120^\circ\right)\\ &+\sin\left(\omega_1 t - 240^\circ\right)\sin\left(\omega_1 t - \phi_1 - 240^\circ\right)),\end{aligned} \tag{12.38}$$

der sich zu einem Gleichstrom vereinfacht, wie es in einem Dreiphasensystem der Fall sein sollte:

$$\bar{i}_\mathrm{d}(t) = I_\mathrm{d} = \frac{3}{2}\frac{\hat{V}_\mathrm{ph}\hat{I}}{V_\mathrm{d}}\cos(\phi_1). \tag{12.39}$$

In Dreiphasen-Wandlern gibt es nun zwei Methoden zur Erzeugung sinusförmiger Ausgangsspannungen:

1. Sinus-Pulsweitenmodulation (Sinus-PWM) und
2. die SV-PWM (Space Vector PWM)

12.6.1 Sinus-PWM

Bei der Sinus-PWM, ähnlich wie bei Wandlern für DC-Motorantriebe und einphasige USVs, haben die schaltzyklusgemittelten Ausgangsspannungen der Leistungsschalter $\bar{v}_\mathrm{aN}$, $\bar{v}_\mathrm{bN}$ und $\bar{v}_\mathrm{cN}$ eine konstante Gleichstrom-Gleichtaktspannung $\bar{v}_\mathrm{com} = \frac{V_\mathrm{d}}{2}$. Die Spannungen $\bar{v}_\mathrm{an}$, $\bar{v}_\mathrm{bn}$ und $\bar{v}_\mathrm{cn}$ können sinusförmig variieren (Abb. 12.27):

$$\bar{v}_\mathrm{aN} = \frac{V_\mathrm{d}}{2} + \bar{v}_\mathrm{an}\bar{v}_\mathrm{bN} = \frac{V_\mathrm{d}}{2} + \bar{v}_\mathrm{bn}\bar{v}_\mathrm{cN} = \frac{V_\mathrm{d}}{2} + \bar{v}_\mathrm{cn}. \tag{12.40}$$

In der Abb. 12.27 sind, unter Verwendung von Gl. (12.3), die Plots von $\bar{v}_\mathrm{aN}$, $\bar{v}_\mathrm{bN}$ und $\bar{v}_\mathrm{cN}$, jeweils dividiert durch V_d, und auch die Plots von d_a, d_b und d_c innerhalb der Grenzen von 0 und 1 dargestellt. Man sieht, dass:

$$d_\mathrm{a} = \frac{1}{2} + \frac{\bar{v}_\mathrm{an}}{V_\mathrm{d}}d_\mathrm{b} = \frac{1}{2} + \frac{\bar{v}_\mathrm{bn}}{V_\mathrm{d}}d_\mathrm{c} = \frac{1}{2} + \frac{\bar{v}_\mathrm{cn}}{V_\mathrm{d}}. \tag{12.41}$$

Diese Tastverhältnisse der Leistungsschalter definieren das Übersetzungsverhältnis in der Darstellung des idealen Transformators. Wie in der Abb. 12.27 zu sehen ist,

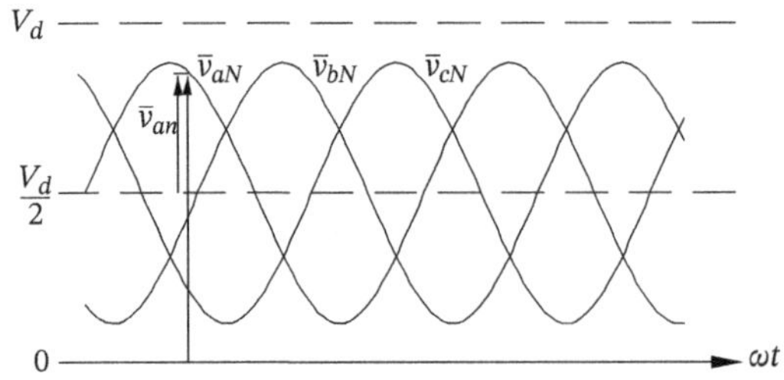

Abb. 12.27 Schaltzyklusgemittelte Spannungen aufgrund der Sinus-PWM.

kann $\bar{v}_{\text{an}}$ ein Maximum von $\frac{V_{\text{d}}}{2}$ erreichen. Daher beträgt der maximal zulässige Wert des Spannungsmaximums der jeweiligen Phase:

$$\left(\hat{V}_{\text{ph}}\right)_{\text{max}} = \frac{V_{\text{d}}}{2}. \tag{12.42}$$

Unter Verwendung der Eigenschaften von Drehstromkreisen, bei denen die Strangspannung $\sqrt{3}$ mal die Phasenspannung beträgt, ist die maximale Amplitude der Strangspannung bei Sinus-PWM begrenzt auf:

$$\left(\hat{V}_{\text{LL}}\right)_{\text{max}} = \sqrt{3}\left(\hat{V}_{\text{ph}}\right)_{\text{max}} = \frac{\sqrt{3}}{2} V_{\text{d}} \approx 0.867\, V_{\text{d}}. \tag{12.43}$$

12.6.2 Schaltsignalformen in einem dreiphasigen Wechselrichter mit Sinus-PWM

Bei der Sinus-PWM bestimmen drei sinusförmige Steuerspannungen die Tastverhältnisse, die durch die Gleichung gegeben und mit $\hat{V}_{\text{tri}}$ multipliziert werden. Diese Spannungen werden mit einem Dreieckssignal verglichen, um Schaltsignale zu erzeugen. Unten ist ein Beispiel, das diese Schaltsignalformen für Sinus-PWM veranschaulicht.

Beispiel 12.6
Im dreiphasigen Umrichter in Abb. 12.25a wird Sinus-PWM mit den folgenden Parametern und Betriebsbedingungen verwendet: $V_{\text{d}} = 350$ V, $f_1 = 60$ Hz, $\bar{v}_{\text{an}} = 160\cos\omega_1 t$ Volt für Phase „a" und ähnlich für die Phasen „b" und „c". Die Schaltfrequenz beträgt $f_{\text{s}} = 25$ kHz und $V_{\text{tri}} = 1$ V. Bei $\omega_1 t = 15°$ berechnen und zeichnen Sie die Schaltsignale für einen Zyklus der Schaltfrequenz.

Lösung
Bei $\omega_1 t = 15°$ ist: $\bar{v}_{\text{an}} = 154.55\text{V}$, $\bar{v}_{\text{bn}} = -41.41\text{V}$ und $\bar{v}_{\text{cn}} = -113.14\text{V}$. Aus der Gl. 12.40 folgt: $\bar{v}_{\text{aN}} = 329.55\text{V}$, $\bar{v}_{\text{bN}} = 133.59\text{V}$ und $\bar{v}_{\text{cN}} = 61.86\text{V}$. Die entsprechenden Tastverhältnisse der Leistungsschalter sind: $d_{\text{a}} = 0.942$, $d_{\text{b}} = 0.382$ und $d_{\text{c}} = 0.177$. Für $\hat{V}_{\text{tri}} = 1$ V stellen diese Tastverhältnisse auch die Steuerspannungen

in Volt dar. Die Schaltzeitperiode beträgt $T_s = 50\ \mu s$. Basierend darauf sind die Schaltsignale in der Abb. 12.28 dargestellt.

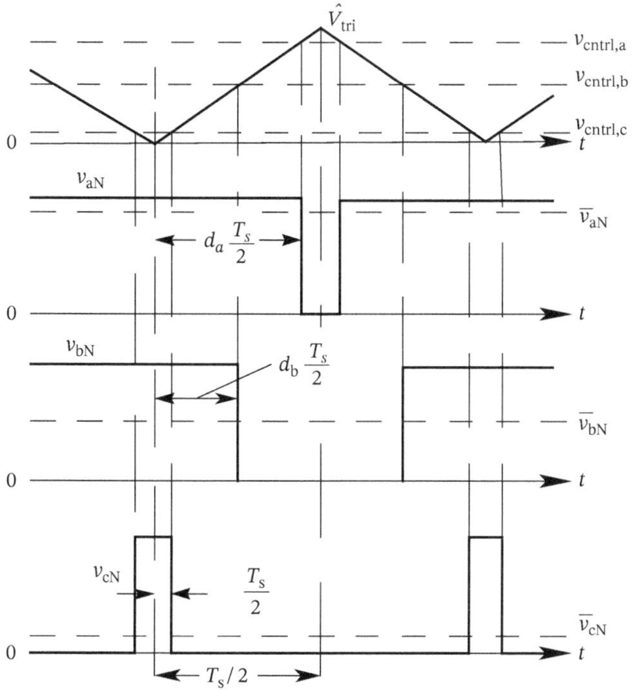

Abb. 12.28 Die Schaltsignale im Beispiel 12.6.

12.6.3 Simulation und Hardware-Prototyping

Das folgende Beispiel behandelt die Simulation eines dreiphasigen Wechselrichters, der mit Sinus-PWM moduliert wird.

Beispiel 12.7

Ein dreiphasiger Wechselrichter ist mit einer symmetrischen dreiphasigen *RL* Last verbunden, wobei $R = 8\ \Omega$ und $L = 1$ mH beträgt. Die Gleichspannung beträgt $V_{dc} = 350$ V. Die angestrebte Ausgangsspannung ist 208 V und Leiterspannung rms bei 60 Hz. Simulieren Sie diesen Wandler mit LTspice.

Lösung

Die Simulationsdatei für dieses Beispiel ist auf der begleitenden Website verfügbar. Das LTspice-Modell ist in Abb. 12.29 dargestellt, und die stationären Signale aus der Simulation sind in Abb. 12.30 gezeigt.

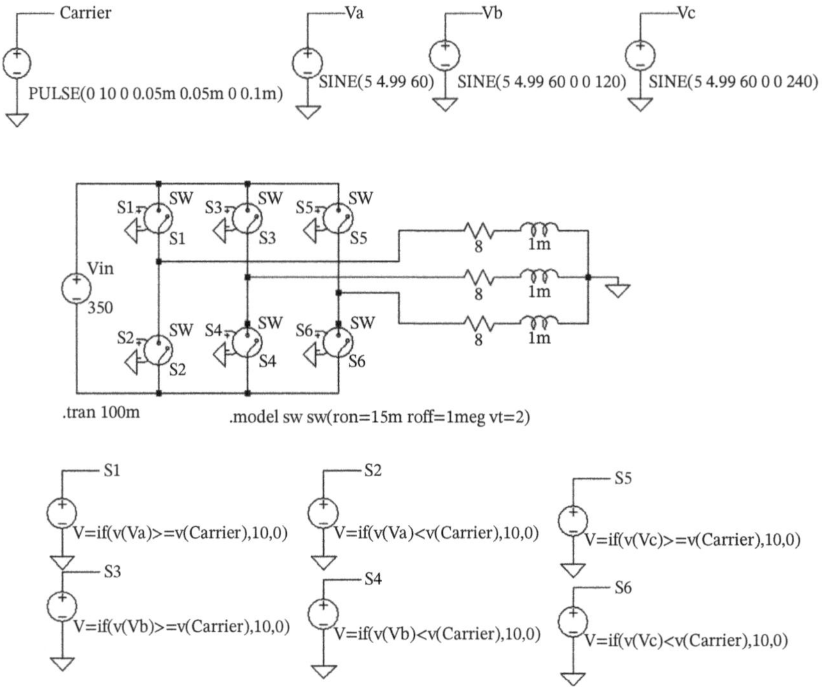

Abb. 12.29 LTspice-Modell.

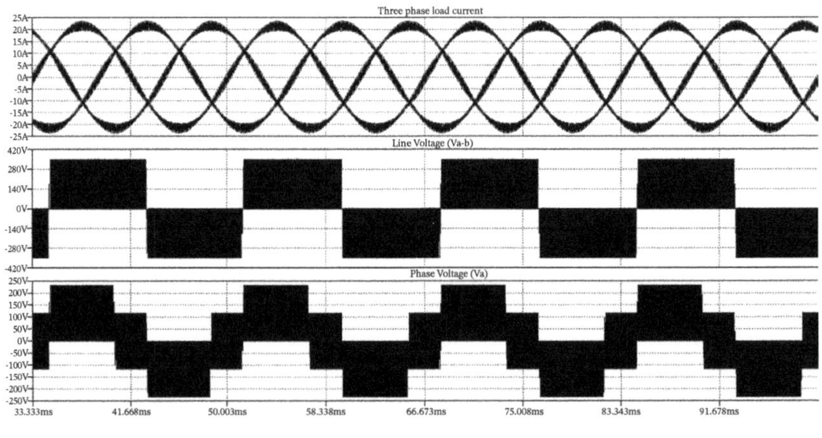

Abb. 12.30 LTspice-Simulationsergebnisse.

Der im Beispiel 12.7 verwendete Regelalgorithmus wird in Workbench implementiert, wie in Abb. 12.31 gezeigt, um eine symmetrische dreiphasige Sinusspannung aus DC mit dem Sciamble-Laborkit zu erzeugen.

Im Hardwareaufbau beträgt die verfügbare Gleichspannung $V_{dc} = 24$ V, was eine Ausgangsspannung von 14.7 V rms, 60 Hz erzeugt (Abb. 12.32). Die

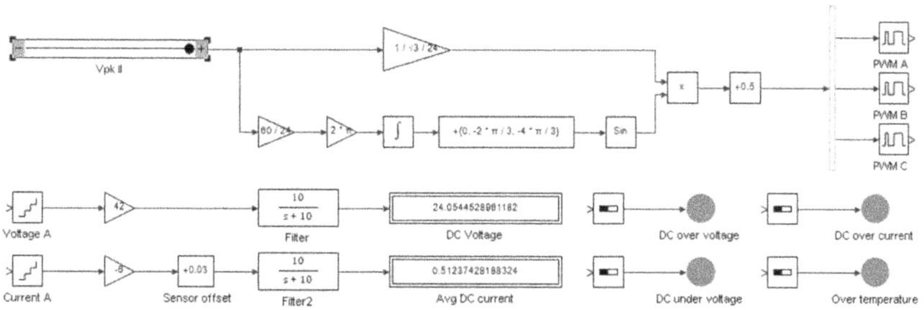

Abb. 12.31 Workbench-Modell zu dem Beispiel 12.7.

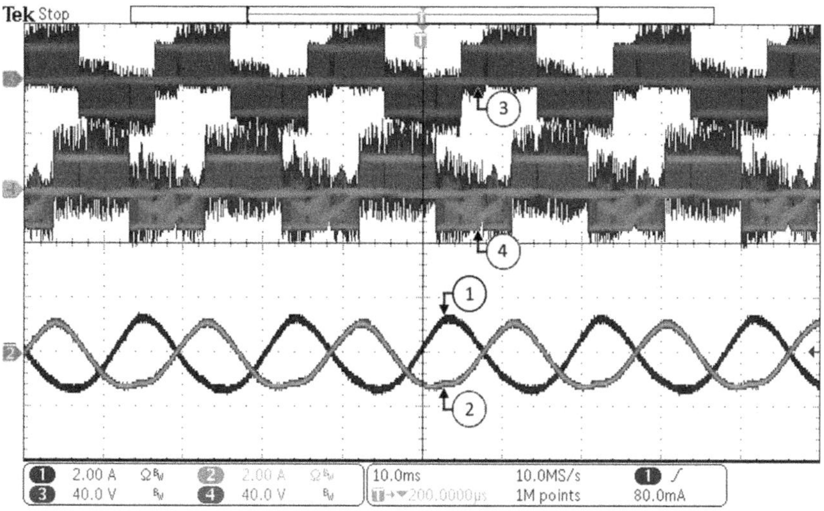

Abb. 12.32 Workbench-Hardware-Ergebnisse: (1) I_A, (2) I_B, (3) V_{AB} und (4) V_{BC}.

Schaltfrequenz ist auf $f_s = 20$ kHz eingestellt. Das schrittweise Verfahren zur Nachbildung der Hardware-Implementierung ist in der begleitenden Dokumentation beschrieben [2].

12.6.4 Raumzeiger-PWM

Verglichen mit traditionellen Methoden bieten Raumzeiger-Darstellungen eine intuitivere Möglichkeit, dreiphasige Wechselstrommaschinen zu verstehen [3]. Ein Spannungsraumzeiger repräsentiert alle dreiphasigen Spannungen zu jedem Zeitpunkt mit einer einzigen Variablen. Dieser Zeiger wird durch eine Raumzeiger-PWM (Space Vector PWM, SV-PWM) synthetisiert, welche die verfügbare DC-Zwischenkreisspannung in vollständiger Weise ausnutzt. Diese Methode kann Wechselspannungen erzeugen, die etwa 15 % höher sind als bei der Sinus-PWM-Methode, wobei beide im linearen Bereich arbeiten, in dem keine niederfrequenten

Oberschwingungen auftreten. Die Sinus-PWM ist auf $\left(\hat{V}_{\mathrm{LL}}\right)_{\max} \simeq 0.867 V_{\mathrm{d}}$ begrenzt, da sie Ausgangsspannungen für jede Phase synthetisiert und die dreiphasigen Eigenschaften nicht nutzt. Durch die Ausnutzung der Spannungen zwischen den einzelnen Phasen kann die Raumzeiger-PWM Werte von $\left(\hat{V}_{\mathrm{LL}}\right)_{\max} = V_{\mathrm{d}}$ erreichen.

12.6.5 Definition von Raumzeigern

Raumzeiger können verstanden werden, indem man eine symmetrische Dreiphasenlast, wie z. B. eine Wechselstrommaschine, betrachtet (Abb. 12.25). Hier ist die a-Achse die Referenzachse, und die Achsen der anderen beiden Phasen sind um einen Winkel von $2\pi/3$ und $4\pi/3$ (in Radianten) gegen den Uhrzeigersinn versetzt. Der Spannungs-Raumzeiger des Stators zu jedem Zeitpunkt wird definiert, indem die Statorspannungen der einzelnen Phasen mit ihren jeweiligen Achsorientierungen multipliziert und summiert werden. In komplexer Schreibweise bekommt man:

$$\vec{v}_{\mathrm{s}}(t) = v_{\mathrm{a}}(t)\,\mathrm{e}^{j0} + v_{\mathrm{b}}(t)\,\mathrm{e}^{j2\pi/3} + v_{\mathrm{c}}(t)\,\mathrm{e}^{j4\pi/3}. \tag{12.44}$$

In Bezug auf die Ausgangsspannungen des Wechselrichters gegenüber dem negativen DC-Bus „N“ in der Abb. 12.33 und unter der Annahme, dass der Neutralleiter des Stators als Referenzpunkt (Masseanschluss) dient, erhalten wir

$$v_{\mathrm{a}} = v_{\mathrm{aN}} + v_{\mathrm{N}};\; v_{\mathrm{b}} = v_{\mathrm{bN}} + v_{\mathrm{N}};\; v_{\mathrm{c}} = v_{\mathrm{cN}} + v_{\mathrm{N}}. \tag{12.45}$$

Durch Einsetzen der Gln. (12.45) in die Gleichung des Spannungs-Raumzeigers des Stators (Gl. [12.44]) und unter Berücksichtigung, dass

$$\mathrm{e}^{j0} + \mathrm{e}^{j2\pi/3} + \mathrm{e}^{j4\pi/3} = 0, \tag{12.46}$$

kann der momentane Spannungs-Raumzeiger des Stators in Bezug auf die Ausgangsspannungen des Wechselrichters so geschrieben werden:

$$\vec{v}_{\mathrm{s}}(t) = v_{\mathrm{aN}}\mathrm{e}^{j0} + v_{\mathrm{bN}}\mathrm{e}^{j2\pi/3} + v_{\mathrm{cN}}\mathrm{e}^{j4\pi/3}. \tag{12.47}$$

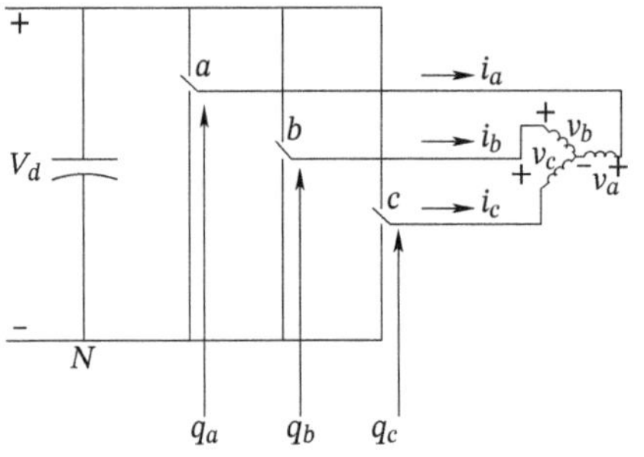

Abb. 12.33 Wechselrichter mit dreiphasigem Ausgang.

Der Schalter in einem Wechselrichterpol befindet sich in der „oberen" Position, wenn die Polschaltfunktion $q = 1$ ist, und in der „unteren" Position, wenn $q = 0$ ist. In Bezug auf die Schaltfunktionen kann der momentane Spannungsraumzeiger geschrieben werden als

$$\vec{v}_s(t) = V_d\left(q_a e^{j0} + q_b e^{j2\pi/3} + q_c e^{j4\pi/3}\right). \tag{12.48}$$

Mit drei Polen sind acht Schaltstatuskombinationen möglich. Der momentane Spannungs-Raumzeiger des Stators $\vec{v}_s(t)$ kann einen der folgenden sieben unterschiedlichen momentanen Werte annehmen, wobei die Phase „a" die am wenigsten signifikante Ziffer und die Phase „c" die am meisten signifikante Ziffer darstellt (z. B. die Schaltstatuskombination (011) = 3 wird als $\vec{v}_3$ dargestellt):

$$\begin{aligned}
\vec{v}_s(000) &= \vec{v}_0 = 0\\
\vec{v}_s(001) &= \vec{v}_1 = V_d e^{j0}\\
\vec{v}_s(010) &= \vec{v}_2 = V_d e^{j2\pi/3}\\
\vec{v}_s(011) &= \vec{v}_3 = V_d e^{j\pi/3}\\
\vec{v}_s(100) &= \vec{v}_4 = V_d e^{j4\pi/3}\\
\vec{v}_s(101) &= \vec{v}_5 = V_d e^{j5\pi/3}\\
\vec{v}_s(110) &= \vec{v}_6 = V_d e^{j\pi}\\
\vec{v}_s(111) &= \vec{v}_7 = 0
\end{aligned} \tag{12.49}$$

In dieser Gleichung sind $\vec{v}_0$ und $\vec{v}_7$ Nullzeiger. Die resultierenden momentanen Spannungszeiger des Stators, die als „Basiszeiger" bezeichnet werden, sind in Abb. 12.34 dargestellt. Die Basiszeiger bilden sechs Sektoren (Abb. 12.34).

Man beachte, dass die Basiszeiger der Spannung die einzigen echten momentanen Spannungen sind. Die Spannungen der Maschinenphasen, die wir beispielsweise mit Gl. 12.44 synthetisieren, sind die über den Schaltzyklus gemittelten Spannungen und damit keine momentanen Spannungen. Daher sollten sie strenggenommen als $\bar{v}_a(t)$ usw. geschrieben werden. Somit sollte auch der über den

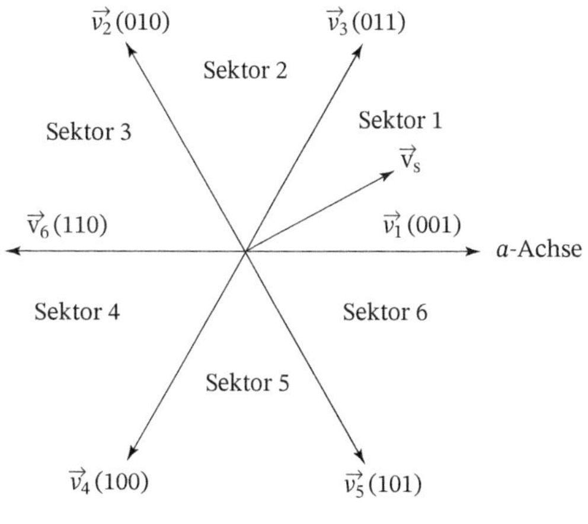

Abb. 12.34 Basiszeiger für die Spannung ($\vec{v}_0$ und $\vec{v}_7$ sind nicht eingezeichnet).

Schaltzyklus gemittelte Raumzeiger in der Gl. 12.44 eigentlich als $\bar{\vec{v}}_s(t)$ geschrieben werden. Um die Symbole nicht unnötig kompliziert zu machen, wurde der Einfachheit halber hier darauf verzichtet. Wie man in Abb. 12.34 sieht, sind also die Basiszeiger die einzig wirklich momentanen Raumzeiger, die es uns ermöglichen, den zeitlich gemittelten Raumzeiger $\vec{v}_s(t)$ aus Abb. 12.34 zu synthetisieren.

12.6.6 Raumzeiger-PWM

Das Ziel der PWM-Steuerung in Schaltwandlern besteht darin, den gewünschten Spannungs-Raumzeiger des Stators mit den folgenden Zielen in optimaler Weise zu erzeugen:

- Konstante Schaltfrequenz f_s
- Minimale momentane Abweichung vom Sollwert
- Maximale Nutzung der verfügbaren Gleichspannungsbusspannungen
- Geringste Welligkeit im Motorstrom
- Minimale Schaltverluste im Schaltwandler

Diese Bedingungen werden typischerweise dadurch erfüllt, dass der gemittelte Spannungszeiger unter Verwendung von zwei Basiszeiger (keine Nullzeiger) innerhalb des Sektors und den beiden Nullzeiger außerhalb des Sektors synthetisiert wird. Diese Methode stellt sicher, dass jede Schaltzustandsänderung nur einen Schalterstatus ändert, wodurch die Schaltverluste des Wechselrichters minimiert werden.

In der folgenden Diskussion beschränken wir uns zunächst auf Sektor 1 und verallgemeinern diese Ergebnisse dann später. Um einen gemittelten Spannungszeiger $\vec{v}_s (= \hat{V}_s e^{j\theta_s})$ über eine Zeitperiode T_s zu synthetisieren (Abb. 12.35), werden die Basiszeiger $\vec{v}_1$ und $\vec{v}_3$ für Intervalle xT_s bzw. yT_s verwendet, und die Nullvzeiger $\vec{v}_0$ und $\vec{v}_7$ werden für eine Gesamtdauer von zT_s benutzt.

Der gemittelte Spannungszeiger kann ausgedrückt werden als:

$$\vec{v}_s = \frac{1}{T_s}\left[xT_s\vec{v}_1 + yT_s\vec{v}_3 + zT_s \cdot 0\right], \tag{12.50}$$

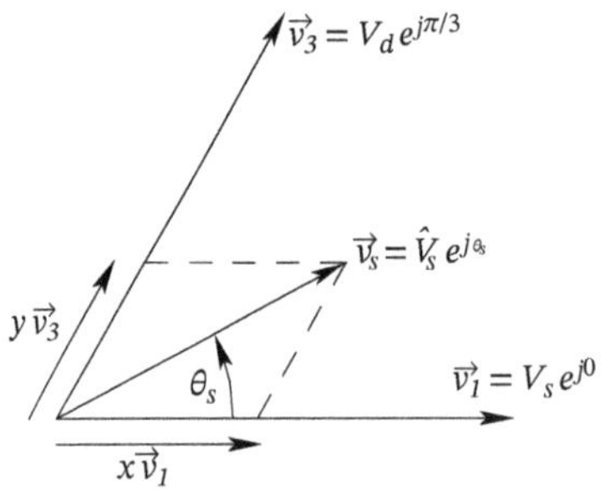

Abb. 12.35 Spannungszeiger in Sektor 1.

Oder in der Form von

$$\vec{v}_\mathrm{s} = x\vec{v}_1 + y\vec{v}_3, \tag{12.51}$$

wobei

$$x + y + z = 1. \tag{12.52}$$

Für die Spannungszeiger als Funktion von Amplitude und Phasenwinkel erhalten wir:

$$\hat{V}_\mathrm{s}\mathrm{e}^{j\theta_s} = xV_\mathrm{d}\mathrm{e}^{j0} + yV_\mathrm{d}\mathrm{e}^{j\pi/3}. \tag{12.53}$$

Durch Gleichsetzen der Real- und Imaginärteile auf beiden Seiten von Gl. 12.53 können wir x und y unter Verwendung der gegebenen Werte von V_s, θ_s und V_d ausrechnen, und bekommen so den gewünschten gemittelten Raumzeiger in Sektor 1. Nach der Bestimmung der Zeitdauern für die Basis- und Nullzeiger besteht die nächste Aufgabe darin, dies mit den tatsächlichen Polen (a, b und c) in Beziehung zu setzen. In jedem Sektor unterscheiden sich die Basiszeiger nur in einer Polposition. Zum Beispiel unterscheiden sich im Sektor 1 die Basiszeiger $\vec{v}_1$ (001) und $\vec{v}_3$ (011) nur im Pol b. Im Sektor 1 zeigt das Schaltmuster in Abb. 12.36, dass Pol a in der „oberen" Position für die Summe der Intervalle xT_s, yT_s und z_7T_s ist, was die längste Gesamtdauer darstellt. Pol b folgt für die Summe der Intervalle yT_s und z_7T_s, und Pol c nur für das Intervall z_7T_s. Jede Schaltzustandsänderung ändert den Schaltzustand nur für einen Pol (Abb. 12.36). Ähnliche Schaltmuster können für jeden anderen Sektor erzeugt werden.

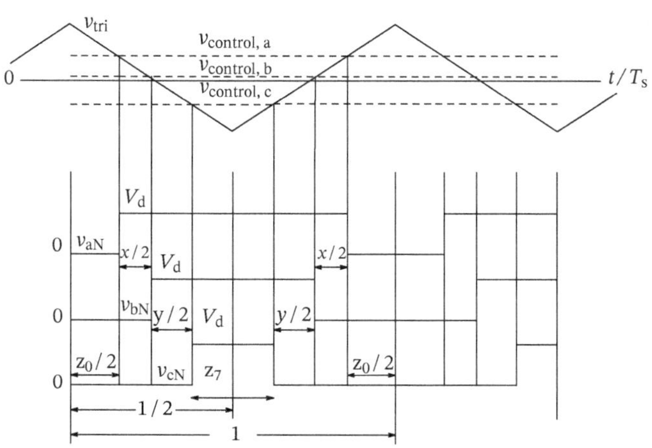

Abb. 12.36 Signalverlauf in Sektor 1 ($z = z_0 + z_7$).

12.6.7 Amplitudenlimit des Statorraumzeigers

Zunächst legen wir das absolute Spannungslimit $\hat{V}_s$ des gemittelten Raumzeigers der Statorspannung bei verschiedenen Winkeln fest. Das Limit der Amplitude entspricht V_d (der DC-Busspannung), wenn der gemittelte Spannungszeiger entlang eines nicht nullwertigen Basiszeigers liegt. Zwischen den Basiszeiger ist das Limit der gemittelten Spannungszeigeramplitude so, dass seine Spitze auf den in der Abb. 12.37 gezeigten Geraden liegen kann, die ein Sechseck bilden.

Die maximale Amplitude der Ausgangsspannung $\hat{V}_s$ sollte jedoch auf den Kreis innerhalb des Sechsecks in Abb. 12.37 begrenzt werden, um Verzerrungen in den resultierenden Strömen zu verhindern. In einem sinusförmigen stationären Gleichgewichtszustand rotiert der Spannungszeiger $\vec{v}_s$ mit der synchronen Geschwindigkeit $\omega_{syn} = 2\pi f$ mit konstanter Amplitude, wobei f die Frequenz der Phasenspannungen ist. Für die maximalen Amplituden gilt:

$$\vec{v}_{s,max}(t) = \hat{V}_{s,max} e^{j\omega_{syn} t} \tag{12.54}$$

Daher kann der maximale Wert, den $\hat{V}_s$ erreichen kann, wie folgt berechnet werden:

$$\hat{V}_{s,max} = V_d \cos\left(\frac{60°}{2}\right) = V_d \frac{\sqrt{3}}{2} \tag{12.55}$$

Im Gleichgewichtszustand ist der Spitzenwert der Phasenspannungen 2/3 der Amplitude des Raumzeigers. Daher sind nach Gl. (12.55) die entsprechenden Grenzen für die Phasenspannung und die Leiterspannungen:

$$\hat{V}_{phase,max} = \frac{2}{3} \hat{V}_{s,max} = \frac{V_d}{\sqrt{3}} \tag{12.56}$$

und

$$\hat{V}_{LL,max} = \frac{\hat{V}_{phase,max}}{\sqrt{2}} = \frac{V_d}{\sqrt{2}} = 0.707\ V_d\ \text{(Raumzeiger-PWM)} \tag{12.57}$$

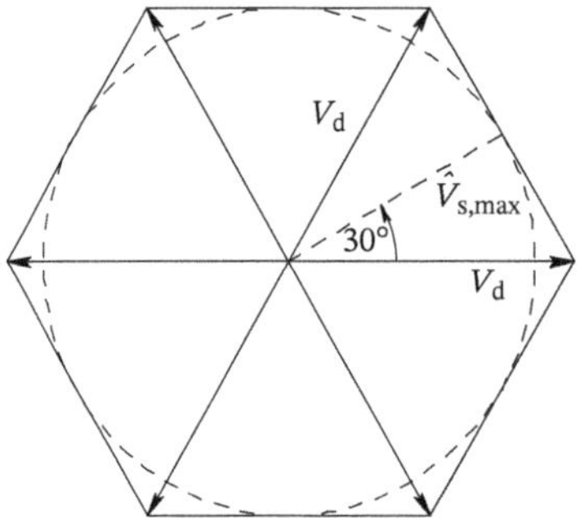

Abb. 12.37 Limit der Spannungsamplitude $\hat{V}_s$.

Die Sinus-PWM im linearen Bereich resultiert in einer maximalen Spannung

$$\hat{V}_{\mathrm{LL,max}} = \frac{\sqrt{3}}{2\sqrt{2}} V_{\mathrm{d}} = \frac{V_{\mathrm{d}}}{\sqrt{2}} = 0.512\, V_{\mathrm{d}}\,(\text{Sinus-PWM}) \tag{12.58}$$

Ein Vergleich der Gln. (12.57) und (12.58) zeigt, dass die Raumzeiger-PWM die DC-Busspannung besser ausnutzt und zu einem um etwa 15 % $\left(\frac{2}{\sqrt{3}}\right)$ höheren Limit der verfügbaren Ausgangsspannung führt.

Beispiel 12.8

Betrachten wir den Dreiphasenwandler (ähnlich wie beim Übungsbeispiel 12.6), bei dem $V_{\mathrm{d}} = 350$ V, und $\bar{v}_{\mathrm{an}} = 160\cos(\omega_1 t)$ usw., ist. Bestimmen Sie die Tastverhältnisse d_{a} unter Verwendung der Raumzeiger-PWM bei $\omega_1 t = 15$.

Lösung

Der Spannungsraumzeiger bei $\omega_1 t = 15$ ist nach Gl. (12.47):

$$\begin{aligned}\bar{v}_{\mathrm{s}}(t) =& 160\cos(15^\circ)\,\mathrm{e}^{j0} + 160\cos(15^\circ - 120^\circ)\,\mathrm{e}^{j2\pi/3}\\ &+160\cos(15^\circ - 240^\circ)\,\mathrm{e}^{j4\pi/3} = 240\angle 15^\circ\end{aligned}$$

Der Spannungsraumzeiger befindet sich im Sektor 1 der Spannungszeiger (Abb. 12.34). In Sektor 1 sind die beiden nicht nullwertigen Zeiger $\vec{v}_1$ (001) und $\vec{v}_3$ (011). Das Verhältnis der Schaltzeitperioden, in der jeder dieser Zeiger angewendet wird, wird unter Verwendung von Gl. (12.53) bestimmt:

$$240\mathrm{e}^{j15\pi/180} = 350\left(x\mathrm{e}^{j0} + y\mathrm{e}^{j/3}\right)$$

$$\rightarrow 0.6857\,(0.9659 + j0.2588) = (x + 0.5y) + j0.886y.$$

Das Lösen der obigen Gleichung liefert $x = 0.5599$ und $y = 0.2049$. Die beiden Nullzeiger $\vec{v}_0$ (000) und $\vec{v}_7$ (111) werden gleichmäßig in der verbleibenden Periode geteilt:

$$z_0 = z_1 = (1 - x - y)/2 = 0.1176.$$

Nun kann der Tastzyklus jeder Phase durch Summieren der Tastzyklen jedes Zeigers, dessen Phasenschalter sich während dieser Phase in der „oberen" Position befindet, bestimmt werden:

$$d_{\mathrm{a}} = x + y + z_7 = 0.8824,\; d_{\mathrm{b}} = y + z_7 = 0.3225 \text{ und } d_{\mathrm{c}} = z_7 = 0.1176.$$

12.6.8 Simulation und Hardware-Prototyping

Das folgende Beispiel demonstriert die Simulation eines dreiphasigen Schaltwandlers unter Verwendung der Raumzeiger-PWM.

Beispiel 12.9

Ein dreiphasiger Schaltwandlers ist mit einer symmetrischen dreiphasigen RL-Last verbunden, wobei $R = 8\ \Omega$ und $L = 1$ mH. Die Gleichspannung beträgt $V_{dc} = 350$ V. Die gewünschte Ausgangsspannung ist 208 V (rms) von Leiter zu Leiter bei 60 Hz. Simulieren Sie diesen Wandler mit LTspice.

Lösung

Die Simulationsdatei für dieses Beispiel ist auf der begleitenden Website verfügbar. Das LTspice-Modell ist in Abb. 12.38 dargestellt, und die stationären Signalformen aus der Simulation dieses Wandlers sind in Abb. 12.39 zu sehen.

Der gleiche Regelalgorithmus wird in Workbench implementiert (Abb. 12.40), um mit dem Sciamble-Laborkit eine symmetrische dreiphasige Sinusspannung aus der Gleichspannung zu erzeugen.

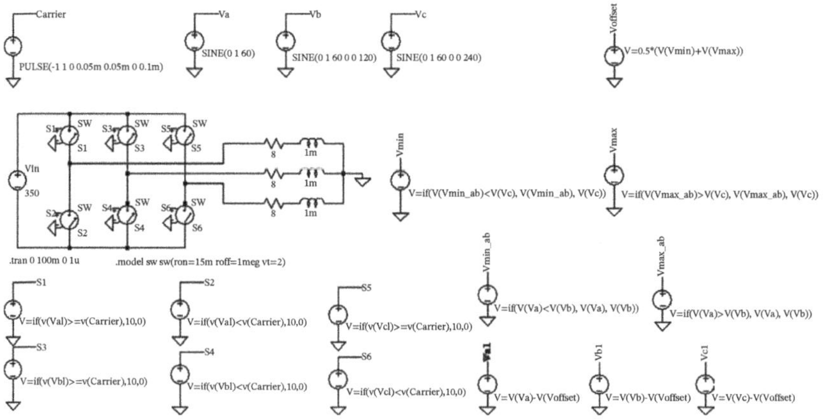

Abb. 12.38 LTspice-Modell zu dem Beispiel 12.9.

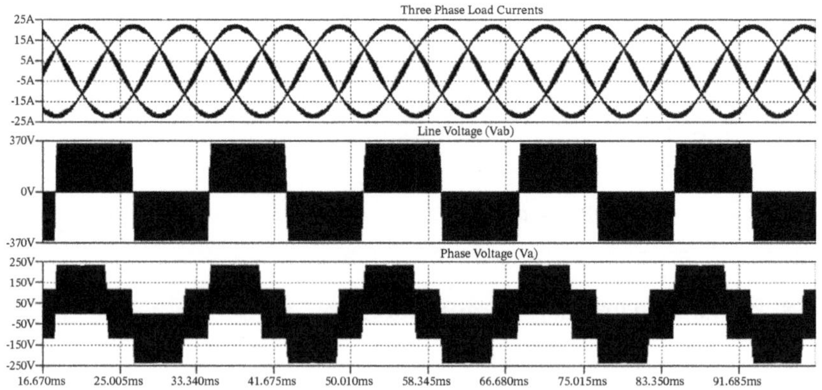

Abb. 12.39 LTspice-Simulationsergebnisse zu dem Beispiel 12.9.

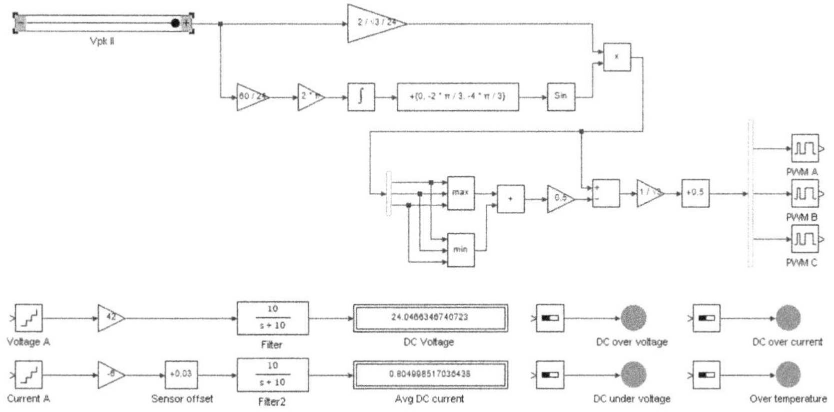

Abb. 12.40 Workbench-Modell zu dem Beispiel 12.9.

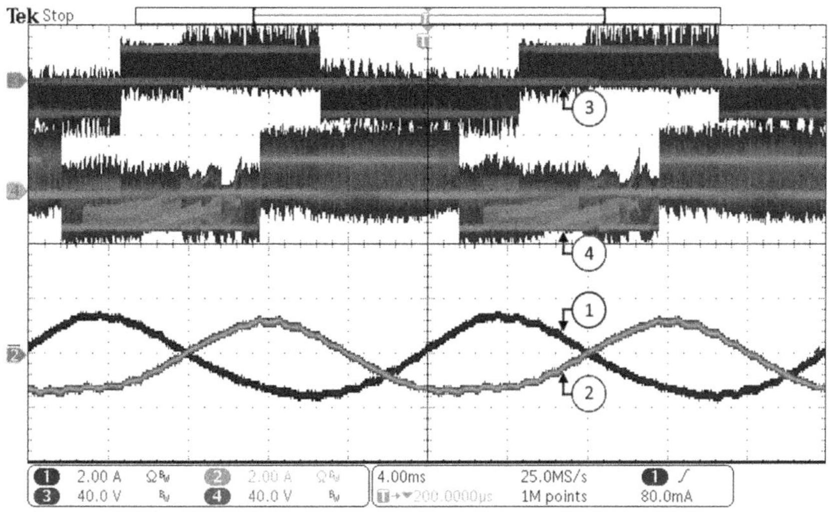

Abb. 12.41 Workbench-Hardwareergebnisse: (1) I_A, (2) I_B, (3) V_{AB} und (4) V_{BC}.

Im Hardware-Setup beträgt die verfügbare Gleichspannung $V_{dc} = 40$ V und erzeugt eine Ausgangsspannung von 17 V Effektivwert bei 60 Hz, (Abb. 12.41). Die Schaltfrequenz beträgt $f_s = 20$ kHz. Das schrittweise Verfahren zur Nachbildung dieser Hardware-Implementierung ist in der begleitenden Dokumentation [4] detailliert beschrieben.

12.6.9 Übermodulation und Rechtecksignal-Betriebsmodus [5]

Bei der Sinus- und Raumzeiger-PWM wird der Spitzenwert der Steuerspannung gleich oder kleiner als der Spitzenwert des Dreieckssignals $\hat{V}_{tri}$ gehalten. Dies

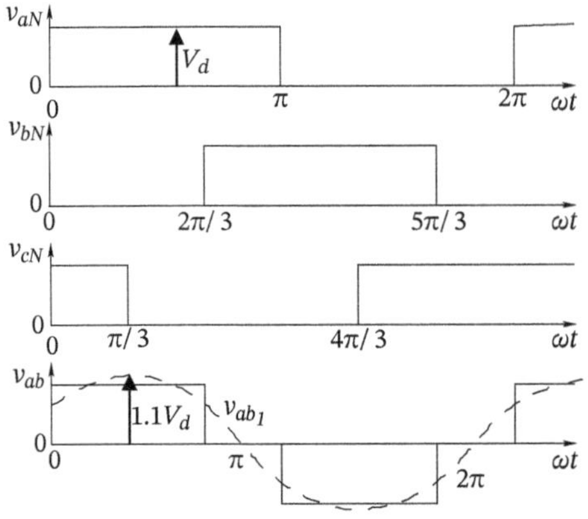

Abb. 12.42 Rechteck- (Sechs-Schritt-) Signale.

gewährleistet einen linearen Bereich, in dem die Ausgangsspannungen der einzelnen Phasen linear von den Steuerspannungen abhängen, wobei gemeinsame Offset-Spannungen ignoriert werden. Daher funktioniert ein PWM-Wandler innerhalb dieses linearen Modulationsbereichs ähnlich wie ein linearer Verstärker. Zusätzlich liegen die Oberschwingungen im geschalteten Ausgangssignal bei Vielfachen der Schaltfrequenz (Abb. 12.8b). Niederfrequente Oberschwingungen bei Vielfachen der Grundfrequenz f_1 erscheinen nicht im Ausgang. In Anwendungen wie Motorantrieben, die mit Geschwindigkeiten über dem Nennwert arbeiten, kann es vorteilhaft sein, die höchstmögliche Spannung bei der Grundfrequenz f_1 zu erreichen, selbst wenn dies niederfrequente Oberschwingungen beinhaltet. Dies erfordert, dass die Steuerspannungen den Spitzenwert der Dreieckswellenform überschreiten. Diese Methode ist als Übermodulation bekannt. Die Schaltsignalform der Ausgangsspannung enthält niederfrequente Oberschwingungen, die mittels Fourier-Analyse analysiert werden können. Im Extremfall bleibt jeder Schalter des Schaltermoduls für die Hälfte der Zeitperiode in der „oberen" Position und für die andere Hälfte in der „unteren" Position (Abb. 12.42).

Die Ausgangssignale der drei Pole sind um $2\pi/3$ Radianten zueinander verschoben, was zu Rechtecksignalen führt. Dieser Betrieb wird als Rechtecksignal oder Sechs-Schritt-Modus bezeichnet. Bei einer gegebenen DC-Busspannung V_d liefert dieser Modus die höchstmöglichen Ausgangsspannungen bei der Frequenz f_1. Durch Fourier-Analyse bekommt man bei der Grundfrequenz:

$$\hat{V}_{\mathrm{ph}} = \frac{4}{\pi}\left(\frac{V_{\mathrm{d}}}{2}\right) = 0.9637\,V_{\mathrm{d}} \quad \text{und} \quad \hat{V}_{\mathrm{LL}} = \sqrt{3}\hat{V}_{\mathrm{ph}} = \frac{2\sqrt{3}}{\pi}V_{\mathrm{d}} = 1.1\,V_{\mathrm{d}}. \tag{12.59}$$

Dies zeigt, dass bei der Grundfrequenz die Leiter zu Leiter-Spitzenspannung größer als V_d sein kann, obwohl dies mit niederfrequenten Oberschwingungsspannungen einhergeht:

$$\hat{V}_{\mathrm{LL}_h} = \frac{\hat{V}_{\mathrm{LL}_1}}{h} = \frac{1.1}{h}\,V_{\mathrm{d}}, \text{ wobei } h = 6n \pm 1; n = 1{,}2{,}3. \tag{12.60}$$

12.7 Mehrstufige Schaltwandler

In Hochleistungs- und Hochspannungsanwendungen ist es entscheidend, mit hohen Spannungspegeln zu arbeiten, um die Ströme handhabbar zu halten. Dies hat zur Folge, dass für ein einzelnen Leistungsschalter (Abb. 12.3a) die DC-Zwischenkreisspannung V_d so groß werden kann, dass sie die Spannungsgrenzwerte der Transistoren inklusive Sicherheitsmarge überschreitet.

Ein Ansatz besteht darin, mehrere Transistoren in Serie zu schalten. Um sicherzustellen, dass jeder Transistor in Abb. 12.3a die Spannung effektiv handhaben kann, und um eine gleichmäßige Spannungsverteilung unter den Transistoren sicherzustellen, erfordert dies jedoch eine sorgfältige Synchronisation. Ein anderer Ansatz ist die Verwendung einer dreistufigen Anordnung (Abb. 12.43), bei der ein Mittelpunkt „0" durch zwei in Serie geschaltete gleiche Kondensatoren mit gleichen DC-Spannungen $V_d/2$ gebildet wird.

Betrachten wir den Leistungsschalter für die Phase a. Durch das Einschalten der Schalter S_{a2}^{+} und S_{a2}^{-} ist die Ausgangsspannung des Schaltpols v_{ao} gleich 0, unabhängig von der Stromrichtung. Durch das Einschalten von S_{a1}^{+} und S_{a2}^{+} ergibt sich $v_{ao} = V_d/2$. Ebenso ergibt das Einschalten von S_{a1}^{-} und S_{a2}^{-} $v_{ao} = -V_d/2$. Der dreistufige Wechselrichter hat zwei wesentliche Vorteile: a) Die Transistoren müssen nur die halbe DC-Zwischenkreisspannung $V_d/2$ sperren, wodurch die Notwendigkeit für in Serie geschaltete Transistoren und die Herausforderung einer gleichmäßigen Spannungsverteilung entfallen. b) Die drei Pegel ($V_d/2$, 0 und $-V_d/2$) erzeugen im Vergleich zu zweistufigen Wechselrichtern weniger Schaltfrequenz-Welligkeit am Ausgang. Ein Nachteil ist jedoch die Notwendigkeit, den Mittelpunkt auf halber DC-Zwischenkreisspannung zu halten. Mehrstufige Schaltwandler mit mehr als drei Stufen finden sich in der Literatur und bieten verschiedene Vorteile und Herausforderungen [6,7]. Eine detaillierte Diskussion über dieses Thema befindet sich in [8].

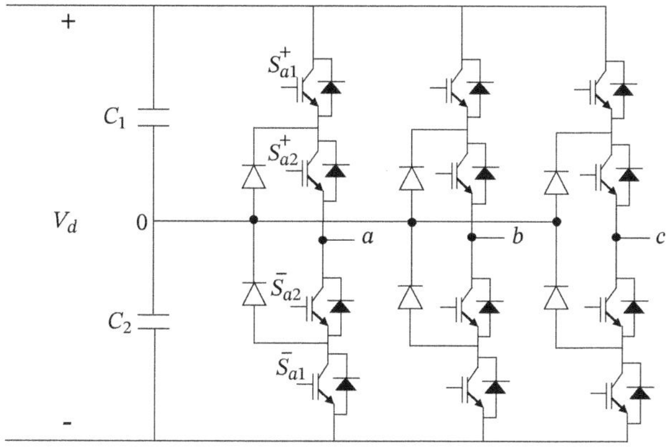

Abb. 12.43 Dreistufiger Schaltwandler.

12.7.1 Wandler für bidirektionalen Leistungsfluss

In vielen Anwendungen ist der Leistungsfluss durch die Spannungsverbindung bidirektional. Beispielsweise fließt in Motorantrieben die Leistung normalerweise vom Versorgungsnetz zum Motor. Beim Abbremsen kann die in der Trägheit der Maschinen-Last-Kombination gespeicherte Energie zurückgewonnen werden, indem die Maschine als Generator betrieben und die Leistung zurück ins Versorgungsnetz gespeist wird. Dies wird mit dreiphasigen Umrichtern erreicht, die einen bidirektionalen Leistungsfluss ermöglichen (Abb. 12.44a).

Im Normalbetrieb fungiert der Wandler auf der Versorgungsseite als Gleichrichter, während der Wandler auf der Maschinenseite als Wechselrichter

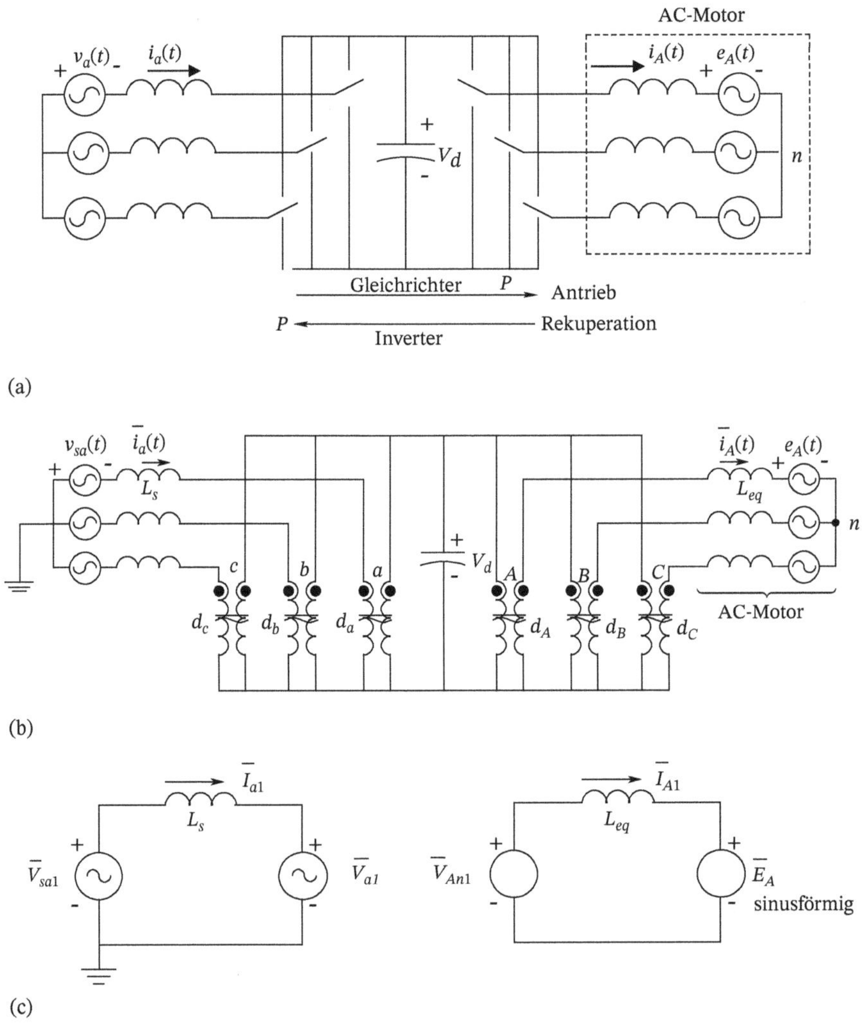

Abb. 12.44 (a) Dreiphasiger Wandler. mit bidirektionalem Leistungsfluss. (b) Schaltzyklusgemittelte Darstellung. (c) Einphasen - Ersatzschaltkreise.

arbeitet. Diese Rollen kehren sich während der Energierückgewinnung um. Eine ähnliche Konfiguration kann zwei Wechselstromsysteme über eine HGÜ-Leitung verbinden.

Die schaltzyklusgemittelte Darstellung dieser Wandler unter Verwendung idealer Transformatoren ist in Abb. 12.44b zu sehen. In diesem vereinfachten Modell, in dem Verluste ignoriert werden, wird eine Seite durch eine Quelle v_{sa} in Serie mit der internen Systeminduktivität L_{s} dargestellt. Die andere Seite, wie beispielsweise eine Wechselstrommaschine, wird durch ihren stationären Ersatzschaltkreis dargestellt, einschließlich der äquivalenten Maschineninduktivität L_{eq} in Serie mit der Gegenspannung e_{A}. Unter symmetrischem Dreiphasenbetrieb an beiden Enden kann die Rolle jedes Umrichters unter Verwendung der Einphasen-Ersatzschaltkreise analysiert werden, die in Abb. 12.44c gezeigt sind. In diesen Schaltkreisen werden die Grundfrequenzspannungen, die auf der Wechselstromseite von den beiden Umrichtern erzeugt werden, als v_{a1} und v_{An1} bezeichnet. Die AC-seitigen Ströme an beiden Seiten können als Stromzeiger geschrieben werden:

$$\bar{I}_{a1} = \frac{\bar{V}_{\mathrm{sa}} - \bar{V}_{a1}}{j\omega_{\mathrm{s}} L_{\mathrm{s}}} \tag{12.61}$$

$$\bar{I}_{A1} = \frac{\bar{V}_{An1} - \bar{E}_{\mathrm{a}}}{j\omega_{\mathrm{s}} L_{\mathrm{eq}}}. \tag{12.62}$$

Hierbei repräsentieren die Zeiger Spannungen und Ströme bei der Frequenz ω_{s} auf Seite 1 und bei der Grundfrequenz ω_1, die auf Seite 2 synthetisiert wird.

In Abb. 12.44a ist es bei einer gegebenen Versorgungsspannung möglich, den von Seite 1 gezogenen Strom zu steuern, indem die vom Umrichter auf Seite 1 synthetisierte Spannung in Größe und Phase angepasst wird. Unter Vernachlässigung von Verlusten entspricht die schaltzyklusgemittelte Leistung, die von Seite 1 gezogen wird, der Leistung, die an Seite 2 geliefert wird. Allerdings kann die Blindleistung am Wandler auf Seite 1 unabhängig von der Blindleistung am Wandler auf Seite 2 gesteuert werden.

12.7.2 Direktwandler

Leistungselektroniksysteme können in Systeme mit Spannungszwischenkreis und Stromzwischenkreis eingeteilt werden. Systeme mit Spannungszwischenkreis verwenden einen Kondensator parallel zu zwei Umrichtern zur Energiespeicherung, während Systeme mit Stromzwischenkreis eine Spule in Reihe mit zwei Umrichtern verwenden, was typischerweise für Anwendungen mit sehr hoher Leistung der Fall ist. Eine andere Art von System ist der Matrixumrichter, der den Eingang und Ausgang direkt und ohne ein zwischengeschaltetes Energiespeicherelement verbindet. Dieses Design ist derzeit sehr aktuell, da es die Notwendigkeit einer zwischengeschalteten Energiespeicherung eliminiert.

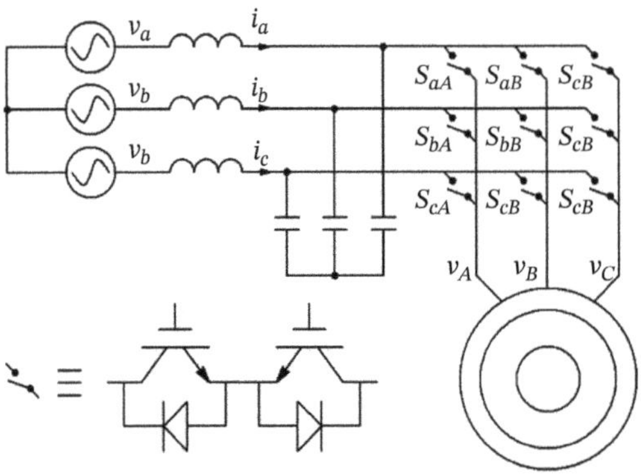

Abb. 12.45 Direktwandler (gerne auch als Matrixwandler bezeichnet).

Ein AC-AC-Direktwandler (Drehstromwandler) ist in Abb. 12.45 dargestellt. In diesem System gibt es einen bidirektionalen Schalter von jedem Eingangsanschluss zu jedem Ausgangsanschluss. Dieser Schalter muss in der Lage sein, Spannungen beider Polaritäten zu blockieren und Strom in beide Richtungen zu leiten. Eine Möglichkeit, einen solchen Schalter zu realisieren, besteht darin, zwei IGBTs und zwei Dioden zu verwenden, wie in Abb. 12.45 gezeigt. Wenn die Transistoren eingeschaltet sind, kann der Strom in beide Richtungen fließen, was die geschlossene Position des Schalters darstellt. Wenn beide Transistoren ausgeschaltet sind, kann kein Strom fließen, was ebenfalls die geschlossene Position des Schalters darstellt. Weitere Details werden in Referenz [8] diskutiert.

Literatur

1. „Single-Phase Inverter Lab Manual.“ https://sciamble.com/resources/pe-drives-lab/basic-pe/single-phase-inverter.
2. „Sine PWM Lab Manual.“ https://sciamble.com/resources/pe-drives-lab/basic-pe/sine-pwm.
3. Mohan, N. and Raju, S. (2020). *Analysis and Control of Electric Drives: Simulations and Laboratory Implementation*. New York: John Wiley & Sons.
4. „Space Vector PWM Lab Manual.“ https://sciamble.com/resources/pe-drives-lab/basic-pe/svpwm.
5. Mohan, N., Undeland, T.M. and Robbins W.P. (2003). *Power Electronics: Converters, Applications and Design*. 3e. New York: John Wiley & Sons.
6. José Rodríguez, Jih-Sheng Lai, S Fang Zheng Peng (2002). Multilevel inverters: a survey of topologies, controls, and applications. *IEEE Transactions on Industrial Electronics* 49 (4): 724–738.
7. Somasekhar, V.T., Gopakumar, K., Baiju, M.R. et al. (2005). A multilevel inverter system for an induction motor with open-end windings. *IEEE Transactions on Industrial Electronics* 52 (3): 824–836.
8. Mohan, N., Robins, W., Undeland T. et al. (2023). *Power Electronics for Grid-Integration of Renewables: Analysis, Simulations and Hardware Lab*. New York: John Wiley & Sons.

Übungsbeispiele

Leistungsschalter

12.1 An einem Pol eines Schaltwandlers gelte: $V_d = 175$ V, $\hat{V}_{tri} = 5$V und $f_s = 20$ kHz. Berechnen Sie das Steuersignal $v_{cntrl,a}$ und das Pol-Tastverhältnis d_a für die mittleren Ausgangsspannungen $\bar{v}_{aN} = 125$V und $\bar{v}_{aN} = 50$V, wenn der Schalter in seiner oberen Position ist.

12.2 Zeigen Sie, dass an einem Pol eines Schaltwandlers die Beziehung zwischen den Strömen (einschließlich der Welligkeit von $i_a(t)$) auf beiden Seiten des schaltzyklusgemittelten Leistungsschalters analog zu der in einem idealen Transformator ist.

DC-Motorantriebe

12.3 DC-DC-Schaltwandler verwendet einen PWM-Controller-IC mit einem dreieckförmigen Signal bei 25 kHz und $\hat{V}_{tri} = 1.5$ V. Gegeben ist die DC-Eingangsspannung $V_d = 150$ V. Berechnen Sie den Verstärkungsfaktor k_{PWM} (Gl. 12.19) für diesen Schaltwandler.

12.4 In einem DC-DC-Schaltwandler ist das Verhältnis $v_{cntrl}/\hat{V}_{tri} = 0.75$ bei einer Schaltfrequenz $f_s = 20$ kHz und $V_d = 150$ V. Berechnen und zeichnen Sie die Welligkeit in der Ausgangsspannung $v_o(t)$.

12.5 Ein DC-DC-Schaltwandler arbeitet mit einer Schaltfrequenz von 20 kHz bei $V_d = 150$ V. Der mittlere Strom, der vom Gleichstrommotor gezogen wird, beträgt 8.0 A. Im Ersatzschaltbild des Gleichstrommotors sind $E_a = 100$ V, $R_a = 0.25\ \Omega$ und $L_a = 4$ mH. (a) Zeichnen Sie den Ausgangsstrom und berechnen Sie die Spitzen-Spitzen-Welligkeit. (b) Zeichnen Sie den Strom auf der Gleichstromseite des Wandlers.

12.6 Im Übungsbeispiel 12.5 geht der Motor in den regenerativen Bremsmodus. Der durchschnittliche Strom, den der Motor während des Bremsens an den Wandler liefert, beträgt 7.0 A. Zeichnen Sie die Spannungs- und Stromsignale auf beiden Seiten des Wandlers. Berechnen Sie den durchschnittlichen Leistungsfluss in den Wandler.

12.7 Berechnen Sie $\bar{i}_{da}$, $\bar{i}_{db}$ und $\bar{i}_d$ $(= I_d)$ für Übungsbeispiel 12.5.

12.8 Wiederholen Sie Übungsbeispiel 12.5, wenn der Motor mit dem gleichen Stromverbrauch und der gleichen induzierten EMK E_a entgegengesetzter Polarität in die entgegengesetzte Richtung dreht.

12.9 Wiederholen Sie Übungsbeispiel 12.8, wenn der Motor beim Drehen in die entgegengesetzte Richtung bremst, den gleichen Strom liefert und die gleiche induzierte EMK E_a entgegengesetzter Polarität erzeugt.

12.10 Wiederholen Sie Problem 12.5 unter Verwendung der bipolaren Spannungsschaltung im DC-DC-Wandler. In diesem Schema arbeiten die beiden bipolaren Schalter so, dass wenn Schalter *a* in der oberen Position ist, Schalter *b* in der unteren Position ist und umgekehrt. Das Schaltsignal für Pol a wird durch Vergleich der Steuerspannung (wie im Übungsbeispiel 12.5) mit einem Dreieckssignal abgeleitet.

Einphasige Wechselrichter

12.11 In einem einphasigen USV-System sind die Parameter wie folgt gegeben: $V_d = 350\,\text{V}$, $\bar{v}_o(t) = 170\sin(2\pi \times 60t)\,\text{V}$ und $\bar{i}_o(t) = 10\sin(2\pi \times 60t - 30°)\,\text{A}$. Berechnen und zeichnen Sie: $d_a(t)$, $d_b(t)$, $\overline{v}_{aN}(t)$, $\overline{v}_{bN}(t)$, I_d, $i_{d2}(t)$ und $\bar{i}_d(t)$. Die Schaltfrequenz beträgt $f_s = 20$ kHz.

12.12 Berechnen Sie für Übungsbeispiel 12.11 $q_a(t)$ und $q_b(t)$ bei $\omega t = 90°$

Dreiphasige Wechselrichter

12.13 Zeichnen Sie $d_a(t)$, wenn für die Ausgangsspannung des Wandlers Pol a gilt: $\bar{v}_{aN}(t) = \frac{V_d}{2} + 0.85\frac{V_d}{2}\sin(\omega_1 t)$, wobei $\omega_1 = 2\pi \times 60$ rad/s.

12.14 In einem dreiphasigen DC-AC-Wechselrichter sind die Parameter wie folgt gegeben: $V_d = 350$ V und $\hat{V}_{tri} = 1\text{V}$. Die maximale Steuerspannung beträgt 0.8 V, $f_1 = 45$ Hz. Berechnen und zeichnen Sie die Tastverhältnisse $d_a(t)$, $d_b(t)$, $d_c(t)$, die Pol-Ausgangsspannungen $\bar{v}_{aN}(t)$, $\bar{v}_{bN}(t)$, $\bar{v}_{cN}(t)$ und die Phasenspannungen $\bar{v}_{an}(t)$, $\bar{v}_{bn}(t)$, $\bar{v}_{cn}(t)$.

12.15 In einem symmetrischen dreiphasigen DC-AC-Wechselrichter ist die mittlere Ausgangsspannung der Phase a: $\bar{v}_{an}(t) = 112.5\sin(\omega_1 t)$, wobei $V_d = 300$ V und $\omega_1 = 2\pi \times 45$ rad/s. Die Induktivität L in jeder Phase beträgt 5 mH. Die interne Spannung des Wechselstrommotors in Phase A ist $e_a(t) = 106.14 \sin(\omega_1 t - 6.6°)$ V. Berechnen und zeichnen Sie: $d_a(t)$, $d_b(t)$ und $d_c(t)$. Skizzieren Sie $\bar{i}_a(t)$ und $\bar{i}_{da}(t)$.

12.16 Berechnen und zeichnen Sie für Problem 12.15 $\bar{i}_d(t)$ den durchschnittlichen Gleichstrom, der von der DC-Seite gezogen wird.

12.17 In einem Wandler mit $V_d = 700$ V, um einen mittleren Statorspannungszeiger zu synthetisieren: $\vec{v}_s^{\,a} = 563.38e^{j0.44}\text{V}$. Berechnen Sie x, y und z.

12.18 Gegeben ist $\vec{v}_s^{\,a} = 563.38\,e^{j0.44}\text{V}$. Berechnen Sie die Spannungskomponenten der Phase.

Simulationsprobleme

12.19 Simulieren Sie einen einphasigen Wechselrichter, bei dem $V_d = 300$ V beträgt. Die Ausgangsspannung v_o beträgt 150 V (rms) bei 45 Hz. Der Ausgangsstrom i_o hat einen rms-Wert von 10 A bei einem verzögerten Leistungsfaktor von 0.866. Die Schaltfrequenz beträgt $f_s = 1$. Die Ausgangslast kann durch eine Gegen-EMK in Serie mit einem Widerstand von 2.0 Ω und einer Induktivität von 10.0 mH simuliert werden.

(a) Simulieren Sie die Signalformen von v_o und i_o.

(b) Führen Sie eine Fourier-Analyse durch, um v_{o1} zu erhalten, und plotten Sie die Signalformen von v_{o1} und i_{o1}.

(c) Simulieren Sie die Signalform von i_d.

(d) Führen Sie eine Fourier-Analyse durch, um I_d und I_d zu erhalten, und plotten Sie diese.

(e) Berechnen Sie den rms-Wert der Hochfrequenz-Welligkeit in i_d.

12.20 Stellen Sie im einphasigen Wechselrichter des Problems 12.17 jeden der beiden Pole durch ihr Mittelwertmodell dar.

(a) Simulieren Sie die Signalformen von $\bar{v}_o$ und $\bar{i}_o$

(b) Simulieren Sie die Signalform von $\bar{i}_d$

(c) Simulieren Sie I_d und i_{d2} und plotten Sie diese.

12.21 Simulieren Sie einen dreiphasigen Wechselrichter, bei dem $V_d = 350$ V beträgt. Die Ausgangsspannung V_{LL} beträgt 175 V (rms) bei 45 Hz. Der Ausgangsstrom hat einen rms-Wert von 10 A bei einem verzögerten Leistungsfaktor von 0.866. Die Schaltfrequenz beträgt $f_s = 1$. Die Ausgangslast pro Phase kann durch eine Gegen-EMK in Serie mit einem Widerstand von 2.0 Ω und einer Induktivität von 10 mH simuliert werden.

(a) Erhalten Sie die Signalformen für v_{an} (bezogen auf die Last-Neutralleitung), i_a und i_d.

(b) Führen Sie eine Fourier-Analyse des v_{an}-Signals durch, um v_{an1} zu erhalten.

(c) Verwenden Sie die Ergebnisse aus Teil (b), um die Welligkeit v_{ripple} in der Ausgangsspannung zu erhalten.

12.22 Stellen Sie im dreiphasigen Wechselrichter des Übungsbeispiels 12.19 jeden der drei Pole durch ihr Mittelwertmodell dar.

(a) Beobachten Sie die Wellenformen von $\bar{v}_{an}$, $\bar{i}_a$ und $\bar{i}_d$.

(b) Fügen Sie die Ausgangsstromsignale des Schaltmodells aus Übungsbeispiel 12.19 hinzu.

13

Thyristorwandler

13.1 Einführung

Thyristorwandler wurden historisch gesehen für Aufgaben verwendet, die heute von Schaltnetzteilen übernommen werden. Heutzutage werden sie typischerweise in Versorgungsanwendungen bei sehr hohen Leistungsniveaus eingesetzt. Die folgenden Abschnitte untersuchen die Betriebsprinzipien von thyristorbasierten Wandlern.

13.2 Thyristoren

Ein Thyristor ist eine gesteuerte Diode. Wie Dioden sind sie für sehr große Spannungs- und Stromstärken erhältlich, was sie für Hochleistungsanwendungen geeignet macht. Thyristoren, auch als Siliziumgesteuerte Gleichrichter (SCRs) bekannt, sind 4-Schicht (*p*-*n*-*p*-*n*) Bauelemente. Das zugehörige Schaltsymbol ist in Abb. 13.1a zu sehen, Abb. 13.1b zeigt ihre Struktur. Wenn eine Sperrspannung $v_{AK} < 0$ an den Thyristor angelegt wird, wird der Strom durch die *pn*1- und *pn*3-Übergänge blockiert. Wenn eine Durchlassspannung $v_{AK} > 0$ angelegt wird und der Gate-Anschluss offen ist, wird der Strom nur durch den *pn*2-Übergang blockiert,

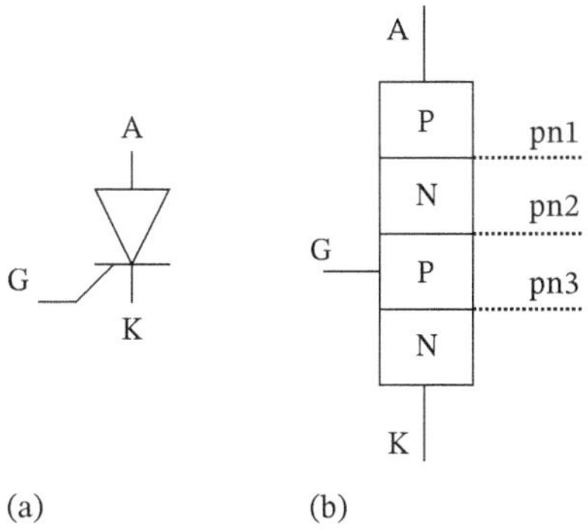

Abb. 13.1 (a) Schaltsymbol und (b) Aufbau eines Thyristors.

Leistungselektronik: Eine Einführung, Ned Mohan and Siddharth Raju.
© 2025 Wiley-VCH GmbH. Published 2025 by Wiley-VCH GmbH.

wodurch der Thyristor in einen gesperrten Zustand in Durchlassrichtung versetzt wird. In diesem Zustand sorgt eine kleine positive Spannung, die für kurze Zeit an das Gate relativ zur Kathode angelegt wird, für einen Gate-Strompuls i_G, der den Thyristor in seinen eingeschalteten Zustand bringt. Danach kann die Gate-Spannung abgeschaltet werden.

13.2.1 Einfache Thyristor-Gleichrichterschaltungen

Das Verhalten von Thyristoren wird anhand einer einfachen Schaltung mit einer ohmschen Last demonstriert (Abb. 13.2). Bei ωt beginnt die positive Halbwelle der Eingangsspannung, wodurch eine Vorwärtsspannung über den Thyristor angelegt wird (Anode A ist positiv relativ zur Kathode K). Wäre der Thyristor eine Diode, würde sofort Strom fließen. Dieser Moment wird als der Moment der natürlichen Leitung (engl. the instant of natural conduction) bezeichnet. Da sich der Thyristor jedoch im Vorwärts-Sperrzustand befindet, kann die Stromleitung durch eine Phasenverschiebung α verzögert werden, die über einen Gate-Stromimpuls kontrolliert wird. Sobald der Thyristor leitet, verhält er sich wie eine Diode mit einem kleinen Spannungsabfall (null im Idealfall), sodass die Ausgangsspannung v_d der Eingangsspannung v_s entspricht (Abb. 13.2). Der Strom beträgt dann v_d/R (Abb. 13.2b).

Der Strom fällt bei $\omega t = \pi$ auf null und bleibt während der negativen Halbwelle null, da der Thyristor in umgekehrter Richtung nicht leitet. Der Strom bleibt null, bis der Gate-Impuls im nächsten Spannungszyklus wieder angelegt wird. Die mittlere Lastspannung V_d ist durch die gestrichelte Linie in Abb. 13.2b dargestellt und berechnet sich zu:

$$\mathrm{V_d} = \frac{1}{2\pi}\int_{\alpha}^{\pi} \hat{V}_\mathrm{s}\sin(\omega t)\cdot d(\omega t) = \frac{\hat{V}_\mathrm{s}}{2\pi}(1+\cos\alpha)\,, \tag{13.1}$$

wobei $\hat{V}_\mathrm{s}$ der Spitzenwert der Wechselspannung ist. Diese Gleichung zeigt, dass wir die mittlere Lastspannung durch Einstellen des Verzögerungswinkels α steuern können, eine Funktion, die in den im Kapitel 5 beschriebenen Diodengleichrichtern nicht verfügbar ist.

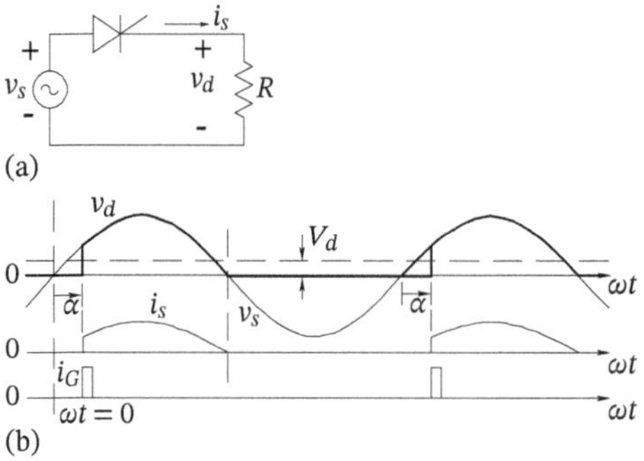

Abb. 13.2 (a) Einfache Thyristorschaltung mit einer ohmschen Last. (b) Ausgangssignale.

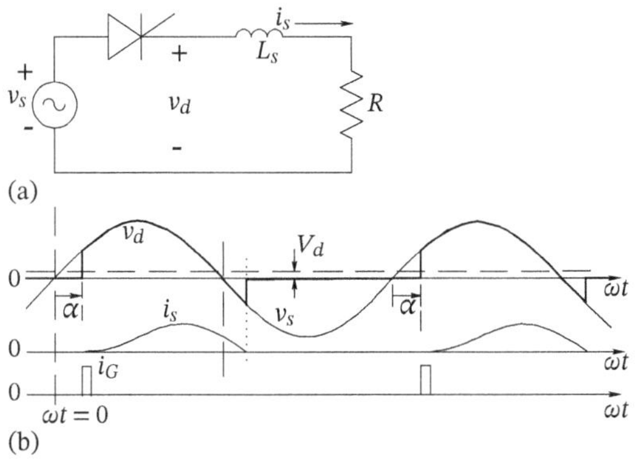

Abb. 13.3 (a) Thyristorschaltung mit einer ohmschen Last und Serieninduktivität. (b) Zugehörige Signalverläufe.

Um die Wirkung der Serieninduktivität zu verstehen, betrachten wir die Schaltung in Abb. 13.3a. Die Signalformen in Abb. 13.3b veranschaulichen, dass die Spule dazu führt, dass der Strom langsam ansteigt und während der negativen Halbwelle der Eingangsspannung null erreicht. Der Strom kann nicht durch den Thyristor zurückfließen und bleibt für den Rest des Zyklus null. Dieses Prinzip gilt für alle im Folgenden beschriebenen praktischen Schaltungen.

13.3 Einphasige Thyristorwandler

Abbildung 13.4a zeigt einen häufig verwendeten phasengesteuerten Vollbrückenwandler zur Gleichrichtung einphasiger Netzspannung. Um sein Funktionsprinzip zu verstehen, zeigt Abb. 13.4b eine alternative Darstellung des Wandlers, wobei die Serieninduktivität L_s auf der AC-Seite ignoriert und die Last auf der DC-Seite als eine, einen konstanten Strom I_d ziehende Stromsenke dargestellt wird. Die Signalformen sind in Abbildung 13.5 dargestellt.

Die Thyristoren (1, 2) und (3, 4) bilden zwei Paare. Jedes Paar erhält Gate-Impulse, die um einen Winkel α relativ zu den natürlichen Leitpunkten verzögert sind: $\omega t = 0°$ für die Thyristoren (1, 2) und $\omega t = 180°$ für die Thyristoren (3, 4) (Abb. 13.5). Während der positiven Halbwelle der Eingangsspannung bleiben die Thyristoren 1 und 2 in Vorwärtssperrung, bis sie bei $\omega t = \alpha$ gezündet werden. Sie leiten dann sofort I_d (unter der Annahme, dass L_s null ist), während die Thyristoren 3 und 4 in den Rückwärtssperrzustand gehen. In diesem Zustand gilt:

$$V_d(t) = v_s(t) \text{ und } i_s(t) = I_d,\ \alpha < \omega t \leq \alpha + \pi. \tag{13.2}$$

Für den Fall, dass die Thyristoren 3 und 4 gezündet werden und beginnen, I_d zu leiten, gelten diese Beziehungen von α bis $\alpha + \pi$ in der negativen Halbwelle der Eingangsspannung. In diesem Zustand gilt:

$$V_d(t) = -v_s(t) \text{ und } i_s(t) = I_d,\ (\alpha + \pi) < \omega t \leq (\alpha + 2\pi). \tag{13.3}$$

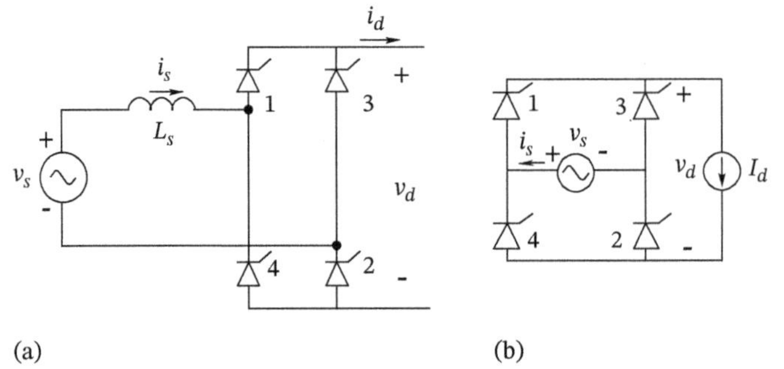

Abb. 13.4 (a) Einphasiger Vollbrücken-Thyristorwandler. (b) Alternative Darstellung. Vollbrücken-Thyristorwandler.

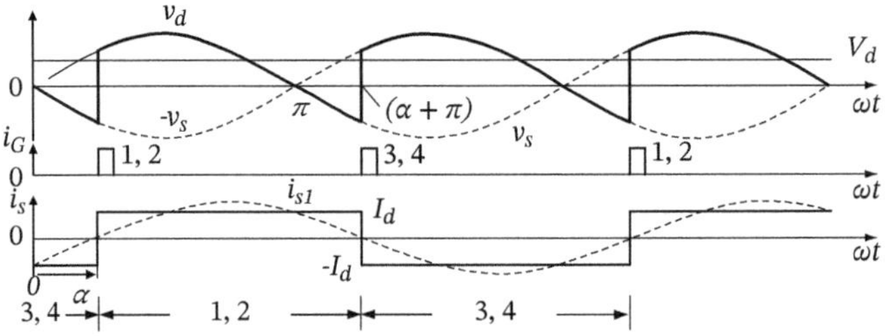

Abb. 13.5 Signalformen des einphasigen-Thyristorwandlers.

Dieser Zyklus wiederholt sich mit der Zündung der Thyristoren 1 und 2 in der nächsten Halbwelle.

Die mittlere Spannung V_d auf der DC-Seite des Wandlers kann durch Mittelung des $v_d(t)$-Signals (Abb. 13.5) über eine Halbwelle aus Symmetriegründen während $\alpha < \omega t \leq \alpha + \pi$ erhalten werden:

$$V_\mathrm{d} = \int_{\alpha+\pi}^{\alpha} \hat{V}_\mathrm{s} \sin(\omega t)\; d(\omega t) = \frac{2}{\pi}\hat{V}_\mathrm{s}\cos\alpha. \tag{13.4}$$

Auf der AC-Seite ist das Eingangssignal i_s um einen Winkel α relativ zur Eingangsspannung verschoben. Die Grundfrequenzkomponente $i_{s1}(t)$ hat einen Spitzenwert von

$$\hat{I}_{s1} = \frac{4}{\pi} I_\mathrm{d}. \tag{13.5}$$

Die von der AC-Seite bezogene Leistung als Funktion der Spannungs- und Stromspitzenwerte ist:

$$P = \frac{1}{2}\hat{V}_\mathrm{s}\hat{I}_{s1}\cos\alpha. \tag{13.6}$$

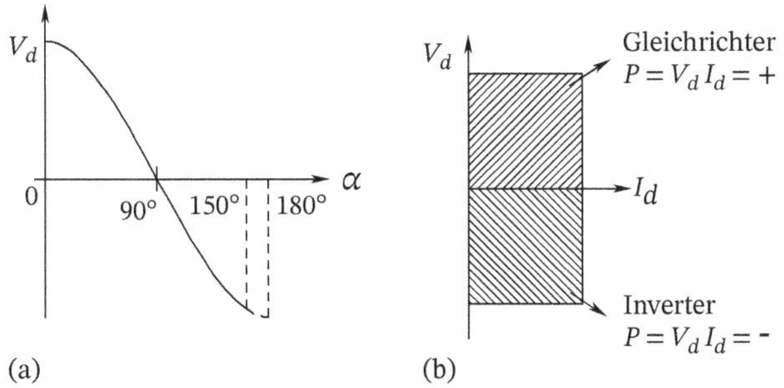

Abb. 13.6 Einfluss des Verzögerungswinkels α.

Unter der Annahme, dass keine Leistungsverluste im Thyristorwandler auftreten, ist die Eingangsleistung gleich der Leistung auf der DC-Seite. Mit den obigen Gleichungen ergibt sich:

$$P = \frac{1}{2}\hat{V}_s\hat{I}_{s1}\cos\alpha = V_d I_d. \tag{13.7}$$

In diesem Wandler ist der Strom unidirektional, aber die Spannung auf der DC-Seite kann gesteuert werden und von beliebiger Polarität sein. Der Leistungsfluss wird durch den Verzögerungswinkel α gesteuert; eine Erhöhung in Richtung 90° reduziert die mittlere Spannung V_d auf der DC-Seite und verschiebt das Eingangsstromsignal $i_s(t)$ weiter relativ zur Eingangsspannung. Die DC-Spannung als Funktion von α ist in Abb. 13.6a dargestellt, die entsprechende Leistungsrichtung in Abb. 13.6b. Für Verzögerungswinkel α zwischen 0° und 90° ist V_d positiv, und der Wandler arbeitet als Gleichrichter, wobei die Leistung von der AC-Seite zur DC-Seite fließt. Eine Verzögerung des Gate-Impulses mit α größer als 90° macht V_d negativ und der Wandler arbeitet dann als Wechselrichter (Beispiel 13.1).

Beispiel 13.1

Zeichnen Sie die Signalformen für den Vollbrücken-Thyristorwandler aus Abb. 13.4b, wenn er im Wechselrichterbetrieb mit einem Verzögerungswinkel von $\alpha = 150°$ arbeitet.

Lösung

Da α nun 150° beträgt, ist das i_s-Stromsignal um 150° gegenüber dem Spannungssignal v_s verschoben (Abb. 13.7). Im Wechselrichterbetrieb (Abb. 13.6) fließt die Leistung von der DC-Seite zur AC-Seite. In realen Schaltungen mit Serieninduktivität auf der AC-Seite muss das obere Limit für α im Wechselrichterbetrieb geringer als 180° sein, zum Beispiel 160°, um ein Kommutierungsversagen zu vermeiden. Dieses Phänomen, bei dem der Strom nicht vollständig vom leitenden Thyristorpaar auf das nächste Paar umschaltet, wird ausführlicher in [1] beschrieben.

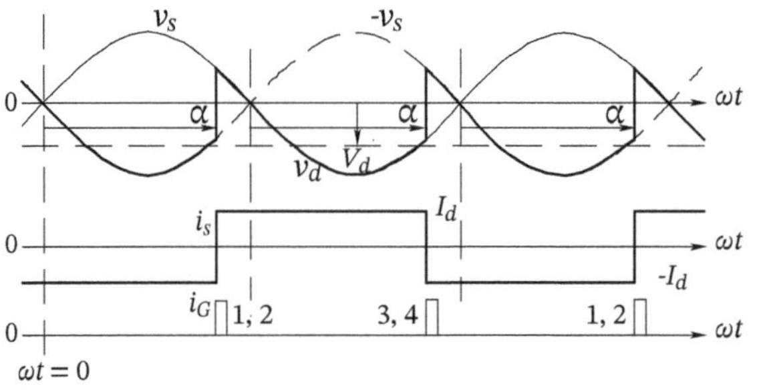

Abb. 13.7 Einphasen-Thyristorwandler im Wechselrichterbetrieb mit α = 150°.

13.3.1 Oberwellen im Strom und Blindleistungsbedarf

Das Stromsignal auf der AC-Seite i_s in Abb. 13.5 ist rechteckig, wobei die Grundfrequenz als gestrichelte Linie dargestellt ist. Die Amplitude $\hat{I}_{s1}$ ist in Gl. (13.5) angegeben. Mithilfe der Fourier-Analyse können die harmonischen Oberwellen h des Stroms i_s als Funktion der Grundfrequenzkomponente ausgedrückt werden:

$$\hat{I}_{sh} = \frac{\hat{I}_{s1}}{h} \text{ (wobei } |h| \text{ ungerade Werte annimmt: } |3,\ 5,\ 7,\ \text{etc.}|). \tag{13.8}$$

In Abbildung 13.5 ist i_{s1} um den Verzögerungswinkel α relativ zu v_s verschoben. Daher wird die vom Wandler aufgenommene Blindleistung durch folgende Gleichung beschrieben:

$$Q = \frac{1}{2}\hat{V}_s\hat{I}_{s1}\sin\alpha. \tag{13.9}$$

13.3.2 Einfluss der Serieninduktivität auf die Stromkommutierung

In den vorherigen Diskussionen haben wir angenommen, dass die Induktivität L_s auf der Wechselstromseite null ist. Betrachten wir nun die Schaltung in Abb. 13.8a. Hier benötigt der Eingangsstrom eine endliche Zeit, um durch die Induktivität auf der Wechselstromseite umzukehren, wenn der Strom von einem Thyristor-Paar zum nächsten kommutiert.

Durch die Änderung des Stroms durch die Induktivität L_s (Abb. 13.8a) wird in der Spule für eine endliche Zeit eine Spannung induziert. Die DC-Seite wird durch den Gleichstrom I_d repräsentiert. Abbildung 13.8b zeigt die Signalform, wobei die Thyristoren 3 und 4 vor $\omega t = \alpha$ leiten und $i_s = -I_d$ ist. Beim Winkel $\omega t = \alpha$ werden die Thyristoren 1 und 2 gezündet und beginnen zu leiten. Der Strom durch die Thyristoren ändert sich jedoch nicht sofort, wie es der Fall wäre, wenn L_s null wäre.

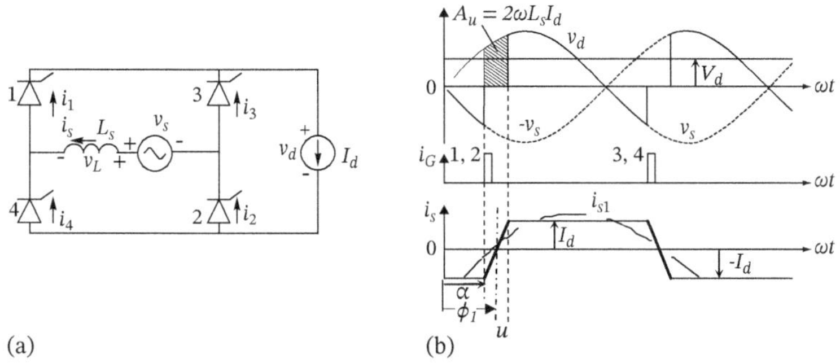

Abb. 13.8 Einfluss von L_s auf die Stromkommutierung mit Thyristoren. (a) Schaltbild. (b) Ausgangssignale.

Bei endlicher Induktivität L_s leiten während eines kurzen Kommutierungsintervalls u alle Thyristoren, was zu einer Spannung $v_d = 0$ führt und eine Spannung v_s über L_s erzeugt. Um mit Abb. 13.8b konsistent zu sein, in der die Signale über ωt dargestellt sind, berechnen wir nun das Integral der Kommutierungsspannung in Volt-Radianten anstelle von Volt-Sekunden (Hinweis des Übersetzers: Das ist eine sehr eigenwillige Bezeichnung, die vermutlich nur in diesem Buch verwendet wird). Die Volt-Radianten, die benötigt werden, um den Induktionsstrom von $-I_d$ auf I_d zu ändern, können durch Integration der Spulenspannung $v_L = L_s \cdot \frac{di_s}{dt}$ von α bis $(\alpha + u)$ folgendermaßen berechnet werden:

$$\int_{\alpha}^{\alpha+u} v_L \, d(\omega t) = L_s \int_{\alpha}^{\alpha+u} \frac{di_s}{dt} d(\omega t) = \omega L_s \int_{-I_d}^{I_d} di_s = 2\omega L_s I_d. \tag{13.10}$$

Diese Volt-Radianten gehen in jedem Halbschwingungszyklus aus dem Integral des Spannungssignals auf der Gleichstromseite in Abb. 13.8b verloren (schattierter Bereich A_u). Daher ergibt sich durch Division der Volt-Radianten durch π Radianten pro Halbschwingungszyklus der Spannungsabfall auf der Gleichstromseite zu:

$$\Delta V_d = \frac{2}{\pi} \omega L_s I_d. \tag{13.11}$$

Dieser Spannungsanteil geht bei Vorhandensein einer Serieninduktivität L_s von der gemittelten Spannung auf der Gleichstromseite verloren. Daher beträgt der Mittelwert der Spannung nur noch:

$$V_d = \frac{2}{\pi} \hat{V}_s \cos\alpha - \frac{2}{\pi} \omega L_s I_d. \tag{13.12}$$

Es sollte beachtet werden, dass der Spannungsabfall aufgrund von L_s keinen Leistungsverlust in L_s impliziert; er bedeutet lediglich eine Reduktion der auf der Gleichstromseite verfügbaren Spannung.

Beispiel 13.2

Betrachten wir den einphasigen Thyristorwandler der Abb. 13.8a einschließlich der Serieninduktivität L_s. Leiten Sie den Ausdruck für den Kommutierungswinkel u her und berechnen Sie u, wenn $V_s = 120$ V (rms), $L_s = 5$ mH, $I_d = 10$ A und $\alpha = 30°$. Die Frequenz sei $f = 60$ Hz.

Lösung

In Abb. 13.8a gilt $v_L = v_s$ während des Kommutierungsintervalls. Substituiert man v_s für v_L bekommt man:

$$\int_{\alpha}^{\alpha+u} \hat{V}_s \sin\omega t \, d(\omega t) = \hat{V}_s \left[\cos\alpha - \cos(\alpha + u)\right] = 2\omega L_s I_d$$

oder

$$\cos(\alpha + u) = \cos\alpha - \frac{2\omega L_s I_d}{\hat{V}_s}. \tag{13.13}$$

Durch Einsetzen der gegebenen Werte $\left(\hat{V}_s = \sqrt{2} V_s\,(\text{rms})\right)$ beträgt der Kommutierungswinkel $u = 19.92°$. Unter der Annahme eines linearen Anstiegs/Abfalls der Thyristorströme in Abb. 13.8b liegt die Grundfrequenzkomponente i_{s1}, die in Abb. 13.8b gestrichelt dargestellt ist, um einen Winkel ϕ_1

$$\phi_1 \approx \alpha + \frac{u}{2}, \tag{13.14}$$

hinter der Spannung v_s, wobei das ungefähre Gleichheitszeichen wegen der Annahme eines linearen Anstiegs/Abfalls der Thyristorströme verwendet wird. Daher beträgt die von dem Wandler bezogene Blindleistung:

$$Q \approx \frac{1}{2} \hat{V}_s \hat{I}_{s1} \sin\left(\alpha + \frac{u}{2}\right). \tag{13.15}$$

13.4 Dreiphasige Vollbrücken-Thyristorwandler

Dreiphasige Vollbrückenwandler verwenden sechs Thyristoren (Abb. 13.9a). Für eine erste Analyse wird der vereinfachte Wandler in Abb. 13.9b verwendet, bei dem die Induktivität auf der AC-Seite L_s als null angenommen wird. Die Thyristoren sind, ähnlich wie bei dreiphasigen Diodengleichrichtern, in eine obere und eine untere Gruppe unterteilt. Die DC-Seite wird durch eine Stromquelle I_d repräsentiert.

Wenn der Verzögerungswinkel α (gemessen ab dem Punkt, an dem sich die Phasenspannungen schneiden) null ist, ähneln die Wandlersignale denen bei Diodengleichrichtern (Kapitel 5, Abbn. 5.11 und 5.12). Die gemittelte DC-Spannung wird mit Gl. 5.33 berechnet, wobei $\hat{V}_{LL}$ der Spitzenwert der AC-Eingangsspannung ist:

$$V_{do} = \frac{1}{\pi/3} \int_{-\pi/6}^{\pi/6} \hat{V}_{LL} \cos\omega t \cdot d(\omega t) = \frac{3}{\pi} \hat{V}_{LL}. \tag{13.16}$$

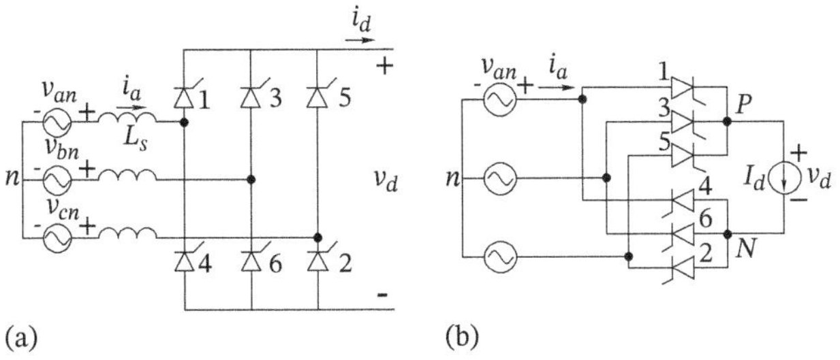

Abb. 13.9 Dreiphasiger Vollbrücken-Thyristorwandler (a). (b) Vereinfachte Darstellung.

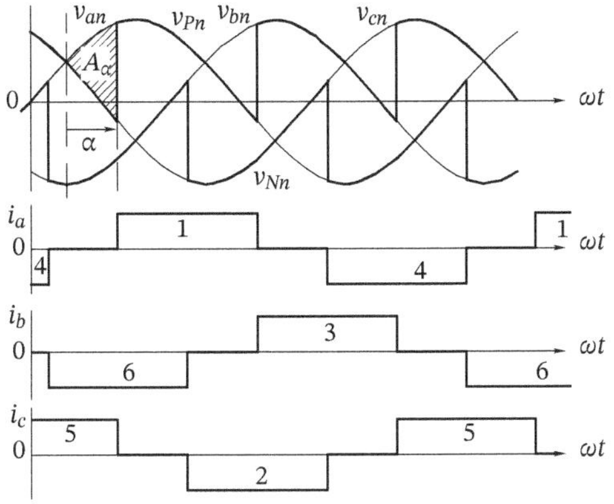

Abb. 13.10 Wandlersignale für $L_s = 0$.

Das Verzögern der Gate-Impulse um einen Winkel α (gemessen von ihren natürlichen Leitpunkten) erzeugt dann die in der Abb. 13.10 dargestellten Signale für $L_s = 0$. In den Ausgangsspannungen auf der DC-Seite repräsentiert die Fläche $A_\alpha = \int_0^\alpha \hat{V}_{LL} \sin\omega t \cdot d(\omega t)$ den „Volt-Radiant-Verlust" aufgrund des Verzögerungswinkels α aller $\pi/3$ Radianten. Wählt man den Zeitursprung wie in Abb. 13.10 an dem Punkt, an dem sich die Signale von v_{an} und v_{cn} schneiden, kann die Spannung zwischen den Phasen v_{ac} in der Form $\hat{V}_{LL}\sin\omega t$ ausgedrückt werden. Daher ist der Abfall ΔV_α in der gemittelten Spannung auf der DC-Seite:

$$\Delta V_\alpha = \frac{1}{\pi/3}\int_0^\alpha \hat{V}_{LL}\sin\omega t \cdot d(\omega t) = \frac{3}{\pi}\hat{V}_{LL}(1 - \cos\alpha). \tag{13.17a}$$

Unter Verwendung der Gln. (13.16) und (13.17a), und einem endlichen Verzögerungswinkel α ergibt sich die Spannung auf der DC-Seite zu:

$$V_{d\alpha} = \frac{3}{\pi}\hat{V}_{LL}\cos\alpha = V_{do}\cos\alpha. \tag{13.17b}$$

Die Ströme der einzelnen Phasen in Abb. 13.9a können wie folgt ausgedrückt werden:

$$i_a = i_1 - i_4, i_b = i_3 - i_6, i_c = i_5 - i_2, \tag{13.18}$$

wobei i_1, i_2 usw. die Ströme durch die Thyristoren sind. Die Ströme durch alle drei Phasen sind in Abb. 13.10 zu sehen. Diese Signalformen zeigen, dass jeder Thyristor während eines Grundfrequenzzyklus für 120° leitet. Der Verzögerungswinkel α verschiebt die Stromsignale nach rechts, wodurch sie ihren Eingangsspannungen um diesen Winkel nachlaufen. Ähnlich wie bei einphasigen Wandlern treten dreiphasige Thyristorwandler in den Wechselrichterbetrieb ein, wenn der Verzögerungswinkel α 90° überschreitet. Im Wechselrichterbetrieb muss α weniger als 180° betragen, um ein Kommutierungsversagen zu vermeiden, wie bei einphasigen Wandlern. Weitere Details zu dreiphasigen Thyristorwandlern findet man in [1].

Beispiel 13.3

Ein dreiphasiger Thyristorwandler (Abb. 13.9b) arbeitet im Wechselrichterbetrieb mit $\alpha = 150°$. Zeichnen Sie die Signalformen für diesen Zustand, ähnlich wie in Abb. 13.10.

Lösung

Die Signalformen für $\alpha = 150°$ im Wechselrichtermodus sind in Abb. 13.11 zu sehen.

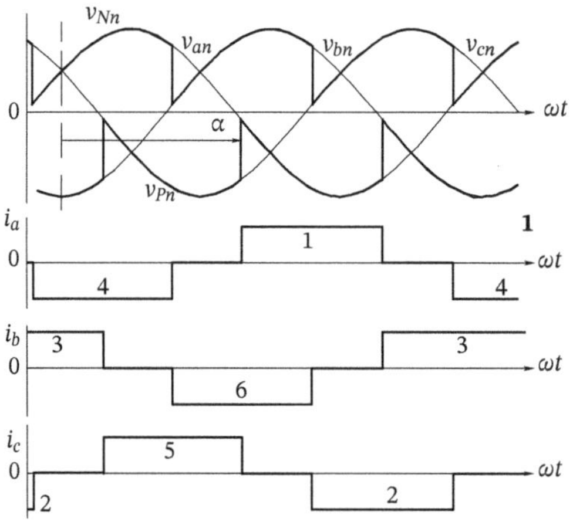

Abb. 13.11 Wellenformen im Wechselrichtermodus.

13.4.1 Oberwellen im Strom und Blindleistungsbedarf

Der Strom auf der AC-Seite i_a (Abb. [13.10]) hat eine rechteckige Wellenform. Die Grundfrequenzkomponente, abgeleitet aus der Fourier-Analyse, hat eine Amplitude $\hat{I}_{a1}$:

$$\hat{I}_{a1} = \frac{\sqrt{12}}{\pi} I_d. \tag{13.19}$$

Die Harmonischen h von i_a können über die Grundfrequenzkomponente so ausgedrückt werden:

$$\hat{I}_{ah} = \frac{\hat{I}_{a1}}{h} \text{ (wobei } |h = 6n \pm 1| \text{ und } |n = 1, 2, 3,| \text{ usw.).} \tag{13.20}$$

In Abbildung 13.10 ist i_{a1} relativ zu v_{an} um den Verzögerungswinkel α verschoben. Folglich ergibt sich die von dem dreiphasigen Umrichter aufgenommene Blindleistung durch:

$$Q = \frac{3}{2} \hat{V}_a \hat{I}_{a1} \sin\alpha. \tag{13.21}$$

13.4.2 Einfluss der Serieninduktivität

Bei Anwesenheit einer Serieninduktivität L_s benötigt der Strom ein endliches Kommutierungsintervall u, um von einem Thyristor zum nächsten zu wechseln, beispielsweise von Thyristor 5 (verbunden mit Phase c) zu Thyristor 1 (verbunden mit Phase a). Abbildung 13.12a zeigt den Teilkreis während dieses Kommutierungsintervalls. Während des Kommutierungsintervalls u, von α bis $\alpha + u$, leiten beide Thyristoren, während der Strom I_d von Thyristor 5 zu 1 kommutiert. Die Spannung v_{Pn}, die im Beispiel abgeleitet wurde, ist der Mittelwert der beiden Phasenspannungen (Abb. 13.12b):

$$v_{Pn} = \frac{v_{an} + v_{cn}}{2}, \quad \alpha < \omega t < \alpha + u \tag{13.22}$$

Die resultierenden Spannungssignale (Abb. 13.13) zeigen damit diese Kommutierung alle 60°. Während des Kommutierungsintervalls wird v_{Pn} aufgrund des Spannungsabfalls über die Induktivität in Reihe mit Thyristor 1 reduziert. Unter Verwendung des Verfahrens aus Gl. (13.10) für Einphasenwandler kann die Fläche A_u (in Volt-Radianten) in Abb. 13.13 berechnet werden:

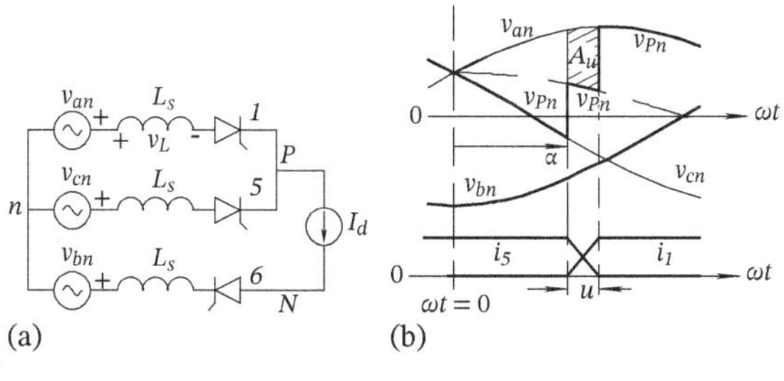

Abb. 13.12 Kommutierung des Stroms von Thyristor 5 zu Thyristor 1. (a) Schaltbild. (b) Ausgangssignale.

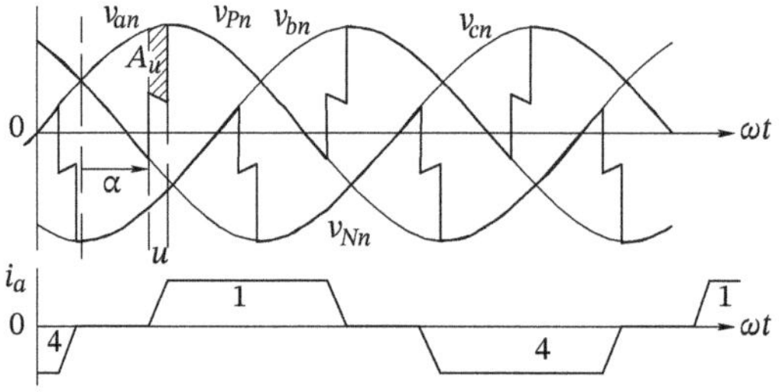

Abb. 13.13 Signalformen mit Serieninduktivität L_s.

$$A_u = \int_{\alpha}^{\alpha+u} v_L \, d(\omega t) = \omega L_s \int_0^{I_d} di_s = \omega L_s I_d. \tag{13.23}$$

Da diese Kommutierung alle $\pi/3$ Radianten auftritt, verringert sich die mittlere DC-Ausgangsspannung um die Fläche A_u geteilt durch $\pi/3$ Radianten. Der Abfall der mittleren Spannung auf der DC-Seite ist:

$$\Delta V_u = \frac{A_u}{\pi/3} = \frac{3}{\pi}\omega L_s I_d. \tag{13.24}$$

Daher ist die Ausgangsspannung auf der DC-Seite:

$$V_d = V_{do} - \Delta V_\alpha - \Delta V_u. \tag{13.25}$$

Durch Einsetzen der Ergebnisse aus den relevanten Gleichungen erhält man:

$$V_d = \frac{3}{\pi}\hat{V}_{LL}\cos\alpha - \frac{3}{\pi}\omega L_s I_d. \tag{13.26}$$

Beispiel 13.4

Betrachten Sie den dreiphasigen Thyristorwandler (Abb. 13.9a) einschließlich der Serieninduktivität L_s: (a) Leiten Sie den Ausdruck für den Kommutierungswinkel u her. (b) Berechnen Sie u für V_{LL} (rms) = 460 V, L_s = 5 mH, I_d = 20 A und $\alpha = 30°$.

Lösung

Wenn beide Thyristoren im Teilkreis der Abb. 13.12a leiten, ergibt sich durch Anwendung des Kirchhoffschen Stromgesetzes am Punkt P:

$$i_a + i_c = I_d. \tag{13.27}$$

Unter der Annahme, dass I_d konstant ist, ergibt die Zeitableitung beider Seiten:

$$\frac{di_a}{dt} + \frac{di_c}{dt} = 0 \tag{13.28}$$

oder

$$\frac{\mathrm{d}i_\mathrm{a}}{\mathrm{d}t} = -\frac{\mathrm{d}i_\mathrm{c}}{\mathrm{d}t}. \tag{13.29}$$

Daher gilt in Abb. 13.12a:

$$v_\mathrm{Pn} = v_\mathrm{an} - L_\mathrm{s}\frac{\mathrm{d}i_\mathrm{a}}{\mathrm{d}t}. \tag{13.30}$$

Weiters gilt:

$$v_\mathrm{Pn} = v_\mathrm{cn} - L_\mathrm{s}\frac{\mathrm{d}i_\mathrm{c}}{\mathrm{d}t}. \tag{13.31}$$

Durch Addition der Gln. (13.30) und (13.31) sowie Anwendung von Gl. (13.29) bekommt man:

$$v_\mathrm{Pn} = \frac{v_\mathrm{an} + v_\mathrm{cn}}{2}, \quad \alpha < \omega t < \alpha + u. \tag{13.32}$$

Durch Einsetzen des Ausdrucks für v_Pn erhalten wir:

$$v_L = L_\mathrm{s}\frac{\mathrm{d}i_\mathrm{a}}{\mathrm{d}t} = v_\mathrm{an} - v_\mathrm{Pn} = \frac{1}{2}\left(v_\mathrm{an} - v_\mathrm{cn}\right). \tag{13.33}$$

In dieser Gleichung ist $(v_\mathrm{an} - v_\mathrm{cn})$ die Leiterspannung. Unter der Annahme, dass der Zeitnullpunkt am Schnittpunkt der Spannungen der Phase *a* und Phase *c* liegt, gilt für den Spannungsabfall v_L:

$$v_L = L_\mathrm{s}\frac{\mathrm{d}i_\mathrm{a}}{\mathrm{d}t} = \frac{1}{2}\hat{V}_\mathrm{LL}\sin\omega t, \quad \alpha < \omega t < \alpha + u. \tag{13.34}$$

Unter Verwendung von Gl. (13.34) in Gl. (13.23) erhält man:

$$A_\mathrm{u} = \int_{\alpha}^{\alpha+u} \frac{1}{2}\hat{V}_\mathrm{LL}\sin\omega t\, d(\omega t) = \omega L_\mathrm{s} I_\mathrm{d}, \tag{13.35}$$

und daher gilt:

$$\cos(\alpha + u) = \cos\alpha - \frac{2\omega L_\mathrm{s} I_\mathrm{d}}{\hat{V}_\mathrm{LL}}. \tag{13.36}$$

Aus dieser Gleichung kann das Kommutierungsintervall *u* berechnet werden. Durch Einsetzen der gegebenen Werte beträgt das Kommutierungsintervall *u* 11.4°. Unter der Annahme eines linearen Anstiegs/Abfalls der Thyristorströme verzögert sich die Grundfrequenzkomponente i_{a1} (Abb. 13.12b) gegenüber der Spannung v_s um:

$$\phi_1 \approx \alpha + \frac{u}{2}, \tag{13.37}$$

wobei das ungefähr-gleich-Zeichen auf die Annahme eines linearen Anstiegs/Abfalls der Thyristorströme zurückzuführen ist.

13.5 Stromübertragungssysteme

Thyristoren sind mit hohen Strom- und Spannungsgrenzwerten erhältlich, können mehrere Kiloampere und Kilovolt handhaben und auch in Reihe geschaltet werden. Thyristorwandler können Spannungen beider Polaritäten blockieren, aber Strom nur in Vorwärtsrichtung leiten. Diese Fähigkeit ermöglicht eine Schnittstelle zwischen zwei AC-Systemen mit einer DC-Verbindung in der Mitte (Abb. 13.14).

In Stromverbindungen, im Gegensatz zu Spannungsverbindungen, kann die Leistungsübertragungsrichtung durch Ändern der Spannungspolarität der Gleichstromverbindung umgekehrt werden. Diese Eigenschaft wird bei sehr hohen Leistungsniveaus (größer tausend Megawatt) in Hochspannungs-Gleichstrom-Übertragungssystemen (HGÜ) verwendet.

In den zwei in der Abb. 13.14 gezeigten Wandlern sind die Thyristoren so angeordnet, dass der Stromfluss in der DC-Verbindung ermöglicht wird: Thyristoren in Wandler 1 zeigen nach oben und die in Wandler 2 nach unten. Die Indizes 1 und 2 beziehen sich auf die Systeme 1 und 2, und R_d ist der Gleichstromverbindungswiderstand, einschließlich des Leitungswiderstands. Jeder Wandler sei ein Sechspuls-Thyristorwandler (wie zuvor behandelt). Damit gilt:

$$V_{d1} = \frac{3}{\pi}\hat{V}_{\mathrm{LL1}}\cos\alpha_1 - \frac{3}{\pi}\omega L_{s1} I_\mathrm{d}, \tag{13.38}$$

$$V_{d2} = \frac{3}{\pi}\hat{V}_{\mathrm{LL2}}\cos\alpha_2 - \frac{3}{\pi}\omega L_{s2} I_\mathrm{d}. \tag{13.39}$$

Durch Steuern der Verzögerungswinkel α_1 und α_2 innerhalb eines Bereichs von 0° bis 180° (praktisch begrenzt auf 160°) können die mittlere Spannung und der Strom im System gesteuert werden. Der Stromfluss durch die DC-Verbindung berechnet sich zu:

$$I_\mathrm{d} = \frac{V_{d1} + V_{d2}}{R_\mathrm{d}}. \tag{13.40}$$

Da der Gleichstromverbindungswiderstand R_d in der Regel sehr klein ist, sind V_{d1} und V_{d2} nahezu gleich groß, haben aber den entgegengesetzten Wert. Für den

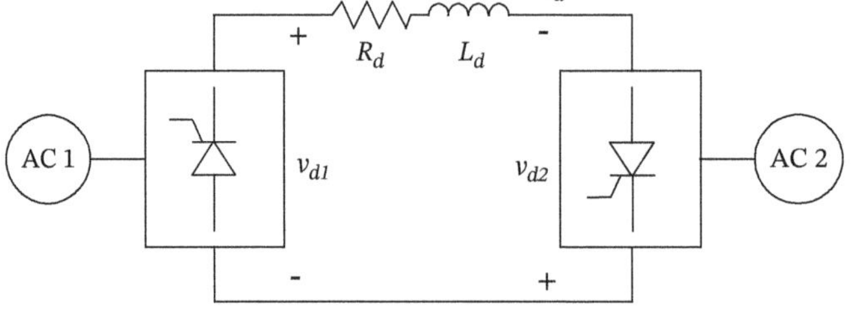

Abb. 13.14 Blockdiagramm eines Stromübertragungssystems.

Leistungsfluss von System 1 zu System 2 wird V_{d2} negativ gemacht, indem α_2 so gesteuert wird, dass Wandler 2 als Wechselrichter arbeitet und die Gleichstromverbindungsspannung festlegt. Wandler 1 arbeitet als Gleichrichter mit einem positiven V_{d1} und steuert den Strom in der Gleichstromverbindung. Das Umgekehrte gilt für den Leistungsfluss von System 2 zu System 1.

Diese Diskussion über Stromverbindungssysteme erklärt das Betriebsprinzip hinter HGÜ-Systemen, die im nächsten Kapitel behandelt werden. In diesen Systemen sind Sechspuls-Thyristorwandler auf der DC-Seite in Reihe und auf der AC-Seite parallelgeschaltet, um so eine höhere effektive Pulszahl zu erreichen.

Literatur

1. Mohan, N., Undeland, T.M. and Robbins W.P. (2003). *Power Electronics: Converters, Applications and Design*. 3. Auflage. New York: John Wiley & Sons.

Übungsbeispiele

Einphasige Thyristorwandler

In einem einphasigen Thyristorwandler beträgt die Quellenspannung $V_s = 120$ V (rms) bei 60 Hz und die Quelleninduktivität $L_s = 3$ mH. Der Verzögerungswinkel sei $\alpha = 45°$. Der Wandler liefert eine Leistung von 1 kW. Nehmen Sie an, dass der Gleichstrom i_d ein reiner Gleichstrom ist.

13.1 Berechnen Sie den Kommutierungswinkel u.

13.2 Zeichnen Sie die Signalformen für die Wandlergrößen v_s, i_s und v_d.

13.3 Berechnen Sie die vom Wandler aufgenommene Blindleistung unter der Annahme, dass sich die Ströme durch die Thyristoren während der Kommutierungen linear ändern.

Dreiphasen-Thyristorwandler

In einem dreiphasigen Thyristorwandler beträgt die Leiterspannung $V_{LL} = 460$ V (rms) bei 60 Hz, und die Induktivität beträgt $L_s = 5$ mH. Der Verzögerungswinkel beträgt $\alpha = 45°$. Dieser Wandler liefert 5 kW Leistung. Der Gleichstrom i_d wird als reiner Gleichstrom angenommen.

13.4 Berechnen Sie den Kommutierungswinkel u.

13.5 Zeichnen Sie die Signalformen für die Wandlergrößen: Phasenspannungen, Phasenströme v_{Pn}, v_{Nn} und v_d.

13.6 Berechnen Sie die vom Wandler bezogene Blindleistung, unter der Annahme, dass sich die Ströme durch die Thyristoren während der Kommutierungen linear ändern.

13.7 In einem dreiphasigen Thyristorwandler sei der Kommutierungswinkel null. Nehmen Sie außerdem eine gegebene AC-Seitenspannung V_{LL} (rms) und einen konstanten Gleichstrom I_d an. Zeichnen Sie die Blindleistung Q, die vom Wandler in Abhängigkeit von I_d und V_{LL} (rms) als Funktion des Verzögerungswinkels α bezogen wird. Erklären Sie, warum es wünschenswert ist, den Wandler im Gleichrichtermodus nahe bei $\alpha = 0$ und im Wechselrichtermode nahe bei $\alpha = 180°$ zu betreiben.

Stromverbindungssysteme

13.8 Im Blockdiagramm in der Abb. 13.4 beträgt die Gleichspannung für beide Dreiphasenwandler $V_{d0} = 480$ kV. Der Gleichstrom beträgt $I_d = 1.1$ kA. Wandler 2, der als Wechselrichter arbeitet, stellt die Gleichspannungsverbindung auf $V_{d2} = 425$ kV ein. Der Widerstand beträgt $R_d = 10.0\ \Omega$. Der Spannungsabfall aufgrund der Kommutierungsüberlappung in jedem Wandler beträgt 10 kV. Berechnen Sie im stationären Gleichstromzustand die Winkel: α_1, α_2, u_1 und u_2.

13.9 Berechnen Sie wie in Aufgabe 13.8 die Blindleistung, die von jedem Wandler aufgenommen wird. Gehen Sie davon aus, dass die Ströme durch die Thyristoren während der Kommutierungen linear ansteigen.

Simulationsprobleme

In einem einphasigen Thyristorwandler beträgt die Eingangsspannung $V_s = 120$ V (rms) bei einer Frequenz von 60 Hz. Die Induktivität auf der Wechselstromseite beträgt 1.2 mH, und auf der Gleichstromseite hat die Last eine Induktivität von 20 mH in Serie mit einem Widerstand von 5 Ω.

- Ermitteln Sie die Wellenformen für v_s, v_d und i_d.
- Ermitteln Sie die Wellenformen für v_s und i_s.
- Bestimmen Sie das Kommutierungsintervall u aus den Plots.
- Verwenden Sie die Fourier-Analyse von i_s, um die harmonischen Komponenten im Verhältnis zu I_{s1} zu berechnen.
- Berechnen Sie I_s, die %THD im Eingangsstrom, den Leistungsfaktor der Eingangsverzerrungen und den Eingangsleistungsfaktor.

14

Anwendungen der Leistungselektronik in der Netzversorgung

14.1 Einführung

In den vorhergehenden Kapiteln wurden verschiedene leistungselektronische Systeme für die effiziente Nutzung von Elektrizität und die Nutzung erneuerbarer Energien besprochen. Das folgende Kapitel fasst diese und auch neue Anwendungen für Netzversorgungssysteme zusammen, die sich schnell entwickeln und versprechen, zukünftige Stromsysteme in Bezug auf Erzeugung, Betrieb und Steuerung zu transformieren. Ziel ist es, einen Überblick über diese Anwendungen zu geben, um Studenten auf Herausforderungen in einem deregulierten Versorgungsumfeld vorzubereiten und weitere Studien in diesem Bereich zu motivieren, wie zum Beispiel im Rahmen eines Masterstudiums Elektrische Energietechnik und nachhaltige Energiesysteme an der TU-Wien [1, 2].

Die Wandler, die in Anwendungen für Versorgungssysteme verwendet werden, sind oft dieselben oder modifizierte Versionen derjenigen, die bereits früher behandelt wurden. Daher werden im Folgenden diese Anwendungen nur in Form von Blockdiagrammen mit den entsprechenden Wandlertypen besprochen.

Anwendungen der Leistungselektronik in der Netzversorgung können wie folgt kategorisiert werden:

- Dezentrale Erzeugung
  - Erneuerbare Ressourcen (Wind, Photovoltaik, etc.)
  - Brennstoffzellen und Mikroturbinen Erzeugung
  - Speicherung: Batterien, supraleitende magnetische Speicher und Schwungräder
- Elektronische Lasten-Drehzahlverstellbare Antriebe
- Lösungen zur Verbesserung der Stromqualität
  - Doppelte Zuleitungen
  - Unterbrechungsfreie Stromversorgungen
  - Dynamische Spannungsregler

Leistungselektronik: Eine Einführung, Ned Mohan and Siddharth Raju.
© 2025 Wiley-VCH GmbH. Published 2025 by Wiley-VCH GmbH.

- Übertragungs- und Verteilungssysteme
  - Hochspannungs-Gleichstromübertragungen
  - Flexible Wechselstromübertragungssysteme
  - Parallelkompensation
  - Serienkompensation
  - Statische Phasenwinkelsteuerung und einheitliche Leistungsflussregler

14.2 Leistungsbauelemente und ihre Fähigkeiten

Abbildung 14.1a zeigt die Schaltsymbole der am häufigsten verwendeten Leistungsbauelemente. Ihre Leistungsbereiche und Schaltgeschwindigkeiten sind in Abb. 14.1b dargestellt. Diese Bauelemente ermöglichen den Stromfluss nur in Vorwärtsrichtung (die intrinsische antiparallele Diode von MOSFETs wird separat erklärt). Transistoren können nur Spannungen in Vorwärtsrichtung blockieren, während Thyristoren Spannungen sowohl in Vorwärts- als auch mit Rückwärtsrichtung sperren können. Dioden sind ungesteuerte Bauelemente, die Strom in Vorwärtsrichtung leiten und Rückwärtsspannungen blockieren. Bei sehr hohen Leistungsniveaus werden integrierte, Gate-gesteuerte Thyristoren verwendet, die aus Abschaltthyristoren (Gate Turn Off Thyristors, GTOs) hervorgegangen sind. Thyristoren sind halbgesteuerte Bauelemente, die in Durchlassrichtung zu einem gewünschten Zeitpunkt eingeschaltet werden können, aber nicht über ihr Gate abgeschaltet werden können, sondern dafür auf die externe Beschaltung angewiesen sind.

Thyristoren sind für sehr hohe Spannungs- und Strombereiche erhältlich. Sie können auch in Reihe und parallelgeschaltet werden, um ihren Arbeitsbereich weiter zu erweitern. Beispielsweise sind IGBTs als Einzelmodul mit einer Nennleistung von 600 A/6500 V erhältlich.

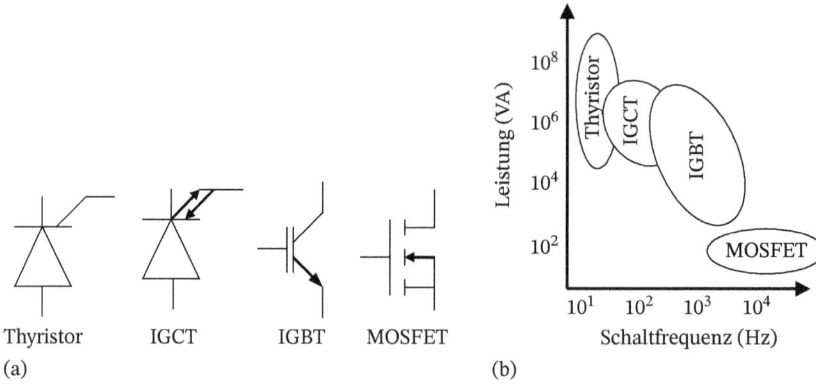

Abb. 14.1 (a) Schaltsymbole von Leistungshalbleitern. (b) Zugehörige Einsatzgebiete.

14.3 Kategorisierung von leistungselektronischen Systemen

Leistungselektronische Systeme in Anwendungen für die Netzversorgung können grob wie folgt kategorisiert werden:

14.3.1 Halbleiterschalter

Durch das Verbinden von zwei Thyristoren in antiparalleler Schaltung (Rücken an Rücken), wie in Abb. 14.2 gezeigt, kann ein Halbleiterschalter Strom in beide Richtungen leiten und in einem Wechselstromkreis mit einer Verzögerung von höchstens einer halben Netzfrequenzperiode ein- oder ausgeschaltet werden. Diese Schalter sind wesentlich für Anwendungen wie doppelte Einspeisungen, Parallelkompensation zur Einspeisung von Blindleistung an einem Knotenpunkt zur Spannungsregelung und Serienkompensation von Übertragungsleitungen.

14.3.2 Wandler als Schnittstelle zur Netzversorgung

Leistungselektronische Wandler fungieren als Schnittstelle zwischen der elektrischen Quelle, oft dem Versorgungsnetz, und der Last (Abb. 14.3). Die elektrische Quelle und die Last können sich in Frequenz, Spannungsamplituden und der Anzahl der Phasen unterscheiden. Die leistungselektronische Schnittstelle überträgt effiziente Leistung zwischen der Quelle und der Last und ermöglicht bei Bedarf auch einen Rollentausch. Diese Schnittstellen können wie folgt klassifiziert werden:

14.3.2.1 Spannungsübertragung

Halbleiterbauelemente, wie Transistoren und Dioden, können nur Spannungen in einer Richtung blockieren. Diese unipolare Spannungsblockierungsfähigkeit erfordert eine Struktur mit zwei Wandlern. Die DC-Anschlüsse dieser Wandler sind durch einen parallelen Kondensator verbunden, der eine Gleichspannungsverbindung

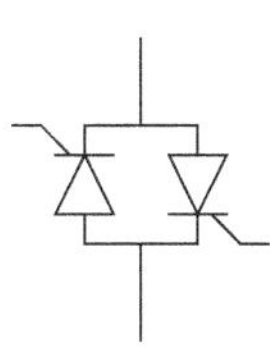

Abb. 14.2 Antiparallele (back to back) Thyristoren, die als Halbleiterschalter fungieren.

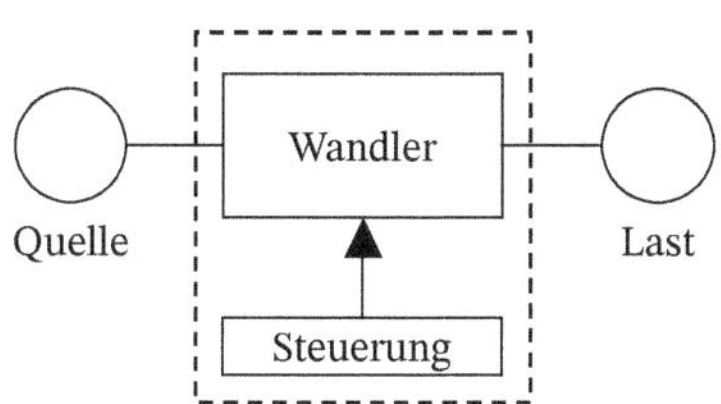

Abb. 14.3 Wandler als Schnittstelle zwischen Quelle und Last.

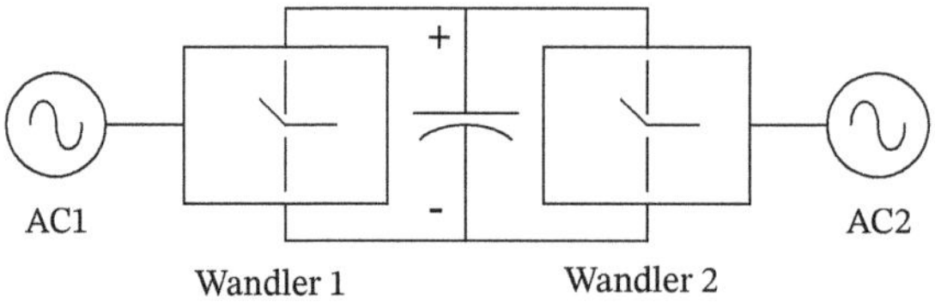

Abb. 14.4 Blockdiagramm eines Spannungsübertragungssystems.

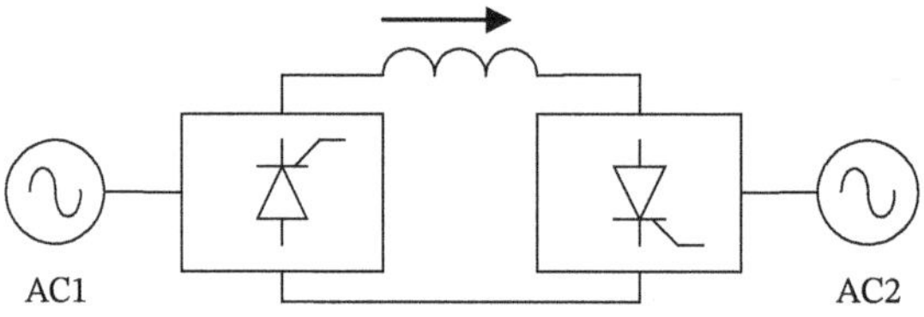

Abb. 14.5 Blockdiagramm einer Stromübertragung.

bildet (Abb. 14.4). Die Spannungspolarität über diese Verbindung kehrt sich nicht um, wodurch die Verwendung von Transistoren mit unipolarer Spannungsverarbeitung ermöglicht wird. Die Leistungsübertragungsrichtung kann dann noch immer durch die Änderung der Stromrichtung in der DC-Versorgung umgekehrt werden.

Wandler für Spannungsverbindungen enthalten nicht einzelne Leistungsschalter, sondern gleich ganze Schaltermodule als Grundbausteine. Diese können das gewünschte Ausgangssignal mittels Pulsweitenmodulation (PWM) synthetisieren und verfügen die Fähigkeit über einen bidirektionalen Leistungsfluss. Die Schaltermodule können mithilfe eines idealen Transformators mit steuerbare Übersetzungsverhältnis modelliert werden (Kapitel 12).

14.3.2.2 Stromübertragung

Thyristoren können Spannungen beider Polaritäten sperren, leiten jedoch den Strom nur in Vorwärtsrichtung. Diese Eigenschaft ermöglicht es Thyristorwandlern, mit einer DC-Verbindung zu interagieren (Abb. 14.5). Um die Leistungsübertragungsrichtung umzukehren, wird die Spannungspolarität der Gleichstromverbindung umgekehrt, während die Stromrichtung unverändert bleibt. Diese Konfiguration wird für sehr hohe Leistungspegel verwendet, wie in Hochspannungs-Gleichstromübertragungssystemen (HGÜ), die im Bereich von mehreren hundert Megawatt betrieben werden.

14.4 Dezentrale Energieerzeugung

Die dezentrale Energieerzeugung verändert die Art, in der zukünftige Energiesysteme betrieben und gesteuert werden. Diese Generatoren können sowohl eine lokale Steuerung als auch eine zentrale Überwachungssteuerung besitzen. Der Wandel von großen zentralen Kraftwerken hin zur dezentralen Energieerzeugung wird durch

Umwelt- und wirtschaftliche Gründe vorangetrieben. Erneuerbare Ressourcen wie Wind- und Photovoltaiksysteme werden zunehmend beliebter. Es gibt z. B. Vorschläge, hocheffiziente, kleine Kraftwerke wie Brennstoffzellen und Mikroturbinen in der Nähe von Lastzentren zu platzieren. Dieser Ansatz zielt darauf ab, Übertragungsengpässe zu vermeiden und Leitungsverluste zu reduzieren. Im Folgenden werden verschiedene Systeme der dezentralen Energieerzeugung diskutiert.

14.4.1 Windelektrische Systeme

Windenergie, auch eine Form der Sonnenenergie, entsteht durch die ungleichmäßige Erwärmung der Erdoberfläche durch die Sonne. Unter den erneuerbaren Energien hat die Windenergie eine bedeutende Entwicklung erfahren, wobei ihr Potenzial erst am Anfang steht. Abbildung 14.6 zeigt den Windatlas von Österreich und hebt die Gebiete mit günstigen Windbedingungen auf den Bergen und in Ostösterreich hervor.

Windräder erzeugen typischerweise Strom mithilfe eines Getriebes, da die Turbine langsam rotiert, während sich der Generator mit hohen Geschwindigkeiten nahe der Synchrongeschwindigkeit dreht. Typisch sind das 1800 U/min für eine 4-polige und 900 U/min für eine 8-polige Maschine bei 60 Hz. Dieses Getriebe in der Gondel des Windra erhöht die Drehgeschwindigkeit und ermöglicht es, den Generator effizient anzutreiben. Obwohl es Vorschläge für direkt angetriebene Permanentmagnetmaschinen gibt, verwenden die meisten Windrädern weiterhin

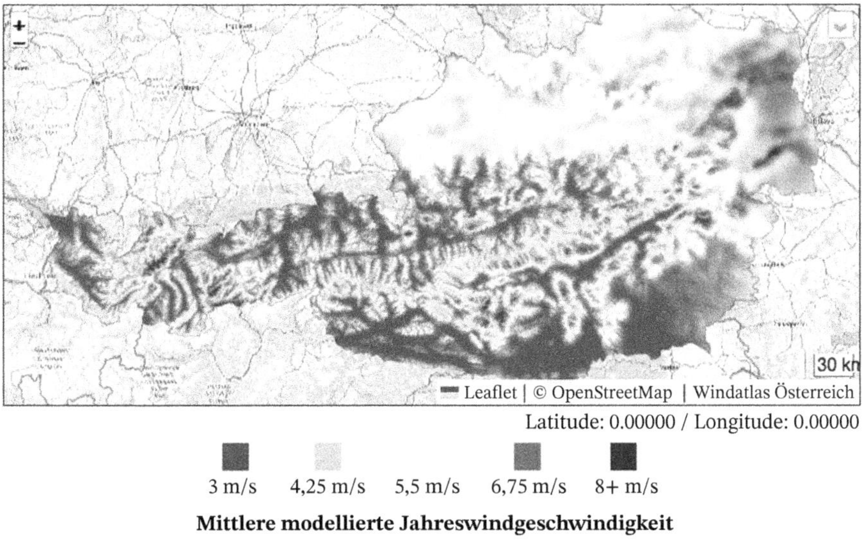

Abb. 14.6 Österreichischer Windatlas. (https://windatlas.energiewerkstatt.org) Projekt „Windatlas und Windpotentialstudie Österreich“, reproduziert mit freundlicher Genehmigung von Andreas Krenn (https://www.windatlas.at/index.html).

Getriebe. Der nächste Abschnitt gibt einen Überblick über verschiedene Windgenerationsschemata.

14.4.1.1 Induktionsgeneratoren, direkt am Netz

Abbildung 14.7a zeigt einfachste Konfiguration der Stromerzeugung durch Windkraft, bei der ein durch ein Windrad angetriebener Käfigläufer-Induktionsgenerator direkt über ein antiparalleles Thyristorpaar für einen sanften Anlauf an das Netz angeschlossen wird. Dieses Konzept ist auch eine der kostengünstigsten Optionen, da eine langlebige Käfigläufer-Induktionsmaschine verwendet werden kann.

Damit die Induktionsmaschine als Generator arbeitet, muss die Rotordrehzahl die Synchrondrehzahl überschreiten. Diese Konfiguration ist jedoch bei niedrigen und hohen Windgeschwindigkeiten im Vergleich zu variablen Drehzahlregelungen weniger effizient, da die Induktionsmaschine sehr nahe an der Synchrondrehzahl arbeiten muss. Zudem arbeitet eine Käfigläufer-Induktionsmaschine auch mit einem induktiven Leistungsfaktor, wodurch sie Blindleistung aus dem Netz bezieht. Daher ist oft eine separate Quelle, wie beispielsweise parallelgeschaltete Kondensatoren, erforderlich, um diese Blindleistung bereitzustellen und den induktiven Leistungsfaktor auszugleichen.

14.4.1.2 Doppeltgespeiste Schleifringläufer-Asynchrongeneratoren

Das Schema in Abb. 14.7b verwendet eine Schleifringläufer-Asynchronmaschine, bei der der Stator direkt mit dem Versorgungsnetz verbunden ist und der Rotor über eine leistungselektronische Schnittstelle mit Strom versorgt wird. Typischerweise fließen vier Fünftel der Leistung direkt vom Stator ins Netz, und nur ein Fünftel fließt durch die Leistungselektronik im Rotorstromkreis. Der Nachteil dieses Schemas besteht darin, dass eine Schleifringläufer-Asynchronmaschine verwendet wird, bei der die Ströme über Schleifringe und Bürsten in den dreiphasigen Schleifringläufer eingespeist werden, was Wartung erfordert. Trotz der hohen Kosten für die Leistungselektronik bleiben die Gesamtkosten aufgrund der Tatsache, dass sie nur für ein Fünftel der Systemleistung ausgelegt werden muss, vertretbar.

Dieses Schema bietet mehrere Vorteile gegenüber dem vorherigen. Die doppeltgespeiste Schleifringläufer-Asynchronmaschine kann in einem Bereich von $\pm 30\,\%$ um die Synchrondrehzahl betrieben werden, was es ihr ermöglicht, bei verschiedenen Windgeschwindigkeiten mehr Leistung zu liefern. Darüber hinaus kann diese Maschine auch Blindleistung liefern, während die oben diskutierte Käfigläufer-Asynchronmaschine nur Blindleistung aufnimmt. Als Folge davon ist dieses Schema für Windkraftanlagen sehr beliebt.

14.4.1.3 Einspeisung über eine Leistungselektronik

Im dritten Schema, das in Abb. 14.7c dargestellt ist, wird ein Käfigläufer-Induktionsgenerator oder ein Permanentmagnetgenerator über eine Leistungselektronik-Schnittstelle mit dem Netz verbunden. Diese Schnittstelle umfasst zwei Wandler. Der generatorseitige Wandler liefert die für einen Induktionsgenerator benötigte Blindleistungserregung und optimiert seine Frequenz basierend auf der aktuellen

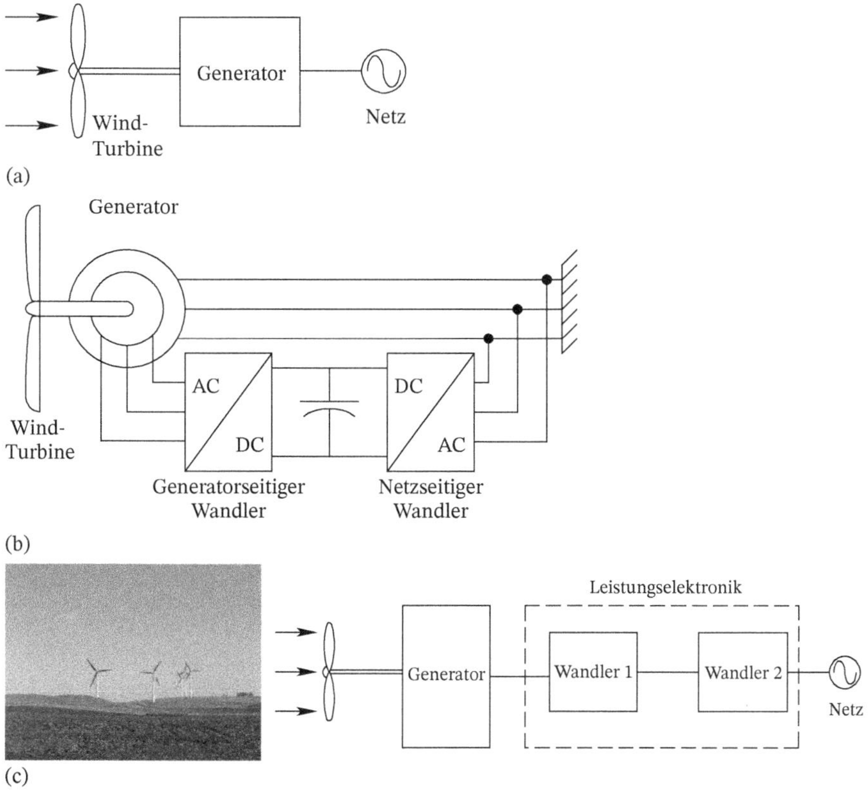

Abb. 14.7 (a) Induktionsgenerator direkt am Netz, (b) Schleifringläufer-Asynchronmaschine direkt am Netz und (c) Netzankopplung mittels Leistungselektronik.

Windgeschwindigkeit. Der netzseitige Wandler kann kontinuierlich Blindleistung aufnehmen oder abgeben. Diese flexible Anordnung verwendet eine langlebige Käfigläufermaschine oder einen hocheffizienten Permanentmagnetgenerator, der in der Lage ist, über einen weiten Bereich von Windgeschwindigkeiten zu arbeiten. Da die Kosten für die Leistungselektronik-Schnittstelle, die die gesamte Systemleistung verarbeitet, weiterhin sinken, wird diese Konfiguration in Zukunft wahrscheinlich häufiger anzutreffen sein.

14.4.2 Photovoltaiksysteme

Photovoltaiksysteme sind die führende Form der dezentralen Energieerzeugung mit erheblichem Potenzial, das sogar Windkraftanlagen übertrifft. PV-Arrays, von denen typischerweise vier in Serie angeordnet sind, erzeugen eine Gleichspannung im Bereich von 52 bis 90 V. Eine Leistungselektronik (Abb. 14.8) wandelt die Gleichspannung in eine sinusförmige Spannung von 120 V/60 Hz um, wodurch sie mit einphasigen Versorgungsnetzen kompatibel wird. Abbildung 14.9 zeigt ein typisches

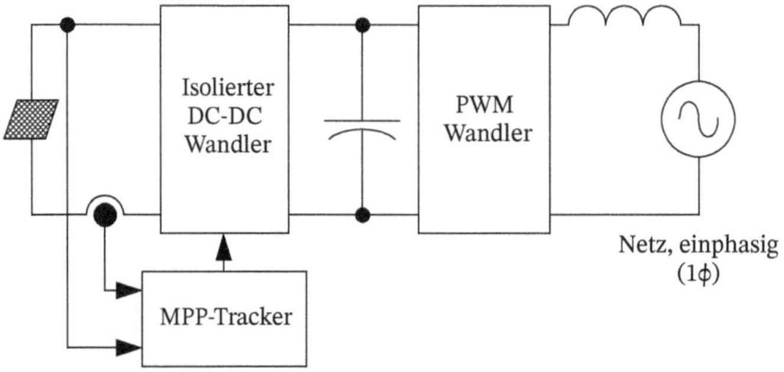

Abb. 14.8 Photovoltaiksystem mit Wandlerelektronik.

Abb. 14.9 PV-System mit Dachmontage und schöner Aussicht. (PV-System von JB-SOLAR, https://www.jb-solar.at)

25 kW Dach-PV-System für den privaten Gebrauch. Für eine höhere Ausgangskapazität können PV-Module parallelgeschaltet werden. Größere Arrays werden an ein dreiphasiges Versorgungsnetz angeschlossen.

14.4.3 Brennstoffzellen

In letzter Zeit gab es erhebliches Interesse an Brennstoffzellensystemen aufgrund ihrer Effizienz, die bis zu 60 % erreichen kann. Brennstoffzellen können Wasserstoff, Erdgas oder Benzin als Eingangsquelle verwenden und erzeugen eine Gleichspannung am Ausgang (Abb. 14.10) [4]. Ähnlich wie bei Photovoltaiksystemen benötigen Brennstoffzellensysteme eine Wandlerelektronik, um an das Stromnetz angeschlossen werden zu können.

14.4.4 Mikroturbinen

Mikroturbinen nutzen hocheffiziente Flugzeugtriebwerke, um bei Bedarf Spitzenleistung zu erzeugen, wobei Erdgas als Brennstoff verwendet wird. Für eine

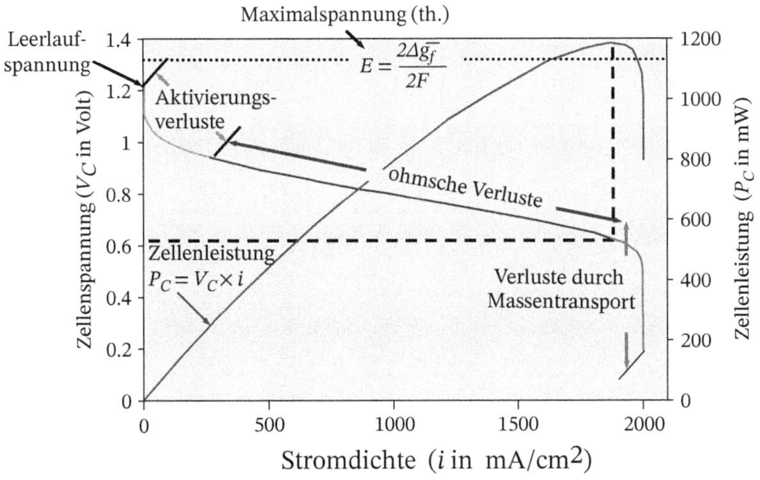

Abb. 14.10 V-I-Kennlinien und Zellleistung von Brennstoffzellen. Quelle: US Department of Energy / Public Domain.

verbesserte Effizienz sollte die Turbinendrehzahl je nach Last variieren, was dazu führt, dass sich die Frequenz der erzeugten Ausgangsspannung ändert. Dies erfordert eine leistungselektronische Schnittstelle, ähnlich wie bei Antrieben mit variabler Drehzahl.

14.4.5 Energiespeichersysteme

Energiespeichersysteme sind zwar keine primäre Energiequelle, helfen jedoch durch Lastenausgleich und Spitzenlastabdeckung aufgrund der tageszeitabhängigen Stromnutzung. Energie wird typischerweise nachts gespeichert, wenn die Nachfrage gering ist, und während der Spitzenzeiten zurückgespeist.

Energie kann in Blei-Säure-Batterien, supraleitenden magnetischen Energiespeicherspulen (SMES) und Schwungrädern gespeichert werden. Alle diese

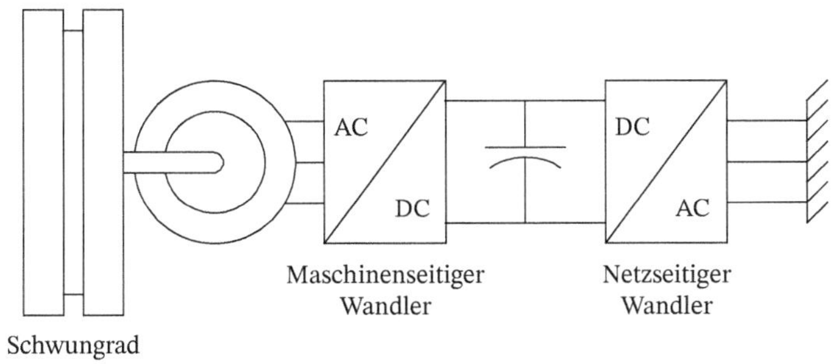

Abb. 14.11 Schwungradspeichersystem.

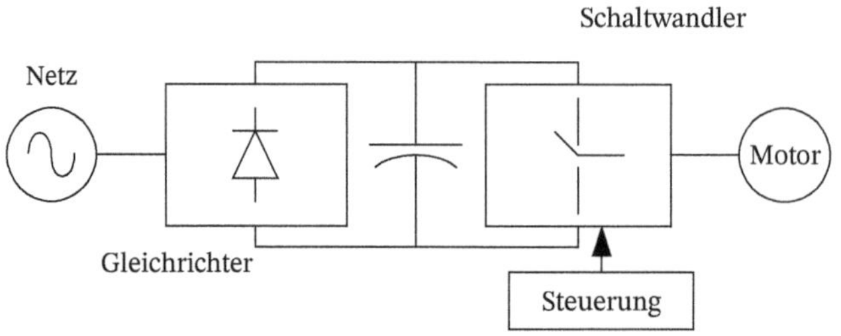

Abb. 14.12 Antrieb mit einstellbarer Geschwindigkeit.

Systeme erfordern eine leistungselektronische Schnittstelle. Die Schnittstelle für die Schwungradspeicherung ist in Abb. 14.11 dargestellt.

14.5 Elektronische Lasten

Leistungselektronik spielt eine bedeutende Rolle bei der Energieeinsparung. Benutzer profitieren von reduziertem Energieverbrauch und verbesserter Prozesssteuerung, indem sie elektrische Antriebe mit einstellbaren Geschwindigkeiten betreiben. Ein Beispiel für einen Antrieb mit einstellbarer Geschwindigkeit ist in Abb. 14.12 zu sehen.

Diese elektronisch geregelten Lasten interagieren häufig mit dem Versorgungsnetz und verursachen verzerrte Netzströme. Diese Ströme verzerren die Spannungssignale im Versorgungsnetz und beeinflussen so auch benachbarte Lasten. Es ist jedoch möglich, die Schnittstelle zum Versorgungsnetz so zu gestalten, dass nur sinusförmige Ströme aus dem Netz gezogen werden. Mit der zunehmenden Nutzung elektronischer Lasten wurden bereits Normen etabliert, welche die Verzerrung der entnommenen Ströme begrenzen.

14.6 Lösungen für die Netzqualität

Schlechte Netzqualität kann verzerrte Spannungssignale, Spannungserhöhungen, Spannungseinbrüche sowie Stromausfälle umfassen. Dieses Problem verschärft sich in deregulierten Umgebungen, in denen Versorgungsunternehmen mit minimalen Gewinnen arbeiten und daher die Wartung der Ausrüstung unzureichend ist. Leistungselektronik kann viele dieser Netzqualitätsprobleme lösen.

14.6.1 Doppelte Zuleitungen

Die Versorgungskontinuität kann durch doppelte Stromzuleitungen verbessert werden, bei denen eine Zuleitung als Backup für die primäre Zuleitung dient, die die Last versorgt (Abb. 14.13). Rückwärts parallel geschaltete Thyristoren, die als

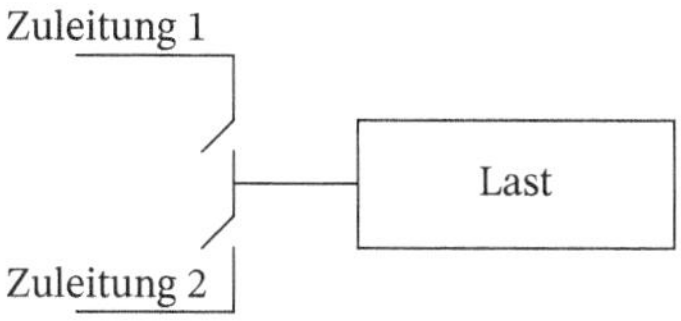

Abb. 14.13 Doppelte Zuleitungen.

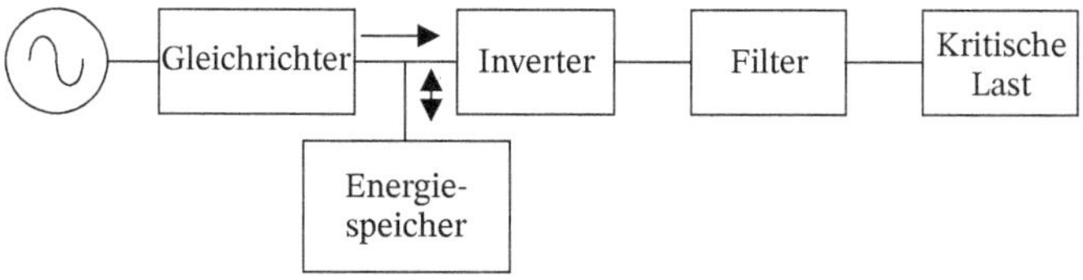

Abb. 14.14 Unterbrechungsfreie Stromversorgung.

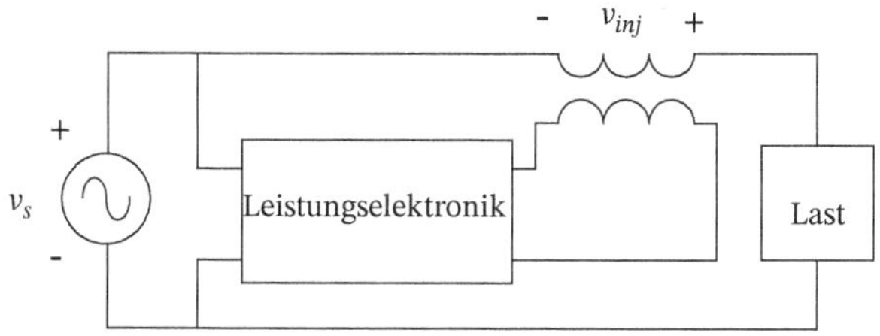

Abb. 14.15 Dynamische Spannungsregler.

Halbleiterschalter fungieren, ermöglichen dann ein schnelles, unterbrechungsfreies Umschalten der Last zwischen der Haupt- und der Reservezuleitung.

14.6.2 Unterbrechungsfreie Stromversorgungen

Stromausfälle, selbst kurze, können kritische Systeme stören. Um dies zu verhindern, können unterbrechungsfreie Stromversorgungen (USV) (Abb. 14.14) verwendet werden. Diese Systeme speichern Energie mithilfe von Batterien, supraleitenden magnetischen Energiespeichern (SMES), Schwungrädern oder Ultrakondensatoren.

14.6.3 Dynamische Spannungsregler

Dynamische Spannungsregler (Abb. 14.15) können Spannungseinbrüche oder -anstiege korrigieren, indem sie eine Spannung v_{inj} in Serie mit der Netzversorgung einspeisen.

14.7 Anwendungen in Übertragungs- und Verteilungsnetzen

In früheren Zeiten waren Versorgungsunternehmen Monopolunternehmen, die den Nutzern keine Wahl ihres Stromanbieters ließen. Der aktuelle Trend geht zur Deregulierung, welche die Versorgungsunternehmen zwingt, in einem offenen Markt zu konkurrieren und den Kunden die Wahl ihres Stromanbieters zu überlassen. Dieser Wandel erfordert, dass vertikal integrierte Versorgungsunternehmen sich in Erzeugungsunternehmen und Netzbetreiber aufteilen. In einem deregulierten Markt ist es nun entscheidend, den Leistungsfluss auf bestimmten Leitungen zu kontrollieren, um Überlastungen zu vermeiden und Leistungsverluste zu reduzieren. Der nächste Abschnitt diskutiert die Möglichkeiten, wie dies erreicht werden kann.

14.7.1 Hochspannungs-Gleichstromübertragung

Die Gleichstromübertragung bietet Flexibilität, da sie zwei miteinander verbundene Wechselstromsysteme isoliert, sodass diese nicht synchron oder mit derselben Frequenz arbeiten müssen. Hochspannungs-Gleichstromübertragungssysteme (HGÜ) mit thyristorbasierten Stromwandlern werden bereits seit mehreren Jahrzehnten verwendet. Kürzlich wurden auch Systeme mit etwas niedrigeren Spannungen installiert, die IGBT-basierte Spannungswandler verwenden. Beide Systemtypen werden im Folgenden diskutiert.

14.7.1.1 Thyristorbasierte Stromübertragung

Das Blockdiagramm (Abb. 14.16) unten zeigt ein HGÜ-System, bei dem Energie über Gleichstromleitungen mit Spannungen von über 500 kV übertragen wird. Im Wechselstromsystem 1 am sendenden Ende werden die Spannungen mithilfe eines Transformators hochtransformiert. Diese Spannungen werden dann durch einen Thyristor- Wandler in Gleichstrom umgewandelt. Der Wandler verwendet Wechselspannungsleitungen zur Stromkommutierung und wandelt die Wechselströme aus System 1 in Gleichstrom um. Dieser Gleichstrom wird über die Gleichstromleitung übertragen, wobei zusätzliche Serieninduktivitäten hinzugefügt werden, um den Strom zu glätten und Welligkeit zu minimieren. Am empfangenden Ende wandeln Thyristorbasierte Wandler den Gleichstrom wieder in Wechselströme um, die über einen Abwärtstransformator in das Wechselstromsystem 2 eingespeist werden. Die Rollen des sendenden und empfangenden Endes können durch Änderung der Spannungspolarität im Gleichstromsystem vertauscht werden.

Ein beispielhaftes HGÜ-System in den westlichen Vereinigten Staaten überträgt 3100 MW bei ±500 kV über eine Entfernung von 1361 km. Für Leistungsniveaus von über 1000 MW sind Thyristoren derzeit die praktikabelste Option.

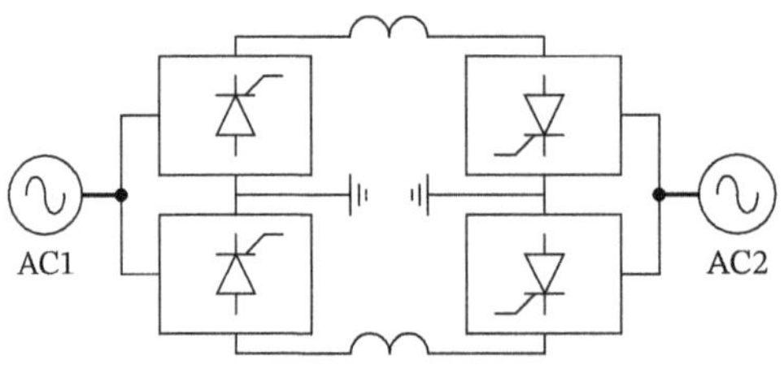

Abb. 14.16 Blockdiagramm des HGÜ-Systems (Transformatoren sind nicht dargestellt).

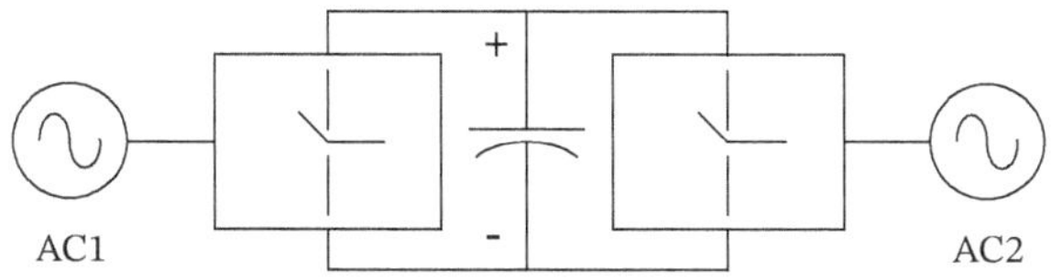

Abb. 14.17 Blockdiagramm der HVDC-Übertragung mit einem spannungsgesteuerten System.

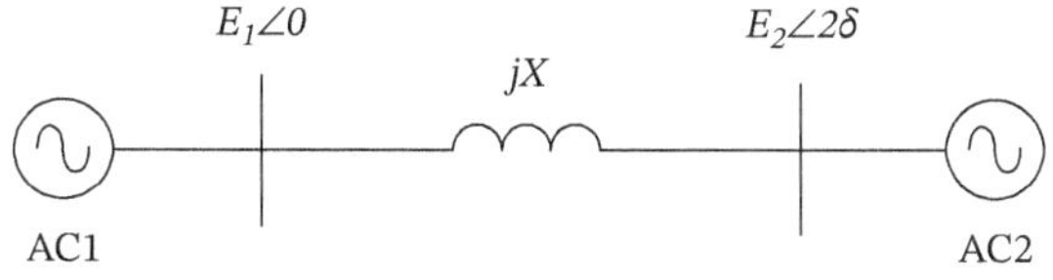

Abb. 14.18 Leistungsfluss auf einer Übertragungsleitung.

14.7.1.2 HVDC-Übertragungssystem mit spannungsgesteuerten Wandlern auf IGBT-Basis

Für niedrigere Leistungsniveaus im Vergleich zu denen, die von thyristorbasierten HVDC-Übertragungsleitungen (HVDC bedeutet High Voltage DC) getragen werden, kann ein spannungsgesteuertes System verwendet werden. Das Blockdiagramm eines solchen Systems ist in Abb. 14.17 dargestellt. In diesem System wird die Richtung des Leistungsflusses durch Ändern der Stromrichtung in der Gleichstromleitung umgekehrt. Beispielsweise arbeitet ein spannungsgesteuertes System im Osten der Vereinigten Staaten bei ±150 kV und einer Leistung von maximal 330 MW.

14.7.2 Flexible Wechselstrom-Übertragungssysteme [3]

Gleichstromübertragungssysteme sind ideal für die Übertragung großer Energiemengen über weite Entfernungen oder bei Bedenken hinsichtlich der Systemstabilität. In existierenden Wechselstromnetzen ist der Bau neuer Stromleitungen nicht immer möglich, aber immer kostspielig. Daher sind alternative Methoden sehr gefragt, welche die Übertragungskapazität erhöhen, ohne die Stabilität zu beeinträchtigen. Diese Techniken können auch dazu beitragen, den Leistungsfluss auf bestimmte Leitungen zu lenken.

Der Leistungsfluss auf einer Übertragungsleitung zwischen zwei Wechselstromsystemen (Abb. 14.18) wird durch folgende Formel beschrieben:

$$P = \frac{E_1 E_2}{X}\sin\delta, \tag{14.1}$$

wobei E_1 und E_2 die Spannungen an den beiden Enden der Übertragungsleitung sind, X die Leitungsreaktanz ist und δ der Winkel zwischen den beiden Busspannungen ist. Gleichung (14.1) zeigt, dass der Leistungsfluss auf einer Übertragungsleitung von drei Faktoren abhängt: (1) Spannungsamplitude E, (2) Leitungsreaktanz

X und (3) Leistungswinkel *δ*. Die folgenden Abschnitte behandeln verschiedene Schaltungen, die einen oder mehrere dieser Faktoren schnell steuern können.

14.7.2.1 Parallelgeschaltete Bauelemente zur Spannungsregelung

Die Kompensation von Blindleistung ist besonders bei hohen Lasten entscheidend, um einen Spannungsabfall zu verhindern. Parallelgeschaltete elektronische Komponenten (Abb. 14.19) können jedoch entweder Blindleistung aufnehmen oder liefern, um die Spannung an einer Sammelschiene, abhängig von der internen Systemreaktanz, innerhalb eines begrenzten Bereichs zu regeln.

Diese elektronischen Komponenten kommen in verschiedenen Formen und Kombinationen vor, darunter sind: Thyristorgesteuerte Reaktoren (Thyristor-Controlled Reactors, TCR) (Abb. 14.19a) und thyristorgeschaltete Kondensatoren (Thyristor Switched Capacitors, TSC) (Abb. 14.19b) zur statischen Blindleistungskompensation (STATCOM) (Abb. 14.19c), die sowohl Blindleistung aufnehmen als auch liefern können. Allerdings haben parallelgeschaltete Kompensationsbauteile Einschränkungen bei der Steuerung des Wirkleistungsflusses:

1) Um die Spannungsgröße auf den benötigten Wert zu regeln, wird unter Umständen eine erhebliche Blindleistungskompensation benötigt. Versorgungsunternehmen streben an, die Sammelschienenspannungen auf nominellen Werten zu halten, was die Auswirkungen auf den Leistungsfluss gemäß Gl. (14.1) begrenzt.
2) Die meisten Übertragungssysteme verfügen über parallele Wege oder Schleifen. Daher beeinflusst die Anpassung der Spannung an einer Sammelschiene die Belastung aller angeschlossenen Leitungen, was die Steuerung des Leistungsflusses auf einer bestimmten Leitung erschwert.

14.7.2.2 In Reihe geschaltete Bauelemente zur Steuerung der effektiven Serienreaktanz *X*

Die elektronischen Komponenten, die in Reihe mit einer Übertragungsleitung geschaltet sind, können die Reaktanz der Übertragungsleitung anpassen. Dies ändert den effektiven Wert von *X* in Gl. (14.1) und ermöglicht die Steuerung des aktiven Leistungsflusses *P*. Auch hier werden verschiedene Bauelemente verwendet,

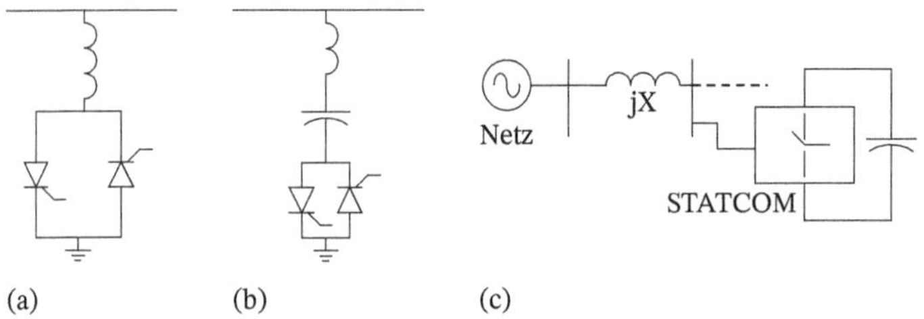

Abb. 14.19 Parallelgeschaltete elektronische Komponenten zur Spannungsregelung. (a) TCR, (b) TSC, (c) STATCOM.

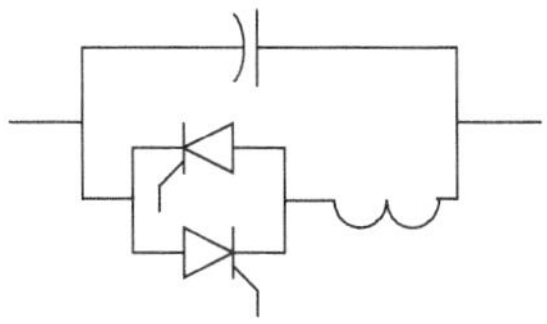

Abb. 14.20 Thyristor-gesteuerter Serienkompensator (TCSC).

darunter der Thyristor-gesteuerte Serienkondensator (TCSC), auch bekannt als Thyristorgesteuerter Serienkompensator (Abb. 14.20).

Es ist wichtig zu beachten, dass es, ebenso wie bei einem STATCOM (Static Synchronous Compensator) und einem äquivalenten Halbleiterbauelement eines SVC, ein äquivalentes Halbleiterbauelement zum TCSC gibt, das als statischer synchroner Serienkompensator (SSSC) bezeichnet wird. Der SSSC injiziert eine gesteuerte Spannung in Serie mit der Übertragungsleitung, entweder phasenverschoben oder phasenführend zum Leitungsstrom.

14.7.2.3 Statische Phasenwinkelsteuerung und vereinheitlichter Leistungsflussregler

Basierend auf Gl. (14.1) kann ein Bauelement, welches an die Versorgungsspannung (DC-Busspannung) in einer Baugruppe angeschlossen ist (Abb. 14.21a), den Leistungsfluss auf drei Arten beeinflussen: durch die Kontrolle der Spannungsgröße E, durch die Änderung der Leitungsreaktanz X und/oder durch die Änderung des Leistungswinkels δ. Diese elektronische Baugruppe, vereinheitlichter Leistungsflussregler genannt (Unified Power Flux Controller, UPFC), kann den Leistungsfluss durch eine beliebige Kombination der oben genannten Methoden beeinflussen. Das Blockdiagramm eines UPFC ist in Abb. 14.21a dargestellt. Er besteht aus zwei Spannungswandlern. Der erste Wandler injiziert eine Spannung $\bar{E}_3$ in Serie mit der Phasenspannung, so dass

$$\bar{E}_1 + \bar{E}_3 = \bar{E}_2. \tag{14.2}$$

Durch die Kontrolle der Größe und Phase der injizierten Spannung $\bar{E}_3$ innerhalb des in Abb. 14.21b gezeigten Kreises können die Größe und Phase der Busspannung $\bar{E}_2$ gesteuert werden. Wenn zum Beispiel eine Komponente der injizierten Spannung $\bar{E}_3$ um 90 Grad führend phasenverschoben gegenüber dem Stromzeiger $\bar{I}$ ist, wird die Leitungsreaktanz X teilweise kompensiert.

Der zweite Wechselrichter in einem UPFC ist notwendig, weil Wechselrichter 1 eine Serien-Spannung $\bar{E}_3$ injiziert und dabei Wirkleistung P_1 und Blindleistung Q_1 an die Übertragungsleitung liefert (wobei P_1 und Q_1 entweder positiv oder negativ sein können):

$$P_1 = 3\mathrm{Re}\left(\bar{E}_3\bar{I}^*\right) \tag{14.3}$$

und

$$Q_1 = 3\mathrm{Im}\left(\bar{E}_3\bar{I}^*\right) \tag{14.4}$$

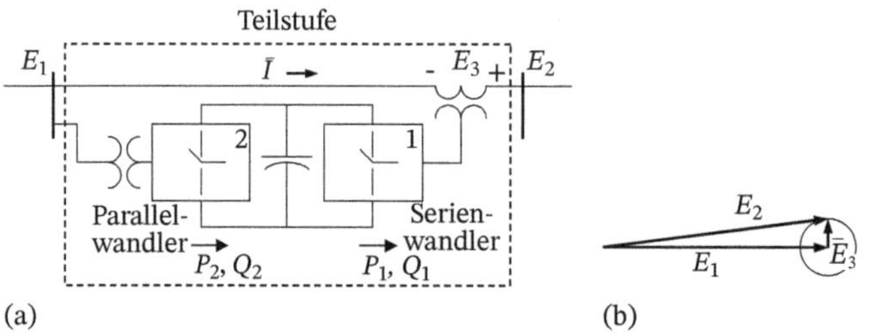

Abb. 14.21 (a) Vereinheitlichtger. Leistungsflussregler (UPFC). (b) Zugehöriges Zeigerdiagramm.

Da ein UPFC keine stationäre Energiespeicherung hat, muss die Leistung P_2 in Wechselrichter 2 gleich P_1 sein, wenn Verluste vernachlässigt werden:

$$P_1 = P_2 \tag{14.5}$$

Die Blindleistung Q_2 ist jedoch unabhängig von Q_1 und kann innerhalb der Spannungs- und Stromgrenzen von Wechselrichter 2 gesteuert werden:

$$Q_2 = Q_1. \tag{14.6}$$

Durch die Steuerung von Q_2 zur Verwaltung der Versorgungsspannung $\bar{E}_1$ bietet ein UPFC die gleiche Funktionalität wie ein fortschrittlicher statischer Blindleistungskompensator (STATCOM). Ein UPFC kombiniert mehrere andere Funktionen: statischer Blindleistungskompensator, Phasenverschiebungstransformator und gesteuerte Serienkompensation.

Literatur

1. Mohan, N., Jain, A., Jose, P. et al. (2004). Teaching utility applications of power electronics in a first course on power systems. *IEEE Transactions on Power Systems* 19: 40–47.
2. Mohan, N. (2011). *First Course on Power Systems.* New York: John Wiley & Sons.
3. Hingorani, N.G. and Gyugyi, L. (2000). *Understanding FACTS.* New York: IEEE Press.
4. Collins, D. DOE FE Distributed Generation (DG) Fuel Cells Program. *IEEE Applied Power Electronics Conference*, (6.–10. März 2005). Austin, TX.

Übungsbeispiele

14.1 Erläutern Sie die Details und die Mittelwertdarstellung der Wandler in den Abbn. 14.7b und 14.7c für Windkraftsysteme.

14.2 Erläutern Sie die Details und die Mittelwertdarstellung der Wandler in der Abb. 14.8 für ein photovoltaisches System.

14.3 Erläutern Sie die Details und die Mittelwertdarstellung der Wandler in der Abb. 14.11 für ein Schwungradspeichersystem.

14.4 Erläutern Sie die Details und die Mittelwertdarstellung der Wandler in der Abb. 14.12 für einen regelbaren Antrieb.

14.5 Erläutern Sie die Details und die Mittelwertdarstellung der Wandler in der Abb. 14.14 für eine USV.

14.6 Erläutern Sie die Details und die Mittelwertdarstellung der Wandler in der Abb. 14.15 für einen dynamischen Spannungsregler.

14.7 Erläutern Sie die Details und die Mittelwertdarstellung der Wandler in der Abb. 14.16 für ein Stromgekoppeltes Hochspannungs-Übertragungssystem (HGÜ).

14.8 Erläutern Sie die Details und die Mittelwertdarstellung der Wandler in der Abb. 14.17 für ein Spannungsgekoppeltes HGÜ.

14.9 Erläutern Sie die Details und die Mittelwertdarstellung des Wandlers in Abb. 14.19c für einen STATCOM.

14.10 Zeigen Sie die Details und die Mittelwertdarstellung der Wandler in Abb. 14.21a für einen vereinheitlichten Leistungsflussregler (UPFC).

Index